博碩文化

U0077641

SolidWorks

專業工程師訓練手冊 [6]

集錦 2：結構管路、鈑金、模具、曲面

曹文昌、鍾延勝、鍾昌睿
邱莠茹、吳郁婷、武大郎 著

步驟式的圖文解說方式
完全自修，無師自通的最佳實務指引
更新技術發表於SolidWorks論壇，
破除學習盲點持續精進

多年業界教學經驗
專業引導快速上手

滲透軟體操作面
提升設計與製圖效率

CAD模型範例下載
SolidWorks
論壇互動分享

作　　者：曹文昌、鍾延勝、鍾昌睿、邱莠茹、吳郁婷、武大郎

責任編輯：Cathy

董 事 長：陳來勝

總 編 輯：陳錦輝

出　　版：博碩文化股份有限公司

地　　址：221 新北市汐止區新台五路一段 112 號 10 樓 A 棟
電話 (02) 2696-2869　傳真 (02) 2696-2867

發　　行：博碩文化股份有限公司

郵撥帳號：17484299　戶名：博碩文化股份有限公司

博碩網站：http://www.drmaster.com.tw

讀者服務信箱：dr26962869@gmail.com

訂購服務專線：(02) 2696-2869 分機 238、519

（週一至週五 09:30 ～ 12:00；13:30 ～ 17:00）

版　　次：2023 年 6 月初版

建議零售價：新台幣 880 元

I S B N：978-626-333-516-5

律師顧問：鳴權法律事務所 陳曉鳴律師

本書如有破損或裝訂錯誤，請寄回本公司更換

國家圖書館出版品預行編目資料

SolidWorks 專業工程師訓練手冊 . 6, 集錦 . 2, 結構管路、鈑金、模具、曲面 / 曹文昌, 鍾延勝, 鍾昌睿, 邱莠茹, 吳郁婷, 武大郎作 . -- 初版 . -- 新北市：博碩文化股份有限公司, 2023.06

面；　公分

ISBN 978-626-333-516-5(平裝)

1.CST: SolidWorks(電腦程式) 2.CST: 電腦繪圖

312.49S678　　　　　　　　112009369

Printed in Taiwan

博 碩 粉 絲 團　　歡迎團體訂購，另有優惠，請洽服務專線
(02) 2696-2869 分機 238、519

編者序

A 本書設計

專門設計給有基礎、非本科系的進階參考書，依心得講解指令邏輯，說明指令邏輯更創造指令價值，以系統面解釋（知道 SW 在想什麼）讓你強烈感觸。

B 3D 躍進時代來臨

自 2019 年 7 月第 1 版上市以來，這些年鋼構和管路詢問度最高，最主要 3D 接受度提升，更要求一次到位，例如：建立 3D 圖資順便導入 PDM 和 ERP 製程管理。

C 模組化技術的核心

承上節，要一次到位靠模組化來達成，這幾年很流行模組化技術，就辛苦一次把模型畫好，將模型價值提高，直接導入上線。專業 4 大天王一次擁有，將企業輔導經驗完整收錄，指令邏輯來加速提高使用程度與同儕區隔，保證迫不急待想立即擁有。

D GPT AI 智慧出世

GPT 建模引擎大郎相信在 2025 年會有爆炸性發展將顛覆眾人想像，讓我們拭目以待。

E 內建 4 大天王

SolidWorks 領先業界，在標準版就內建 4 大天王，不需額外購買模組，造成 CAD/CAM 業界極大震撼與威脅，成為討論話題。

F 建模不再是優勢

因為很多人都會 SolidWorks，業界也沒有會的標準，坊間絕大部分教 SolidWorks，但很少人有辦法會熔接、鈑金、模具、曲面，這些都是使用程度提高的指標。

G 興趣學習

本書將 3D 技術普及化，開發具有學術價值參考書，不是資深工程師才會的專業，也不再是業界 Know How 或永遠學不到的江湖技術，應該是有興趣都可學會。

H SolidWorks 是生命與信念

很多人靠 SW 管工廠，甚至用上幾招吃得很開。既然長時間投入靠 SW 吃飯，SW 已經是人生一部分甚至是生命，例如：玩車的人會說車是第 2 生命。

SW 可以幫你修練讓你和別人不同境界，提高生活品質更創造人生發展。SW 沒生命要罵他要說他怎樣 SW 都沒感覺，學習看待 SW 給你的感覺。說她好她就好，說她幫你很多就幫你很多，說她幫你賺大錢就幫你賺大錢。

Ⅰ 靠此維生並體會到人生樂趣

學完後必定發覺簡單上手外，甚至還可靠此維生。很多年輕人靠此協助公司轉型、提升使用程度、得到個人成就、公司肯定甚至創業，結合 3D 列印成為 SOHO 或開公司，從此過著幸福快樂的日子。

Ｊ 經驗傳承

大郎承襲前輩一脈相承深入研究 SW，還是有很多奧義不甚了解，寫書過程中希望有書讓我閱讀，更能體會沒有深厚背景很難寫出，所以大郎有感而發將經驗傳承。

Ｋ 引頸期盼的到來

SolidWorks 2023 延續 2022 大型組件執行效率，2023 更帶來振奮的消息：1. 組合件有更進一步的輕量抑制的運算、2. 4 大天王的運算核心有更進一步的優化。

Ｌ 榮譽出品

本書將上一版內容進行大幅增加與修訂，算是筋骨通暢。以 SolidWorks 2022、Windows10 編排，專業 4 大天王一次擁有，將企業輔導經驗完整收錄，學習指令邏輯來加速提高使用程度與同儕區隔，保證迫不急待想立即擁有。

好軟體要有強而有力專門書籍，我們知道戰士期待什麼，很榮幸和各位介紹，**SolidWorks 專業工程師訓練手冊[6]－集錦 2：結構管路、鈑金、模具、曲面**上市。

新版特色

本書經上一版售完進行修訂，除了充實題材並修正內容外，更融入當今業界需求：1. 模組化、2. 製程管理，設計給進階者研讀的實戰手冊。

- 超大版面：大本 16K（19×26cm）增加閱讀版面，方便筆記和段落分明

- 清晰圖片：重新截圖，讓同學享用更清晰圖片和立即看到重點

- 增加章節：新增章節、主題、舊圖片翻新、訓練檔案重整，加強實務解說

- 章節排序：比上一版更有層次解說，不會感到閱讀壓力

- 優化步驟：能 2 個步驟完成就不必 3 個步驟，更輕鬆閱讀

- 特型與靈魂：強調指令特性與靈魂=非他不可，不會惆悵要用哪個指令比較好

- 邏輯思考：邏輯通了就會了，不會因為不同指令或步驟對調，而感到不知所措

- 世代合作：時代改變教學和寫法，貼近年輕人想法並協助傳承

- 專門論壇：全年無休論壇互動發問，萬象連結所有資訊，下載書籍的訓練檔案

- 雲端影音：結合線上付費平台隨時學習

A 共通內容轉移論壇

這是系列叢書力求整潔大方，共通內容不需每本書留下相同資料，這些資料轉移到論壇呈現，例如：1. 心理扶持、2. 書寫圖示說明、3. 本書設計…等。

B 四大階段經教學驗證

4 大天王順序成為順口溜：1.熔接=骨→2.鈑金=皮→3.模具→4.曲面，經教學驗證曲面要擺在後面。曾經嘗試先教曲面→模具效果不好，因為曲面太靈活，建議要擺在最後上。

C 書籍連貫性

部分內容與其他書關聯，例如：熔接僅說明多本體工程圖，至於工程圖詳細操作在**工程圖**書有講、自訂屬性於**進階零件**書說明，選項設定於**系統選項與文件屬性**…. 等。

D 線上課程

4 大天王在線上課程可以看到專屬投影片（免費）以及完整的課程內容（付費）。

E 感謝有你

感謝博碩出版社支持專業書籍，原物料上漲且不如教科書暢銷，不拿銷售量的使命感與精神，可說是用心經營出版社，讓同學有機會習得 SolidWorks，更讓大郎將經驗傳承。

F 作者群

協助本書成員：屏東科技大學機械工程系曹文昌，tsaowc@mail.npust.edu.tw。

助教**邱莠茹**、**吳郁婷**、**鍾昌睿**以及**論壇會員**提供寶貴測試與意見。

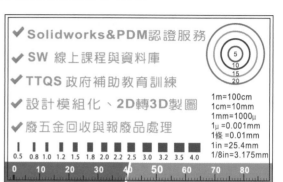

G 系列叢書

連貫出版保證對SolidWorks出神入化、功力大增、天下無敵值得收藏。

- SolidWorks 專業工程師訓練手冊[1]-第4版 基礎零件

- SolidWorks 專業工程師訓練手冊[2]-進階零件進階零件與模組設計

- SolidWorks 專業工程師訓練手冊[3]-組合件

- SolidWorks 專業工程師訓練手冊[4]-工程圖

- SolidWorks 專業工程師訓練手冊[5]-集錦1：組合件、工程圖

- SolidWorks 專業工程師訓練手冊[6]－集錦2：結構管路、鈑金、模具、曲面

- SolidWorks 專業工程師訓練手冊[7]-Motion 機構模擬運動

- SolidWorks 專業工程師訓練手冊[8]-系統選項與文件屬性

- SolidWorks 專業工程師訓練手冊[9]-模型轉檔與修復策略

- SolidWorks 專業工程師訓練手冊[10]-eDrawings 模型溝通+檔案管理+逆向工程

- 輕鬆學習DraftSight 2D CAD 工業製圖

H 參考文獻

書中引用圖示僅供參考與軟體推廣，圖示與商標為所屬軟體公司所有。

- SolidWorks 專門論壇：www.solidworks.org.tw

- 幾何 SolidWorks 原廠訓練中心 FB：www.facebook.com/geometry.sw

- 幾何 SolidWorks 線上課程：online.solidworks.org.tw/

- 百度百科：baike.baidu.com/view/31530.htm

- 維基百科 https://zh.wikipedia.org

- 台灣三住（市購件商）：www.tw.misumi-ec.com/

- 禾緯企業有限公司：www.herwere.com.tw/

- 東明昇有限公司：www.facebook.com/hardware.tw

- 乾佑工業股份有限公司：www.facebook.com/chienyoucorp/

- Airbag Packing 亞比斯包材工場 www.facebook.com/airbagpacking

- 艾德生的瘋狂實驗室：www.facebook.com/edsonsmadnesslab/

- 榮紹實業股份有限公司:www.lon-so.com/

目錄

4 修剪與延伸

5 連接板

6 頂端加蓋

7 圓角熔珠

8 熔珠

9 邊界方塊與網格線系統

38 鈑金工程圖與展開尺寸

39 成形工具

40 榫頭榫孔與本體應用

41 模具原理

42 手法1 布林運算法

43 手法2 模具分割法

75 曲線

76 不規則曲線屬性

77 查看與製作曲面品質

78 曲面實務

00

課前說明

　　本書是經過多年驗證的訓練教材,強調 4 大專科教育將上課內容毫無保留收錄,依多年教學與企業輔導經驗知道大家要什麼,協助同學了解技術用在哪裡,創造指令價值,指令都是業界的解決方案。

0-1 本書使用

　　適合學術單位和在職人士專業參考書,留在公司隨時翻閱。將多年教學、研究心得,加上業界需求歸納,期望對學術研究帶來效益,替業界解決問題。

0-1-1 分享權利

　　所有文字、圖片、模型、PowerPoint...等歡迎轉載或研究引用,只要說明出處即可。不必寫信尋求授權,也不用花時間怕侵權修改文章,更不必費心準備教材。

0-1-2 下載訓練檔案

　　連結雲端將下載流程簡化:1. 論壇左上角點選下載→2. SolidWorks 書籍範例下載→3. 進入 Google 雲端硬碟,點選 SolidWorks 專業工程師訓練手冊[6]－集錦 2:結構管路、鈑金、模具、曲面。

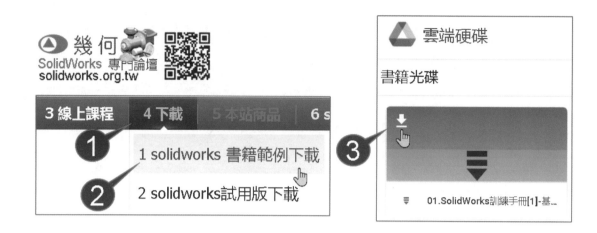

0-1-3 訓練檔案=模組

訓練檔案有 2 個用途：1. 指令模組：想要這類的應用，拿來改就可以了。2. 實際案例：工作上遇到指令忘記把檔案打開就能順便複習。

0-2 閱讀階段性

本書分 4 階段，章節安排有順序性、口訣性以及專業課題，透過範例加深觀念和印象，例如：4 大天王：熔接、鈑金、模具、曲面除了順口溜也是學習順序。

0-2-1 第一階段：熔接

先認識熔接因為他最好上手且 CP 值高，學習時間短，讓同學感到多本體應用的境界以及由下而上設計。

Ⓐ 課程主題

　　結構成員、支撐、修剪、多本體工程圖與 BOM、干涉檢查、焊道、結構定位、熔接輪廓規劃、進階邊界方塊、結構設計模組化體驗。

- 第01章 熔接原理
- 第04章 修剪延伸
- 第07章 圓角熔珠
- 第10章 除料清單
- 第13章 橫樑計算器
- 第16章 結構系統-主要成員
- 第19章 結構設計模組化
- 第02章 結構成員與管路
- 第05章 連接板
- 第08章 熔珠
- 第11章 多本體爆炸圖與工程圖
- 第14章 結構系統
- 第17章 結構系統-次要成員
- 第03章 輪廓定位
- 第06章 頂端加蓋
- 第09章 邊界方塊
- 第12章 自訂熔接輪廓
- 第15章 結構系統-角落管理
- 第18章 連接元素

0-2-2 第二階段：鈑金

　　熔接是骨，鈑金是皮，鈑金唯一可以自動展開的模組，重點在認識鈑金術語，讓同學更深刻體會指令使用過程只是認識內部項目的術語。

Ⓐ 課程主題

　　鈑金凸緣、實體轉鈑金、鈑金展開與鈑金工程圖導入、彎折係數給定、鈑金設計模組化體驗、鈑金展開實務演練。

- 第20章 鈑金原理
- 第24章 斜接凸緣
- 第28章 掃出凸緣
- 第32章 角落修剪與
- 第36章 轉換為鈑金
- 第40章 榫頭與榫孔
- 第21章 基材-凸緣
- 第25章 草圖繪製彎折
- 第29章 疊層拉伸彎折
- 第33章 熔接角落
- 第37章 曲面展平
- 第22章 邊線凸緣
- 第26章 凸折
- 第30章 封閉角落
- 第34章 鈑金連接板
- 第38章 鈑金工程圖與展開尺寸
- 第23章 摺邊
- 第27章 展開-摺疊
- 第31章 角落離隙
- 第35章 插入彎折
- 第39章 成型工具

0-2-3 第三階段：模具

　　用最短的時間將模型產生模穴，配合時下最流行的 3D 列印進行試模。模具不見得有需要開模才要學習，重點在認識指令，例如：比例（調整大小，3D 列印很常用）、拔模（改變模型斜度，可用在外觀）。

Ⓐ 課程主題

　　模具分割、封閉曲面法、側滑塊法、凹陷、多本體與組合件特徵關聯性設計、模具拆模技術前置作業、比例與拔模特徵、模具設計模組化體驗。

0-2-4 第四階段：曲面

曲面到現在還是普是觀感最常遇到的技術能力，常用在：1. 建模的配合運用、2. 模型轉檔、3. 靈活的建模思維（技術提升）。

A 課程主題

曲面思維、縫織曲面、邊界曲面、填補曲面、修剪曲面、自由形態、曲面品質、斑馬紋、曲率曲面連續、進階彎曲、變形、偏移、加厚、延伸、曲線權重控制、曲面實務。

0-3 開啟 4 大天王

這些模組預設關閉，讓使用者誤以為沒有 4 大天王，這也是 SW 老實吃虧地方，為了畫面簡潔預設顯示草圖、特徵、評估…等標準工具列。

於零件中，1. 工具列標籤上右鍵→2. 標籤→3. 鈑金、曲面、熔接、模具。

0-3-1 不知內建專業 4 大天王

很多公司到處探訪專用模組做為解決方案，只因為聽說比較好用。當知道 SW 內建時後悔不已，因為錢已經花下去，而且市購模組皆超過 SW 價格，上百萬的都有。

0-3-2 階段任務

很多人不知內建模具，甚至花大錢買專門模具系統。也有知道內建模具但不用，直接用專門系統因為功能比較強。會發現很多模組的影片介紹 10 分鐘影片，9 分鐘介紹 SW 內建模具，1 分鐘使用專門系統。

不是專門系統不好，要階段性使用，先把內建熟練覺得功能不夠再使用專門系統。

0-3-3 捨不得

有些軟體雖然很便宜 10 來萬，但是比 SW 還難用，接下來到底要捨不得繼續用，還是改為 SW。建議把軟體賣掉改用 SW，久了會更賣不掉，甚至更沒人在用。

0-4 天高地厚

學軟體要分階段和天高地厚，知道學到哪裡才算學到頂，避免感覺好像還有什麼不會的惆悵。4 大天王會說明階段任務，例如：1. 指令→2. 指令特性→3. 規劃。

你的角色是什麼也是學習階段，1. 管理者、2. 研發人員、3. 加工人員，思考邏輯不一樣，方向就不一樣，例如：RD 只要學 7-8 成，加工人員就要 100%。

0-4-1 先觀念再技術

先觀念再操作，觀念重技術，這句話每人都懂，背後涵義就是學+術（學=觀念、術=操作）。說明指令背景、心法、差異和使用時機，讓你擁有自修能力。

0-4-2 階段學習

學習更要分階段，不要只想學到好，沒有階段會不知怎樣才算學到好。專業混在一起學感覺很難，以最簡單明瞭3階段定義：1. 初、2. 中：3. 高。

1. 初階=原理與指令認識、2. 中階=指令特性或實務應用、3. 高階=模組規劃。

0-4-3 RD 身分

RD=通才，要學的東西很廣但不必很深，別什麼都想學會，除非有興趣否則建議放棄，這樣才不會壓力太大。你是 RD 還是加工者，指令有些項目是加工用的，例如：鈑金彎折係數是加工者用的，不要學彎折係數幫廠商扣，除非你有興趣或本來就懂。

0-4-4 加工身分

鈑金加工是你領域，所以要會鈑金所有操作，比 RD 學得還細。

0-4-5 管理

學習指令過程順便了解管理奧義，如何引導你同事或部屬學習。

0-4-6 任督二脈

學習瓶頸因為沒打通觀念，主打任督二脈學習法，明確指出重點不讓你怎麼學就學不會，再繼續下去會變成亂學。

0-5 比對→詢問→為什麼

近 2-3 年業界 3D 使用程度提升，因學校教育推升，業界要求工程師不只是 2D 轉 3D 建模，更要從加工製造角度以熔接與鈑金特徵完成。

上課除了講解指令操作，還說明用在哪，如何進行製程管理，不是步驟 1 XX→步驟 2 XX，做完了不知道這幹什麼。

想辦法讓困難變簡單，沒在業界待過還真不知道這些術語是啥，建模最終目的要製造，利用將模型資訊紀錄下來並管理工廠要的製程。

0-5-1 比對

1. 模型畫完到現場看→2. 東西做回來到現場比對，再回到 SW 修改，這就是業界要的。大郎常看到模型和現場出入很大，廠商用鈑金折，模型卻是伸長+薄殼就不對了。

繪圖員知道要用鈑金來畫，但不知道這是縫隙，為何要留縫隙，縫隙要留多少。

0-5-2 詢問

發現實務有留熔接縫隙問現場師傅縫隙要留多少。

0-5-3 為什麼

問完後不能就這樣上來畫圖,還要問為何縫隙 2mm,這才是工程師精神呀。

0-5-4 長大就懂了

有些項目很專業,只要來回調整設定,看成形結果就好。不要一開始刻意了解,長大就會,這麼說很玄就是醞釀。例如:1 天不可能背 100 英文單字,老師怎麼教就是無法理解,ㄟ~很神奇突然有一天開竅就會了。

0-5-5 直升操作程度

不需學習只要改按另一個按鈕,立竿見影直接把操作程度提高,例如:鈑金建模原本習慣🔲→改按基材凸緣🔾,讓模型擁有展開功能,一面倒優勢,魅力無法擋。

0-6 心理建設

現代工程師比以前辛苦,什麼都要會卻沒人帶。常遇到不發問卻要別人主動教,教了又不聽。事後回想在這家公司沒學到甚麼,這已經不是公司問題,是自己問題。

🅐 4 大天王每項是行飯

建模是基本功,4 大天王每項是一行飯,擴充學習培養謙卑態度、管理高度,與工廠管理連結。配合論壇反應調整,增加學習效率潛移默化。

🅑 有捷徑和標準做法

進階技術靠累積非速成,不過有捷徑和標準做法和方向,最好要拜師。

0-6-1 學習管道

不一定要 SW 字樣,可以找 Rhino、CreO、Inventor... 等書籍,要的是觀念。到代理商網站或查看軟體線上說明。

0-6-2 求職必備專業

說這本書多好沒用,找到工作比較重要,高職大學都教 SW,學生畢業都說會 SW,在你也會他也會如何區隔專業與優越性。

履歷一定要寫會熔接、鈑金、模具、曲面，這些都是專業基本功，至少會畫也會改，經驗就靠自己修練了。有熔接、鈑金、模具、曲面國際認證，用證照來證明自己。

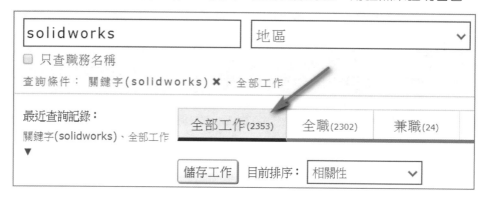

0-6-3 面對訊息

訊息就是觀念，訊息是問題解決資訊，很多人叫你不要看，說訊息是看不懂的。這裡反而教你看和面對，因為訊息看得懂，其實會遇到的訊息不超過 10 個。

0-6-4 培養興趣

很多人問如何學好 SW，大郎常說興趣最重要，興趣讓你樂在其中不會覺得厭煩，想辦法培養，萬一再沒有就放棄，讓自己快樂比較重要。例如：對會計沒興趣，不可能學好會計，選擇放棄也是學習，別硬著頭皮學會，這樣很痛苦。

A 興趣工作與熱情

心態要主動發問，重點還是興趣，把 SW 當工作也罷，至少不要討厭或厭煩 SW 就好。對 SW 很有興趣會樂在工作，這樣的員工一定要想辦法留下來。

0-6-5 設計和畫圖要分開

知道業界想什麼，這技術用在哪裡，如何創造指令價值。設計和畫圖分開思考，常遇到混為一談，甚至擁抱 20 年前認知，沒與時俱進，難以量化提升或持續改進。

0-6-6 不要執著工具列名稱

常遇到我不是這行業不學，不要被工具列名稱畫地自限，大郎常說沒人擋你綁你，畫地自限居多。試想，把工具列名稱移除，統一為特徵工具列，這樣就不會有鈑金、模具...等工具列認知，阻礙學習。

0-6-7 理解模型程度→整理圖面

4 大天王有專屬環境，要會熔接才有辦法改熔接模型，就是業界要的修改能力，重新建模會影響到組合件、工程圖。

不會熔接必定刪除重新建模、模型轉檔…等非正規硬著頭皮修改，到第 3 人接手無法解決。除非公司支持一勞永逸重新建模，否則模型只會越修越爛。

0-6-8 術語認知

4 大天王有不同術語和加工連結，術語分 2 種：1. 指令名稱、2. 指令內的項目，例如：何謂結構成員，何謂縫隙。除非有在現場待過，否則這些不可能天生就會。

0-6-9 新版功能

新版帶新技術稱解決方案，甚至會期待新功能解決。例如：以前多本體的運算用結合可以解決，但該指令僅針對實體，後來曲面的多本體運算可以用**相交曲面**完成。

筆記頁

熔接原理

本章將以文字重點說明熔接（Weldment）原理、熔接製作 SOP、如何導入製程，1 小時快速認識熔接，若深入了解，除了可以成為專業外，甚至還可靠此維生。

A 特徵建構順序=加工法

依章節順序完成結構設計，順序也是加工法，例如：焊接特徵最後做。

B 定義結構骨架，設計多本體零件

讓機架為零件非組合件，提升設計能量與效率。**結構成員**🔲可避免傳統一件件組裝，也不會因設計變更造成結構性的錯誤，只要改變原始草圖配置即可。

C 組合件和零件的應用層次

常說沒事不到組合件作業，因為組合件是最複雜環境。

D 3D 建模不夠用

熔接和管路都是冷門技術沒人帶很難學會，是業界無法普及原因，很多人學到一半放棄回老方法，心裡想不會熔接也沒差，時代不同不能再以會 3D 建模就夠用的想法。

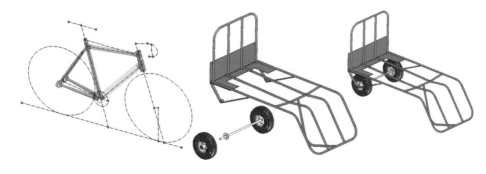

E 課程設計單

1 訓練需求	針對設備機架、整廠結構需求所開發，詳細介紹熔接指令，認識熔接設計方向與結構設計理論，讓您操作熔接指令時能加入設計元素。		
2 時數/場地 時段	8 HR/1F CAD 電腦教室 10:00～18:00	3 教學設備	個人電腦、投影機、中央廣播、SolidWorks 熔接模組
4 教材	1. 書籍：SolidWorks 專業工程師手冊[6]集錦 2：結構管路、鈑金、模具、曲面 2. 電子檔：模型檔案、PDF 3. 線上影片、4. 投影片 。SolidWorks 熔接工程與技術、SolidWorks 結構工程與技術 		
5 課程大綱 	1. 熔接與結構工程技術：投影片說明熔接效益和結構配置的考量 2. 熔接工具列：說明每個指令應用與特點 3. 結構成員與修剪：重點說明應用，有效率完成結構設計 4. 多本體工程圖：於零件產生的多本體工程圖，有效率產生該技術文件 5. 自訂輪廓：針對不足的輪廓自行定義該特徵資料庫 6. 結構系統：進階的結構成員與修剪		
6 課程效益	。熔接指令(術語)與選項詳細介紹，達到機架可製造驗證 。打通結構成員與修剪指令的任督二脈 。多了建模思考方向，突破傳統特徵限制、加強建模能力 。破除鋼構一定要在組合件組裝，而是零件多本體設計 。進行機構設計、延伸組合件組裝，多了一項專業 。鋼構是高階普世價值也是捷徑，不能不會		

7 學習效益 依據 CAD 人員技能評估	1. 學過	2. 會畫	3. 熟練	4. 專業
	☑學過 1 級	☑會畫 1 級	☑熟練 1 級	☑專業 1 級
	☑學過 2 級	☑會畫 2 級	☑熟練 2 級	☑專業 2 級
	☑學過 3 級	☑會畫 3 級	☑熟練 3 級	□專業 3 級
			☑熟練 4 級	□專業 4 級

1-0 3 階段層次

　　分 3 階段層次學習並體會如何利用熔接完成設備機架、倉儲架、管路、鋼構或整廠規劃輸出，直覺定義結構設計。

1-0-1 第 1 階段 熔接原理

認識工具列每個指令並知道指令特性,指令特性是原理。學習過程會快速帶同學看過指令,經教學經驗同學都可以短時間學會,有很多指令只是結構用的配件更容易學習。

1-0-2 第 2 階段 熔接實務

熔接是多本體應用,例如:多本體爆炸圖、工程圖、熔接除料清單(BOM)。特別是**熔接除料清單**是業界要的核心,它可產生 BOM 資訊,會這些非常搶手。

指令運用讓你感到很靈活、沒想到還可以這樣,更能體會提高使用程度的奧義,當你感受到同儕還在執迷不悟,更能理解當初為何你也執迷不悟,就會知道癥結點在哪,並協助他們突破。

1-0-3 第 3 階段 熔接模組

將熔接模組化應用:1. 理解結構成員檔案位置、2. 熔接輪廓建立、3. 熔接屬性認識,甚至會配合熔接除料清單。到下一境界,會覺得 1、2 都不是重點,重點在熔接模組。

1-0-4 任督二脈

要學會:1. 結構成員、2. 修剪/延伸,就能怎麼聽怎麼會,舉一反三,下圖右。

1-1 熔接心理建設

熔接又稱多本體技術,在零件直接進行結構作業,不需到組合件組裝,甚至遇到設計變更,將結構抽換或重新組裝,只要在**結構成員**輕易切換結構或改變位置,更能體會修改便利是應該的。

1-1-1 程度提升

熔接就是技術提升,結構用的樓梯,早期用示意就可以了,但現在要用熔接完成並和實際一模一樣,現在更要求要有完整的 BOM 和 ERP 算料,下圖左。

1-1-2 不一定用在金屬

熔接=金屬這樣想也對，不過還可用在木頭、3D列印塑膠、紙包裝結構、大樓建築物、整、整廠輸出…等，下圖右。

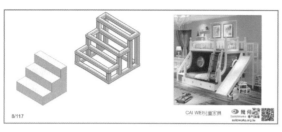

1-1-3 由下而上多本體技術

熔接是零件多本體技術和組合件觀念類似，只是在零件作業罷了，下圖左。多本體又稱由下而上設計，直覺加入搭配在零件，多了建模或設計彈性，屬於進階課程。

1-1-4 理想實踐

很快的在軟體完成建案，甚至可以用 3D 列印模型討論，下圖右。

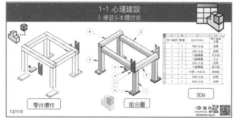

1-1-5 熔接模組位置（預設關閉）

2 個地方取得：1. 工具列標籤上右鍵標籤➜熔接，下圖左。2. 插入➜熔接，下圖右。

1-1-6 特徵簡單與順序排列

　　熔接與其他天王的工具列比起來容易上手，更不需複雜草圖，指令少學起來很簡單。指令排列上更是用心，由左到右就是設計/加工順序，建模同時順便理解實務。

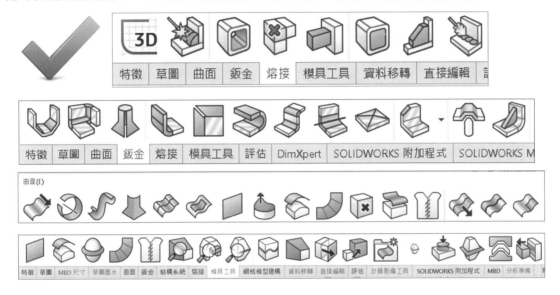

1-1-7 最大特色

　　熔接就像掃出（1. 輪廓＋2. 路徑），由**結構成員**產生輪廓，點選草圖定義骨架位置，產生零件、提出熔接清單。成形過程很多人訝異怎麼這麼快，感覺連圖都不用畫，下圖右。

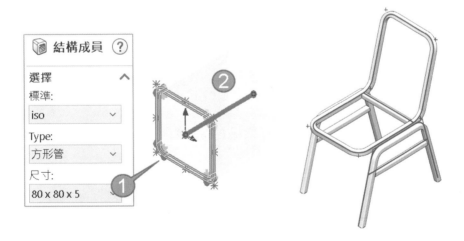

1-1-8 熔接學習 SOP

有 4 項要學會：1. 成形（結構成員）→2. 修剪、3. BOM（除料清單）→4. 自訂輪廓。

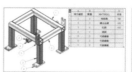

1-1-9 熔接是骨、鈑金是皮

熔接是業界渴望技術，常用在機架、鋼構、設備。熔接與鈑金好上手且輕易滿足業界 BOM、PDM、ERP 需求，更為自己擁有強而有力專業。資料來源：禾緯瓶裝機

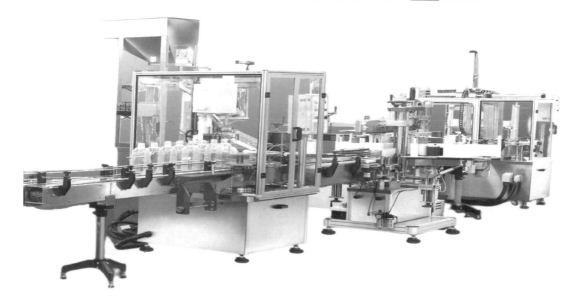

1-1-10 天下無敵：熔接模組化

有了熔接模組就不需學習熔接了，只要輸入數字就能完成模型，工程圖自動更新。

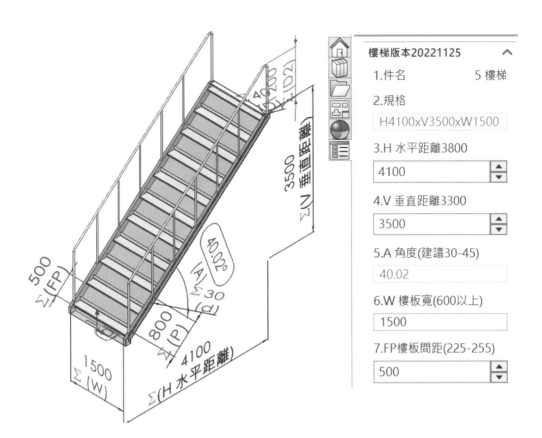

樓梯版本20221125　∧

1.件名　　　　　5 樓梯

2.規格

H4100xV3500xW1500

3.H 水平距離3800

4100

4.V 垂直距離3300

3500

5.A 角度(建議30-45)

40.02

6.W 樓板寬(600以上)

1500

7.FP樓板間距(225-255)

500

1-2 什麼是熔接

　　將 2 金屬合成一體，不見得是焊接，也可用螺絲固鎖，有些軟體稱衍架（Truss）、結構（Structure）。熔接感覺用在焊接，希望把熔接改成結構感覺比較廣義和專業。

圖片來源
http://img.hc360.com/auto-
m/info/images/200905/200905061502511815.jpg

1-2-1 擁有熔接環境

原點下方可見熔接環境，有很多指標特色，例如：1. 多本體作業、2. 熔接除料清單（BOM）、3. 熔接工具列指令全開。

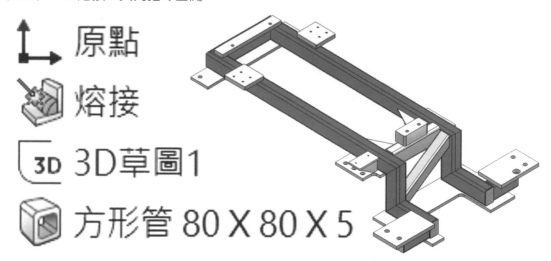

1-2-2 熔接術語

由工具列直覺對應指令意義，不會感到很難很專業的術語，指令內部也會遇到和加工有關的製程。

A 指令名稱

連接板、頂端加蓋、圓角熔珠，下圖左。

B 指令內部

1. 允許延伸、2. 縫隙、3. 厚度，下圖右。

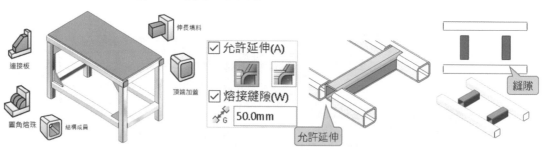

1-2-3 擁有熔接選項

　　和熔接有關的文件屬性項目：1. 註記-熔接符號、2. 表格-熔接、3. 熔接。這些說明參閱 SolidWorks 專業工程師訓練手冊 [08] －系統選項與文件屬性。

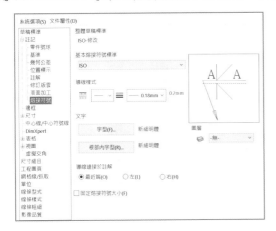 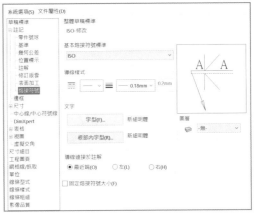

1-3 熔接作業程序（SOP）

　　SOP 與加工程序連結保證聽就會，大郎常說不用草圖的特徵就是王道，本節可以明顯感受到這句話的奧義。

1-3-1 建立草圖骨架（路徑）

　　萬物之始在草圖，常以 1 個 3D 草圖為骨架，減少草圖數量與好管理，下圖左。

1-3-2 結構成員（任督第 1 脈）

　　指令過程中點選草圖將結構成型，第一次體會建模速度如此直覺，下圖右。

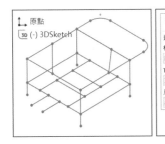 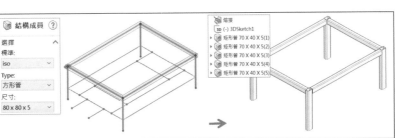

1-3-3 修剪（任督第 2 脈）

移除結構干涉區域或調整結構的連接，這部分有人教大約 5 分鐘就會了，對多本體認知更上層樓，下圖左。

1-3-4 支撐

增加結構強度，又稱肋板。點選 2 面立即完成，不用畫草圖就能完成，保證立即上手，常用支撐項目更改類型，例如：保留焊道，下圖右。

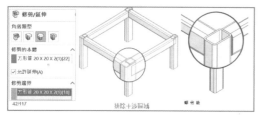
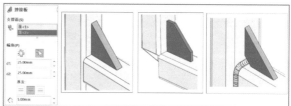

1-3-5 頂端加蓋

點選模型的端面加封蓋和觀念和做法一樣，保證立即上手，下圖左。

1-3-6 熔珠（焊接）

將結構用焊接的方式連接起來，現在很流行加焊道，下圖右。

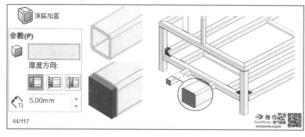
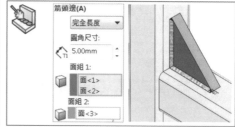

1-3-7 封板

機架組裝－雖然機架零件完成了，這時才完成一半，常用加上封板、腳墊、馬達、電控箱以及鋁擠配件，才算完成整個設備，下圖左。

1-3-8 爆炸圖

2012 年起零件多本體如同組合件可製作爆炸圖。骨架大部分解就可以，不會爆太詳細免得太亂，甚至不製作爆炸圖用 2 個立體圖也可見本體之間搭配情形，下圖右。

A 多本體技術

　　零件組裝零件、零件製作爆炸圖產生 BOM、甚至零件干涉檢查。很多人認為匪夷所思，組合件的事竟然在零件完成，這就是多本體技術。

1-3-9 圖面輸出

　　很多人不知道熔接怎麼出工程圖，其實就是 3 視圖＋等角圖的出法，坊間很多以一張圖代表 1 件銲接件，一張圖整廠用，下圖右。

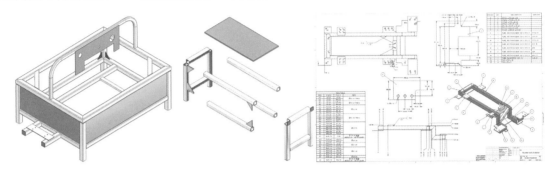

筆記頁

02

結構成員與管路

本章說明結構成員（Structural Member）絕大部分操作，最重要就是這一章，該指令可以完成類似作業，甚至完成目前最流行的技術：管路。

為填料作業，是熔接第 1 步驟（第 1 特徵），也是一定要用的指令，否則其他指令無法使用，下圖左。

這觀念特徵的**伸長填料**、鈑金的**基材凸緣**是一樣的，在熔接工具列左邊第 3 個，我們會建議使用快速鍵。

2-0 指令位置與介面

說明指令位置與介面項目，先認識欄位→再認識項目，本節有先睹為快，讓同學體驗成形作業，同學反應相當良好也很有成就感。

2-0-1 指令位置與介面

進入指令後由上到下分別 2 大欄位：1. 選擇和 2. 設定，也是指令選擇順序，其中 2. **設定**的項目比較多元與獨立，是一開始要面對的課題。

A 結構成員分章說明

📦包含 3 大作業：1. 成型、2. 修剪、3. 對正，每項都是大學問，必須分 3 章說明，本章說明 1. 結構成型。

2-0-2 框架草圖

可用 2D 或 3D 草圖定義骨架（又稱框架、結構、Layout），未來要改變位置就到這裡改，通常由 1 個 3D 草圖減少草圖數量並擁有擴充性，未來要增加線段皆由這草圖作業。

A 直接 3D 草圖

常遇到一開始用 2D 草圖，建模到後面才想要加高度結構，會懊惱早知道一開始用 3D 草圖就好，下圖左。

框架草圖雖然沒限制數量，你要 2 個或多個草圖不是不行只是很難管理，甚至會忘記當初這草用來幹甚麼。多個草圖骨架屬於群組，以組合件觀點就是次組件。

2-0-3 顯示草圖（預設關閉）

為加強製作過程的辨識，執行📦之前顯示草圖，否則會點不到草圖線段。1. 特徵管理員點選草圖→2. 顯示，建議設定**顯示/隱藏草圖**的快速鍵，下圖右。

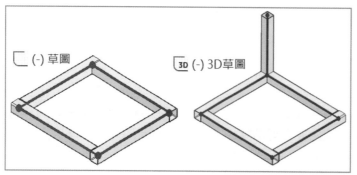

2-0-4 先睹為快結構成員

1 個特徵多群組快速完成框架，也就是業界最吸引人的 1 個特徵做到底技術。

步驟 1 標準：ISO

步驟 2 TYPE：方形管或 SQUARE TUBE

步驟 3 尺寸：80x80x5

步驟 4 點選上方 4 條線

步驟 5 新群組

步驟 6 點選 4 條垂直線

步驟 7 重複步驟 5-步驟 6

自行完成下方方型，共 3 個群組。

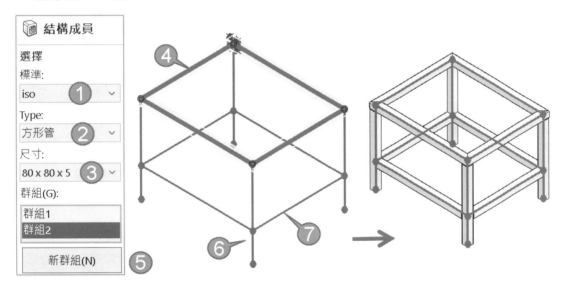

2-0-5 結構成員成形原理

製作過程中，為何點選草圖線段有時做不出來，有 2 重點：1. 連續、2. 平行。雖然可以用 2 個群組或 2 個破除上述原則，但是會影響到修剪過程。

A 連續相交：O

類似掃出原理可以相交=L 形，但不能非連續選擇，下圖 A。

B 非連續但平行：O

非連續但平行是可以的，下圖 B。

C 非平行：X

2 非平行無法同時成形，下圖 C。

D 連續＋非連續：X

上方 4 條線連續選完→點下方直角，對系統來說非連續。

E 新群組：O

上方矩形為 1 群組，下方 4 隻腳要以新群組完成，下圖 D。

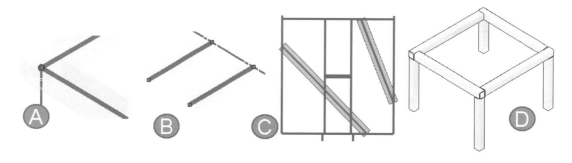

2-1 結構成員的選擇項目

本節說明⬓的**選擇欄位**用意為何，為何這麼神奇點選線條就能完成結構，本節核心 1. 熔接輪廓路徑位置、2. 群組觀念。

2-1-0 熔接輪廓檔案位置

於選擇欄位由上到下依檔案總管資料夾階層擺放：1. 標準、2. Type、3. 尺寸。本節特別說明輪廓模組化過程常出現檔案位置指定的盲點，要細說還真有點複雜。

A 預設路徑 1

C:\Program Files\SOLIDWORKS Corp\SOLIDWORKS\lang\chinese\weldment profiles\，建議檔案位置改到 D 磁碟方便模組管理，本節適用初學者。

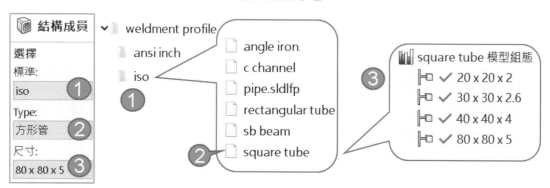

B 預設路徑 2（2021 以後才有）

還有另一個輪廓路徑，輪廓資料量比預設路徑 1 還多，C:\Program Files\SOLIDWORKS Corp\SOLIDWORKS\data\weldment profiles\，下圖右。

C 規劃路徑（有盲點）

輪廓檔案要放在第 3 層才可使用，例如：D:\weldment profiles\ISO\圓管.sldlfp。常遇到圓管.sldlfp 檔案放置在\weldment profiles 之下，這樣會少一階。

D 指定路徑（有盲點）

1. 系統選項→2. 檔案位置→3. 熔接輪廓→4. 路徑 D:\weldment profiles\。檔案位置不能讓指令選擇少一層。

常遇到指定在 ISO 資料夾之下，指令選擇少一層，系統判讀 1. 標準=方形管→2. TYPE=模型組態→3. 尺寸=空，這樣無法使用🎲。

E 檔案整合：預設路徑 1+預設路徑 2

當**預設路徑** 1 不存在，系統會自動指向**預設路徑** 2，曾經發生上述情形，造成使用上的不方便或錯誤，更不知道為何會這樣。

把這 2 資料夾合併，方便管理和增加熔接輪廓的選擇性，但缺點會讓清單選擇太多，長時間下來很沒效率，輪廓模組化可以為公司量身訂做常用輪廓，完整解決輪廓位置的風險也是企業急需的技術。

2-1-1 標準（Standard，預設 ANSI）

展開清單預設 2 個資料夾：1. ANSI（英制）、2. ISO（公制），這裡選 ISO。

A 資料夾名稱

因為檔案總管有這 2 個資料夾，下圖左。沒規定資料夾以單位區分，可以很靈活自行區分，例如：以廠牌區分 1. 東方、2. 三住、3. 禾緯... 等，下圖中。

B 整合管理（重點在感覺）

不要太複雜一次做到徹底，把檔案放在 1 個資料夾就不用切換清單，下圖右。未來執行◈不用看第 1 欄位，直接往第 2 和第 3 欄位操作，會感覺到靈巧與俐落。

C 導入信念：比以前更簡單

自己要先有感覺，再讓別人感受操作和以往不一樣，比以前更簡單就是導入的信念。

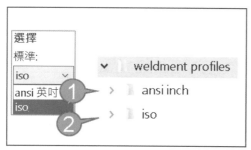

2-1-2 類型（Type），方形管

切換熔接輪廓種類，清單可見 6 種項目（也是 6 個檔案）。這裡選**方形管**（正方形），形=過程、型=結果，方形管應該為**方型管**才對。

A 內建六種形式

1. C 形槽（C Channel）、2. SB 橫梁（Sb Beam）、3. 方形管（Square Tube）、4. 角鐵（Angle Iron）、5. 矩形管（Rectangular Tube）、6. 管路（Pipe）。

B 熔接作業的核心

不同輪廓創造不同的產業與價值，例如：型鋼=鋼構、圓管=管路、方管=機架。

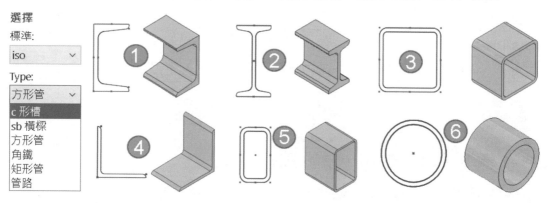

中文/英文名稱

　　眼尖的同學會發現輪廓檔名是英文,為何清單顯示中文?甚至有些同學清單顯示為中文或亂碼,因為對照檔 weldmentprofiles.TXT 讓系統讀取該檔案產生中文,下圖左。

　　輪廓檔名建議英文,否則有些情況發生亂碼情形,不容易克服,下圖右。

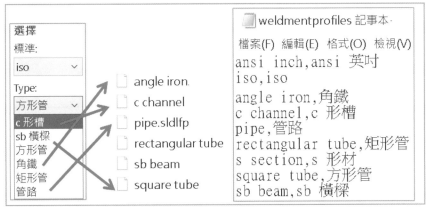

2-1-3 尺寸(Size)80x80x5

　　方形管尺寸清單有 4 項=模型組態→選擇 80X80X5,下圖左。該輪廓的設計意念:項目名稱(模型組態名稱)就是大小,80X80=包外尺寸,5=厚度。

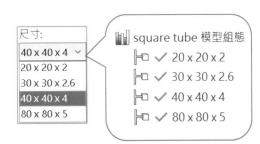

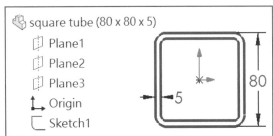

熔接輪廓的變革

　　2014 以後熔接輪廓利用組態進行不同大小的變化,資料夾型態開始不同,可以說是升級。原先結構成員 1.TYPE 欄位改以零件名稱,2.尺寸欄位=模型組態。

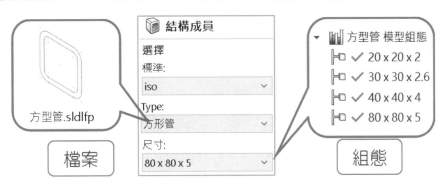

2-1-4 從輪廓傳遞材料（Tranfer material form profile）

產生結構的過程，是否套用輪廓檔案的材質，套用後於 🎲 **除料-清單-項次**看出多本體材質，下圖左（箭頭所示）。

A 此技術的邏輯

熔接輪廓檔案=源頭，由源頭先給材質，使用🎲就會帶入材質，下圖右。

B 最大好處

不必事後給材質，增加給材質的時間，常用在大量的結構本體且材質很固定。

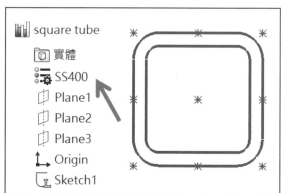

2-1-5 群組（Group）

將所選邊線集合成為一組，例如：第1組上方4條線，第2組4隻腳，群組常用在一個🎲指令完成結構模型和快速成形。

A 群組1

點選上方第1條線，1. 在群組欄位中就能看到**群組1**（箭頭1所示），2. 下方出現**設定欄位**，記錄所選線段。進階者Alt＋N，製作大量群組，就能體會這好處。

B 新群組（New Group）

按**新群組**，出現**群組2**→下方4隻腳，自行完成群組3。

C 亮顯群組

群組欄位中分別點選群組1、群組2，亮顯快速識別本體位置。

D 刪除群組

可直接刪除群組，會大量刪除所選線段，例如：刪除群組3，方形4本體會不見。

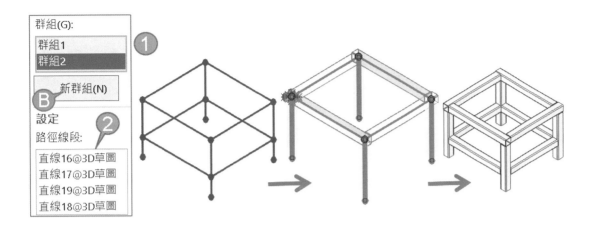

2-1-6 設定（預設不出現）

記錄：1. 群組所選線段、2. 輪廓調整，設定欄位後面會詳盡說明。

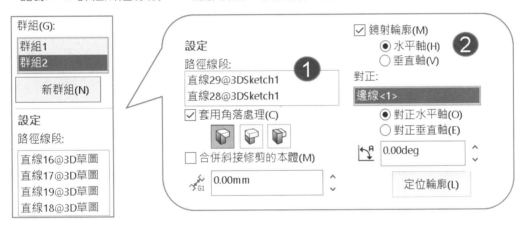

2-2 熔接環境

完成🐧後於特徵管理員會出現 4 種變化：1. 熔接特徵🐧、2. 骨架草圖🔟、3. 結構成員🐧、4. 除料清單📑，下圖左。開啟模型看到這些，就能確定這模型用🐧完成，心中會有方向要如何處理這模型。

2-2-1 熔接（熔接特徵）🐧

特徵管理員第 1 個位置，並有**除料清單**📑計算結構長度及數量。嚴格講起來🐧是特徵，不過很少人把它當特徵看，就是還沒通透，因為大郎以前也沒想到。

A 刪除 🖼

系統會把以下🖼特徵刪除，因為🖼為第一特徵，其他特徵與🖼關聯，最大好處可當下重做。至於**骨架**草圖為何還留著?，因為他在🖼之上。

B 回復

CTRL＋Z，可回復🖼（刪除前狀態），常用在有問題時來驗證模型的關聯性。

2-2-2 骨架草圖

類似掃出路徑為**共用參考**不會包含在🖼。傳統特徵填料草圖包含在**特徵中**，下圖中。

2-2-3 結構成員 🖼

展開可見 3 個特殊結構，第一次見到這類型：1. 平面、2. 草圖 1、3. 本體，下圖右。

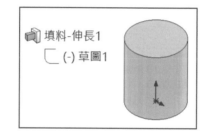
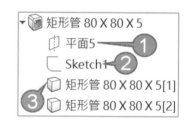

A 平面 1（輪廓位置）

自動產生新基準面給輪廓草圖用，平面位置垂直於所選第 1 條線的端點上，該面位置以當初所選線最接近的端點。

平面 1=第 1 位置，刪不掉，由於他是平面也可以在該平面產生新草圖。

B 草圖 1（熔接輪廓）

草圖 1=熔接輪廓，草圖可見尺寸 80X80X5。

C 本體

記錄結構成員的本體，特徵圖示旁邊顯示規格，例如：方形管 80X80X5，這名稱就很妙了，以 1. 輪廓檔名+2. 組態名稱傳遞到→3. 結構成員🖼→4. 產生本體。

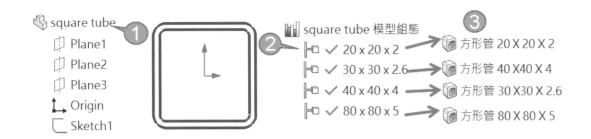

2-2-4 大膽修改草圖輪廓-臨時性

可以直接修改草圖尺寸，常遇到不敢改也不曾改過，因為有關聯性陰影。其實◐產生的輪廓就已經斷掉與熔接輪廓的關聯。

A 修改尺寸

將尺寸改為 100X100X8 會發現輪廓變大，或是上方增加溝槽都可以，下圖右。這修改只會影響目前◐，其他的◐不會被更改，足以證明沒有關聯性。

B 自行定義不足的輪廓

使用◐過程不必為了不會建立熔接輪廓的能力，或沒有你要的輪廓感到憂慮，更狠一點把圖元刪掉重畫成你要的都行，例如：矩形改成圓，更能理解想要怎樣都可以。

C 模組化的配套

對初學者而言，還沒發展到建立模組，就可以當下完成想要的輪廓，這屬於臨時作業。若經常使用鋁擠型，總不能每次都用改的，這時就要學會自訂熔接輪廓。

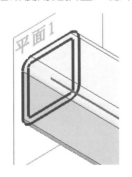
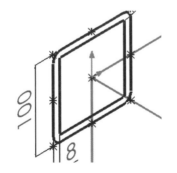

2-3 結構成員本體

本節說明🔲特徵下的本體作業，這是多本體議題，算通識。

2-3-1 本體規則

展開🔲可見本體🔲，本體命名規則：1. 名稱＋2. 規格（大小）＋3. 序號[N]，例如：方形管 80X80X5[3]。1、2 名可以改，但序號不能改。

A 名稱和規格與🔲連結

1. 和 2. 由🔲名稱關聯，改🔲名稱後，資料夾內的本體名稱會自動連結，這樣的好處對未來**除料清單**🔲有很大的識別度，下圖左。

B 序號

用於溝通辨識，直接念來溝通，避免認知不同產生誤會，例如：方形管 80X80X5[1]，雖然有點囉嗦，大家看的地方會一致，就不要說右下角的結構，常遇到電話溝通看錯和做錯（箭頭所示）。

2-3-2 亮顯結構成員

繪圖區域或特徵管理員點選🔲，雙向亮顯所選位置，下圖左。

2-3-3 亮顯本體

特徵管理員點選本體會在模型亮顯，在繪圖區域點選本體，只會亮顯結構成員，除非有展開結構成員，才會顯示所選的本體，適用複雜的結構要查看哪個本體進行作業。

2-3-4 編輯結構成員

點選🔲或本體→🔲，都能編輯🔲。

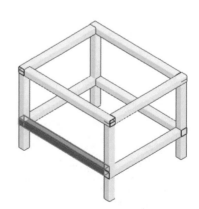

```
▼ 🔲 方形管 30 X30 X 2.6
   🔲 平面1
   🔲 Sketch1
   🔲 方形管 30 X30 X 2.6[1]
   🔲 方形管 30 X30 X 2.6[2]
   🔲 方形管 30 X30 X 2.6[3]

▼ 🔲 ABC123
   🔲 平面1
   🔲 Sketch1
   🔲 ABC123[1]
   🔲 ABC123[2]
   🔲 ABC123[3]
```

2-3-5 刪除結構成員

在繪圖區域點選模型任一面→DEL，這和一般特徵相同。

2-3-6 刪除本體

將不要本體刪除實現臨時想法，並留下刪除記錄。在**特徵管理員**或**除料清單資料夾**中，點選不要的本體→DEL，於**特徵管理員**可見　本體-刪除/保留。

A 序號與 BOM 數量

刪除本體後，本體序號不會更新，由最後的序號判斷本體數量是不準的。刪除的本體 BOM 不會出現，不必擔心 BOM 數量不準。

2-3-7 反刪除

特徵管理員刪除　本體-刪除/保留可回復本體。試想刪除　，不會留下記錄只能重做。

2-4 新群組與多個結構成員

完成框架**主結構**與**副結構**，學會內多群組差異，以及編輯群組的**路徑線段**，初學者常把**新群組**和**新特徵**搞混。

2-4-1 多個結構成員

本節完成後得到 5 個　，多個　常用在模組規劃，可以彈性擴充設計意念。產生第 2　過程，可見指令有記憶性，不用重新指定規格，這點就能看出 SW 用心。

A 保持顯示 ✶

✶和↵加快製作速度（箭頭所示），例如：選完草圖線段→↵，進行下一個　。

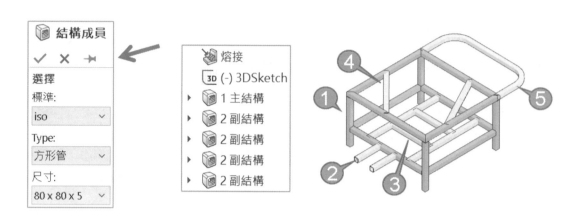

B 主結構（第1個 ⬡）

自行完成1個 ⬡，主結構12支。

C 副結構（第2~5個 ⬡）

完成另外4個 ⬡。

步驟1 完成第2 ⬡，下方H，

點選下方4條線段→↵。

步驟2 第3 ⬡，下方二

點選下方2條線段→↵。

步驟3 第4 ⬡，右方框

點選右方5條線段→↵。

步驟4 第5 ⬡，上方

1. 點選上方第1條線→2. 新群組→3. 點選第2條線→4. ↵。無法選擇2條線，因為路徑不平行，不過可以讓1條線單獨群組，群組普世認知2個以上，這裡可突破觀念。

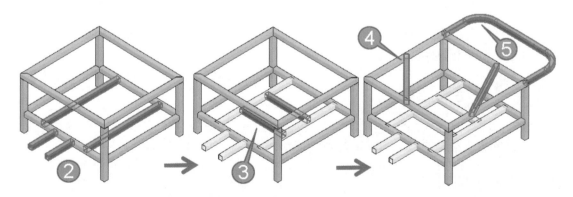

D 多群組速度（ALT＋N）

在新群組圖示旁（N），利用預設快速鍵更能體會靈活作業的便利心情。

E 結構成員父子關係

🎲由最上方的草圖關聯，所以可上下移動🎲的順序，常用在歸類。

2-4-2 路徑線段

每個🎲一定為群組構成，至少有 1 個群組，每個群組由下方**路徑線段**紀錄所選線段。

A 支援的線段

支援直線與弧，但不支援曲線、圓。要產生圓，製作極小縫隙的圓，用騙的方式達成。

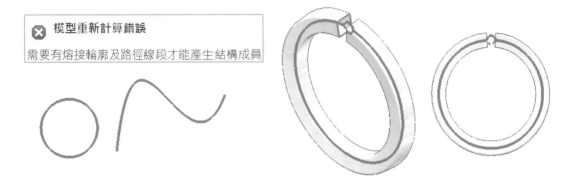

❌ 模型重新計算錯誤
需要有熔接輪廓及路徑線段才能產生結構成員

B 點選群組

點選任意群組可見該群組所選線段，繪圖區域亮顯群組本體，可以刪除群組並重新點選**新群組**，用上下鍵由亮顯快速找尋**群組位置**。

C 點選線段

點選任一線段，繪圖區域亮顯該線段本體，刪除線段並重新點選其他線段來修改。用上下鍵由亮顯快速找尋**線段位置**。

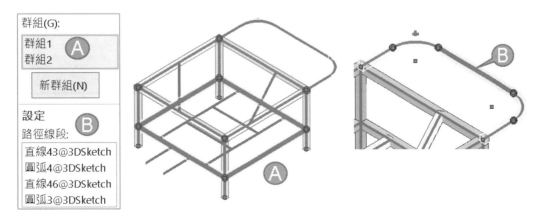

2-4-3 調整規格與大小

編輯⬚更改大小或類型，會發現特徵改變位置不變，如此得知結構很穩定。

2-4-4 快速點選線段的技巧：點選群組欄位

標準作業中，1. 進入⬚→2. 一條條點選草圖線段。其實 1. 點選群組欄位→2. 框選或全選要加入的線段。方框選擇或 CTRL+A 全選要加入的結構，系統只能算到下方**連續線段**。

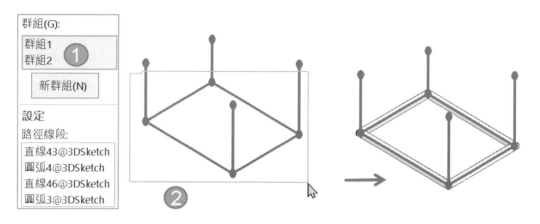

2-5 設定：合併本體

2 個相連本體是否合併為同一本體，這部分會與加工製程配合，且為隱藏版項目，本節會依結構的連接形式出現 2 種不同項目的設定：1. 合併弧線段、2. 合併斜接修剪的本體。

2-5-1 合併弧線段本體（Merge Arc Segment Body）

所選線段有弧形時，是否要將直線與弧線合併。

A ☑合併弧線段本體（預設）

將弧線段與直線合併，會見到 1 個本體，適用彎折加工，下圖左。

B ☐合併弧線段本體

見到 5 個本體，適用焊接加工，下方顯示縫隙⚙（箭頭所示）。

C 依群組合併

不同群組可分開設定，A **群組 1 合併**、B **群組 2 不合併**，下圖右。

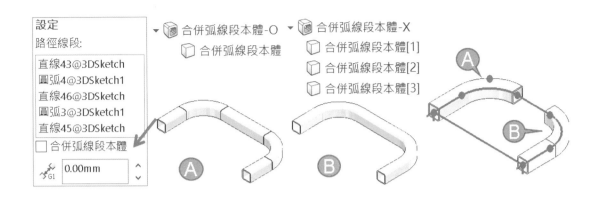

2-6 縫隙（Gap）

是否將本體之間預留距離，□**合併線段本體**，就會出現縫隙項目（隱藏版項目）。縫隙會與加工配合，例如：超過一定厚度留縫讓焊料滲透，下圖右。

2-6-1 相同群組線段之間的縫隙（預設）

在同一群組設定相同縫隙，如果要不同縫隙就用不同群組來克服。

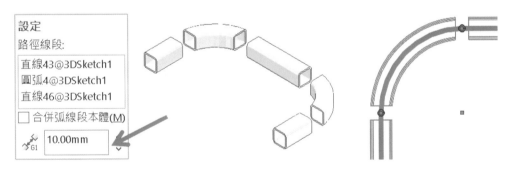

2-6-2 不同群組線段之間的縫隙

不同群組會出現 G2 縫隙設定，例如：第 2 群組相鄰第 1 群組的縫隙，這部分當初也是很納悶為何有時候會有 G2 縫隙，後來終於被試出來。

A 群組 1

L2 本體之間為同一群組縫隙。

B 群組 2

群組 2 為 1 個本體，與群組 1 連接並產生縫隙 G2。

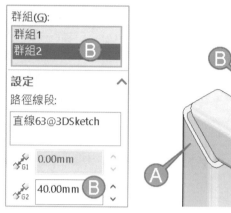

2-6-3 縫隙=0

縫隙可以=0，縫隙會影響管長，例如：100 長度-縫隙 5=95 長。不希望影響管長可以用草圖增加縫隙線段來補正，例如：繪製 2 條線，1 條為實長，另一條為縫隙。

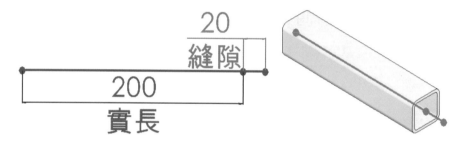

2-6-4 比對→詢問→為什麼

業界要 SW 程度和工作態度，不是只會建模，以本節例子。

A 比對（模型與實務相同）

到現場得知為焊接件，就到 SW 設定☐**合併弧線段本體**。

B 詢問（徵求意見）

問師父留多少縫隙，例如：縫隙 3，常遇到輸入 3 卻不知為何是 3。

C 為甚麼（經驗取得）

追問為什麼縫隙 3，這時會有很多情境，例如：和材質、鈑厚、設備有關。

2-7 管路（**Routing** 軟管/硬管）

本節以🎲建立管路，常見管路有：軟、硬管、電路纜線，應用在：空調、消防、建築管線、石化產業、電路配線..等，破除管路好像很難的疑慮。

🄰 管路使用計畫

3D 管路業界詢問度極高，多半用 1. 掃出〽️或 2. 組合件建立，使用🎲讓管路作業多一份考量，甚至是解決方案...。

🄱 多本體作業

🎲為多本體作業，甚至可使用干涉檢查，不需現場組裝才發現異常，導致重工、呆滯料、無效成本付出...無限循環，讓🎲中止這現象，甚至可取代 Routing 模組。

2-7-1 管路導入 3 階段

我們在企業建議管路導入 3 階段：1. 掃出〽️→2. 熔接🎲→3. Routing🔧。前 2 項共通性：路徑要自行繪製（就畫草圖），3. Routing 最大特色自動產生路徑。

🄰 不要直跳第 3 階段

不建議一開始就跳到第 3 階 Routing：1. 要 Premium 模組費用、2. 龐大的教育訓練要很認真學、3. 管路資料庫規劃工程、4. 其他同事也都要會。

🄱 失去導入信心

不是 Rouiting 不好，我們發現很多企業直接用 Routing 產生管路，事後感覺太難，軟體放著沒用改以傳統特徵建立，錢花了、課也上了、導入失敗收場，對 SW 失去信心。

2-7-2 結構成員管路🎲

每組草圖線段 1 群組，快速完成管路，更能體會🎲的好用之處。如果要不同管徑，就要用不同的🎲，這時就能體會多個🎲的意義。

步驟 1 TYPE 管路→尺寸 26.9X3.2

步驟 2 群組 1

點選右上第 1 條線→新群組，因為線段沒連接，無法選第 2 條線。

步驟 3 依序完成 8 個群組

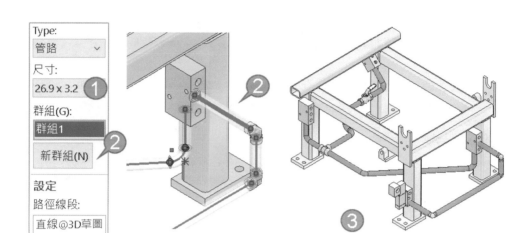

2-7-3 掃出管路✒

利用✒建立管路，會覺得過程蠻麻煩，更感受到✒沒📦好用，這就是指令特色思考：
1. ✒沒保持顯示、2. 不支援開放輪廓、3. 更熟悉開放的迴圈。

本節重點不是✒，只是讓同學比對差異性，掃出在進階零件書中有說。

步驟 1 掃出規格

1. 圓形輪廓 Ø30→2. 點選路徑，發現無法掃出，因為 1 個草圖非連續，下圖右。

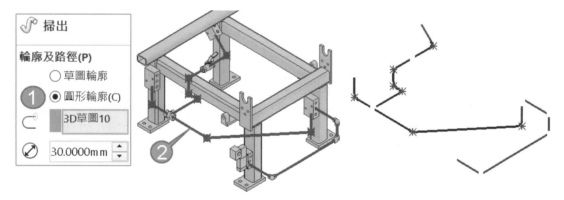

步驟 2 SelectManager 選擇管理員（簡稱 SM）

1. 掃出過程右鍵 SelectManager→2. 開放迴圈╭→3. 保持顯示→4. 點選線段→5. 右鍵確定👆，於掃出指令的路徑欄位中，會見到**開放群組**。

步驟 3 ↵（上一個指令快速鍵）

↵重複執行掃出✒，依序完成 8 個掃出，剛開始要適應一下這作業流程。

2-7-4 開關線路（軟管）

　　這是開關箱的配線，Ø1.5+**不規則曲線**完成的線路，壞消息◉不支援不規則曲線，經常以✐完成，共 5 個掃出。

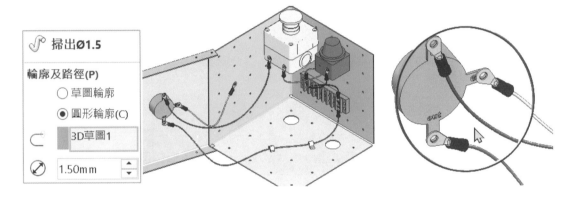

A 練習：風扇線路

　　這是風扇的配線，由 Ø4+**不規則曲線**完成的線路，以✐完成共 5 個掃出。線路中有將實際情形呈現，例如：壓線端子，下圖右。

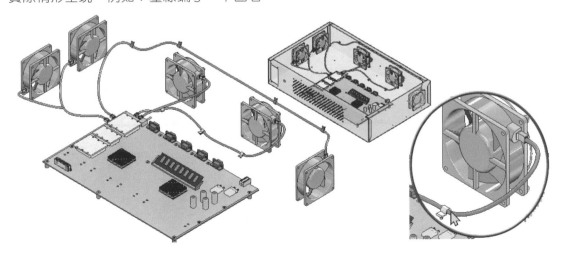

2-7-5 油化槽管路（硬管）

利用完成 4 條配管，執行過程由 SW 內建的管路，尺寸 21.3x2.3 完成特徵，事後再修改直徑即可。第 1 條管路 Ø140、第 2 條 Ø60、第 3 條 Ø60、第 4 條 Ø60。

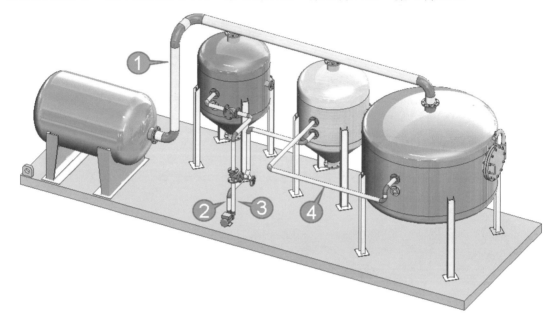

A 水處理管路

完成 9 條配管（4 條管路、5 條銅管），尺寸 21.3x2.3 完成特徵，事後再修改直徑。

管路 1 Ø140	管路 2 Ø115	管路 3 Ø90	管路 4 Ø115	
銅管 5 Ø10	銅管 6 Ø10	銅管 7 Ø10	銅管 8 Ø10	銅管 9 Ø20

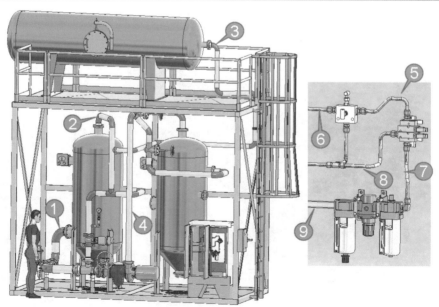

2-8 圓管底座

重點在骨架的參考定義和群組應用。

2-8-1 方盒參考

利用方盒 L200xW300xH100 模型為參考，把底座 6 條線產生出來，這手段常讓 3D 草圖容易建構與穩定，這部分在進階零件書中的 **3D 草圖**有詳盡說明，不贅述。

2-8-2 3D 草圖 Layout

完成下方底座 6 條線，1 個 3D 草圖完成。

步驟 1 繪製方型→CTRL+A

可見所有模型邊線被選擇。

步驟 2 進入 3D 草圖⊡→參考圖元⊡

這時可見草圖被參考出來，將下方的線段刪除，留下 6 條線，下圖左。

步驟 3 刪除底座本體

1. 實體資料夾點選本體→2. DEL，☑刪除本體→3. ↵，點選可見 6 條線完成，下圖右。

2-8-3 管路建構

利用⊡的管路，加速點選管路的路徑。

步驟 1 選擇：ISO、管路、21.3x2.3

步驟 2 群組 1：上方 4 條線

特徵管理員點選 3D 草圖，自動完成上方 4 條線，因為它們為連續邊線。

步驟 3 群組 2

用框選方式選擇下方 4 條線。

2-8-4 驗證設計可行性

於特徵管理員快點 2 下方盒特徵，更改數值查看變化是否滿足。

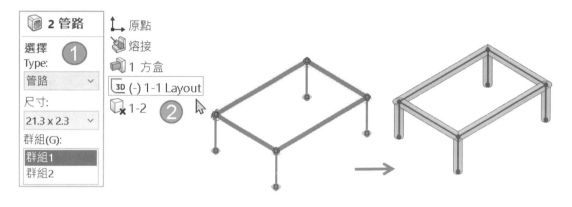

2-9 椅子

椅子由 1.腳、2.椅墊+椅背構成，重點在設變過程能維持草圖穩定度。

2-9-1 3D 草圖 Layout

利用 3D 個草圖 6 個尺寸完成，椅腳草圖只要單邊（箭頭所示），到時用鏡射本體，圖元就不必畫太多，圖元太多不容易定義。

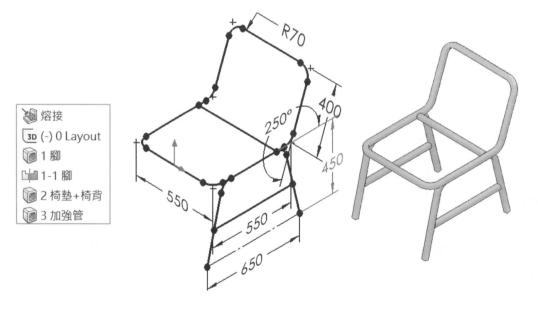

2-9-2 椅墊+椅背建構

利用 🔲 的方形管完成椅墊+椅背+加強管,下圖左。

Ⓐ 群組 1:椅墊+椅背

步驟 1 選擇:ISO、方形、30x30x2.6

步驟 2 路徑線段:椅墊+椅背

點選 3D 草圖,自動完成,因為它們為連續邊線。

Ⓑ 群組 2 加強管

點選加強管的橫線。

2-9-3 椅腳建構

利用 🔲 的方形管完成椅腳,本節自行完成。

步驟 1 選擇:ISO、方形、30x30x2.6

步驟 2 群組 1:ㄇ線

步驟 3 群組 2:橫線

步驟 4 鏡射椅腳 🔲

右基準面鏡射椅腳的 2 本體。

2-9-4 驗證設計可行性

利用 instant3D 更改數值查看椅子變化是否滿足,下圖右。

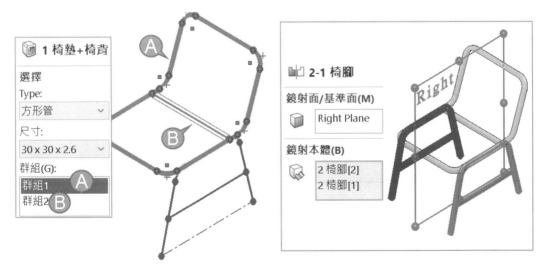

2-10 爬梯

爬梯由 1. 梯樑、2. 踏棍構成，踏棍數量利用複製排列  指令內的關係式構成，就不必額外寫數學關係式，更可以減少數值輸入與人工計算。

2-10-1 3D 草圖 Layout

利用 1 個 3D 草圖完成爬梯單邊，原點在右基準面置中方便鏡射，踏棍只要 1 條線，到時用複製排列本體完成。

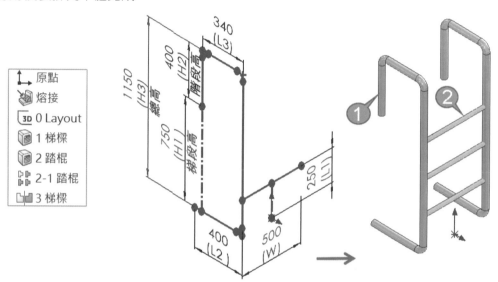

2-10-2 爬梯建構

利用 2  的管路完成 1. 梯樑、2. 踏棍，因為它們尺寸不同，不能同一特徵完成。

A 梯樑，第 1 個

步驟 1 選擇：ISO、管路、33.7x4

步驟 2 路徑線段：方形

B 踏棍，第 2 個

步驟 1 選擇：ISO、管路、26.9x3.2

步驟 2 路徑線段：橫線

2-10-3 踏棍關聯性

利用 複製踏棍，每階=設計定義，踏棍數量會隨 H1 梯段高變更。

步驟 1 方向 1：上基準面

基準面=複製方向參考最穩定。

步驟 2 成形至的參考：模型面

點選 H2 梯段模型面作為結束位置。

步驟 3 偏移距離=0

步驟 4 質心

步驟 5 設定間距

點選 250 尺寸與 L1 踏棍間距連結，讓踏棍間距為固定數值。

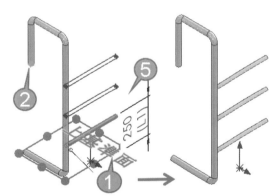

2-10-4 鏡射梯樑

以上完成後鏡射梯樑本體，算大功告成，下圖左。

2-10-5 驗證設計可行性

利用 instant3D 更改數值查看爬梯變化是否滿足，下圖右。

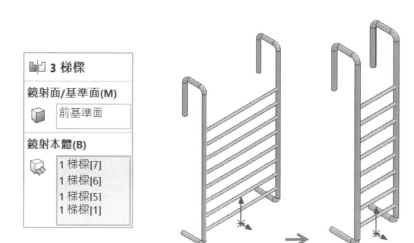

2-11 爬梯+人籠

將爬梯加人籠，增加3大參數：1. L4 爬梯固定高、2. H4 籠框距地高度、3. N 人籠邊條數量。人籠包含：1. 人籠箍數量、2. 人籠邊條位置，對這2項進行關聯設計。

2-11-1 3D 草圖 Layout

以爬梯草圖為基礎，增加人籠箍草圖（箭頭所示），其餘特徵由各別草圖完成。

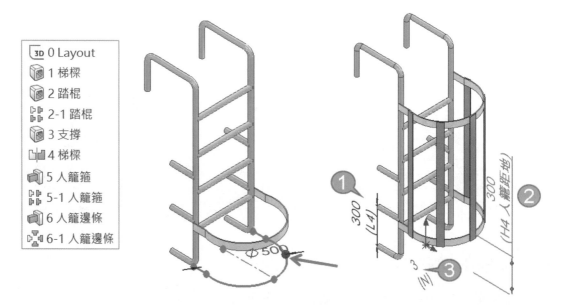

2-11-2 人籠箍建構與關聯性

本節完成人籠箍的特徵，接著完成複製排列。

A 人籠箍建構

完成人籠箍特徵。

步驟 1 籠箍草圖

用上基準面完成直線和圓弧。

步驟 2 伸長

距地高度最為起點，1. 平移 300、2. 深度 50、3. 薄件 6。

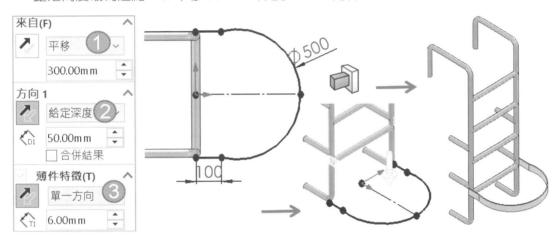

B 人籠箍數量的關聯性

利用直線複製 H4 **籠箍**，籠箍數量隨 H3 **總高**變更。

步驟 1 方向 1：上基準面

基準面=複製方向參考最穩定。

步驟 2 成形至的參考：模型面

點選梯段模型面，作為複製排列的結束位置。

步驟 3 偏移距離=0

步驟 4 所選參考（重點，也是基準）

點選籠箍上面作為複製排列後的位置。

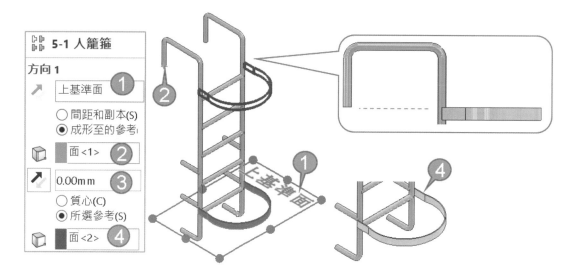

步驟 5 設定副本數

籠箍數量＝(H1/1000)+0.5，H1=梯段高。由於複製排列數量一定要大於 2，當 H1=（2000/1000）+0.5=2.5（籠箍數量），系統會自動讓複製排列=3（整數）。

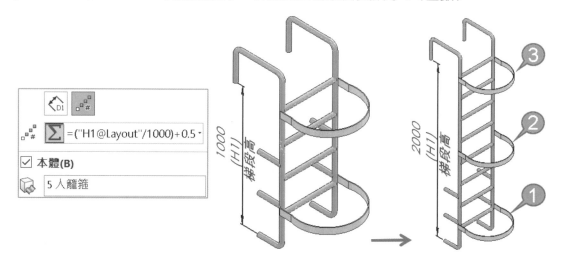

2-11-3 人籠邊條建構與關聯性

本節說明 1. 邊條特徵位置、2. 人籠邊條數量。

A 邊條建構草圖位置

1. 邊條草圖在第一籠箍位置上→2. 邊條特徵成形在 H2 梯段模型面。因為籠箍複製排列最終位置也在 H2 梯段模型面。避免串聯計算以及籠箍複製不出來造成邊條關聯錯誤。

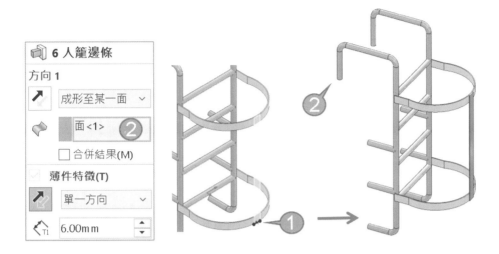

B 邊條複製排列

本節複製排列採取模型最可能的位置,以降低製作數學關係式的思維(能不要建立關係是就不要建立)。

步驟 1 複製排列軸

點選籠箍的暫存軸,雖然點選籠箍圓柱面也可以,暫存軸會比較穩定。

步驟 2 ☑同等間距 100 度

步驟 3 方向 2,☑對稱

當籠箍直經變更皆可以排列在籠箍上。

2-11-4 驗證設計可行性

變更爬梯高度與籠箍直徑,查看籠箍高度和邊條是否能更上。

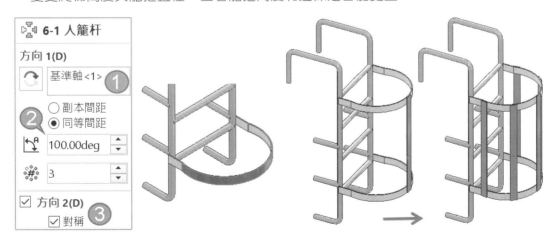

2-12 樓梯

樓梯由 1. 型鋼、2. 樓板、3. 欄杆構成，2、3 數量由 📇 指令內的關係式構成。以 3D 草圖更改水平和垂直距離，2、3 數量會跟著連動。

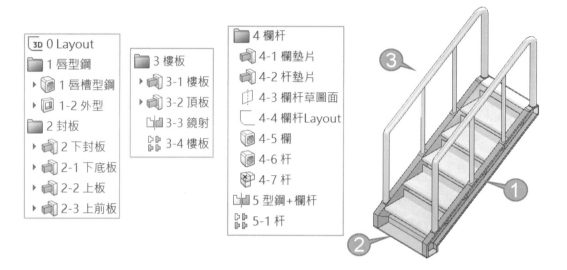

2-12-1 3D 草圖 Layout

利用 1 個 3D 草圖完成型鋼單邊骨架，原點在右基準面置中，方便未來本體鏡射，其餘特徵由個別草圖完成。

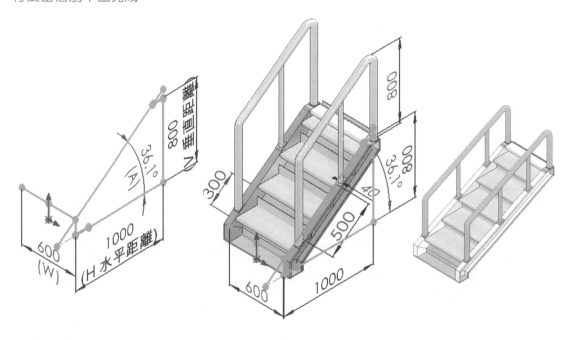

2-12-2 唇型鋼建構+鐵板關聯性

以 3D 草圖為基準完成🔲+鐵板建模。

A 結構成員

將 2 線段完成🔲，並除料🔲完成外型切割。

步驟 1 標準：ISO、C 形槽、80x8

步驟 2 群組：選擇 2 線段

步驟 3 ☑套用角落處理：斜接🔲

步驟 4 定位輪廓

預設型鋼輪廓位置不是我們要的，基準不處理了話，後面特徵會執行不下去。1.點選定位輪廓→2.點選左上角的 C 形槽鐵的頂點。

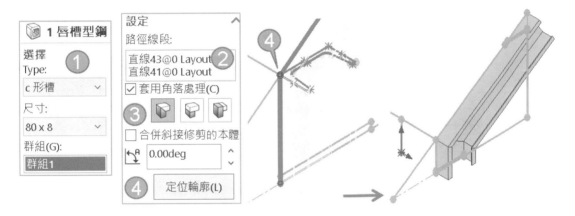

B 外型🔲

利用🔲的**反轉除料邊**完成外型，以利未來的封板成型，下圖左。

C 封板🔲

分別用🔲的薄件特徵完成底板。

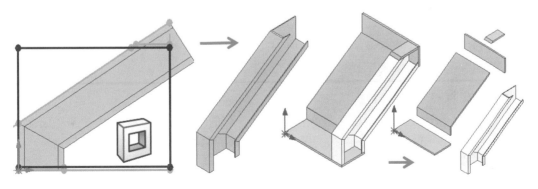

2-12-3 樓板建構+關聯性

以型鋼內部為基準完成建模，並利用達到樓板的複製關聯性。

A 樓板建構

本節進行樓板關聯性建模，重點在鏡射，一定是源頭完整再進行複製排列。

步驟 1 樓板

在型鋼內部將樓板特徵成形，下圖左。

步驟 2 頂板

頂板在上方平面處，下圖中。

步驟 3 鏡射封板、樓板、頂板

重點在鏡射樓板→接下來進行樓板的複製排列關聯。

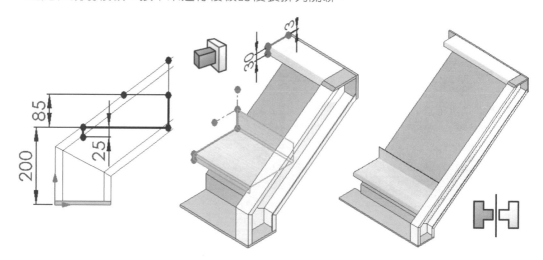

B 樓板關聯性

將樓板本體進行複製排列，樓板數量隨 H 水平、V 垂直變更。

步驟 1 方向 1：直線

樓板依斜線成型。

步驟 2 成形至的參考：點

點選草圖的頂點作為複製的結束位置。

步驟 3 偏移距離=110

以步驟 2 的參考點反轉偏移距離是複製數量，數值小容易多 1 個樓板（樓板超出）。110 是靠 H 水平、V 垂直變更在常態的範圍內抓出來的參數。

步驟 4 質心

步驟 5 設定間距：300，讓間距為固定數值

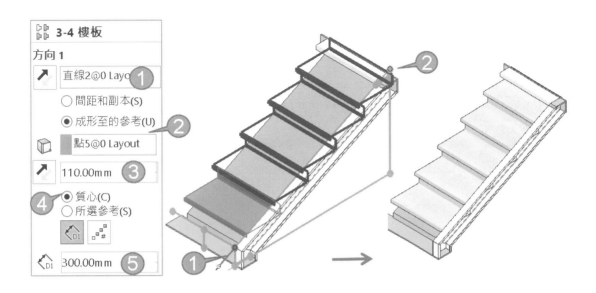

2-12-4 欄杆建構

完成欄、杆建模並讓杆進行關聯，本節關聯性和樓板相同。

Ａ 欄杆墊片

在型鋼上建立欄杆墊片是增加欄杆強度。

步驟 1 欄墊片

在上方封板完成矩形草圖→，深度 6，這墊片為固定位置沒關聯性。

步驟 2 欄杆墊片

型鋼上 2 矩形草圖利用草圖完成（可以少一個），到時第 2 墊片會與杆進行。

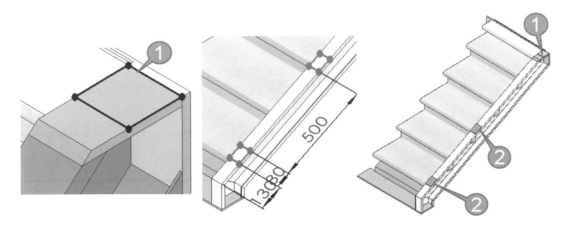

B 欄杆草圖

在欄杆墊片上建立欄杆草圖，讓 🔲 成型，草圖有很多細節可以讓模型更趨近實務。

步驟 1 欄杆草圖面

因為欄杆在墊片中間成型，建立基準面在墊片中間，下圖左。

步驟 2 欄杆 Layout

在建立的面完成欄杆草圖，欄杆垂直線都在墊片中間。欄直徑 33.7，欄高度標示在欄的最外尺寸 500，因為規範標示在最外側，下圖中。

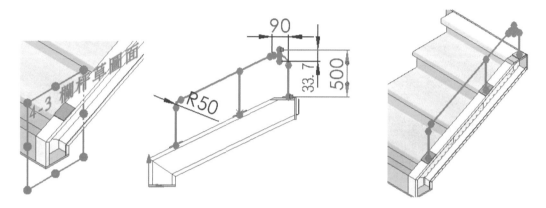

C 欄杆成型

承上節，以先前的欄杆草圖，讓結構成員成型。

步驟 1 欄

ISO、管路、33.7x4，在特徵管理員點選草圖，自動完成，下圖左。

步驟 2 杆

ISO、管路、21.3x2.3，點選垂直線，下圖右。

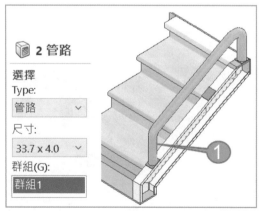
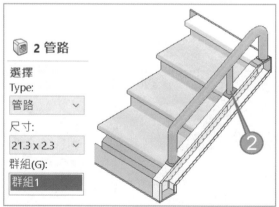

D 鏡射型鋼+欄杆

　　將型鋼+欄杆本體鏡射。不能杆複製排列後再鏡射，因為杆數量未知，不可能更改水平和垂直尺寸後，再鏡射杆本體，這違背模組化作業，模組化作業不編輯特徵。

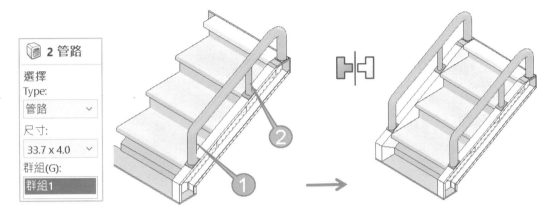

2-12-5 欄杆關聯性

　　本節是技術核心，分別進行欄直徑尺寸關聯性、杆複製排列。變更垂直與水平尺寸，查看 1. 樓板和 2. 欄杆是否能跟上。

A 欄直徑關聯性

　　欄高度=最外尺寸，將⬚輪廓直徑=欄直徑。

步驟 1 顯示結構成員與欄尺寸

　　按 CTRL 分別快點 2 下：1. 欄杆 Layout、2. 欄結構成員草圖，臨時顯示尺寸。

步驟 2 建立關聯性（欄杆 Layout 尺寸=結構成員欄直徑）

　　1. 快點 2 下欄杆尺寸 60➔2. 修正視窗輸入=➔3. 點選結構成員欄直徑➔4. ↵。

步驟 3 查看關聯性

　　可見 Layout 尺寸 60 完成數學關係式，下圖右。

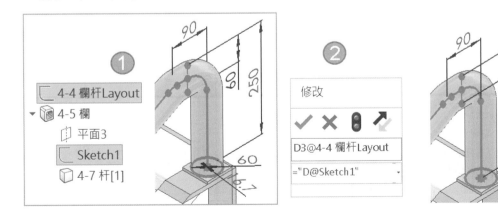

B 杆的複製排列

步驟 1 方向 1：直線，杆依斜線成型。

步驟 2 成形至的參考：點

點選草圖的頂點作為複製結束位置。

步驟 3 偏移距離=0

距離是複製數量，數值小容易多 1 個樓板，讓樓板超出。

步驟 4 質心

步驟 5 設定間距：P 杆間距=草圖墊片間距

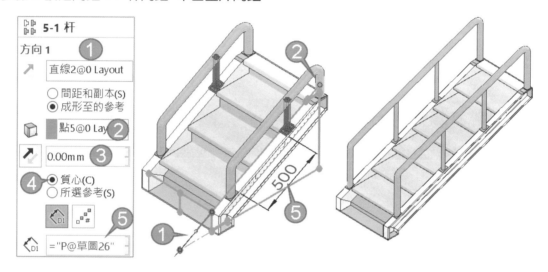

2-13 欄杆

欄杆由：1. 欄（圓管）+2. 直杆（圓管）+3. 橫杆（方管），以 2D 草圖 5 個尺寸構成。

2-13-1 3D 草圖 Layout

1 個草圖完成欄杆，直杆只要 1 條線，之後的直杆用 ▷▷ 的本體完成。

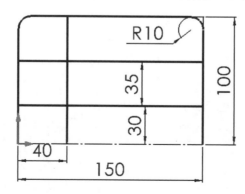

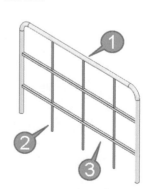

2-13-2 欄杆建構

📦完成 1. 欄和 2. 直杆、3. 橫杆建構，下圖左。

步驟 1 欄

ISO、管路、33.7x4，在特徵管理員點選草圖，自動完成。

步驟 2 直杆

ISO、管路、21.3x2.3，路徑線段：點選垂直線。

步驟 3 橫杆

ISO、方形管、20x20x2，路徑線段：點選 2 條水平線。

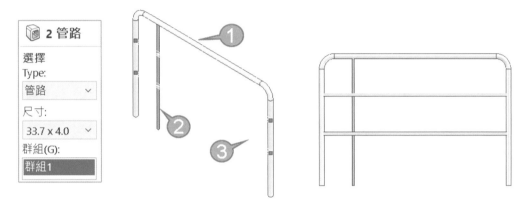

2-13-3 直杆關聯性

1. 直杆間距為設計定義，2. 直杆數量隨欄寬變更，直杆數量由🔡指令內的關係式構成。

步驟 1 方向 1：右基準面

基準面成為複製方向參考最穩定。

步驟 2 成形至的參考：草圖邊線

點選欄寬的草圖路徑線作為複製排列的終點，讓直桿複製不會超過所選位置。

步驟 3 偏移距離：/1.5

設定最後一個直杆偏移距離=W1 直杆間距/1.5，1.5=設計考量也可調整為 1.2 或其他數值。這取決於 1. 欄寬和 2. 桿間距大約有哪些，抓出最理想的值。

步驟 4 質心

步驟 5 設定間距：W1

與 W1 直杆間距連結，讓直杆間距為固定數值，到時只要改草圖 25 尺寸即可。

2-13-4 驗證設計可行性

變更垂直與水平尺寸，查看和直杆是否能跟上，關於橫桿的數量可以自行完成複製排力的關聯性。

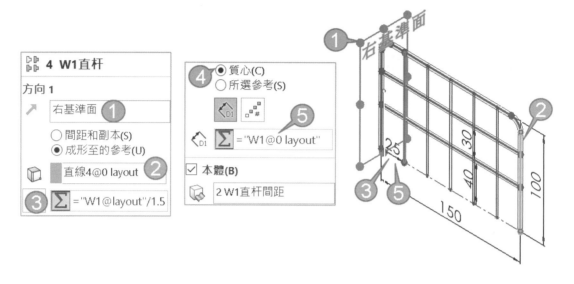

2-14 機架+護欄

機架與護欄同步變更看起來比較複雜與專業，其實只是草圖共用罷了。

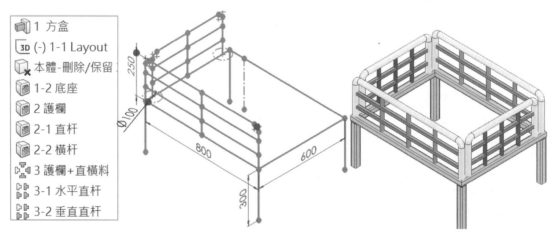

2-14-1 3D 草圖 Layout

1 個 3D 草圖有 2 組：機架與護欄。

A 機架

本節的機架與先前說明的方盒作為外部參考相同，不贅述，下圖左。

B 護欄

由於護欄有 2 邊（前面和側面），先畫 1 面完全定義後再畫另一面。

步驟 1 前面護欄草圖

畫 3 直線（ㄇ形）標上高度尺寸並完全定義，畫線過程跟上提示線，讓系統自動加入沿 X、Y、Z 軸向放置。不用矩形，因為矩形會有平行的限制條件，不好用不穩定。

步驟 2 直杆

直杆設計在中間，在線段中點繪垂直線，這條線只是過程。

步驟 3 線段

利用草圖工具的線段，☑草圖線段，將直線 3 等分。

步驟 4 橫杆

繪製 2 橫線在等分線上，未來高度變更，橫線會跟著等分，就不用製作關係式。

步驟 5 補畫直杆

完成一條線成為結構成員的路徑，否則 3 條短線會成為 3 個短本體，下圖右。

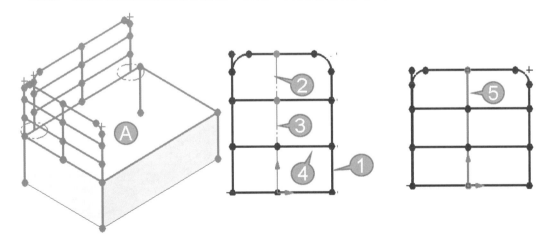

步驟 6 完成側面的 3D 草圖

標尺寸將 1. 前面與 2. 側面欄杆定義距離，避免欄杆之間干涉，下圖左（箭頭所示）。

2-14-2 機架製作

由方形管、40x40x4，2 群組條線構成。

2-14-3 護欄製作

護欄主體→直杆→橫杆，與上節相同不贅述，下圖右。

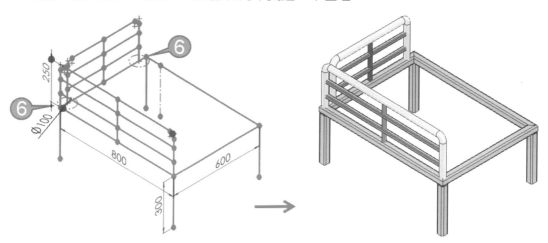

2-14-4 環狀複製排列欄杆

將 2 欄杆利用🔲完成另外 2 邊，雖然🔲可以 2 方向，會有重複鏡射本體的問題。

步驟 1 複製排列軸

選擇 3d 草圖中間的軸線。

步驟 2 ☑同等間距，360 度，數量 2

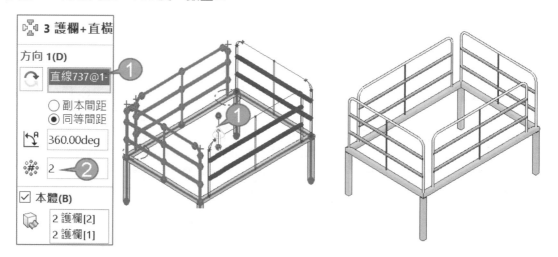

2-14-5 複製排列直杆

直杆數量為數字排列構成，當欄寬變更→直杆會變更，可減少輸入作業。本節的直杆在欄的中間 利用🔲的方向 1、方向 2 就能 1 個特徵完成複製。

A 前後方向的直杆複製

步驟 1 方向 1：右基準面

基準面成為複製方向參考最穩定。

步驟 2 成形至的參考：草圖邊線

點選欄寬的草圖路徑線作為複製排列的終點。

步驟 3 偏移距離：0、步驟 4 質心、步驟 5 設定副本數 =3

步驟 6 方向 2

原則上和方向 1 相同，有 2 項不同：1. 複製方向、2. ☑只複製種子特徵。

步驟 7 本體

點選前後方向中間的直杆，共 2 個本體。

步驟 8 ☑跳過之副本

將方向 1 左右 2 邊的本體跳過副本，因為複製排列會多一支在最旁邊。

B 左右方位的直杆

承上節，以前基準面進行 2 方向複製排列，不贅述，下圖中。變更垂直與水平尺寸，查看樓板和欄杆是否能跟上，下圖右。

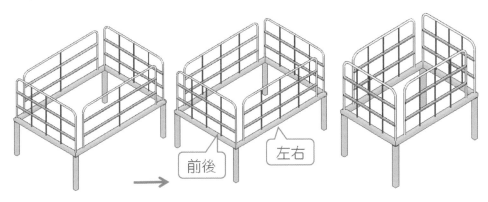

筆記頁

03

結構成員：定位輪廓

結構位置不理想，在⬚指令中更改設定，由**定位輪廓**（Align Profile）改變結構方向，例如：調整 C 形槽方向放置下方控制箱，定位不難學 10 分鐘就會了。

A 特徵環境下的草圖作業

定位輪廓是⬚的過程，也是特徵環境下進行草圖位置的改變，算是特殊功能。試想，✑過程無法進行草圖移動、搬移、旋轉...等。

B 模型定位不需要組合件

設計過程為了騰出空間，需要改變結構位置，特別是轉方向，常遇到為了定位問題轉往組合件組裝，特別是設計初期會重複修改，這時千萬不要往組合件思考。

很多人為了這需求跑到組合件一根根組（就為了好改，其實更難改），常說組合件是複雜作業環境。

3-0 定位輪廓介面與原理

在⬚下方的設定欄位來調整熔接輪廓：1. 鏡射輪廓、2. 對正軸、3. 旋轉角度、4. 定位輪廓。使用 1、3，是最簡單解決定位的行為，只要亂壓預覽是不是你要的就好，萬一不行再使用 2、4。

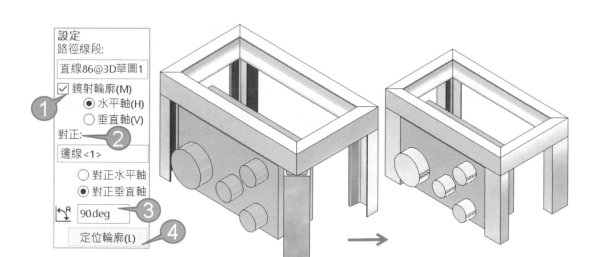

3-0-1 結構成員輪廓基準

🔲成型過程會引用輪廓檔案，成形過程預設以草圖原點依路徑成型，下圖左。

3-0-2 編輯結構成員輪廓

除了在🔲過程執行**定位輪廓**，也可以完成🔲後→編輯草圖，修改草圖位置，下圖右（箭頭所示）。各位看到這裡更能體會只是草圖作業，不一定在特徵環境才可以作業。

3-0-3 輪廓基準的彈性

將輪廓增加基準點（端點或草圖點）讓未來定位多了參考價值。本節學會 3 個邏輯思考：1. 只要有端點都可被定位、2. 可以在🔲完成後，編輯草圖增加想要的圖元，當下進行定位、3. 將經驗回饋到熔接輪廓模組。

🅰 方形輪廓

1. 原點+上下左右=5 點、2. 4 角落=4 點、3. 圓弧端點=8 點、4. 圓心點也可以=4 點，以上都是可使用的基準點，皆可成為未來方位參考，下圖左。

預設草圖原點在中間，下圖中，利用**定位輪廓**將輪廓定位在左側，下圖右。

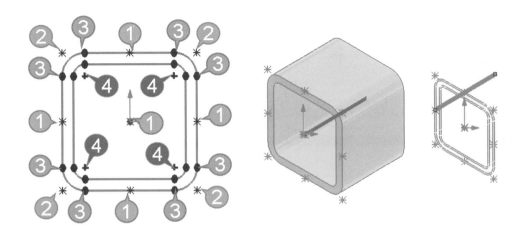

B 圓形輪廓

在圓形輪廓增加十字建構線，就能讓路徑增加 4 個定位點，常用在尺寸標註在外側的需求。由對照圖得知，一樣是 150，基準不同結果更不同，這是業界常發生的盲點。

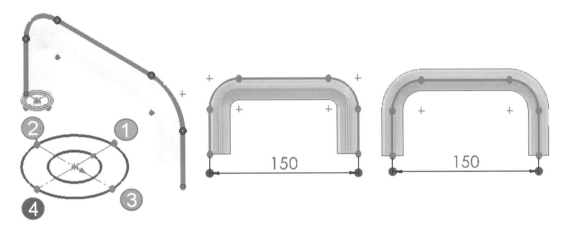

C L 角鐵輪廓

當角鐵位置不見得與樓板切齊（向外突出），會在輪廓上加畫建構線，下圖左、中。或上平面中間為鑽孔位置，也可加畫線段做為未來鑽孔參考，下圖右（箭頭所示）。

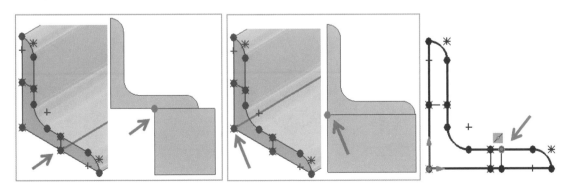

D I型鋼輪廓

I 型鋼最常使用上中下定位，下圖左。有時會遇到中間側邊騰空地方定位，就可以 1. 建構線或 2. 標尺寸定位，下圖右（箭頭所示）。

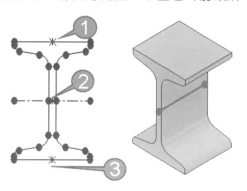

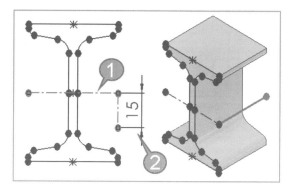

3-0-4 獨立群組：4 個群組

讓熔接輪廓獨立開來，才可分別調整輪廓位置，例如：4 隻腳要獨立群組。點選群組可見：1. 每個群組只有 1 個路徑線段（箭頭所示）、2. 獨立熔接輪廓。

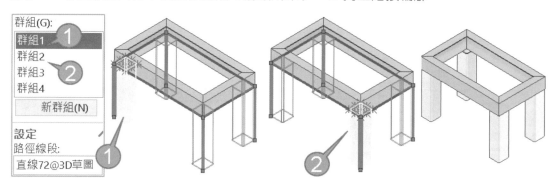

3-0-5 統一群組：1 個群組

承上節，1 個群組（**輪廓**）控制 4 條路徑線段（箭頭所示），若調整輪廓位置會同步調整，反而達不到你要的位置，形成有 1 好沒 3 好現象。

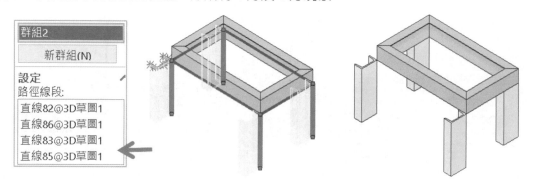

3-0-6 練習：將 1 群組獨立 4 群組

萬一 1 群組完成，需要修改輪廓位置時，如何將群組獨立開來（1 群組 1 條線）。

步驟 1 刪除群組 1 的 3 條路徑線段

點選群組 1，刪除 3 條（保留一條），下圖左。

步驟 2 點選新群組

步驟 3 點選第 1 條草圖線段

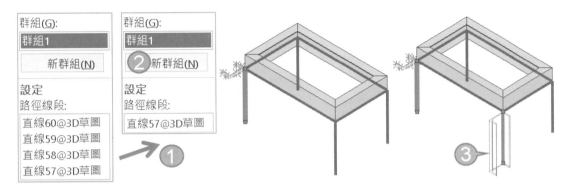

步驟 4 重複步驟 2、步驟 3 依序完成 4 群組

步驟 5 驗證群組

分別點選 4 個群組，每個群組各 1 條線並亮顯位置。

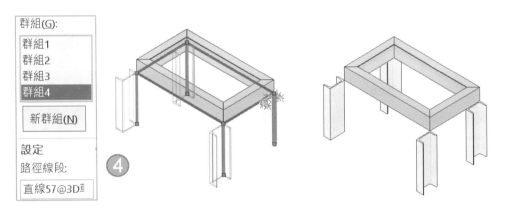

3-1 鏡射輪廓

定義：1. 水平軸、2. 垂直軸，快速輪廓鏡射放置，完成對正算賺到。**鏡射輪廓**經常與接下來的**對正、旋轉角度**配合。仔細看輪廓位置會有 3 個：1. ☑**鏡射輪廓**、2. 水平軸、3. 垂直軸。

3-1-1 水平軸與垂直軸

完成左下角C型鋼輪廓與控制箱貼齊，以骨架線為基準

步驟1 點選群組2，亮顯要修改的位置

步驟2 ☑鏡射輪廓、☑垂直軸

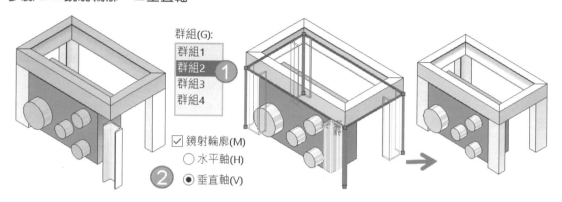

3-2 對正

指定模型邊線定義熔接輪廓，切換：1. **對正水平軸**、2. **對正垂直軸**，類似草圖限制條件：**共線對齊**✓✓，常用在非平行角度參考使用，**對正**通常會和**鏡射輪廓**配合使用。

3-2-1 對正水平軸或對正垂直軸

完成前面2根C型鋼與控制箱貼齊。

步驟1 ☑鏡射輪廓、☑水平軸

步驟2 點選模型邊線

點選左上角邊線為參考（箭頭所示）。

步驟3 分別切換：對正水平軸或對正垂直軸

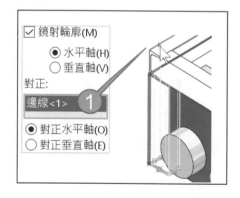

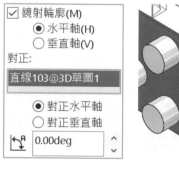

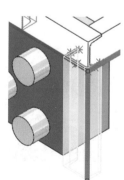

3-2-2 斜（有角度）的對正

參考模型斜線對正，很多人沒想到可以這樣，體會反正邊線都可以被參考。

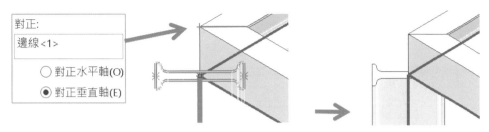

3-3 旋轉角度

旋轉輪廓角度來定位，可以直接旋轉到你要的位置。角度不支援負值，以絕對 0～360 順時針定位。直接輸入：0、90、270→↵快速看方位，會和**鏡射輪廓**配合。

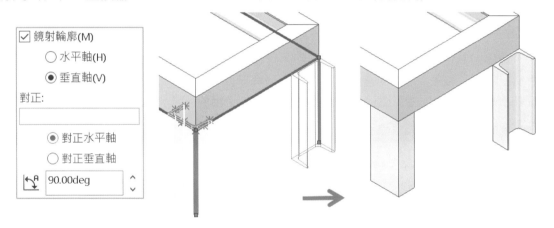

3-4 定位輪廓

重點就是這裡了，指定輪廓草圖點與骨架草圖貫穿，常用在定義輪廓角落位置，以及滿足包內/包外的尺寸需求。

Ａ 放大輪廓

點選定位輪廓會將輪廓放大，通常視角會拉太近，就縮小一點。

3-4-1 輪廓定位基礎

將輪廓定義到結構草圖內，這就是滿足包外尺寸。

步驟 1 點選定位輪廓（L）

按 ALT+L 可以迅速點到該項目，就不用滾輪往下滑。

步驟 2 將模型縮小

步驟 3 點選右邊草圖端點

步驟 4 查看

可見端點與骨架重合。

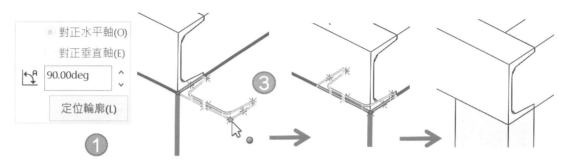

3-4-2 移動/旋轉草圖

定位輪廓其實是執行草圖的移動/旋轉，可以使用 1. 圖塊、2. 移動圖元、3. 旋轉圖元、4. 修正草圖。本節的邏輯皆可套用在所有草圖，例如：DWG 輪廓到 SW 草圖，會經常使用到移動/旋轉要讓草圖定位，使用**圖塊**是最常用的解決方案。

A 旋轉圖元

會刪除水平和垂直限制條件，要事後加上水平和垂直所以不好用。

B 修正草圖

移動旋轉過程雖然看起來可行，但退出草圖後，草圖回到原來位置。

C 圖塊

圖塊是最佳方案。

步驟 1 編輯輪廓草圖

步驟 2 框選草圖→產生圖塊

將插入點放置在輪廓中間。

步驟 3 移動/旋轉圖塊到想要的位置，並加入重合限制條件

步驟 4 退出草圖

可見結構位置到想要的地方。

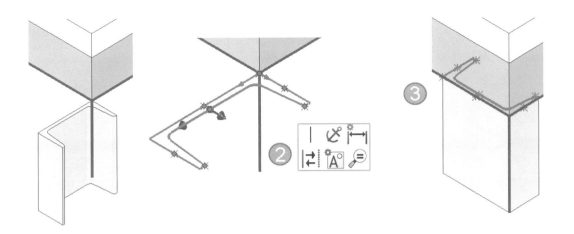

3-4-3 本體的移動/複製🐾

利用移動/複製🐾，完成本體定位，很多人沒想到可以這樣做。這部分在熔接爆炸圖與工程圖，有詳盡說明。

步驟 1 點選本體

步驟 2 點選 2 模型面

步驟 3 重合

步驟 4 結合對正

步驟 5 新增

步驟 6 重複步驟 2～步驟 5

　　🐾 本體-移動/複製1
　　　　人 重合/共線/共點1
　　　　人 重合/共線/共點2

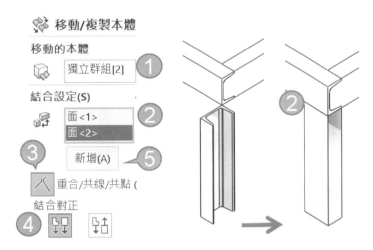

3-4-4 練習：角鐵結構

L 角鐵 35X35X5，分別：4 隻腳+2 底部支撐，共 4 個群組。

A 底部橫(群組 1、群組 2)

分別完成 2 群組，每群組點選 1 條水平線，另 1 群組使用鏡射輪廓，下圖左。

B 左直（群組 3）

點選左邊 2 條垂直線。

C 右直（群組4）

點選右邊2條垂直線、☑鏡射輪廓，下圖右。

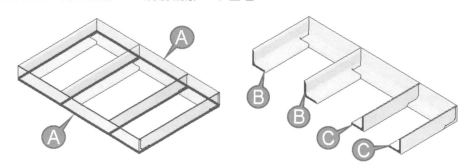

3-4-5 練習：椅子

骨架草圖尺寸分別在 1. 底墊下方，2. 椅腳上方。

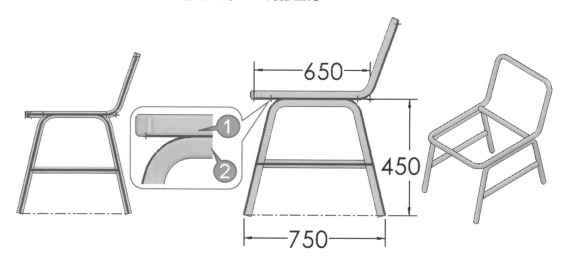

A 椅墊定位

希望輪廓在骨架草圖上方。

步驟1 編輯📦，點選群組1

步驟2 點選定位輪廓

可見輪廓被放大清楚顯示。

步驟3 點選草圖下方控制點

可見椅墊在骨架草圖上方。

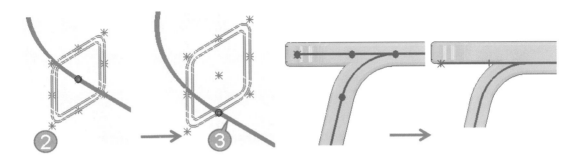

B 椅腳定位

希望輪廓在骨架草圖下方。

步驟 1 編輯◈，點選群組 1

步驟 2 點選定位輪廓

可見輪廓被放大清楚顯示，草圖不見得在理想位置，自行縮放模型判斷。

步驟 3 點選草圖左方控制點

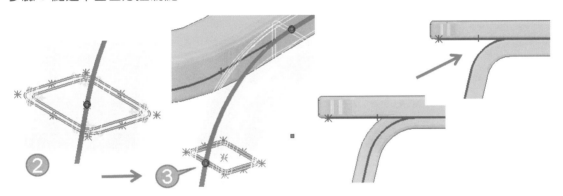

3-4-6 練習：上邊框

由角鐵圍繞著機架上方 4 條線構成，重點在包外尺寸，故意讓角鐵有部分在外面，這樣的結構業界很常見。

步驟 1 編輯上邊框◈

步驟 2 定位輪廓

將角鐵下方中間與上方 4 條線的線段重合。

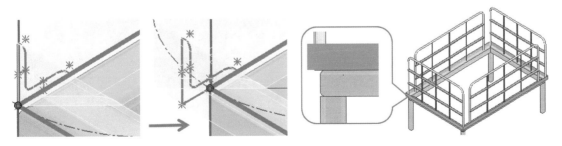

筆記頁

04

修剪與延伸

本章進入熔接第 2 脈：**修剪/延伸**（Trim/Extend）進行本體分割後移除，能當下控制多種對接型式。由於骨架以草圖線段構成，成形後擁有厚度會有干涉可能。

A 修剪/延伸VS 修剪與延伸

業界習慣以修剪稱呼，直覺印象修剪就是移除。**修剪/延伸=本體、修剪與延伸=草圖**，認識這邏輯就是學習的延伸，換句話說，草圖有修剪，特徵也有修剪。

B 不容易學

是熔接中最難學，這就是任督第 2 脈的原因，第 1 次接觸到這樣的操作模式，沒掌握指令邏輯容易放棄，不用改以建模，本章要破除很難理解的迷失。

C 修剪與延伸盲點

修剪=減除，別忘了這指令包含**延伸=增加**。

D 打通任督 2 脈

本章尾聲說明內部和外部修剪，操作很像智力測驗，會這些邏輯絕對能打通任督 2 脈，熟練後可一次剪多個本體，甚至更進一步懂得減少特徵數量（特徵越多算越久）。

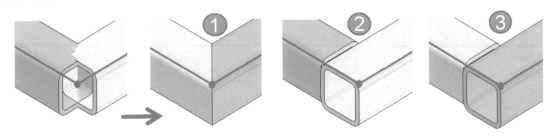

4-0 修剪指令認知

進入指令由上到下可見：1.角落類型、2.修剪的本體、3.修剪邊界。

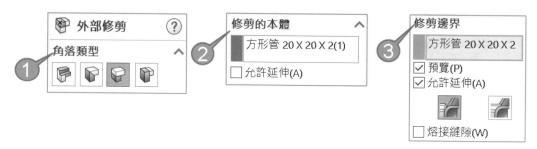

4-0-1 角落類型（Corner Type）

由圖示可知4種切割形式，不必太理解操作準確度，**只要按按鈕**由預覽看出你要的修剪型式即可。由左到右分2組：第1組💼=干涉（重疊）修剪、第2組💼💼💼=結構修剪。

角落類型的選項觀念都一樣，例如：修剪的本體、修剪邊界、允許延伸、熔接縫隙…等，望文生義學習相當好理解，下圖左（箭頭所示）。

A 修剪的本體

顧名思義點選要修剪的本體（被修剪的本體）。

B 修剪邊界

定義被修剪的參考，可以控制修剪細節，例如：延伸、縫隙。換句話說，本欄所選的本體只是參考，不會被修剪到。

4-0-2 外部修剪💼

修剪分內部或外部，💼=外部修剪，💼完成以後進行💼，會留下特徵記錄，下圖右。

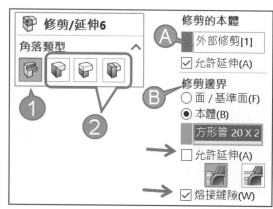
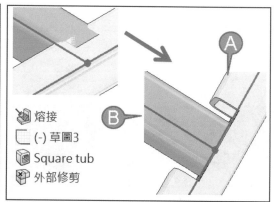

4-0-3 內部修剪

在🔳指令內部，於設定欄位中☑**套用角落處理**，也可針對角落進行細節處理，不會額外產生特徵，下圖右。其實沒有內部修剪指令，只是習慣這麼稱呼。

4-0-4 修剪包含延伸和縫隙

🔳指令操作中會習慣只有修剪，卻忘了還有 1. ☑允許**延伸**和 2. 熔接**縫隙**功能。

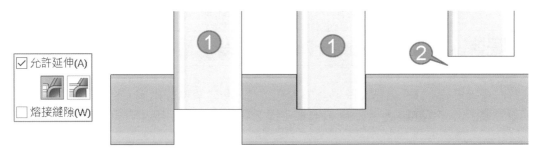

4-0-5 先睹為快🔳

將 2 本體干涉進行修剪，完成後沒想像中的難，能體會這是不用草圖的特徵。

步驟 1 底端修剪🔳

步驟 2 修剪的本體

點選 2 個要修剪的本體，這句話感覺很廢對吧。

步驟 3 修剪邊界

點選修剪邊界的欄位啟用→☑本體→點選另 1 個本體做為切割參考。

步驟 4 查看

可以見到原本干涉的本體，被修齊在另一本體上。

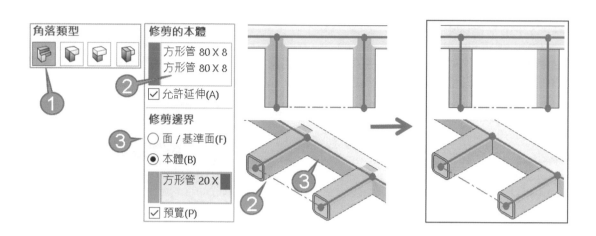

4-0-6 外部修剪、內部修剪差異

	優點	缺點
外部修剪	功能多，方便調整結構形式	增加特徵數量、增加模型運算
內部修剪	操作簡單與彈性、減少特徵數量	不好理解（因為隱藏版選項）

4-1 底端修剪（End Trim，預設）

修剪干涉區域，只要想到去除多餘料就可以了，最簡單也最常用，下圖左（箭頭所示）。本節重點在：1. 修剪的本體、2. 修剪邊界，這 2 欄位要同時使用才可見預覽。

A 欄位顏色

留意欄位顏色判斷所選本體。

B 本體在哪個欄位中，讓系統計算罷了

常遇到同學無法理解為何要分這 2 項。其實只是點選本體到 **1. 修剪的本體**或 **2. 修剪邊界**的欄位**讓系統計算**，SW 目前還無法自動判斷你要怎樣的修剪形式，只能人工。

C 本節是前哨站

開始認識術語和指令邏輯，會了以後剩下 3 種角落類型就容易了，保證會越來越喜歡製作機架。

4-1-1 修剪的本體（紅色）

選擇要被修剪本體（可一次選多個），例如：中間結構要被修短，1. 點選中間方型管→2. 點選修剪邊界的面，這部分先睹為快已經說明過。

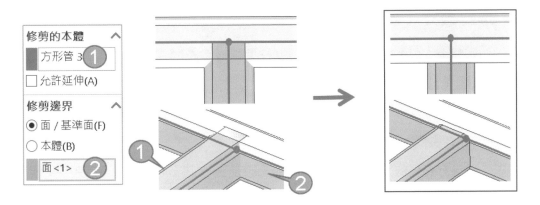

A 允許延伸（Allow Extension，長料）

　　讓結構延伸，類似**成形至某一面**，例如：左邊結構為原來樣子，將結構延伸到指定面。

1. 點選右邊方型管→2. 點選修剪邊界的 2 面。

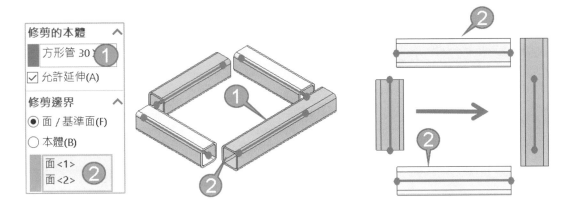

B 修剪的本體適用🔲

　　修剪本體只能由🔲構成，否則會出現**只有結構成員產生的本體才可使用**訊息，例如：
圓棒為⬭構成。

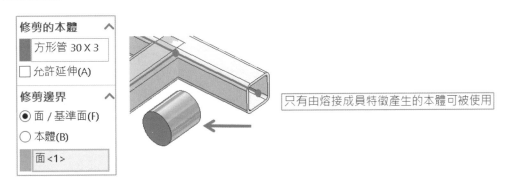

只有由熔接成員特徵產生的本體可被使用

4-1-2 修剪邊界（粉紅色）

選擇切割範圍，可來自 2 種參考：1. **面/基準面**或 2. **本體**。

A 面/基準面（預設）

以面為參考進行修剪，類似切割面，可點選特徵面、基準面，面不見得要🧊的面。

B 本體（適用🧊本體）

點選本體進行整體的修剪參考，只能點選🧊產生的本體。如果沒有修剪差異，點選本體的點選速度比較快，但本體過多且複雜時不要點選，因為本體面積過多會占用效能。

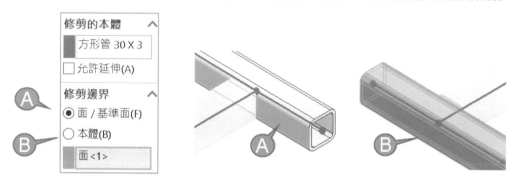

C 允許延伸（參考）

讓結構虛擬延伸除料，類似完全貫穿，1. 修剪的本體、2. 修剪邊界，☑本體。

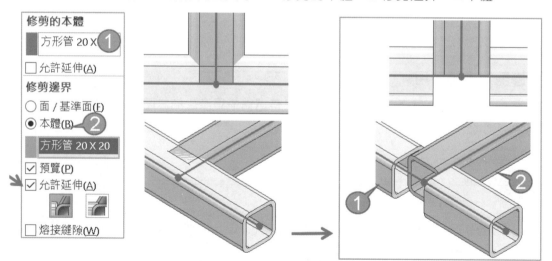

D 本體間的簡易切割（Simple Cut，適用本體）

使結構與接觸面齊平，1. 修剪的本體、2. 修剪邊界，☑本體。

E 本體間的塔接切割（Coped Cut，適用本體）

使結構包覆本體，是用圓管包覆，下圖右。

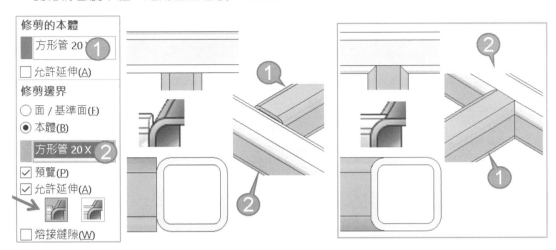

F 熔接縫隙（適用 ）

在修剪邊界產生縫隙，1. 修剪的本體、2. 修剪邊界，☑面/基準面。縫隙常用在多件焊接會有：熱變形、管材真直度、管件放置準確度...等。

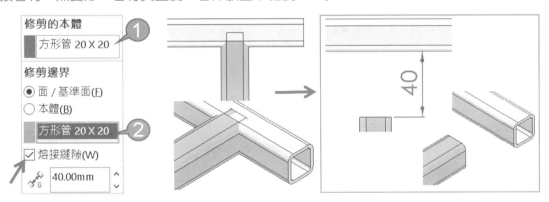

G ＝內部縫隙

T 型對接說明 ＝內部縫隙，能突破盲點。這 2 條線因為沒連續，必須使用 2 群組完成，就能在**群組 2** 加入縫隙。很多情境不用指令 就能產生縫隙。

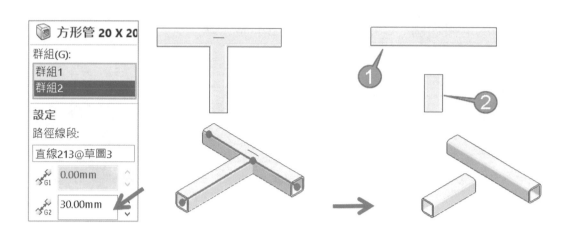

H 面/基準面 VS 本體

	點選速度	關聯性計算	特徵限制	修剪範圍
A 面/基準面	慢	快	一般特徵、🗔皆可	小
B 本體	快	慢	結構成員	大

4-1-3 切割方塊（又稱小方塊）

顯示與判斷切割的本體是否要保留，例如：點選面系統將本體分割為 2，這是☑**預覽**結果。切割方塊有 2 欄位：1. 左邊=本體代號，2. 右邊=可點選**保持**或**放棄**，下圖左。

A 計算邏輯

接觸的本體為干涉狀態，會自動判斷**放棄**。

B 練習：大量修剪的手法

修剪的本體可以為修剪參考，一次完成多本體修剪，以減少修剪指令數量。

步驟 1 修剪的本體

點選中間 4 個本體。

步驟 2 修剪邊界

☑面/基準面，點選中間 4 個內面（前後左右）。

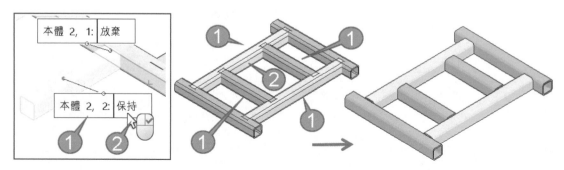

C 斜管-放棄本體

修剪過程系統無法判斷你要的，多半來自干涉面積不夠大或不平均，以業界常見的斜管加工，學會切換小方塊：保持或放棄。

步驟 1 修剪的本體

點選 2 斜管，□允許延伸。

步驟 2 修剪邊界

☑面/基準面，點選內部 4 面（箭頭所示）。

步驟 3 放棄本體

由小方塊看出系統判斷保持，自行切換放棄本體→↵，下圖右。

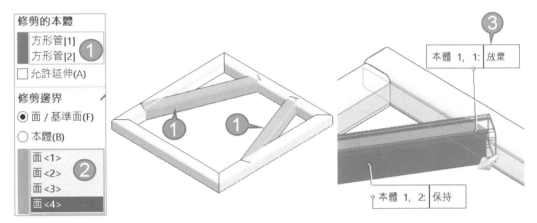

D 斜管-修剪邊界：本體

體會點選本體的修剪法，下圖左。

步驟 1 修剪的本體

點選 2 斜管，□允許延伸。

步驟 2 修剪邊界

☑本體，選擇外框 4 本體，會發現自動修剪好。

E 斜管-刪除本體

多餘本體無法由小方塊控制，必須事後**刪除本體**，算是解決方案，下圖右。

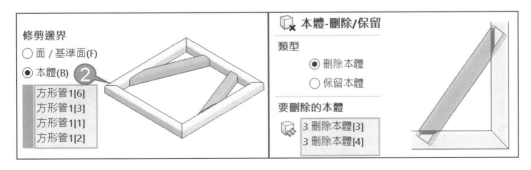

4-1-4 榫接-本體

榫接常用在木工，本節有點智力測驗，其實就是搞懂 1. 修剪本體、2. 修剪邊界、3. ☑本體、4. □允許延伸。

步驟 1 修剪的本體

長的要有缺口就點選長的本體、□允許延伸。

步驟 2 修剪邊界

☑本體，點選短本體。

步驟 3 □允許延伸

不能投影到材料邊界。

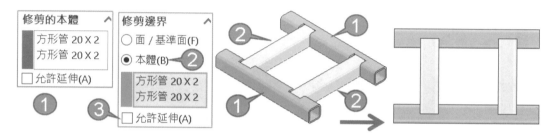

4-1-5 角鐵修剪

角鐵修剪實務很常見，重點在 1. 修剪邊界的面和本體、2. 小方塊的控制。

A 修剪邊界

本節重點要多選**面**讓系統計算。

步驟 1 修剪的本體：點選左邊角鐵

步驟 2 修剪邊界

☑面/基準面，點選 3 面（ABC）。

步驟 3 保持/放棄

由小方塊自行判斷本體的保持/放棄。

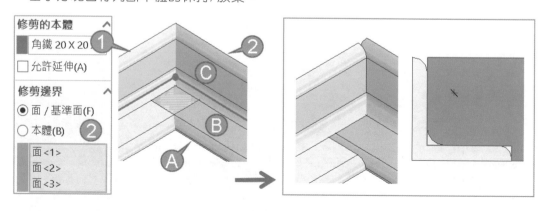

B 修剪邊界:本體

本節重點直接點選**本體**讓系統計算。

步驟 1 修剪的本體

點選左邊角鐵，□允許延伸。

步驟 2 修剪邊界

☑本體，點選本體、□允許延伸、 。

步驟 3 保持/放棄

由小方塊自行判斷本體的保持/放棄。

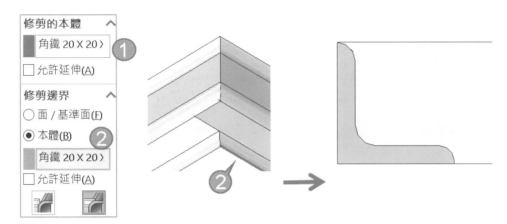

C 查看

會發現有些細節不符合實際樣貌，導入初期先這樣就好，否則導入太久公司會失去耐心，下圖左。導入到下一階段，用第 2 特徵除料完成細節處理。

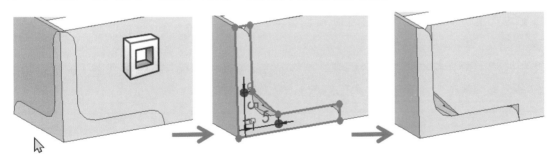

4-2 底端斜接（End Miter）

將 2 本體端面產生 45 度斜接處理，常用在角落平整緊密結合、增加黏著面積。

A 本體選擇沒順序、1欄位1本體

由於斜接修剪形式相同，所以**修剪本體**和**修剪邊界**欄位的本體選擇沒順序之分，並且1個欄位只能點選1個本體，相當容易學。

B 一角落一指令

1個指令只能點選2相鄰本體=只能1個角落，若4個角落就要4個。

4-2-0 先睹為快

先完成結構並確認內部修剪議題→再使用。

A 結構製作

方形管 20X20X2，口套用角落處理，下圖左（箭頭所示）。

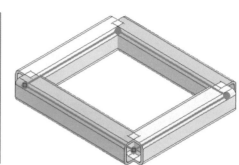

方形管 20*20

設定
路徑線段：

直線3@草圖3
直線4@草圖3
直線1@草圖3
直線2@草圖3

☐ 套用角落處理(C)

B 底端斜接

可見到框架角落干涉，點選進行。

步驟1 保持顯示📌

由於要製作4次，按下📌製作速度更快。

步驟2 第1角落

分別點選2本體→↵，見到角落完成。

步驟3 第2、3、4角落

自行完成另外3個角落，於特徵管理員可見4個，感覺速度很快對吧，但缺點特徵比較多，後面各位就會學到的**內部修剪**來減少特徵數量。

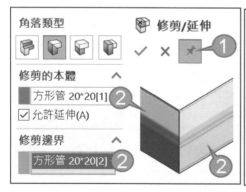

角落類型

修剪/延伸

✓ ✕ 📌 ①

修剪的本體 ∧

■ 方形管 20*20[1] ②

☑ 允許延伸(A)

修剪邊界 ∧

■ 方形管 20*20[2] ②

② ②

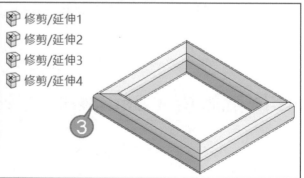

📦 修剪/延伸1
📦 修剪/延伸2
📦 修剪/延伸3
📦 修剪/延伸4

③

4-2-1 斜接修剪平面點（Miter trim plane point）

相同類型但不同大小的結構（例如：方管 30x30 與 30x20），是否以頂點作為修剪參考。可使用草圖線段端點，建議製作草圖點讓修剪參考，此項目配合**同等角度斜接**▷。

雖然模型面的點也可作為參考，因為塗彩預覽沒有帶邊線不好點選，希望 SW 改進。

A 同等角度斜接（Equal angle miter，預設）▷

將斜接角度等分（置中），下圖左（箭頭所示）。點選**斜接修剪平面點**可定義結構單邊位置（箭頭 1）會改變斜接角度，下圖右（箭頭所示）。

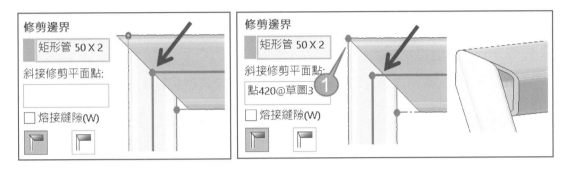

B 完整平頭斜接（Full Flush Miter）▷

自動將結構讓斜接齊（箭頭所示），2021 新功能。

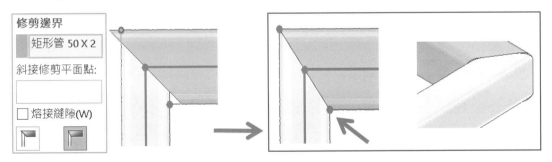

C 非 90 度的斜接▷

承上節，非 90 度的自動斜接也是這功能亮點之一。

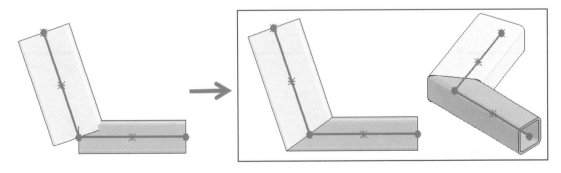

4-3 底端對接（End Butt）

調整對接型式：**底端對接 1**、**底端對接 2**，將本體調整位置，常用在改變強度。

A 本體選擇沒順序、1 欄位 1 本體

由於底端對接可以相互切換改變角落型式，由預覽達到需求即可。所以**修剪本體**和**修剪邊界**欄位的本體選擇也沒順序之分，並且 1 個欄位只能點選 1 個本體。

B 一角落一指令

操作和一樣每個欄位只能點選 1 個本體，且例如：4 個角落要 4 個修剪指令。

C 先修干涉→對接

本節屬於設計品質階段，先**底端修剪**把干涉排除→再調整**對接型式**、。

4-3-1 結構製作

2 個方形管 20X20X2，保持顯示（箭頭所示）。

步驟 1 方框結構

點選上方 4 條線、□**套用角落處理**，讓結構各自獨立顯示。

步驟 2 腳結構

點選下方 4 條垂直線，腳與框架之間為干涉狀態，下圖右。

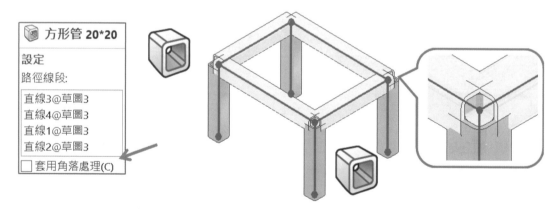

4-3-2 腳的干涉修剪

利用**底端修剪**一次解決 4 隻腳的干涉。

步驟 1 修剪的本體

選 4 隻腳。

步驟 2 修剪邊界

點選矩形下方 1 個面,系統以投影切齊計算。

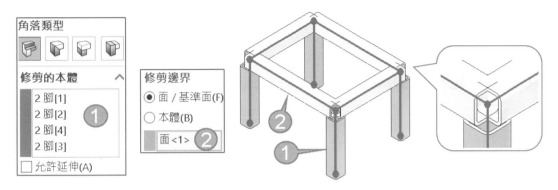

4-3-3 上方框架結構-對接

讓 4 支腳撐長邊。

步驟 1 底端對接 1🝵或底端對接 2🝵

自行切換角落類型。

步驟 2 修剪的本體

點選本體 1。

步驟 3 修剪邊界

點選另一相交本體,可見預覽→↵,完成 1 個角落🝵。

步驟 4 點選🝵,重複步驟 2、步驟 3

特徵管理員可見 4 個修剪。

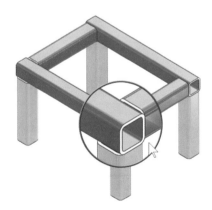

修剪/延伸1
修剪/延伸2
修剪/延伸4
修剪/延伸6

4-4 內部修剪-角落類型

於🔲指令內部快速改變相交結構，內部修剪=速度快。建議🔲的**角落類型**和🔲**角落處理**名稱統一，這樣比較不會搞混。

4-4-1 單一結構成員製作

由 1 個🔲完成方形管 20X20X2，讓修剪在內部進行，甚至支援群組 1 和群組 2 之間。

步驟 1 上方框

點選 4 條線、☑套用角落處理，預設斜接🔲，完成群組 1。

步驟 2 按新群組

產生群組 2，製作 4 隻腳。

步驟 3 4 支腳

點選 4 條線→↵，會發現腳=底端修剪，與上方結構無干涉狀態，下圖左。

4-4-2 2 結構成員

由 2 個🔲分別完成，第 1🔲=上方框，☑**套用角落處理**🔲、第 2🔲=4 隻腳，但腳會產生干涉，更能得知 2🔲之間必須使用🔲，下圖右。

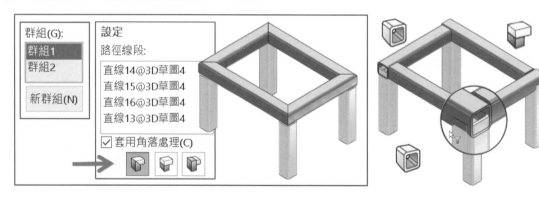

4-4-3 合併斜接修剪的本體（Merge Miter Trimmed Body）

是否要**合併斜接修剪的本體**，這是隱藏版項目（箭頭所示），要讓它顯示必須：1. 所選線段為連續、2. ☑套用角落處理：底端斜接🔲。

A ☑ **合併斜接修剪的本體（預設開）**

合併 2 本體為 1 個。常用在製程，例如：加工廠焊接，公司進料為 1 個零件，下圖左。

B ☐ **合併斜接修剪的本體**

不合併本體，例如：進料 2 支鋼管自行焊接，這部分縫隙說明過，不贅述，下圖右。

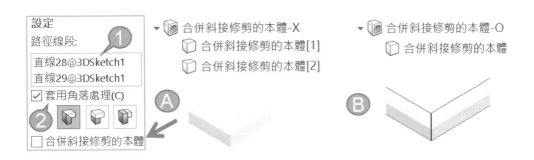

4-4-4 底端對接之簡易切割 ✐ 與塔接切割 ✐

本節以型鋼說明底端對接的：1. **簡易切割** ✐、2. **塔接切割** ✐、3. ☑允許突出，特別是**允許突出**，可見型鋼延伸的型式，不同的輪廓產生的感覺不同。

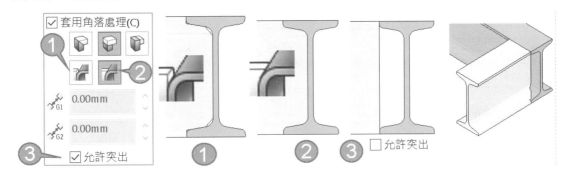

4-5 內部修剪-角落處理視窗

對接形式不是我們要的，切換：對接 1🔲、對接 2🔲又無法 2 全其美，這時就要更深的層的角落處理了，常遇到很多人不知道有這功能，希望🔲也有角落處理視窗。

4-5-0 進入角落處理視窗

於🔲製作過程中，在本體相交處 1. 點選粉紅色點→2. 出現**角落處理**視窗。

A 整體與單獨的角落處理

1. ☑套用角落處理=整體、2. 角落處理視窗=單獨定義角落型式，一開始在這會搞混。

B 為何沒有角落處理視窗

L 型斜接=角落，2 平行結構就沒有，如此更能理解何謂角落，下圖右。

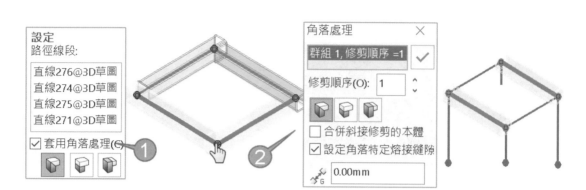

4-5-1 角落處理清單

本節以 2 群組（群組 1：上矩形、群組 2：下 4 隻腳）產生角落。於視窗清單中就會出現 4 種組合，接下來以 ABCD 表示。

A. 群組 1, 修剪順序 =1	C. 群組 2, 修剪順序=2
B. 群組 1, 修剪順序=2	D. 群組 2, 修剪順序=1

4-5-2 修剪順序

3 本體或多本體相交時，由增量方塊切換結構型式。通常不會想了解順序的原理，只要 1. 點選上方清單中的群組→2. 增量方塊上下，找到要的型式→3. ✔接受角落。

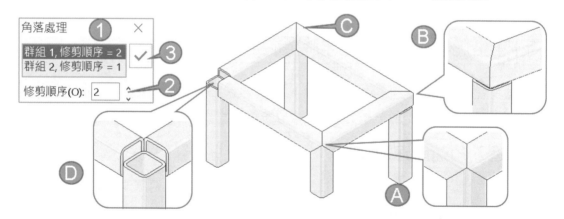

4-5-3 套用角落處理（常用在對接 1▱或對接 2▱）

單獨定義所選的角落型式，這部分就是解決方案了。

Ⓐ ☑套用角落處理=循環的

有 1 好沒多好，例如：上方矩形為連續本體，希望長邊接短邊，切換▱或▱，只有 2 個角落滿足希望（箭頭所示）。

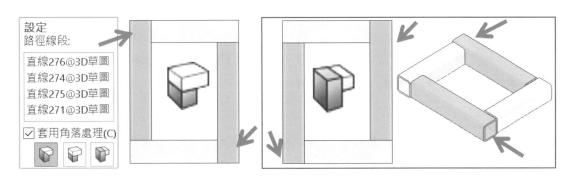

B 角落處理視窗

點選要改變的角落切換🔲或🔲，輕鬆完成長邊接短邊。

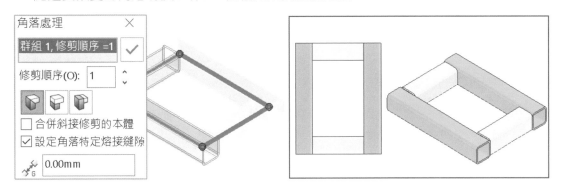

4-5-4 多結構內、外部角落處理

一個🔲完成的結構利用🔲=內部，下圖左、🔲=外部角落處理，下圖右，本節會了以後能突破盲點並掌握修剪技術，甚至會發覺指令沒有你想像這麼好，也沒有你想要的功能。

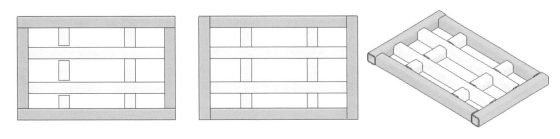

4-6 干涉檢查

自 2019 零件多本體可干涉檢查🔲，先前版本只能組合件干涉檢查🔲。常遇到修剪完就出圖，等到加工後才發現有干涉，應該要 1. 修剪🔲→2. 干涉檢查🔲→3. 出圖🔲。

4-6-1 零件干涉檢查

🔲在評估工具列，不過 2019 在工具→評估🔲，自行將指令移到評估工具列中。按計算，於繪圖區域呈現干涉本體，可以選多個項目，查看 2 個以上的干涉。

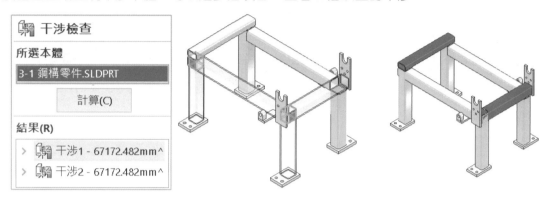

4-6-2 組合件干涉檢查

先前版本，只能在組合件進行🔲，這時要透過手段完成。換句話說，不一定為熔接模型、不一定要 2019 都可以零件干涉檢查。

A 包含多本體的零件干涉

只要把熔接零件放在組合件中→🔲→☑**包含多本體的零件干涉**，可進行多本體干涉檢查，這部分是業界的解決方案。

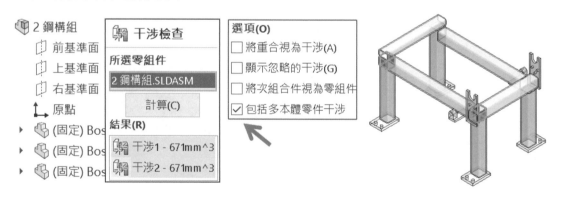

4-7 修剪注意事項

修剪有很多眉角，原則特徵越多電腦越慢，減少特徵數量對未來設變很有幫助。若用在應付求快不太有設變，🔲內的 1. **群組**和 2. **角落處理**是最好方式。

4-7-1 亮顯修剪

特徵管理員點選直覺查看修剪端面亮顯，迅速得知沒剪到的部分，下圖左。

4-7-2 可以重複修剪

被修剪的本體可以再被修剪，最好不要這樣，這很耗效能。

4-7-3 修剪的前身

其實是 1. **分割**與 2. **刪除本體**的整合版。不需要草圖也不需要執行，可以一次修剪多個本體，很有效率的功能，不過他必須搭配。

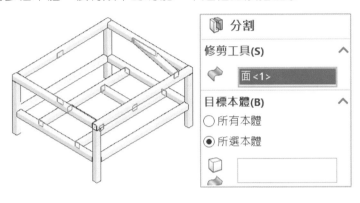

4-8 修剪練習

由修剪操作邏輯了解製程，更能體會智力測驗樂趣，藉由剖面看出修剪結果，本節能體會使用 2 次修剪才可以完成想要的設計，口訣：先修干涉再通孔。

常遇到沒通到孔的圖發出去加工，讓管子沒通到孔更無法焊接。工程圖我們很重視管件相接有沒有那一條線，決定相接還相通。

4-8-1 垂直 3 通-通孔

完成下管通孔讓上管牢固，常用在厚管，本節利用**底端修剪**完成。

步驟 1 分別完成 2 個管路

下管 33.7X4、上管 21.3X2.3。

步驟 2 修剪上管

1. 修剪的本體=上方直管→2. 修剪邊界=下方圓孔面→3. ↵，看得到干涉（箭頭所示）。

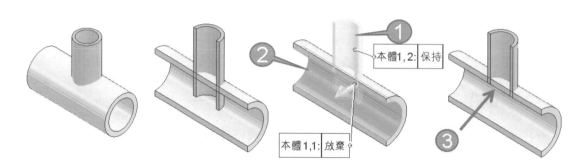

步驟 3 修剪下管

上管參考，完成下管通孔。1. 修剪的本體=下管→2. 修剪邊界=上管→3. ↵。

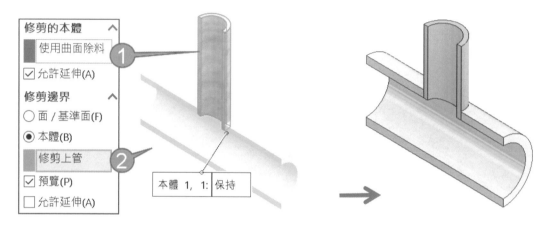

4-8-2 垂直 3 通-接面孔

完成下管鑽孔讓上管面接孔，本節利用**底端修剪**完成。

步驟 1 下管通孔

1. 修剪的本體=下管→2. 修剪邊界=上管內孔面→3. ↵，這時看得到干涉區域，下圖左。想像一下，選擇上管外面，會讓下方孔徑和上方外徑相等，管子會掉下來。

步驟 2 上管下方

1. 修剪的本體=上管→2. 修剪邊界=下管本體→3. 點選保持→4. ↵，下圖右。

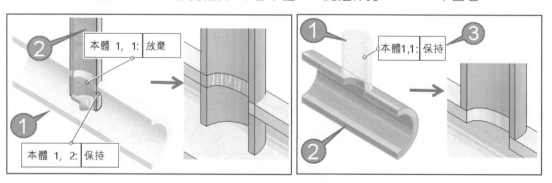

4-8-3 斜 Y-沒通

　　直管為主，斜管為輔，利用**底端修剪**✂完成。y 通孔比較難更智力測驗，主要是管的外面或內面，很多人用除料完成，但是斜的柱孔不好除，使用🔩速度又快又穩定。

步驟 1 分別完成 2 個🔳管路

　　直管 33.7X4、斜管 21.3X2.3，下圖左。

步驟 2 修剪斜管多餘料🔩

　　1. 修剪的本體=斜管、口允許延伸➡2. 修剪邊界=直管外面➡3. 放棄➡4. ↵，下圖右。

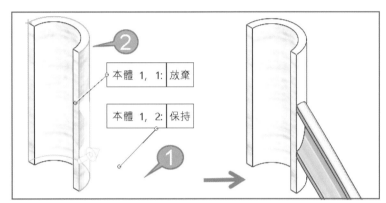

4-8-4 斜 Y 通孔

　　完成 Y 管通孔讓直管牢固，常用在厚管，利用**底端修剪**✂完成。

步驟 1 修剪斜管多餘料🔩

　　1. 修剪的本體=斜管➡2. 修剪邊界=直管內面➡3. 放棄➡4. ↵，斜管還在直管裡面。

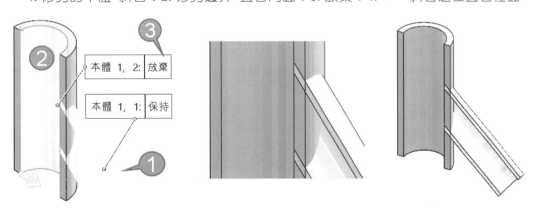

步驟 2 直管通孔🔩

　　1. 修剪的本體=直管➡2. 修剪邊界=斜管外面➡3. ↵，完成通孔。

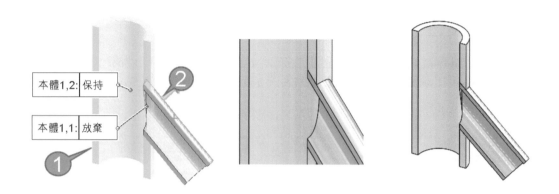

4-8-5 Y 通接面

完成 Y 通的面接孔，常用在薄管，這題比較難。

步驟 1 直管通孔

1. 修剪的本體=直管→2. 修剪邊界=斜管內孔面→↵，這時看到斜管多餘料。

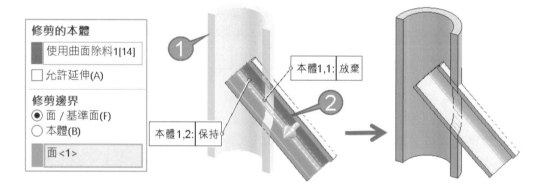

步驟 2 修剪斜管

1. 修剪的本體=斜管、口允許延伸→2. 修剪邊界=直管外面→3. 放棄→4. ↵。

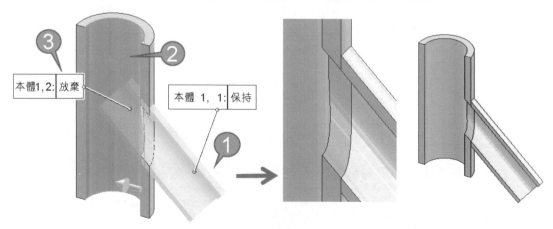

05

連接板

　　連接板（Gusset，俗稱支撐、角料、角板、肋板）📎，加強兩結構強度或節省材料。聽到**連接板**聯想不起來這是啥，也感覺功能很低階，其實這是原廠翻譯不夠強而有力，**支撐板**比較有吸引效果。

A BOM 數量

　　📎在 BOM 會有很多數量，甚至焊接作業**採臨時**增加或減少數量的彈性，就像螺絲螺帽，沒必要計較多算幾顆、少算幾顆。

B BOM 算料技術

　　剛才是以前的說法，現在模組化要求數量要準確，利用其他方式在 BOM 增加消耗的數量，例如：100 的支撐板+10 的預計耗損，BOM 要 110 支撐板，如何在 SW 有 100、10、110 的值，而不是在 ERP 處理，這就是 SW 的技術了，這部分 SW 可以達成。

C 多本體即可使用

　　沒限制一定要在🗔使用，只 2 面就可以使用，很多人沒想到可以這樣，因為📎指令在熔接工具列，以為只有熔接使用，突破盲點將使用程度提升，讓設計變靈活更可減少錯誤。

D 不用草圖的特徵=王道

　　📎不用畫草圖，點一點面就好，使用草圖→🔲，或草圖→📎。

E 設計的示意

設計初期會用  示意設計元件，例如：未來這是**機架連接座**。

F 過濾面 ▣

指令會大量點選面，使用濾器**僅選擇面** ▣，可以加速選擇，更可以體會愜意心情。

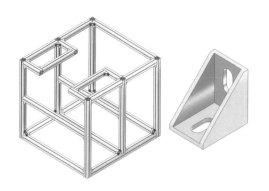

5-0 指令位置與介面

指令由上到下可見：1. 支撐面、2. 輪廓、3. 位置，下圖右。

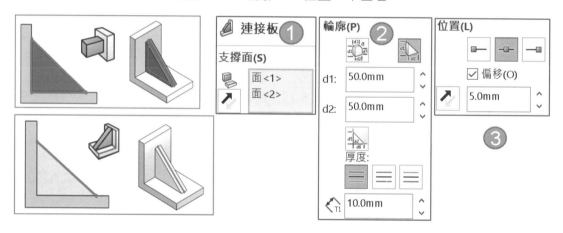

5-1 支撐面（Supporting Face）

支撐面=連接板位置，不需草圖用點的就可以，會感慨太慢認識。

5-1-1 面

點選2相交本體相鄰面，選擇第2面有預覽，面選擇順序=尺寸基準。

5-1-2 反轉輪廓 ↗

反轉 D1、D2 參數，不必人工對調，例如：80X50⇆50X80，也可透過↗修正。

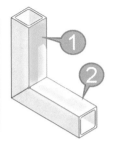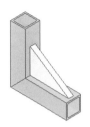

5-1-3 圓管上加支撐板

圓管更可體會支撐板不同感受，例如：公園的健身器材，下圖左。

5-1-4 單獨特徵沒有草圖

由特徵管理員得知，◢為單獨特徵沒有草圖，2 個位置就會有 2 個◢，設變要一個個改，下圖右。我們希望未來特徵能統一，如同圓角特徵。

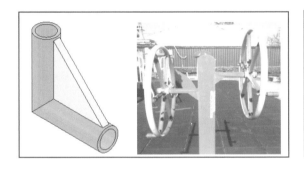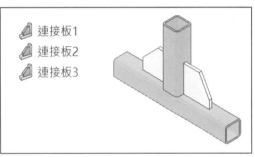

5-2 輪廓（Profile）

輪廓又稱大小，有 2 圖示：1. **多邊形**◻、2. **三角形**◺，圖示對應下方參數位置，例如：D1～D4，除此之外還可為這 2 類型加導角，通常由預覽調到你要的大小。

5-2-1 多邊形（Polygonal）

多邊形支撐。輸入邊長尺寸 D1～D4 或角度 A1，D4 和 A1 僅能 2 選 1。角度（a1）僅適用多邊形，例如：輸入 D1=50、D2=50、D3=15、A1=45，下圖左。

5-2-2 三角形（Triangular）

三角形支撐。輸入邊長尺寸 D1=100、D2=100，很可惜無法輸入角度。因為簡單輸入，會以三角形示意讓 BOM 帶數量，例如：鋁擠型連接座。

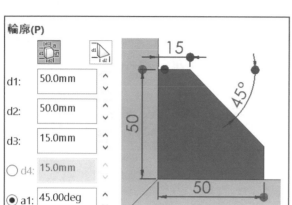
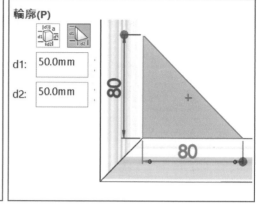

5-2-3 導角（Chamfer）

將**多邊形**或**三角形**左下方加上導角處理，常用在焊道空間、節省重量，換句話說導角可做可不做。設定邊長尺寸 D5=30（或 D6）、a2=45。

A 節省工時

連接板幾乎為雷射切割，導角預留焊道空間，免得組裝過程要焊道空間時，才在由現場人員切除，若板子太厚或材質太硬更難處理。

B 另一種形式

常遇到類似長條型的支撐，可以用導角來完成，下圖右。

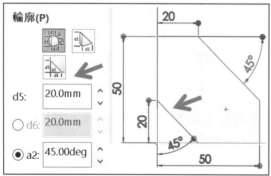
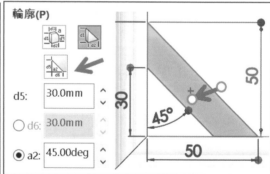

5-2-4 厚度

設定總厚度和成形方向。以所選面中心為基準（本節以草圖線段示意），定義厚度往內側、兩邊、外側成形。

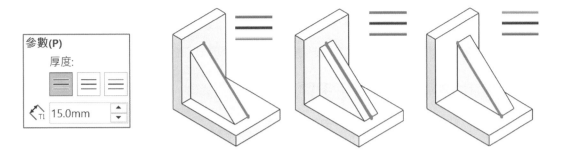

5-2-5 反轉方向（適用圓管）

圓管有共同面定義支撐板位置，點選箭頭可以控制連接板的位置。

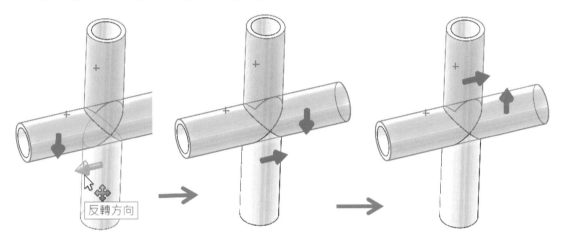

5-3 位置（Localtion）

3 大圖示計算連接板位置，還可使用**偏移**，讓位置定義更完整，成形位置通常亂壓壓到你要的位置。位置和厚度有相對關係，本節以**厚度為中間**說明（箭頭所示）。

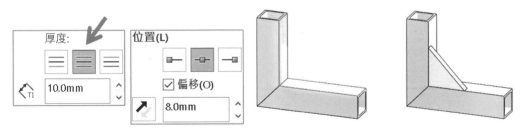

5-3-1 輪廓位於起始點（Start Point）

由所選面起點成形，若發現連接板超出範圍，將厚度修正位置即可，下圖左。

5-3-2 輪廓位於中點（預設）

由所選面中點成形，也是常用設定，下圖中。

5-3-3 輪廓位於終點

由所選面終點成形厚度，下圖右。

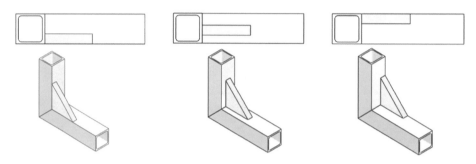

5-3-4 偏移

以上述成形基準，進行連接板偏移補正，口訣：先基準後偏移。本節與厚度、輪廓位置互補，常用在連接板端面貼齊後→偏移厚度，讓封板貼齊端面。

例如：壓克力門板厚8，1.連接板端面貼齊→2.偏移8，讓板厚與偏移參數一致=設計精神，下圖左。或是所購買的連接板不足厚，例如：10mm 得到的料 9.8mm。

A 尺寸補正

偏移距離常用2種手法：1.結構成員圓角刪除，R=0.01成為類直角。封板厚8-R5=偏移3，不建議這樣，設變很容易沒改到，希望這指令有**至某面平移處**的功能。

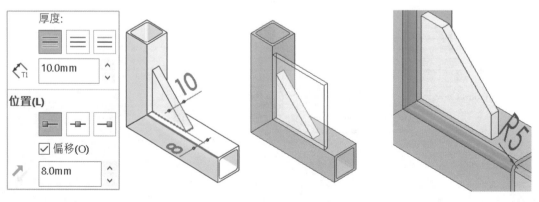

5-4 封板設計

在連接板上建立封板特徵，常用在保護機架內元件或避免看到內部，例如：馬達、油箱、置物架或機構，這就是由下而上設計（又稱多本體設計）。

分別用 3 種鑽孔查看多本體鑽孔差異：1. 草圖圓圖、2. 圖、進階異形孔圖。

5-4-1 封板

利用圖完成封板設計。

步驟 1 於連接板上矩形

矩形基準設定下邊，草圖直線下方**共線對齊**，因為封板很重，組裝也由下面開始靠。

步驟 2 尺寸縫隙

其餘邊際 5-10mm，結構組裝很難垂直或水平，更難要求公差，預留尺寸讓板子組裝。

步驟 3 圖，□合併結果，因為多本體環境

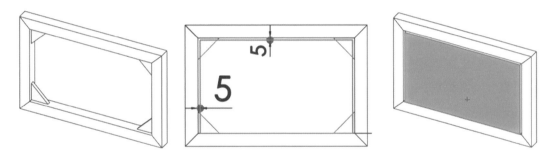

5-4-2 圓除料-特徵加工範圍

認識多本體加工，最下方有**特徵加工範圍**，指定加工的本體降低鑽錯風險，下圖左。

步驟 1 完全貫穿

步驟 2 特徵加工範圍

☑所選本體、點選封板＋支撐板。

5-4-3 異型孔精靈圖

M8 柱孔一次完成 2 段鑽孔，還是你要做 2 次異型孔精靈都可以，下圖右。

步驟 1 柱孔 M8

步驟 2 ☑顯示自訂大小

小孔 Ø9、大孔 Ø15、深 10（鈑厚）。

步驟 3 終止型態

完全貫穿＝小孔貫穿。

步驟 4 特徵加工範圍

☑所選本體、點選封板＋支撐板。

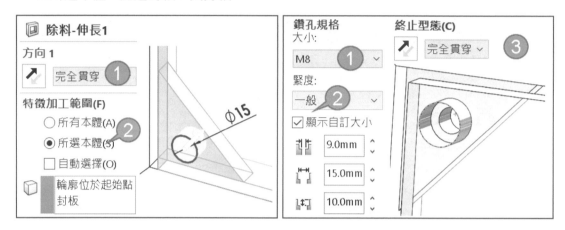

5-4-4 進階異形孔

封板 Ø16，連接板 M10，必須使用 2 次，本節利用可一次完成。

步驟 1 直孔，孔最好大一點

ISO→鑽孔尺寸→Ø16→成形至下一面。

步驟 2 攻牙

→ISO→M10→有裝飾螺紋線的直徑→完全貫穿。

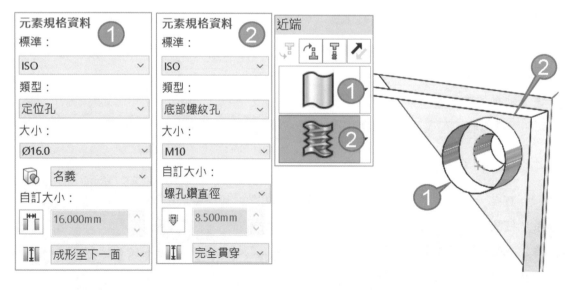

頂端加蓋

頂端加蓋（End Cap，簡稱加蓋）用於防護與美觀式配件，例如：防雨水、髒汙、老鼠、腳墊、防刮手也是設計尾聲。

指令特性和相同不贅述，唯一不同要的特徵面，否則會出現頂端加蓋目前僅支援軟管的結構成員。

6-0 指令位置與介面

由上到下可見：1. 參數、2. 偏移、3. 角落處理。

6-0-1 資料夾特徵組織化

、讓特徵管理員看起來過於龐大不易識別，加入資料夾增加專業識別度，例如：點選資料夾可看到群組性亮顯。1. 點選要加入資料夾特徵右鍵→2. 加至資料夾。

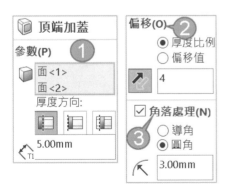

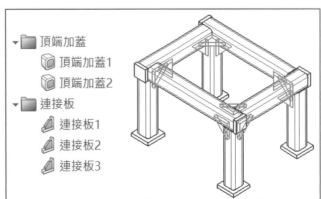

6-1 參數

選擇輪廓面為加蓋位置，俗稱端面加蓋或封蓋。

6-1-1 面

選擇 1 個或多個放置端蓋的面，若相同大小，同一個指令可以選多個面，特徵管理員會見到整合特徵，這點就不錯。若端面很多，使用過濾器**僅選擇面**，加快選擇。

Ⓐ 面的限制

不過僅支援的面上，且為封閉輪廓，例如：管路、矩形和方形。

6-1-2 厚度方向

決定加蓋厚度與位置，圖示以黑色線為基準（就是所選面）。

Ⓐ 外張（Outward，預設）

所選面向外延伸厚度，例如：機台長度 100，加蓋厚度 5，總長度 105。常遇到沒注意這細節讓機台大小超過，下圖左。

Ⓑ 內張（Inward）

所選面向內厚度會影響管長，例如：長度 100，加蓋厚度 5，管長為 95，下圖右。

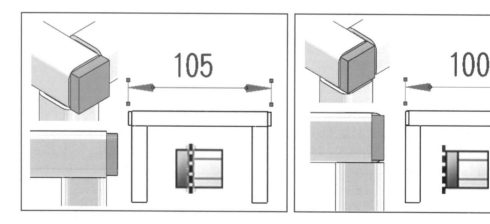

Ⓒ 內部（Internal）

將端蓋放置結構內部，甚至自行開孔給管線過，與**厚度**和**插入距離**有關。

6-1-3 厚度、插入距離

定義加蓋厚度與距離，例如：厚度 5、距離 10，常用在柱塞或積木，**適用內部**。

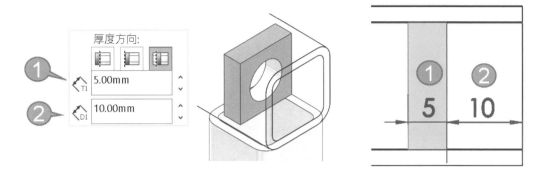

6-2 偏移

點選模型面定義：外邊線 A 到端蓋邊線 B 距離，距離可以**厚度比例**或**偏移值**，下圖左。通常端蓋會比接觸面還小，達到美觀防刮手。

6-2-1 厚度比例（0~1 範圍）

定義端蓋和鈑厚之間偏移比例：厚度基準 X 比例，就是數學關係式。要知道偏移數值必須計算，例如：厚度=5、比例 0.5，5X0.5=偏移 2.5。

6-2-2 偏移值

以數字直覺定義值，偏移 0=畫好畫滿，甚至可以調整蓋子比輪廓小，以前 SW 做不出這樣，因為蓋子太小會掉下去對加蓋無意義，現在軟體以設計彈性為考量，不拘泥原理。

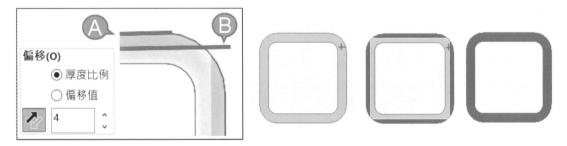

6-2-3 反轉方向

反轉端蓋偏移值，大郎一開始也不知可以向外讓偏移量加大，例如：端蓋設計用外張像帽子一樣外型，下圖左。

甚至在反轉方向後進行 2 次加工，例如：鑽孔或除料，下圖右。本節必定恍然大悟，越專業會越多盲點，學會看透是你專業下一境界。

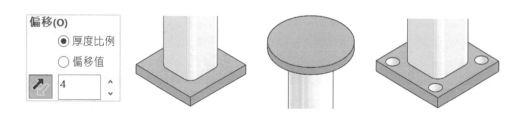

6-3 角落處理

定義端蓋導角算內建的功能，可減少特徵數量。

6-3-1 導角

進行 45 度 C 角處理。

6-3-2 圓角

以前沒有圓角，考量鐵工 C 角為主，後來指令增加建模彈性。原理與拔模角限制一樣，早期拔模角只能 0-30 度，後來解除為 0-89.9 度。

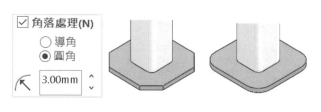

圓角熔珠

多本體模型加入**圓角熔珠**（Fillet Bead，又稱熔接、銲接、舊式熔接、3D 焊接）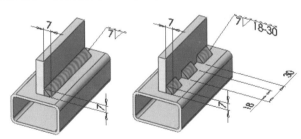，並標上熔接符號，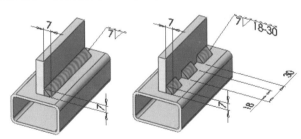可清楚看出焊接位置與類型，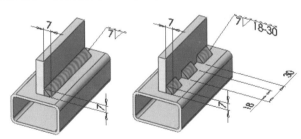不限定在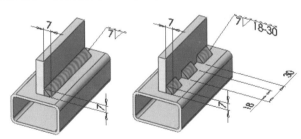作業。

A 圓角熔珠是什麼？

圓角熔珠很多人聽不懂，習慣稱**熔接**或**焊接**，所以常找不到位置，建議指令稱**焊接**比較通俗明瞭。

B 屬設計尾聲

模型加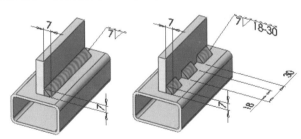其實很花時間，很少工程師會這樣做，因為現場師傅看到就會焊了。除非有必要說明焊道位置、機構有關、要求那邊要焊、計算成本、避免干涉…等，才會加上焊接。

C 熔接符號

工程圖的熔接符號多半以文字，用熔接符號可以提升圖面品質。現在工程圖加熔接符號是基本，模型加入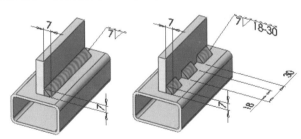已經是標準作業。

7-0 指令位置與介面

由於指令不在熔接工具列中，1. 插入 → 2. 熔接 → 3. 圓角熔珠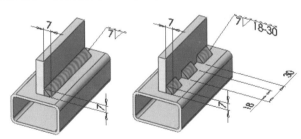，下圖左。由上到下：1. 箭頭邊、2. 面組、3. 相交邊線、4. 對邊，以 1. **箭頭邊**為主要設定。

7-0-1 熔珠類型

由清單切換焊道（Welding Bead）型式：1.完全長度、2.間斷、3.交錯，會見到不同欄位，由預覽看功能比較快，下圖左。

7-0-2 箭頭邊（Arrow Side）和對邊（Other Side）

一個指令完成2邊焊道，熔接符號也有這樣標示。由於箭頭邊與對邊操作相同，有部分重複就不贅述，下圖右。

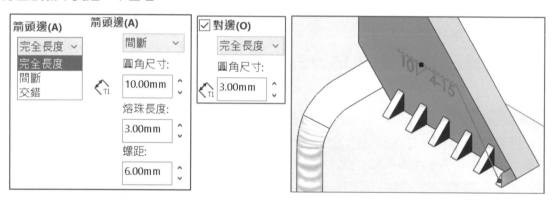

7-1 箭頭邊：完全長度（Full Length）

焊道完全填滿相交邊線。

7-1-1 圓角尺寸

輸入熔珠大小，焊道外型為45度導角，下圖左（箭頭所示）。

7-1-2 沿相切面進行（又稱全周）

焊道成形在相切面，例如：轉角或圓角邊線，下圖中。斷差無法全周焊，因為沒有交線，下圖右。

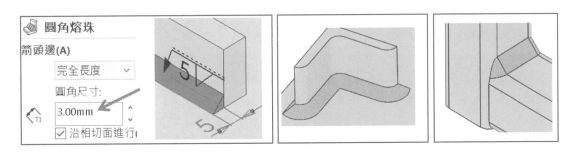

7-1-3 面組 1（Face Set1 紅）、面組 2（粉紅）、相交邊線

點選要熔接的相鄰 2 面，由系統計算熔珠位置並記錄在相交邊線欄位中（箭頭所示）。

A 面組 1 和面組 2

點選模型面沒有選擇順序之分，建議面組 1=基準面，由顏色查看選哪個面，例如：面組 1=連接板、面組 2=結構成員 2 面，下圖左。

7-1-4 加入熔接符號（Add Weld Symbol）

完成指令後是否顯示熔接符號，該符號工程圖會直接顯示，也可以編輯特徵開關他。很神奇的是，可以快點 2 下符號可以進入熔接符號視窗，進行符號內容調整，下圖右。

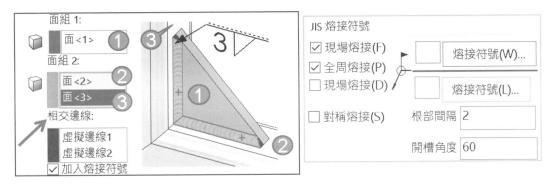

7-1-5 對邊（類似鏡射）

同一個指令產生 2 邊焊道，只要在**對邊**重新選擇面組即可。對邊面組要和剪頭邊相同，例如：箭頭邊面組 1=連接板、面組 2=結構成員 2 面；箭頭對邊點選也要一樣。

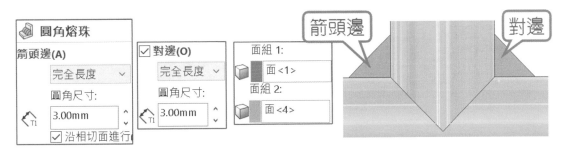

7-2 箭頭邊：間斷（Intermittent）與交錯

將焊道設定長度間斷：1. 熔珠長度、2. 螺距（應該為節距）。切換以下選項會改變欄位參數設定，與**來源/目標長度**相配設定。

7-2-1 熔接長度與螺距

設定焊道長和間斷長，下圖左。長度要小於螺距，否則做不出來。

⊗ **模型重新計算錯誤**
圓角熔珠的長度必須小於圓角熔珠的螺距

7-2-2 交錯（Staggered）

適用與對邊焊道**交錯斷續**定位，下圖右。

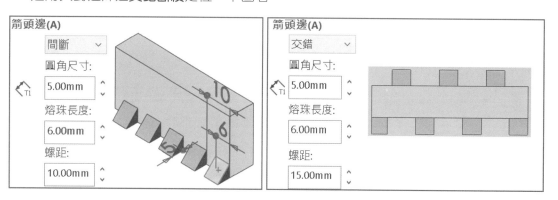

7-3 完全貫穿、部分貫穿

定義本體分離焊道滲透範圍：1. 完全貫穿（Full Penetration）、2. 部分貫穿，並設定貫穿深度。

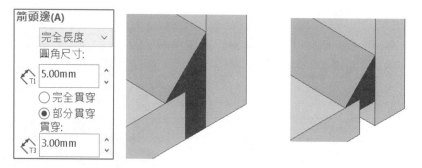

7-4 法蘭熔接

加入後，特徵管理員可見：1. 自動加入熔接特徵、2. 除料清單中多一個**圓角熔珠**本體，由剖面視角可見焊道為多本體形式呈現。

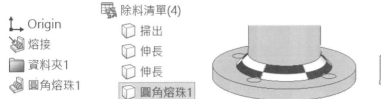

筆記頁

08

熔珠

熔珠（Weld Bead）🖉又稱新式熔接，於 2011 推出可以在同一個指令指定不同位置、不同大小，加快熔接製作，解決🖉功能不足或不支援問題。熔接如同導圓角很耗時間和運算效能，🖉是解決方案。

Ⓐ 成本計算🖉

屬性視窗結合 Costing 進行成本計算。

Ⓑ 不容易學習

一開始會被介面搞混，造成不太願意使用，本章協助掌握邏輯。

8-0 指令位置與介面

說明指令位置與介面項目，以及共通術語，坦白說不好理解。

8-0-1 指令位置

要完整了解熔接必須在 1. 插入→2. 熔接→3. 熔珠🖉，才可以知道分別有 2 種熔接。

Ⓐ 組合件熔接

組合件也可以使用🖉，1. 插入→2. 組合件特徵→3. 熔珠🖉。

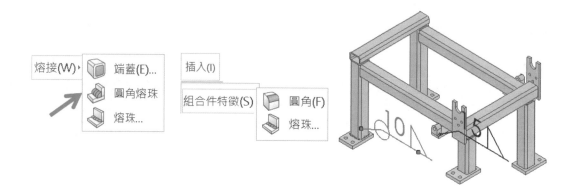

8-0-2 指令欄位

由上到下：1. 熔接路徑、2. 設定、3. 來源/目標長度、4. 間斷熔接。

8-0-3 回溯無法使用熔珠

使用回溯無法使用熔珠，因為模型要整體計算，下圖右。

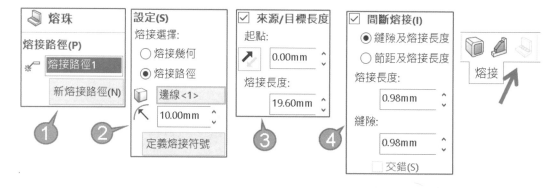

8-0-4 熔接綜合對照表

以下對照焊接指令差異。

熔接指令	優點	缺點
1. 圓角熔珠	外觀漂亮	功能限制、加入速度慢
2. 熔珠	功能齊全、可成本計算 加入速度快、支援組合件 可以不同大小	外觀普通
3. 導角	速度快、有 3D 樣貌	不支援多本體
4. 熔接符號	速度快	沒 3D 樣貌
5. 履帶	速度快	只能在工程圖應用
6. 尾端處理	速度快	沒 3D 樣貌

8-1 熔接路徑與設定

記錄已完成的焊道位置和參數，類似◎的群組，進入指令會以**熔接路徑** 1 設定欄位。1. **熔接路徑**必須和 2. **設定**一起說明，比較容易理解。

8-1-1 熔接幾何（Weld Geometry，選面）

點選模型 2 面（例如：點選 2 圓柱面）自動抓到交線成為焊道，可感受焊道成形速度相當快，下圖左。使用**過濾面**會比較好選，避免選到模型邊線造成選擇困擾。

8-1-2 熔接路徑（Weld Path 選線）

點選模型邊線或草圖線為焊道，例如：圓柱交線、圓柱頂端或模型邊線，下圖右。

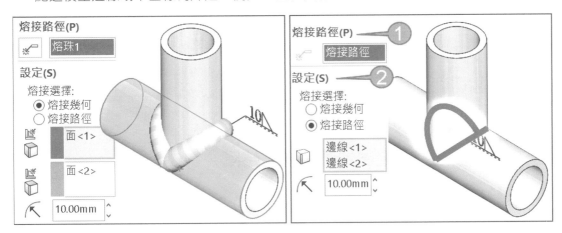

A 熔接路徑比熔接幾何快

選擇模型邊線或草圖線段，讓系統明確知道哪條線要做焊接。**熔接幾何**要計算 2 面後產生焊接交線，這樣的邏輯就能理解誰的效能比較好。

8-1-3 新熔接路徑 新熔接路徑(N)

增加下一個路徑位置與大小，類似◎新群組，例如：2 結構之間分別完成 2 條路徑，由清單點選**熔接路徑**，模型以粉紅色表示；其餘路徑為黃色，下圖右。

8-1-4 智慧型選擇工具（Smart Weld Selection Tool）

熔接路徑左方俗稱銲槍，類似用畫快速選擇模型 2 面，適用熔接幾何（箭頭所示）。

步驟 1 ☑熔接幾何

步驟 2 點選，游標出現畫筆

步驟 3 拖曳畫到模型 2 面

步驟 4 放開畫筆可見焊道（也就是熔接路徑）

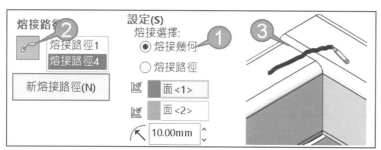
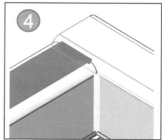

8-1-5 沿相切面進行（適用熔接幾何）

焊道沿相切面成形，常用在轉角或圓角線模型，支援斷差，下圖左。

8-1-6 選擇、兩邊、全周（適用熔接幾何）

承上節，設定焊道位置：1. 選擇、2. 兩邊、3. 全周。

A 選擇（預設）

計算最接近所選面的交線。

B 兩邊

自動加入交線對邊焊道，□沿相切面進行，下圖右。

C 全周

在相鄰面的交線沿相切面加入焊道。

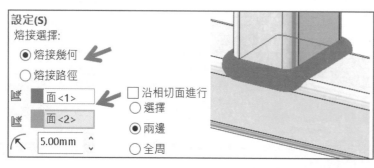

8-1-7 定義熔接符號

快點 2 下符號進入熔接符號視窗，下圖左。◢一定會自動加上熔接符號，無法像**圓角熔珠**◢一樣可以關閉它。熔接符號不能刪除只能由檢視關閉，下圖右。

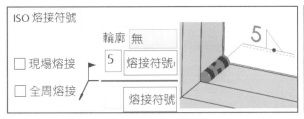

8-2 來源/目標長度（From/to Length）

設定焊道起點和焊道長度，這部分在現場焊接很常用。

8-2-1 起點（Start Point）

定義焊道起點位置=0 或某距離開始焊接，例如：距離 10 開始開始焊接。

8-2-2 熔接長度

承上節，以起點開始加入焊道，例如：由 10 開始焊接 60 長。

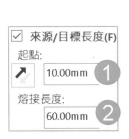

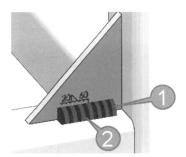

8-3 間斷熔接

設定焊道縫隙與熔接長度。

8-3-1 縫隙及熔接長度

定義焊道長度=15，縫隙=25（不焊），項目應該為：熔接長度與縫隙。

8-3-2 節距及熔接長度

定義焊道長度=10，節距=20，每段焊道實務會之間距離與每段距離。

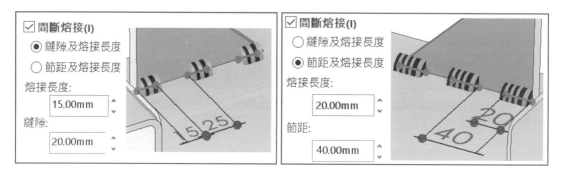

8-3-3 交錯（適用兩邊）

定義兩邊焊道交錯的位置，節省焊接成本，要使用本節必須☑**兩邊**。

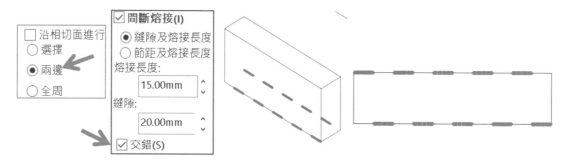

8-4 顯示熔接位置

　　本節說明熔接圖示與記錄在哪裡，因為它不在特徵管理員以特徵呈現，甚至看不出來焊道長怎樣。本節是進階的系統面觀念，很多進階議題都是這樣的邏輯，要以系統面解釋。

　　◎以簡化圖形呈現（不是真實特徵），自動為熔珠輕量抑制，得以提升執行效率。相對的◎以真實特徵記錄，就會有特徵計算時間。

8-4-1 顯示熔珠

　　顯示焊道有3處：1. 檢視◈→檢視熔珠◎、2. 熔接資料夾上右鍵→隱藏/顯示裝飾熔接、3. 塗彩/帶邊線塗彩◈，下圖左。

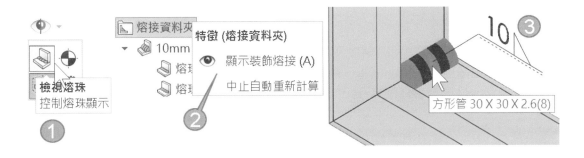

8-4-2 塗彩顯示焊道

焊道以圖形顯示，不是以特徵和本體呈現，所以游標點不到焊道，且焊道僅支援塗彩，這是 SW 特別的設計，因為過多本體和過多顯示會增加效能，下圖左。

8-4-3 熔接資料夾

於特徵管理員的原點上方以**熔接資料夾**記錄，我們要同學習慣這樣的記錄方式，因為部分進階指令或功能是這樣呈現的。

A 資料夾內容

展開資料夾可見以熔接大小群組，內容包含焊道長度，例如：10mm 填角熔接，包含 2 焊道：熔珠 1，長度 19.6mm、熔珠 2，長度 102mm，下圖中。

8-4-4 編輯熔珠

於熔珠上右鍵→編輯特徵，可以回到指令。反正忘記沒關係，只要在這 2 地方右鍵，看有沒有可以選就好了，下圖右。

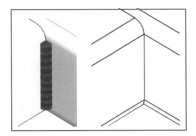

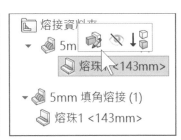

8-4-5 刪除熔接路徑

直接刪除熔接資料夾或資料夾內的圖示皆可。

8-4-6 熔珠屬性

擁有焊接成本分析，可將熔接長度、熔接時間、熔接質量...單位成本和總成本...等計算出來，並傳遞到 Costing 成本。例如：公司以產品總重 X%，作為焊接重量估計值，例如：產品重量 100 公斤，習慣抓 5%，焊料=5 公斤。

A 進入熔接屬性

熔接資料夾 上右鍵→屬性，進入熔接屬性視窗。

B 左邊每單位、右邊總量

左邊每單位熔珠材質、加工方式、質量、長度、成本、時間。右邊估計總質量、長度、成本、時間...等。

09

邊界方塊與網格線系統

　　邊界方塊（Bound Box，又稱 3D 邊界、素材大小），將模型取出邊界呈現長、寬、高和體積，常作為成本計算、機台裝箱依據，甚至傳遞資訊到工程圖、PDM、ERP... 等。

　　最早用在鈑金，自 2013 年熔接可使用，當時只能用右鍵產生。2018 零件、2019 組合件可使用且功能越來越強並推廣開來。2019 對執行效能有很大改進，速度變快。

A 製造端 ERP、工程圖應用

　　近年 3D 使用程度提升，讓 3D 價值更能延伸到製造端，模型可利用價值提高。資料不需人工查詢與輸入，更是利用 CAD 技術降低人為風險。

　　隨著 3D 導入程度提升，工程圖資訊只會越來越多，可以協助工程圖帶出外型尺寸，若做一些變化更可以成為加工裕度的素材尺寸，這些資訊來自**檔案屬性**。

摘要	自訂	模型組態指定	
	屬性名稱	文字表達方式	估計值
1	邊界方塊總長度	邊界方塊總長	**125
2	邊界方塊總寬度	邊界方塊總寬	**100
3	邊界方塊總厚度	邊界方塊總厚	**72
4	邊界方塊總體積	邊界方塊總體	**900000

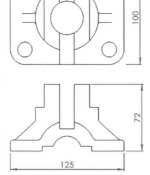

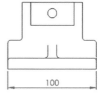

模型最大尺寸(素材)
長125x高100x高72

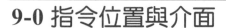

9-0 指令位置與介面

單一本體加入邊界方塊並認識指令位置、結構。▣最大特色不需熔接環境，可用在多本體，讓邊界尺寸不必量測並隨著模型變更。

9-0-1 指令位置與建立邊界方塊

1. 插入→2. 參考幾何→3. 邊界方塊▣→4. ☑顯示預覽，可見邊界方塊成形→↵。

9-0-2 邊界方塊特徵

模型由邊界方塊環繞，原點下方可見邊界方塊▣，下圖右（箭頭所示）。

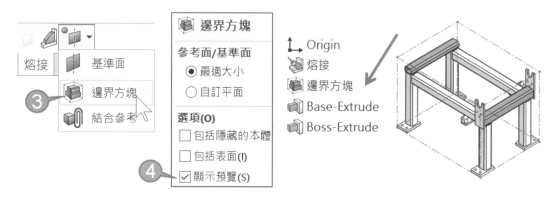

9-0-3 查看邊界方塊尺寸

2 種方式查看：1. 游標在▣上，訊息顯示、2. 檔案→屬性→模型組態指定。

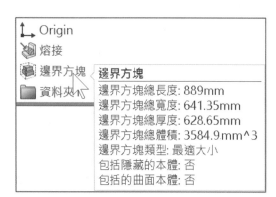

	屬性名稱	文字表達方式	估計值
1	邊界方塊總長度	邊界方塊總長	**125
2	邊界方塊總寬度	邊界方塊總寬	**100
3	邊界方塊總厚度	邊界方塊總厚	**72
4	邊界方塊總體積	邊界方塊總體	**900000

摘要　自訂　模型組態指定

9-0-4 顯示邊界方塊

2 種方式顯示▣：1. 檢視→隱藏/顯示→邊界方塊▣、2. 快速檢視→▣，下圖左。

9-0-5 編輯邊界方塊

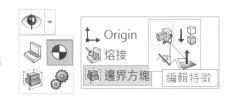

點選邊界方塊→編輯特徵 🐾，回到邊界方塊指令，下圖右。

9-0-6 刪除邊界方塊

就像刪除特徵一樣，直接刪除即可。

9-0-7 邊界方塊-自訂平面

☑**自訂平面**放置邊界方塊，常用在邊界方塊的定位，例如：點選**前基準面**或**模型面**，讓邊界方塊參考並投影。

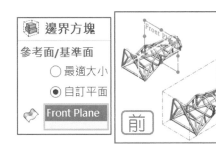
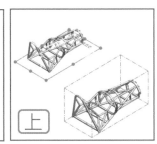
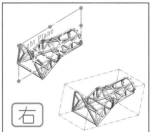

9-1 除料清單建立邊界方塊

熔接環境可指定本體產生 🐾，這業界要的技術呦。

9-1-1 單本體建立邊界方塊

1.**除料-清單-項次資料夾**上右鍵→2.建立邊界方塊，下圖左。預設草圖隱藏並放在該資料夾中，下圖右。

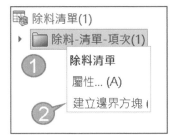

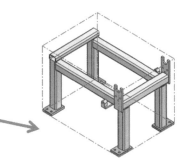

9-1-2 多本體建立邊界方塊

自行在多個除料清單中分別產生▣，常用在取得這些本體的材料範圍，完成後感覺很浪費時間對吧。另一角度想，多本體就是組合件，將零件分別產生▣也是一樣的作業。

9-1-3 兩本體之一的邊界方塊

展開**除料-清單-項次**有 2 個本體，▣只在其中一本體呈現，這是細節知道就好。

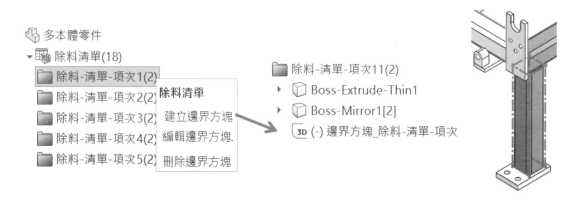

9-1-4 子熔接的邊界方塊

承上節，本體分別計算就要產生子熔接，下圖左。

步驟 1 在本體上右鍵→產生子熔接

這時除料-清單-項次資料夾會到最下方。

步驟 2 建立邊界方塊

在**子-熔接**資料夾內的**除料-清單-項次**右鍵→**產生邊界方塊**，可見一樣的本體大小，分別產生邊界方塊，下圖右。

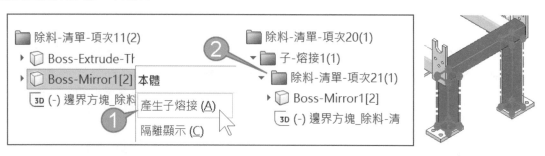

9-1-5 查看邊界方塊尺寸

除料-清單-項次資料夾右鍵→**屬性**，視窗見到：邊界方塊資訊。邏輯就是有邊界方塊才有這些資訊，換句話說，不是每個資料夾都有邊界方塊資訊。

		屬性名稱	類型		值 /	估計值
	4	3D-邊界方塊厚度	文字	∨	"SW-3D-邊界	628.65
	5	3D-邊界方塊寬度	文字	∨	"SW-3D-邊界	641.35
	6	3D-邊界方塊長度	文字	∨	"SW-3D-邊界	889
	7	3D-邊界方塊體積	文字	∨	"SW-3D-邊界	358&.29 7

除料清單摘要　屬性摘要　除料清單表格

除料-清單-項次

9-2 進階邊界方塊

其他方式產生邊界方塊的資訊，公司有可能用 2018 以前版本，所以還是要會這招並深刻了解▪意涵。

9-2-1 伸長邊界方塊

利用草圖＋伸長把模型包起來。

步驟 1 草圖製作

將草圖與模型利用限制條件定義，共線對齊比較常用。

步驟 2 伸長

成形至頂點或某一面比較常用，記得口合併結果。

步驟 3 透明 9-2-度

為了效果呈現，通常會將本體上右鍵→變更透明度。

步驟 4 本體運算

將本體進行量測、物質特性、尺寸標註...等，下圖右。

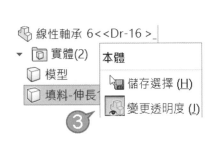

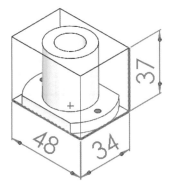

質量 = 777.9088 公克

體積 = 101027 立方毫米

表面積 = 25633. 平方毫米

9-2-2 邊界方塊之參考尺寸

利用參考尺寸在模型或草圖線段上標註尺寸，下圖左。

步驟 1 智慧型尺寸→參考尺寸

步驟 2 點選模型邊線 標註寬高深，見到灰色尺寸在模型上

9-2-3 3D 草圖建立邊界方塊

利用 3D 草圖和模型最外界做定義或進階手段產生邊界方塊，下圖右。

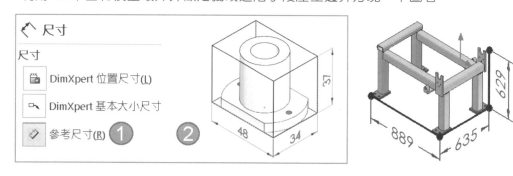

9-2-4 結合多本體

利用結合找出最大邊界本體，加入成為單一本體→建立邊界方塊。

步驟 1 結合→加入

步驟 2 找出最大邊界本體，共 4 個（箭頭所示）→↵，下圖左

步驟 3 查看結果

自動產生另一個除料-清單-項次資料夾，下圖中。

步驟 4 建立邊界方塊

除料-清單-項次資料夾右鍵→建立邊界方塊，可見邊界方塊正好框住爬梯，下圖右。

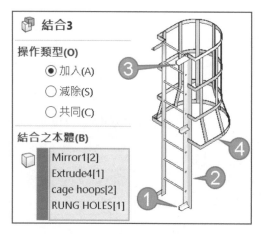
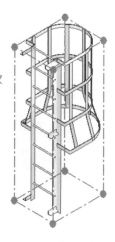

9-3 組合件的邊界方塊

自 2019 起組合件可以產生 🅑 了，做法和零件相同，常用來計算廠房配置。以前組合件無法 🅑，都會另存為零件 → 再進行 🅑，這樣比較麻煩也無法有關聯性。

9-3-1 邊界方塊位置

組合件工具列 → 參考幾何 → 邊界方塊 🅑，指定模型平面為參考，下圖左。

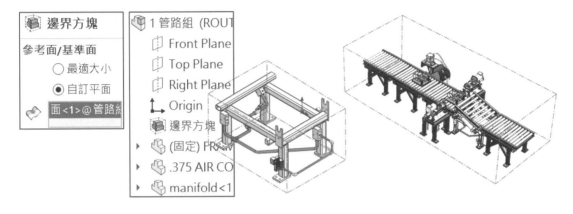

9-4 網格線系統（Grid System）

不用人工繪製草圖，利用指令建立多層草圖框架，減少 3D 草圖繪製時間以及好變更（因為結構穩定），適合大型結構的草圖建立。

9-4-0 指令位置

插入 → 參考幾何 → 網格線系統 🔳。

9-4-1 進入網格線系統的 2 方式

有 2 種方式進入 🔳，這部分是指令基礎應用，除非是進階者，否則會不習慣。

A 標準做法

1. 點選 🔳，自動進入草圖 → 2. 完成草圖 → 3. 退出網格線系統 🔳 → 4. 進入指令內容。

B 進階作法（建議，步驟少）

1. 先完成矩形草圖 → 2. 退出草圖 🔳 → 3. 🔳。這流程適用在所有指令，因為草圖完成後再決定使用哪種指令比較愜意。我們不習慣 1. 先選 🔳 → 2. 繪製草圖 → 3. 🔳。

9-4-2 先睹為快

1.繪製 1 個圓→2. ▦ →3. ↵ ，完成後可見網格線系統，也見到 3 個圓產生。

A 編輯網格線系統

回到指令見到 0～1 層會覺得疑惑，下圖左（箭頭所示），因為層數不包含原始草圖，應該要包含會更容易理解，這就是 3 個圓的由來。

9-4-3 網格線系統組成

展開網格線系統可見多個種類。

A 平面與草圖

草圖在平面上平面，它們是同組的。

B 3D 草圖

側邊的邊線，要點選才會亮顯。

C 曲面伸長✏

他是當初畫的草圖圓→✏，但目前看不到，因為他被隱藏本體了，於**曲面本體資料夾**可以顯示他。

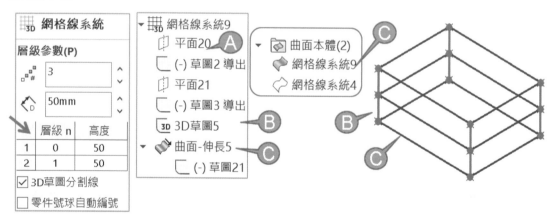

9-4-4 層級參數（Level Parameter）

指定層數與高度，複製每層地板草圖，這 2 參數會傳遞到下方表格，類似複製排列。

A 層級數量❖

輸入 5 會出現 4 行。

B 預設高度⟨⟩

定義每層高度，預設下方每層高度相同，也可改變某層高度。

9-4-5 3D 草圖分割線（Split Line）

是否將每層的垂直線段分割，也可事後☐分割線，下圖右。

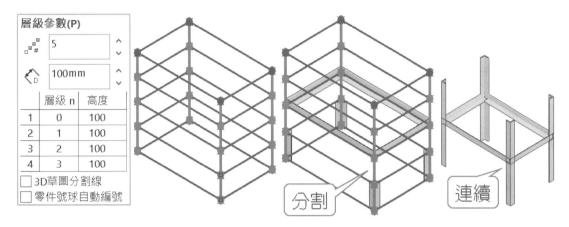

層級參數(P)		
⊡#	5	∧∨
D	100mm	∧∨

	層級 n	高度
1	0	100
2	1	100
3	2	100
4	3	100

☐ 3D草圖分割線
☐ 零件號球自動編號

分割

連續

9-4-6 零件號球自動編號

標示基準草圖位置協助方位判定，X 軸以 ABC、Y 軸以 012 標示，更改基準草圖會變更號球的值。

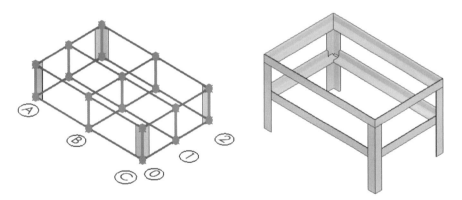

筆記頁

10

除料清單與熔接環境

除料清單（Cut List）俗稱多本體 BOM，為熔接才有的產物，提升多本體價值，如同鈑金讓他可展開，道理是一樣的。

A 除料清單術語

是英文直翻，和別人說**除料清單**，很多人聽不懂你在說什麼，換句話說會說出**除料清單**這術語算使用程度高。

10-0 除料清單位置

說明簡單說明除料清單位置和術語，這部分是同學第一次面對進階的多本體控制，不是以往只有查看本體數量或隱藏/顯示本體。

10-0-1 產生除料清單

有 2 種方式產生**除料清單**：1. 使用產生結構，2. 執行熔接特徵，都會將實體資料夾轉變→**除料清單資料夾**，下圖右。

10-0-2 除料清單位置與組成

在特徵管理員的原點上方，由**除料-清單-項次**資料夾將相同規格與長度本體歸類。展開**除料清單資料夾**可見：1.除料-清單-項次、2.項次內本體。

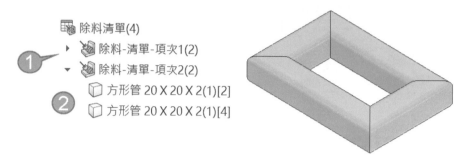

10-1 除料清單右鍵作業

本節說明除料清單右鍵內容，由於**除料清單排序選項**為大工程，特別開一章詳細介紹，下圖左（箭頭所示）。

A 右鍵差異

一開始學習不用太刻意認識要在哪項目上右鍵，只要憑印象在上面按右鍵，看有沒有你要的就好：A.除料清單、B.除料-清單-項次、C.本體。

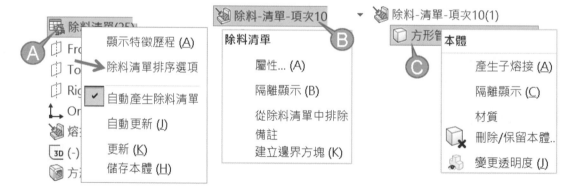

10-1-1 顯示特徵歷程（預設關閉）

是否在本體之下顯示何種特徵建構，例如：結構成員或掃出，下圖左（箭頭所示）。這功能不常用，因為占用顯示空間，習慣會想把它展開到底浪費大家時間。

10-1-2 自動產生除料清單

模型為熔接環境後，系統☑**自動產生除料清單**，也就是實體資料夾→除料清單資料夾的由來。

10-1-3 自動更新（預設開啟）

是否**自動更新除料清單**🔄，讓 BOM 為最新狀態。變更長度、新增、刪除本體後，是否將相同屬性歸類，類似自動**重新計算**🔴。先有 1. 自動產生除料清單→才有 2. 自動更新。

A 更新圖示🔄→🔄

圖示由🔄（未更新）→🔄（最新狀態），實務會依需求確認圖示，在複雜結構製作過程中不需要正確 BOM 資訊，會☐**自動更新**避免系統不斷重新計算，來尋求最佳效能。等到有需要 BOM 結算再右鍵按**更新**，本節是大型組件的解決方案。

B 本體歸類到**除料-清單-項次資料夾**中

原則上本體在**除料清單**資料夾中（俗稱外面），更新後的本體會自動歸類在**除料清單項次**資料夾內（俗稱裡面）。

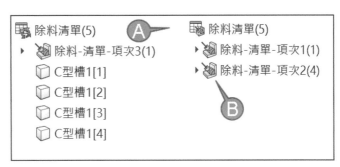

C 自動更新運作模式

自動更新會影響載入時間，例如：開啟熔接模型時，由狀態列看到更新中。

10-1-4 更新（手動更新）

只更新這一次（類似重新計算），適合設計過程不需要隨時看 BOM 最新狀態，來增加運算效能，要☐**自動更新**，才可使用**更新**。

一開始會不必習慣操作這麼細，甚至會覺得更新沒啥用處，通常☑自動更新，剩下都不管了，等到有機會處理大型組件後，會愛上有這**更新**項目並感到 SW 是貼心的。

10-2 除料-清單-項次（Item）

除料-清單-項次以下簡稱**除料清單項次**，將相同規格或長度集合也是 BOM 特性，和檔案總管資料夾操作相同，**清單-項次**管理和 BOM 有關，BOM 又 PDM、ERP 有關。

10-2-1 除料-清單-項次 N

項次就是 BOM 項次，例如：項次 1=零件號球 1、項次 2=零件號球 2...，下圖左。

10-2-2 除料-清單-項次 N(N)

相同屬性放置同一資料夾，不必展開資料夾就能知道本體數量，類似組合件想要知道有多少個零件，例如：清單內有 2 個本體，點選項次可見模型亮顯位置和數量，下圖右。

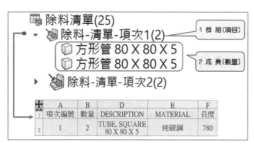
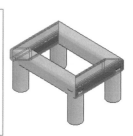

10-2-3 除料-清單-項次的圖示

除料清單下有 2 種圖示：1. 產生的特徵、2. 非特徵，以上圖示不影響功能。

10-2-4 更名作業

資料夾名稱可以更改，常用在好識別，例如：直覺看出結構規格，不必靠亮顯找位置，常用在：1. 模組製作、2. 模型很重要、3. 模型生命週期很長，下圖左。

10-2-5 調整順序

拖曳**除料清單項次**資料夾調整上下位置並改變 BOM 順序。觀念和組合件特徵管理員，拖曳零件順序=BOM 項次編號的順序一樣。

除非製作模組，否則不建議這樣做，直接修改 BOM 的 1. **項次編號**或 2. **除料清單屬性控制**即可。

10-2-6 移動本體到清單-項次

移動本體到想要的資料夾內或外，常用在臨時分類或 BOM 需求（因應製程），例如：將方形管移到除料-清單-項次 21 或移到除料清單外，這手段有點像作弊，下圖中。

A 消失的清單-項次

若清單-項次內沒本體，系統會自動移除清單-項次，下圖右。

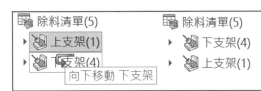

10-2-7 從除料清單中排除/包括在除料清單中

除料清單項次右鍵→從除料清單中排除。項次不要在 BOM 出現提升 BOM 彈性，在資料夾右方會加註提醒（從除料清單中排除）。也可事後將排除的項次→包括在除料清單中。

10-2-8 套用/移除材質

可以將本體分別給不同的材質，材質會影響分類。

A 單一本體加入/移除材質

本體上右鍵→材質，也可以在有材質本體右鍵→移除材質。

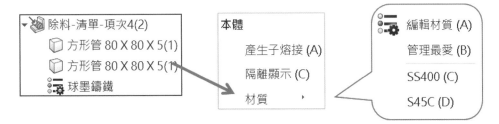

B 多本體加入材質

展開資料夾，選擇 2 個或多個本體右鍵→材質。SHIFT+連選包含資料夾，系統會自動判斷本體並加上材質，就不用點選 1 個本體+1 個本體→加材質，這算技巧，下圖左。

C 材質分類

只選擇 1 個本體，另 1 本體會產生新除料-清單-項次並自動歸類，因為不同材質在 BOM 分類也會不同，下圖中。

10-2-9 刪除，刪除除料清單項次（回到預設）

除料清單項次太亂時，🧇右鍵→刪除=刪除除料清單項次，會發現剩下多本體圖示，類似回到預設，下圖右。

A 關閉自動更新

執行本節作業必須在除料清單上右鍵→關閉自動更新，否則無作用。

▼ 🧇 除料-清單-項次1(2)	▼ 🧇 除料-清單-項次29(1)	▼ 🧇 除料清單(5)
🔲 方形管 20 X 20 X 2(1)[1]	🔲 方形管 80 X 80 X 5(5)	🔲 C型槽
🔲 方形管 20 X 20 X 2(1)[3]	⚙ 1060 鋁合金	🔲 C型槽1[1]
⚙ SS400	▼ 🧇 除料-清單-項次46(1)	🔲 C型槽1[2]
▼ 🧇 除料-清單-項次2(2)	🔲 方形管 80 X 80 X 5(1)[12]	🔲 C型槽1[3]
🔲 方形管 20 X 20 X 2(1)[2]		🔲 C型槽1[4]
⚙ SS400		

10-3 子熔接（Sub-Weldment）

子熔接為資料夾圖示在**除料清單項次**資料夾之下，類似檔案總管子資料夾。重點：子熔接不歸 BOM 管。除此之外，還可拖曳本體到**除料清單項次**資料夾外，避免 BOM 帶入。

A 子熔接用途

子熔接常用在 BOM 規劃、ERP 製程管理。怕忘記**子-熔接**規劃想法，利用備註或更改資料夾名稱，目視管理。

10-3-1 產生子熔接

1. **點選**本體右鍵→2. 產生子熔接，所選本體會放在子熔接資料夾中。

10-3-2 刪除子熔接

1. 將子熔接資料夾刪除，資料夾內本體會自動歸建到**除料-清單-項次（類似回到上一層）**，下圖左。2. 再刪除█除料清單項次資料夾，就回復到原來的樣子，下圖右。

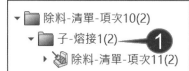

10-4 除料清單排序選項（Sorting Option）

本節就是重點了，這是 BOM 常遇到的問題與解決方案。是否將相同規格的本體獨立出來，以前沒這功能要手動修改 BOM，會造成錯誤的風險也違背模組化精神。

除料清單排序很容易讓人誤以為是表格的順序，應該稱為**除料清單項次選項**。

A 現場鑽孔 VS 進料就鑽好孔

2 相同規格方管，其中 1 支鑽 2 個洞，本節可以控制 BOM 是否為不同項次，厲害吧。A 進料 2 隻方管，其中一隻現場鑽孔→項次 1、數量 2。

B 廠商將其中一隻鑽好孔進料到公司→項次 2、數量各 1。

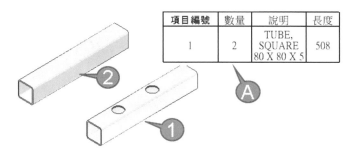

項目編號	數量	說明	長度
1	2	TUBE, SQUARE 80 X 80 X 5	508

項目編號	數量	說明	長度
1	1	TUBE, SQUARE 80 X 80 X 5	508
2	1	TUBE, SQUARE 80 X 80 X 5	508

B 進入除料清單排序選項

1. **除料清單**右鍵→2. **除料清單排序選項**（B），習慣右鍵 B（背起來），在驗證 BOM 正確性的過程，會常進來這視窗。

要有除料清單排序選項，☑**自動產生除料清單**（箭頭所示），下圖左（箭頭所示）。

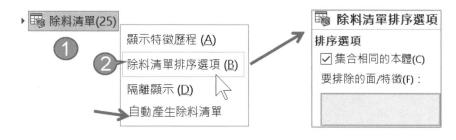

10-4-1 ☑ 集合相同的本體

2角鐵方向相同，體積也相同，第3支有鑽孔體積不同，可見2角鐵歸1類、第3支歸1類，這是常見的BOM，下圖左。課堂常問2方向不同，相同體積會計算同一項嗎？

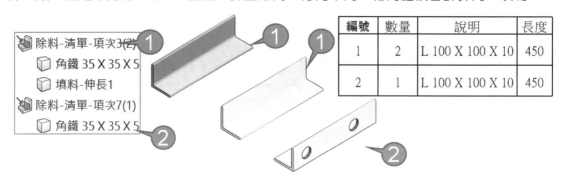

編號	數量	說明	長度
1	2	L 100 X 100 X 10	450
2	1	L 100 X 100 X 10	450

A 要排除的面/特徵

是否**排除所選面**或**排除特徵**進行歸類。點選角鐵鑽孔2面或特徵，發現集合為1項次，適合和廠商買相同規格角鐵，在現場鑽孔，這是BOM對應工廠管理的眉角呀。

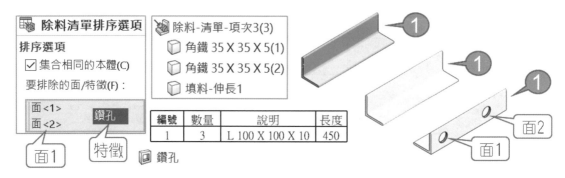

編號	數量	說明	長度
1	3	L 100 X 100 X 10	450

10-4-2 ☐ 集合相同的本體（預設）

每個角鐵為獨立項次，適合製程需要，例如：分開備料，下圖左。

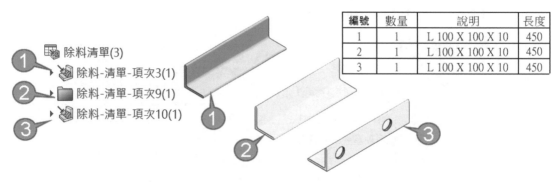

編號	數量	說明	長度
1	1	L 100 X 100 X 10	450
2	1	L 100 X 100 X 10	450
3	1	L 100 X 100 X 10	450

A 要排除的面/特徵（以位置定義項次）

本節另一個重點，了解**集合相同的本體**不是以體積或質量定義，而是以位置歸類，因為沒這觀念，很多公司無法搞定除料清單產生的 BOM，對除料清單產生不好印象。

角鐵有孔→鏡射，即便文武邊體積相同，但不同項次，實務上本來就是不同零件。

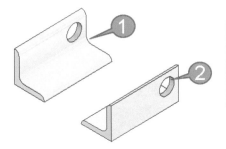

項目編號	數量	說明	長度
1	1	L 20 X 20 X 3	45.06
2	1	L 20 X 20 X 3	45.06

步驟 1 □集合相同的本體

步驟 2 點選除料特徵

就能將 2 鏡射本體為 1 項次。

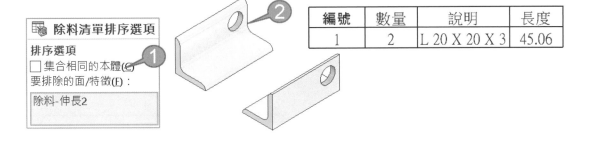

編號	數量	說明	長度
1	2	L 20 X 20 X 3	45.06

10-5 熔接組態

產生熔接環境後，（例如：製作🎲）會自動產生 2 組態：1. 預設<機械加工>=切換鑽孔、2. 預設<熔接>，常用在加工製程由組態變化。

10-5-1 預設<機械加工>

顯示所有特徵，包含鑽孔與熔接。

10-5-2 預設<熔接>

顯示結構且為導出組態，為抑制鑽孔或其他特徵之用，不過必須自行抑制。

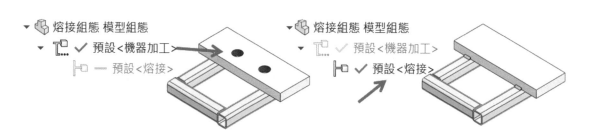

10-5-3 熔接選項設定

於文件屬性→熔接→熔機選項，可以控制是否產生組態。如果覺得這組態是多餘不好管理，□**產生導出的模型組態**，或自行刪除**預設<熔接>**的組態。

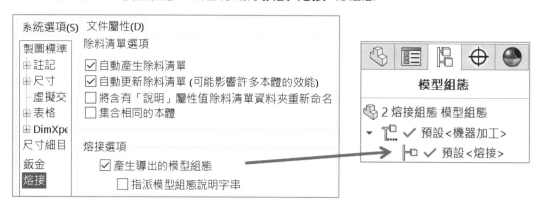

10-6 除料清單屬性視窗

除料清單屬性視窗可管理、編輯和檢視**除料-清單-項次**👜的屬性。這視窗看起來有點悶卻相當重要，這些和 BOM、PDM、ERP 有關，他是重點位置。

10-6-0 進入除料清單屬性視窗

1. 👜除料-清單-項次右鍵→2. 屬性（A），進入該視窗，我們習慣右鍵 A，速度比較快，這裡會很常進來，下圖左。視窗上方 3 大標籤：1. 除料清單摘要、2. 屬性摘要、3. 除料清單表格，這些是互補資訊，下圖右。

Ａ 不習慣指令位置

反正在 1.🗒或 2.👜除料清單項次右鍵，試試看哪個有**屬性**就可以了，這樣比較輕鬆。

10-6-1 除料清單摘要

最常見資訊，可見左邊**除料-清單-項次**、右邊**內容**，這些內容都可以為屬性連結。

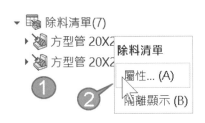

10-6-2 屬性摘要

以屬性名稱查資訊，這部分很常用來統計資訊。比較特殊且常用 Length（長度）、TOTAL LENGTH（總長度，箭頭所示）。

10-6-3 除料清單表格

模擬 BOM 表的呈現，可以載入 BOM 表的範本（箭頭所示）。不必在模型或工程圖產生**零件表** 或**熔接除料清單** 來回比對，節省比對 BOM 的時間。

10-6-4 總長度（Total Length）計算模式

長度常被問 BOM 算料是錯的，本節以**斜接** 和**對接** 詳細說明長度計算方式，有 2 大觀念：1. 成型路徑、2. 總長度。

A 斜接總長度

斜接以最外側路徑計算長度=190，下圖中。由除料清單屬性（驗證）總長度也是 190，下圖右（箭頭所示）。經常發生 1. 成型路徑長度 150=總長度 190，造成算錯料。

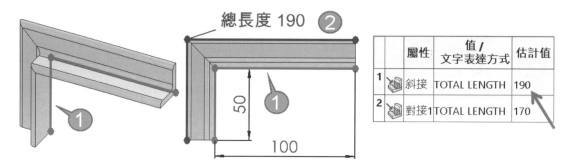

B 對接總長度

對接以 2 線段長相加 120+50=總長度，下圖中，由除料清單屬性（驗證）總長度也是 170，下圖右（箭頭所示）。

除了誤以為 1. 成型路徑 150=總長度 170 之外，更常發生外側線段相加 120+70=190=總長度，除非人工扣掉結構尺寸 20，但這種人工扣料方法也常算錯。

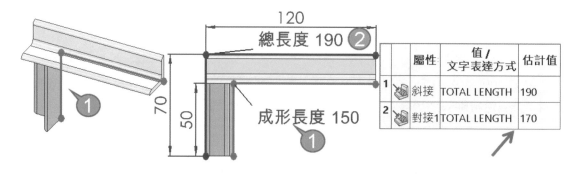

10-7 產生／轉換熔接環境

多本體轉換為熔接環境好處多多：1. 提升模型價值、2. BOM 管理、3. 設計設計品質、4. 預設□合併結果。

常遇到先前用伸長特徵完成的多本體模型，想要導入熔接（以 ◎完成），模型就要重劃，除非這模型生命週期很長可以重劃，否則只要提升它的價值即可（不要重劃）。

10-7-1 產生熔接環境

模型為多本體，在第 2 伸長特徵過程要□合併結果，會這樣建模算是有點程度，會留意多本體的製程。

A 變化

加入 🔲 以後沒感覺對吧，下圖左。產生熔接環境有 2 個明顯變化：1. 原點下方有 🔲 熔接、2. 實體資料夾 🔲 → 🔲 除料清單，下圖中（箭頭所示）。

B 預設□合併結果

多本體設計過程，使用填料特徵，不必顧慮**合併結果**是否開啟，減少顧慮時間也比較不會累，下圖右（箭頭所示）。

1. 課堂常問除料特徵有沒有合併結果、2. 為何第 1 特徵沒有合併結果？

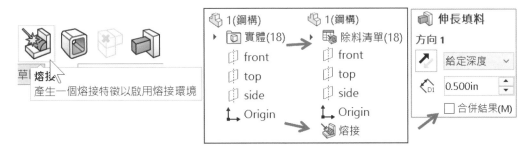

10-7-2 刪除熔接 🔲

沒想到可以刪除 🔲 對吧，會發現原來特徵不會影響，因為這模型不是由 🔲 構成。曾遇過客戶要求刪除，應該是不習慣。

A 刪除結構成員

刪除 🔲 會將 🔲 刪除，由於 🔲 是第一特徵，接下來的特徵都會被刪除。

10-7-3 除料-清單-項次

由實體資料夾只看到多本體集合，無法幫你分類，這時更能體會 BOM 就是自動幫你分類的特性，下圖左。

10-7-4 優化設計品質

本體被群組用來優化設計，項次只有數量 1，甚至數量 2，就可思考長度統一、規格統一，只是簡單修改模型，順勢而為優化設計。

例如：長度 100X1、長度 80X1，將 80 修改 100 長，讓 100X2，下圖右。

10-7-5 指派自訂屬性（熔接屬性）

熔接特徵上右鍵→屬性→進入熔接視窗，可以將統一的屬性傳遞到所有的除料清單項次，可節省輸入時間。

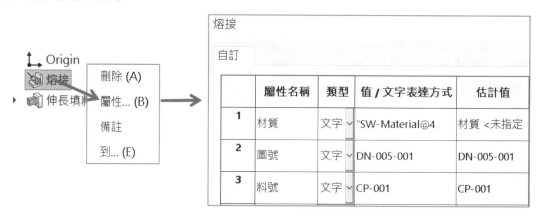

	屬性名稱	類型	值 / 文字表達方式	估計值
1	材質	文字	"SW-Material@4	材質 <未指定
2	圖號	文字	DN-005-001	DN-005-001
3	料號	文字	CP-001	CP-001

10-7-6 伸長本體 VS 結構成員本體

同學學到一定的境界會對於指令的差異產生疑惑，這就是盲點所在。熔接用到一定程度很容易走火入魔，一遇到結構就會往製作，其實模組化過程很多情境會用來做。

A 主要原因

1. 運算速度比較快、2. 不要用（很耗運算）、3. 或的除料清單功能相同。

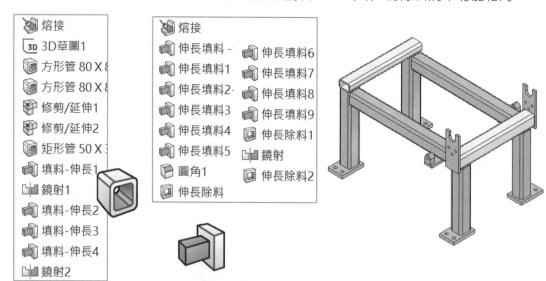

效能評估比較

效能評估可見特徵的運算效率比較高。

4-2 結構成員		
特徵 17，實體 18，曲面 0
全部重新計算時間的秒數：0.17

特徵次序	時間長度 %	時間
方形管 80	36.84	0.06
修剪/延伸	9.36	0.02
修剪/延伸	9.36	0.02
草圖4	9.36	0.02
方形管 80	8.77	0.01
矩形管 50	8.77	0.01

4 轉換熔接環境-O		
特徵 31，實體 18，曲面 0
全部重新計算時間的秒數：0.09

特徵次序	時間長度 %	時間
伸長填料	24.80	0.06
圓角1	18.40	0.05
Sketch1	12.40	0.03
伸長填料3	6.40	0.02
伸長填料2	6.40	0.02
鏡射	6.40	0.02

10-8 文件屬性-熔接

於文件屬性中有針對熔接和邊界方塊的設定，可以提升零件範本品質，詳細說明於系統選項與文件屬性說明。

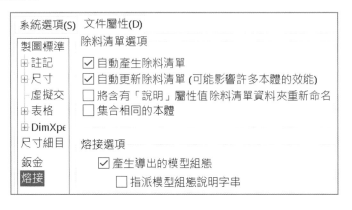

筆記頁

CHAPTER

11

多本體爆炸與工程圖

本章說明：1. 零件多本體組裝、2. 多本體爆炸和多本體工程圖、3. BOM 製作，這些在組合件理所當然，但沒聽過和想到都可在零件完成。只要把組合件思維移植到零件，對學習認知會更上一層樓。

11-1 零件組裝零件

利用**移動/複製**指令，在零件組裝零件，我們這樣說多人一開始懷疑零件可以組裝?甚至懷疑零件怎麼做爆炸圖?很多人因為結構定位關係，放棄使用熔接採用組合件一個個組裝，本節是解決方案。

11-1-1 拖曳零件到零件

在檔案總管把零件拖曳到新零件中，會見到**插入零件**。

步驟 1 開新零件

步驟 2 拖曳 1 方形管到繪圖區域

拖曳過程會出現插入零件→導出零件→是，進入指令。

步驟 3 插入零件

☐以移動/複製特徵來定位零件→↵。

步驟 4 查看

會見到原點下方有方形管零件，下圖右。

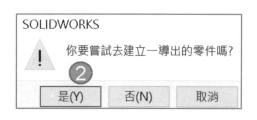

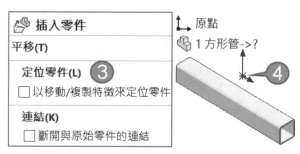

11-1-2 定位零件

將 2 **方形管**組裝。

步驟 1 拖曳 2 方形管到繪圖區域

步驟 2 插入零件

☑以移動/複製特徵來定位零件。

步驟 3 約束

點選下方約束，進入結合，下圖左。

步驟 4 加入重合

見到如同組合件的結合視窗，1. 點選 2 平面→2. 重合→3. 新增，很大開眼界吧。

步驟 5 查看

特徵管理員展開零件圖示，可見❄特徵，可以編輯特徵進行修改，下圖右。

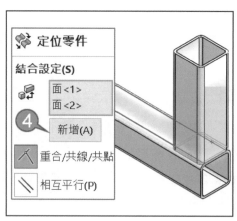

11-2 零件爆炸圖製作

　　2012 推出多本體製作爆炸圖，爆炸圖做法和組合件一樣，但功能陽春。缺點：1. 不能旋轉、2. 爆炸動畫、3. 爆炸視角無法使用等角視、4. 很多指令不能用。

11-2-1 新爆炸視圖

　　於模型組態上右鍵→新爆炸視圖，本節製作練習。1. 點選要爆炸的模型→2. 放置爆炸後的位置。

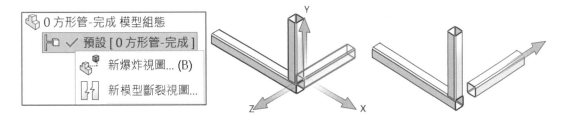

11-2-2 大部分解

　　熔接不建議用爆炸圖，會給人感覺很亂，下圖左。若要爆炸大部分解即可，1. 切換前視角→2. 框選該面模型→3. 拖曳到爆炸後位置，又稱視角點選法，下圖右。

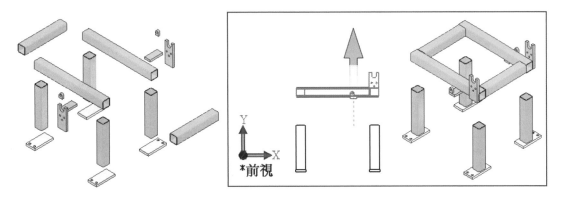

11-3 多本體工程圖

　　將多本體模型產生工程圖，三視圖、立體圖、爆炸圖。認識多本體工程圖的 BOM，本節沒說明如何產生工程圖，僅說明 BOM 欄位資訊，自行開啟檔案範例練習。

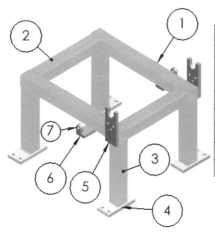

	A	B	D	E	F
1	項次編號	數量	MATERIAL	檔名	長度
2	1	2	純碳鋼	方形管80x80x5	780
3	2	2	鑄合金鋼	方形管80x80x5	470
4	3	4	S45C	方形管80x80x5	410
5	4	4	黃銅	底板	
6	5	2	可鍛鑄鐵	上板	
7	6	2	可鍛鑄鐵	連接座板	
8	7	2	可鍛鑄鐵	連接座	

11-3-1 熔接除料清單（Cut List）

1. 點選視圖→2. 註記工具列→3. 熔接除料清單→4. ↵，可見項次編號、數量、描述、長度，不過有很多資訊沒出現，因為 BOM 範本和熔接除料屬性未建立完備。

11-3-2 零件表（BOM）

零件表只會呈現 1 個零件，因為該指令只認零件，也希望 SW 不要分這麼細，統一零件表指令完成就好，下圖右。

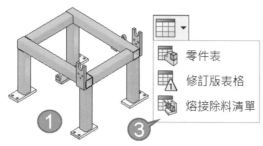

項目	數量	說明	長度
1	2	TUBE	780
2	2	TUBE	470
3	4	TUBE	410
4	4		
5	2		
6	2		
7	2		

項次編號	零件名稱	描述	數量
1	多本體		1

A 零件表認知最好統一

只要說**零件表**大家都聽得懂，要解釋組合件用**零件表**，零件多本體要用**熔接除料清單**，就會難以理解。萬一組合件中 1. 有次組件、2. 有零件、3. 也有多本體，以往要 2 種 BOM 呈現，要用人工利用 EXCEL 來整合這 2 個 BOM，沒錯這就是我們想要整合的地方。

B 詳細的除料清單

於 2021 年起可以在零件表產生的過程中☑**詳細的除料清單**，將零件的檔案屬性+熔接除料清單的屬性合併帶出。

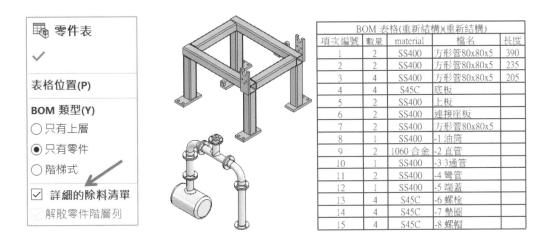

BOM 表格(重新結構)(重新結構)				
項次編號	數量	material	檔名	長度
1	2	SS400	方形管80x80x5	390
2	2	SS400	方形管80x80x5	235
3	4	SS400	方形管80x80x5	205
4	4	S45C	底板	
5	2	SS400	上板	
6	2	SS400	連接座板	
7	2	SS400	方形管80x80x5	
8	1	SS400	-1 油筒	
9	2	1060 合金	-2 直管	
10	1	SS400	-3 3通管	
11	2	SS400	-4 彎管	
12	1	SS400	-5 端蓋	
13	4	S45C	-6 螺栓	
14	4	S45C	-7 墊圈	
15	4	S45C	-8 螺帽	

11-3-3 欄屬性

本節簡單說明欄位操作，先求有再求好，先用人工輸入，至少項目、數量已經自動產生。要達到自動產生稱為第三階，必須製作**熔接除料清單**範本。

步驟 1 點選除料清單的描述欄位，可見到左邊屬性管理員的欄屬性

步驟 2 ☑除料清單項次屬性

步驟 3 切換自訂屬性清單

點選 Material，讓 BOM 顯示材質資訊，由此可知 BOM 資訊由模型帶出。

步驟 4 增加欄位資訊

在欄上右鍵→插入→欄位右方。

步驟 5 重複步驟 3

進行其他的連結或自行輸入資訊，例如：圖號、料號…等。

11-3-4 多本體爆炸視圖

呈現多本體爆炸視圖和組合件一樣。1. 點選視圖→2. ☑以爆炸.... 狀態顯示。

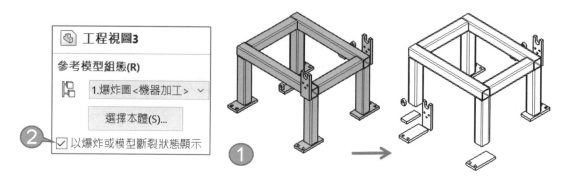

11-3-5 多本體視圖-選擇本體

選擇本體顯示視圖，完成3視圖大約5分鐘就會了，本節沒說明如何產生視圖。

步驟 1 點選前視圖

告訴系統哪個視圖要指定本體。

步驟 2 選擇本體

於左邊視圖屬性點選選擇本體（也可以點選多個本體），下圖左。

步驟 3 點選本體

自動開啟零件，點選要產生視圖的本體→↵，下圖右。

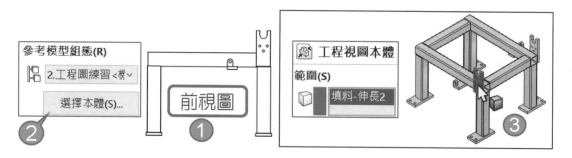

步驟 4 查看

自動回到工程圖，可見前視圖顯示剛才的本體，目前只有1個視圖。

有需要了話可以產生其他視圖，接下來是工程圖作業。

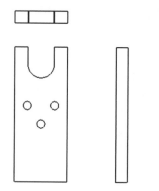

12

自訂熔接輪廓

將熔接輪廓產生資料庫（統稱特徵庫）。熔接輪廓資料庫感覺專業很難的樣子，只不過是草圖輪廓另存為特徵庫格式（*.SLDLFP，Library Feature Part）放在共用資料夾。

A SW 內建輪廓不夠用

內建熔廓一定不夠用，先前說過臨時用改的，本章更進一步學會製作常用輪廓並說明收集輪廓方法，總不能每次重新用改的或重畫。

B 收集輪廓常見方式

有多種方式收集輪廓：1. 自己畫、2. 結構鋼、3. 3D ContentCentral 內容中心、4. 市購件網站，不要花時間繪製這些資料庫，拿別人的來改比較快，不得已才自己畫。

12-1 製作草圖特徵庫

熔接輪廓為草圖構成，可自行定義多種不同輪廓成為特徵庫。例如：把供應商提供鋁擠型輪廓電子檔（*.DWG），轉換成特徵庫*.SLDLFP。

12-1-1 輸入至零件

1. 開新零件→2. 拖曳 AF5050-8.DWG 到繪圖區域，草圖以圖塊呈現且不在原點上。

12-1-2 DWG 草圖與原點定義

由於🧊以草圖原點為基準成形，將鋁擠斷面移至原點並製作限制條件。

步驟 1 原點＋圖塊中心→重合

步驟 2 點選圖塊水平邊線→水平放置

步驟 3 點選圖塊右鍵→爆炸圖塊

因為特徵庫不能以圖塊呈現。

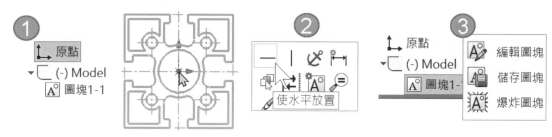

12-1-3 草圖轉換為特徵庫

要產生特徵庫完成 2 件事：1. 製作模型組態、2. 檔案放在熔接路徑中。熔接輪廓以模型組態管理、節省輪廓檔案、提升製作和選擇效率。

A 製作模型組態

由於這是練習，我們採取用騙的方式，製作 1、2 的組態，下圖左。

B 檔案放在熔接路徑中

1. 特徵管理員點選草圖→2. 另存新檔（＊.SLDLFP），草圖圖示右下角會出現 L 圖示 ，檔名為 AF5050-9.SLDLFP，檔名最好與規格相同，會比較好管理，下圖右（箭頭所示）。

AF5050-8.SLDLFP

12-2 定義熔接輪廓位置

熔接輪廓要指定專屬檔案位置，其實不難理解只是檔案總管的資料夾罷了，說專業一點就是架階。

12-2-1 預設路徑

把剛才的 AF5050-8 特徵庫，放在 ISO 資料夾之下。C:\Program Files\SOLIDWORKS Corp\SOLIDWORKS\lang\chinese\weldment profiles\ISO。

12-2-2 抽換結構成員類型

將先前的方形管、80x80x5→AF5050-8，會看到不同樣貌。

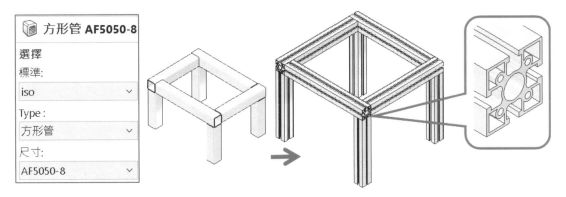

12-2-3 熔接路徑遺失

已完成的🗔會記錄先路徑，萬一輪廓路徑改變，編輯特徵時發現空白，點選尺寸欄位會出現錯訊息並出現先前路徑，只要重新選擇標準、TYPE、尺寸還是可以回復原狀的。

12-3 取得熔接輪廓：**ToolBox**-結構鋼

結構鋼（Structural Steel）內建輪廓產生器於專業版中提供，可自行產生更多輪廓成為資料庫，過程中建議只要產生主題性的，接下來製作組態（規格）。

12-3-1 開啟結構鋼

由於預設不會有，必須先將附加程式加入。

步驟 1 工具→附加→☑SolidWorks ToolBox Utilities

步驟 2 工具→Tool→結構鋼

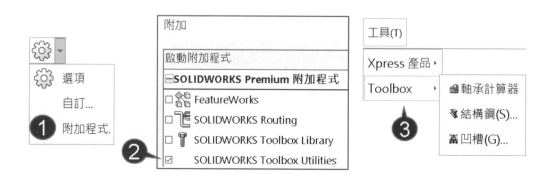

12-3-2 產生方式

在新零件透過結構鋼視窗產生熔接輪廓，若要收集所有輪廓，重複步驟 1、2。

步驟 1 於左上角找出你要的類型

步驟 2 產生

輪廓已經幫你產生到草圖 1，按完成關閉視窗。

步驟 3 重複步驟 1、步驟 2

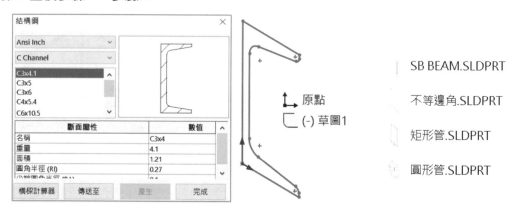

12-4 取得熔接輪廓：3D ContentCentral

到 3D ContentCentral 網站下載熔接輪廓檔案。1. Design Library→2. SolidWorks 內容
→3. weldments，下方可以見到很多國家標準的資料庫，下圖左。

12-4-1 下載方式

點選要下載的國家標準，例如：CTRL 點選 ISO，指定儲存資料夾，下圖右。

12-4-2 解壓縮

解壓縮後得到更多熔接輪廓。

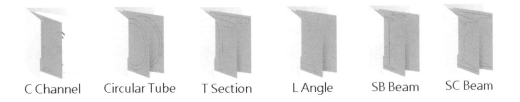

C Channel　Circular Tube　T Section　L Angle　SB Beam　SC Beam

A 包含模型組態

模型有包含組態，甚至這些組態已經與設計表格連結，讓未來擴充更具便利性。

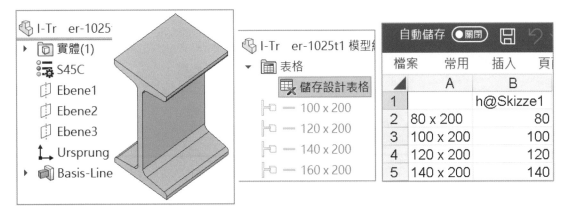

12-5 輪廓效能

由於製造的關係，輪廓轉角處會有R角，特徵成形則有相切面交線，輪廓太複雜會大量消耗計算並影響成形速度，把圓角或不需要的細節拿掉。

A 失真

不過一體有2面，增加輪廓效能，重量和體積就會失真，若要呈現真實狀態又要效能必須考慮使用模型組態。

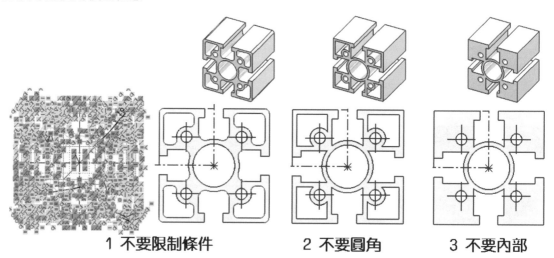

1 不要限制條件　　　　2 不要圓角　　　　3 不要內部

13

橫梁計算器

橫樑計算器（Beam Calculator）是獨立的介面，於專業版提供，計算結構鋼的撓曲（Deflection）和應力（Stress），他屬於 ToolBox Utility 的成員，不必額外找尋工具就能以內建的方式計算梁受力。

13-0 指令位置與介面

說明指令位置與介面項目，讓同學體驗一下這功能，絕對消除對他的恐懼。

13-0-1 指令位置

1. 工具→2. 附加→3. ☑SolidWorks ToolBox Utilities，完成附加後，4. 工具→5. ToolBox→6. 橫樑計算器。

13-0-2 視窗介面

分4大項：1. 左上：負載類型、2. 左下：計算類型、3. 右上：輸入、4. 右下：其他。

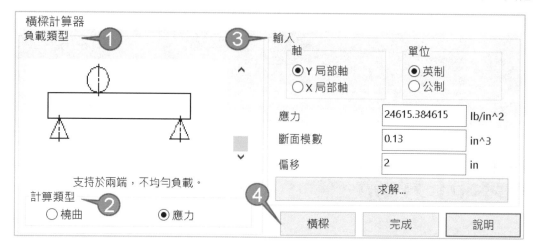

13-0-3 先睹為快

進行計算器的 1. 設定與 2. 求解。

步驟 1 支持兩端，不均勻負載

步驟 2 應力

步驟 3 Y 局部軸

步驟 4 英制

步驟 5 斷面模數 0.13

步驟 6 長度 10

步驟 7 負載 2000

步驟 8 偏移 2

步驟 9 求解

步驟 10 取得應力值 24615.38

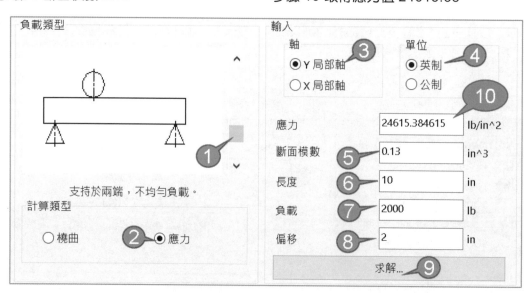

13-0-4 與結構鋼搭配使用

點選左下角的**橫梁**可與**結構鋼**搭配使用，結構鋼會傳遞部分數值到 ⚙️，下圖左。

13-0-5 材質屬性

很可惜 SW 材質屬性無法傳遞到 ⚙️。

13-0-6 剖面屬性 🔲

有部分剖面屬性會傳遞到 ⚙️，例如：主慣性矩，下圖右（箭頭所示）。

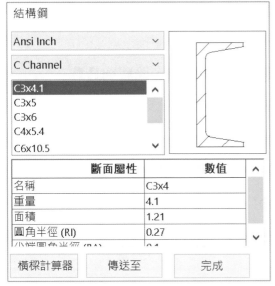

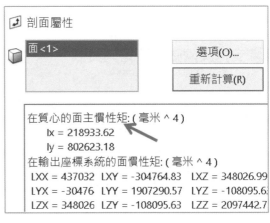

13-1 負載類型與功能

本節說明各個負載的功能，會發現這些功能 95% 都一樣。

13-1-1 負載類型（Load Type）

於視窗右側滑桿選擇要負載的類型。

A 固定一端，負載於另一端

B 固定一端，均佈負載

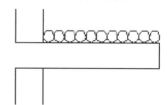

C 支持於兩端，負載於中間

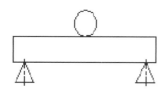

D 支持於兩端，均佈負載

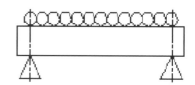

E 支持於兩端，不均勻負載

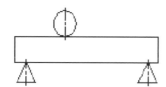

F 支持於兩端，兩對稱負載

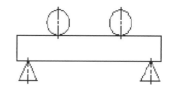

13-1-2 計算類型（Type of Calculation）

計算類型分別為 1. 橈曲、2. 應力，切換它們右邊內容會改變。

13-1-3 軸（Axis）

分別 1. X 局部軸（Local Axis）、2. Y 局部軸，在**剖面屬性**中**主慣性矩**帶入。

13-1-4 單位

分別為 1. 英制、2. 公制，若切換它們系統不會自動換算，以下的值要重新輸入。

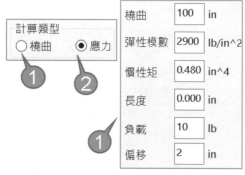

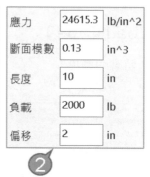

13-2 計算類型：橈曲

本節說明橈曲設定項目。

13-2-1 橈曲（Ymax）

設定下方參數即可得到回傳值，$y_{max} = \dfrac{PL^3}{8EI}$，例如：固定一端，均佈負載，0.010841in。

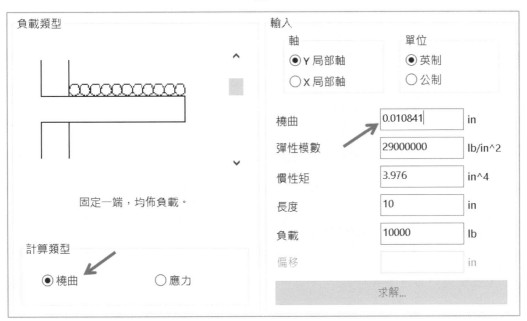

13-2-2 彈性模數（Modulus of elasticity,E）

力施加於物體或物質時，其彈性變形（非永久變形）趨勢的數學描述，例如：SUS304，29000000，彈性模數於 SW 材質庫可以見到，下圖左。

13-2-3 慣性矩（Moment of inertia，I）

輸入矩形截面或圓形截面，這部分在剖面屬性主慣性矩有提供，例如：圓形截面 3.976

$$I_x = \frac{bh^3}{12} \cdot I_{circle} = \frac{\pi D^4}{64}$$

13-2-4 長度（Lengh，L）

定義模型長度，例如：10in。

13-2-5 負載（Load，P）

定義負載類型的載重。

13-2-6 偏移（Offset）

適用 E 支持於兩端，不均勻負載、F 支持於兩端，兩對稱負載。

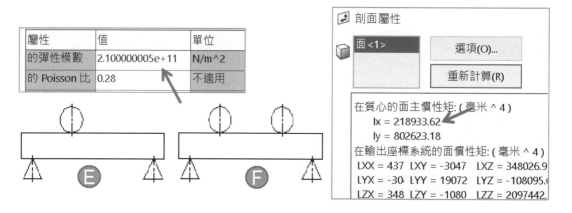

13-3 計算類型：應力

本節說明應力設定項目。

13-3-1 應力（Stress，δ max）

設定下方參數即可得到回傳值，$\sigma_{max} = \dfrac{PL}{2Z}$，例如：支持於兩端，不均勻負載，24615.38in。

13-3-2 斷面模數（Section modulus，Z）

通過中立軸之慣性矩(Ix)，除以形心軸至面積邊緣的距離$Z = \dfrac{I}{c}$。這部分可以由**剖面屬性**的主慣性矩帶出來計算，例如：Z=0.2/1.5=0.133。

13-3-3 長度、負載、偏移

長度 10in、負載 2000lb、偏移 2in。

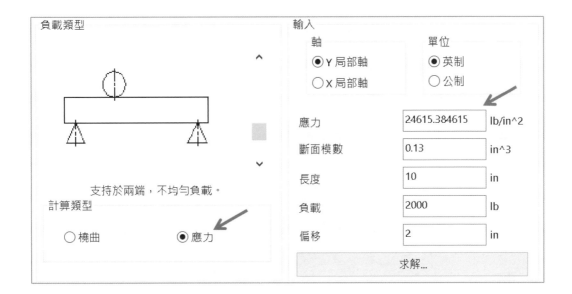

筆記頁

結構系統

結構系統（Structure System）▦模組於 2019 推出，屬於進階▣，內建於標準版。可以在 1 個特徵中產生不同輪廓（或大小）的結構，具有彈性的角落管理及修剪，讓大型且複雜結構得到解決方案。

A 結構系統模組的前身

他來自義大利 AMV STEELWORKS 與市面主流 BIM（Building Information Modeling，建築資訊模型）相似，例如：Tekla Structures、Revit、parabuild...等。

B 更彈性的建模方式

▣支援框選草圖、不規則曲線、點成形、比例成形...等，大幅減少草圖繪製時間。

C 任督 2 脈+編輯=活用

第 1 脈：結構系統（本體）▣+角落管理（修剪）▟、、第 2 脈：編輯作業。完成結構系統後，能分別編輯所屬項目才算達到活用，本章會在每一節特別說明編輯作業。

D 編輯混亂與難用（突破後，對軟體認知更上一層樓）

我想很少作者會在書中說很難用的心得，其實很多軟體操作方式也是這樣難用，因為我們太習慣 SW 好用與便利。

只要掌握大原則：選哪裡就改哪裡，看起來不就是 SW 常態作業嗎?對🖼迷惘感到難用是因為沒和先前作業連通。

E 適應期更上一層樓

坦白說一開始很排斥這功能，因為不習慣🖼作業方式。但靜下心練習發覺還不錯用，且這幾年原廠有逐步更新功能，更愛上它的效率與能力，甚至邊點選指令邊搖頭，心想為何這麼慢才頓悟這麼好用的模組。

F 新版本優化結構系統效能

自 2019 起發展結構系統至今，每一版會新增一些指令並優化結構系統效能。

G 結構系統的流行

現今很流行 3 大技術：1. 鋼構、2. 模組化和 3. 大型組件，近年協助企業導入期間發覺公司 SW 發展不再以傳統建模的循序漸進，而是 3 步併 2 步的大步發展。

H 企業轉型

由原來的設備開發，發展至整廠輸出。另一個例子，將原本設備加工，提升為設備設計，以上皆需大量圖面，只要導入 SolidWorks 就能用最精簡的人員完成以上作業。

I 將就用

剛開始對🖼不熟就先用熔接工具列的指令完成，常遇到修剪沒有你想要的，就不要太執著研究，避免浪費太多時間試指令，等未來版本解決就好，這部分書中有說明。

J 混和結構

各位不會想放棄使用熔接工具列，畢竟已經用了很久，本章協助各位🖼與🧊混用，達到如虎添翼之能力，讓別人望塵莫及的優越感。

K 原理與結構成員🧊相同不說明

本章有太多功能與🧊相同，為了篇幅與閱讀簡潔，不贅述，自行往前翻閱。

L 結構成員🧊→結構系統🖼

對於熟練🧊的你，往後遇到機架就用🖼來提升你的經驗值。大郎以前就是這樣訓練自己的，學習過程中效率沒有以前高，但可以提升程度和經驗值，這些是業界要的技術。

M 結構系統🖼VS 結構成員🧊差異

對剛開始學習的同學來說，會很想知道🖼和🧊差別，因為大郎也很想知道，本節和各位分享研究過程中的心得。

	A 結構系統	B 結構成員
1.刪除或	模型會保留，除料清單變回實體資料夾	模型全被刪除
2.支援的路徑	模型邊線、不規則曲線、草圖圖元	模型邊線、草圖圖元
3.熔接輪廓	同一個特徵可以多個不同大小的輪廓	1 個特徵只能 1 個輪廓
4.運算效率	重新計算 0.25 秒	重新計算 0.13
5.點選本體	點選結構系統整體，也可以點選本體	只能點選一個個本體
6.多重輪廓/大小	同一個增加不同輪廓或大小	1 個1 種輪廓或大小
7.增加成員	只能更改輪廓大小，不能增加成員	可以在群組中增加成員
8.刪除成員	在特定的環境下才可以	多元環境皆可

14-0 指令位置與介面

說明指令位置與介面項目，1. **結構系統**和 2. **主要成員**是 2 大方向，比較難的 3. **次要成員**，本節後面有先睹為快，讓同學體驗一下。

14-0-1 指令位置

有 3 種方式開啟：1. 工具列上右鍵→結構系統（工具列）、2. 指令管理員上右鍵→標籤→結構系統、3. 插入→結構系統。

由於 1. 工具列和 2. 指令管理員的指令內容有差異，建議由指令管理員使用指令。

14-0-2 結構系統工具列組成

由 1. 主要結構成員、2. **次要結構成員**組成，灰色底，藍色功能，下圖右。

A 結構系統 VS 熔接工具列

結構系統工具列很容易認知，而熔接工具列應該為**結構成員工具列**。

B 結構系統與熔接工具列指令合併

指令很少，建議將指令合併到熔接工具列中，就不必在這 2 工具列切來切去。

14-0-3 結構系統工作流程

作業有3項：1. 產生結構系統🖼→2. 主要🖼與次要結構成員🖼→3. 角落管理與修剪🔲。

14-0-4 結構系統功能表

一開始不習慣這些指令功能在哪，本表提供說明，數字為操作順序呦。

指令名稱	說明
1. 產生結構系統🖼	啟用結構系統(類似進入草圖)
2. 主要成員🖼	新增以草圖圖元、點、模型邊線、模型面、基準面所定義的成員
3. 次要成員🖼	在2個主要成員之間加入主結構或次結構。
4. 角落管理🔲	將角落分組為簡單、雙成員及複雜角落類型，並套用修剪處理
5. 定義連接元素🔌	定義連接元素的特徵位置與是否傳遞特徵
6 插入連接元素🔌	在結構角落加上連接元素（配件）
7. 貫穿點⊥	在結構成員草圖中定義貫穿點

14-0-5 先睹為快：結構系統🖼

使用先前熔接模型，運用於🖼的功能體驗，快速體會和📦的不同。

步驟1 點選結構系統🖼

進入結構系統環境，如同進入草圖，這指令一定要選。

步驟2 點選主要成員🖼

類似結構成員📦，會見到2大標籤：1. 成員（位置）、2. 輪廓（斷面）。

步驟3 點選輪廓標籤，定義輪廓

第1特徵要先點選**輪廓**標籤，定義好外型和大小，第2特徵輪廓相同情況下，就不必點選該標籤，加速產生結構，依序選擇 ISO→方形管→80x80x5。

步驟4 點選成員標籤

開始進入重點，可見**主要成員類型**和**路徑線段**。

步驟5 路徑線段

框選全部圖元，可見成員被產生→↵。就能體會📦只能一條條點選圖元和結構系統全選差異。目前不支援 Crtl+A 全選草圖，Crtl+A 只能選到模型邊線。

步驟 6 完成主要結構成員

1. **確定以後→**2. **點選右上角**，完成**主要結構成員**⊠。由白色預覽轉變為黃色，目前選項不支援預覽的顏色變更，下圖左。

步驟 7 角落管理

這時會進入**角落管理**，本節暫時不處理該指令→↵，結束指令。第 1 次進入**結構系統**，會自動啟用**角落管理**，產生第 2 個⊠就不會出現了。

步驟 8 查看特徵管理員，結構系統的組成

可見 1. **結構系統**和 2. **角落管理**特徵。

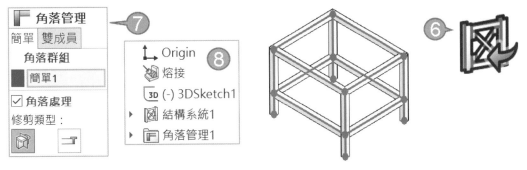

🅐 重疊圖元

框選草圖過程，若草圖有重複線段，無法產生結構系統，出現刪除重疊成員訊息。

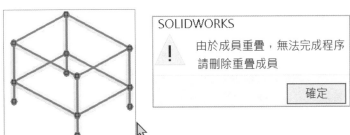

14-0-6 大量使用結構系統

回溯可大量練習或測試軟體，**回溯**比**刪除**更有效率，下圖左。

🅐 圖元方向不受限制

隨意點選線段會發現不受🗔2大限制：1. 連續、2. 平行，而且成形速度很快對吧。

🅑 多元的路徑線段

除了草圖圖元、更可以點選模型邊線、2模型面、2面交線、頂點+長度…等，下圖右（箭頭所示）。

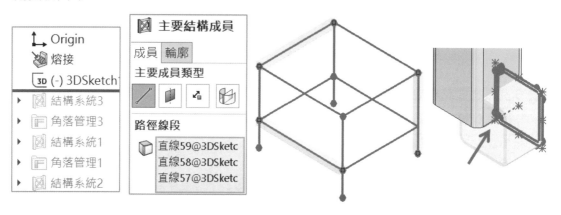

🅒 不同輪廓與大小結構

在同一個🗔中可產生不同輪廓與大小結構，重點在步驟4。

步驟1 點選結構系統🗔→點選主要成員🗔

步驟2 定義輪廓：ISO→方形管→80x80x5

步驟3 點選成員標籤

點選上方4條框線框→↵，完成目前的結構，由右上方角落可見目前還是🗔環境。

步驟4 點選主要成員🗔→點選輪廓標籤

這就是重點了（重複步驟2和步驟3），定義輪廓：ISO→SB 橫樑→80x6

步驟5 點選成員標籤

點選下方4條→↵，完成目前的結構→🗔→↵，特徵管理員可見2個成員資料夾🗔。

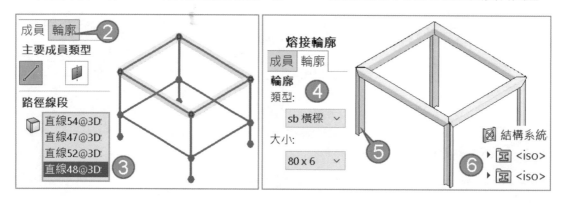

14-1 熔接（熔接特徵）

圖完成後，特徵管理員會產熔接特徵，利用表格說明不同處。

14-1-1 除料清單

使用方式與功能和熔接完全相同，不贅述，下圖左。

14-1-2 刪除熔接特徵

結構系統不會被刪除，但結構成員會被刪除，下圖右。

	結構系統圖	結構成員	效益
差異	模型會保留，除料清單變回實體資料夾（箭頭所示）	模型全被刪除	結構系統比較彈性

14-2 結構系統與環境

圖有多項第 1：1. 工具列第 1 個指令、2. 一定要使用的指令、3. 第 1 特徵。點選圖進入結構系統環境，於繪圖區域右上角可見結構系統模式，類似進入草圖，下圖 A（箭頭所示）。

14-2-1 絕對指令

如果啥都沒做，退出指令，如同進入草圖→退出草圖，特徵管理員無任何紀錄。初學者常發生忘記結束指令圖，而無法使用其他功能，下圖 A。

14-2-2 結構系統環境

完成指令後會於特徵管理員可見：1. 熔接特徵、2. 結構草圖、3. 結構系統、4. 角落管理、5. 除料清單，未來開啟模型看到這些，能判定為結構系統完成，下圖 B。

14-2-3 多個結構系統（結束▣）

結束▣後，只要重複使用▣，即便不同輪廓或不同大小，都會產生新的結構系統（第 2 個）特徵，如同🔲伸長特徵 1、🔲伸長特徵 2，下圖 C。

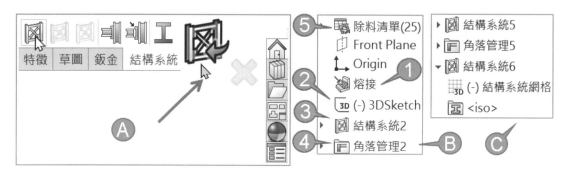

14-2-4 編輯結構系統

在同一個▣特徵中增加不同輪廓或大小的成員，例如：標示 1、2 為不同結構。1. 點選▣，🔲→2. 主要成員▣→3. 點選**輪廓**，定義輪廓→4. 點選成員：路徑線段…→5. ↵。

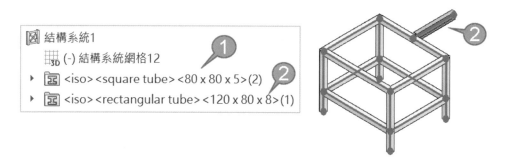

14-2-5 回溯與刪除結構系統

可回溯▣來尋求製作過程中的效能，但無法回溯已展開的▣裡面項目，下圖左。點選▣→DEL，可重新製作▣。

14-2-6 放大選取範圍與雙向亮顯

結構通常很龐大，如同大型組件，於特徵管理員點選成員→🔍。於繪圖區域或特徵管理員點選▣或**成員**📦，都會亮顯呈現。

14-2-7 複製結構系統

直線、環狀、鏡射特徵中的本體欄位，多了**結構系統**▣進行整體結構複製，就不用一個個本體選擇，下圖中（箭頭所示）。

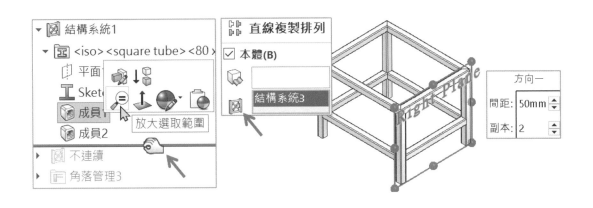

14-3 結構系統組成

　　展開圖特徵可見 2 項：1. 結構系統網格（網格線系統）、2. 結構系統成員資料夾。本節說明這些組成，重點在編輯它們會發現沒想到的盲點，這些是新課題。

14-3-1 結構系統網格（Grid）

　　在隱藏草圖的模式下，點選查看被成型的結構草圖，例如：點選結構系統 1、點選結構系統 2，分別亮顯結構草圖（沒這項功能）。

A 編輯與顯示

　　無法編輯它們，但可點選**結構系統網格**→顯示。

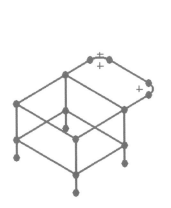
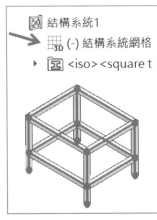
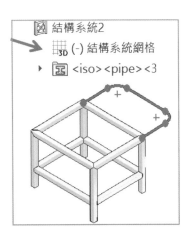

14-3-2 結構系統成員資料夾

　　資料夾區分結構類型及大小，這些資訊有關聯性會隨著變更。資料夾旁邊顯示<單位><類型><大小>（副本），例如：<iso><square tube><80x80x5>（1）。

同一結構系統◫中，能產生多個不同輪廓或大小，下圖左。◫遇到不同輪廓（或大小），必須使用多個◫。

14-3-3 結構系統成員資料夾組成◫

展開資料夾可見3個結構：1. 平面1（草圖平面）◫、2. 草圖（斷面草圖）I、3. 成員（本體）◫，這部分和◫一樣，只是圖示不一樣。

A 平面 ◫

自動產生基準面給輪廓草圖用。

B 輪廓 I

結構系統的輪廓，點選 I 看不見草圖亮顯。

C 成員（結構系統成員）◫

呈現結構系統本體。

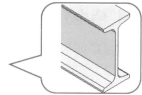

```
▼ ◫ 結構系統1
     ⊞3D (-) 結構系統網格12
  ▸ ◫ <iso> <square tube> <80 x 80 x 5>(2)
  ▸ ◫ <iso> <square tube> <30 x 30 x 2.6>(1)
```

```
▼ ◫ <iso><
     ◫ 平面17
     I Sketch
     ◫ 成員1
```

14-3-4 編輯結構系統

在 1. 結構系統◫、2. 成員資料夾◫、3. 成員本體◫的圖示上都可以◫，修改參數或增加成員，但這3項有差異，本節說明3種方式協助同學道破盲點。

A 編輯結構系統◫（產生第2◫）

1. 點選◫→2. ◫→3. ◫→4. 增加成員，完成後會發現在同一◫之下產生第2 **成員資料夾** ◫（箭頭所示）。

```
▼ ◫ 結構系統1
     ⊞3D (-) 結構系統網格12
  ▸ ◫ <iso> <square tube>
```

```
▼ ◫ 結構系統1
     ⊞3D (-) 結構系統網格12
  ▸ ◫ <iso> <square tube> <80 x 80 x 5>(2)
  ▸ ◫ <iso> <square tube> <30 x 30 x 2.6>(1)
```

B 編輯成員資料夾◫（所有成員）

在◫→◫，回到◫**成員屬性**，在所選成員欄位中呈現所有成員，類似◫的群組。點選其中一成員進行編輯作業，例如：延伸或分割，常用在大量修改。

點選草圖路徑會發現無法加選草圖線段，來增加成員，但◫可以。

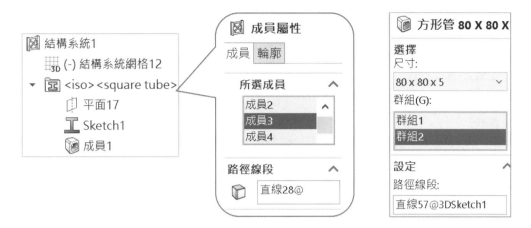

C 編輯成員本體🗇（所選成員）

點選🗇→🗇，回到🗺**成員屬性**，僅針對所選成員進行變更，甚至可以在繪圖區域直接點選成員本體→🗇。本節類似🗇的群組，且🗇無法在繪圖區域點選成員→🗇。

點選草圖路徑會發現無法加選草圖線段，來增加成員，但🗇可以。

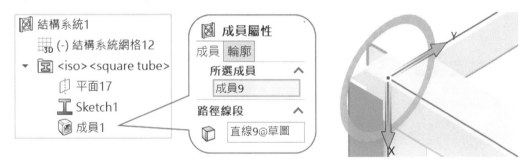

D 增加成員（加選草圖線段）

點選🗺或🗇→🗇，想要加選草圖線段，很可惜不能這樣做。如果要加選必須藉由**主要結構成員**🗺，本節說一定會讓同學大開眼界，這裡就是大盲點。

步驟 1 特徵管理員編輯🔲或🔷→⚙，進入成員屬性屬性→↵，退出屬性屬性

重點來了，右上角得知目前為結構系統環境🔳。

步驟 2 主要結構成員🔳

點選草圖線段加入第 2 成員。

步驟 3 查看

在同一成員資料夾🔲加入新成員。

14-3-5 刪除成員🔳

1. 特徵管理員點選成員🔳、或 2. 繪圖區域點選不要的本體→DEL，下圖右。這部分🔳會整體刪除。

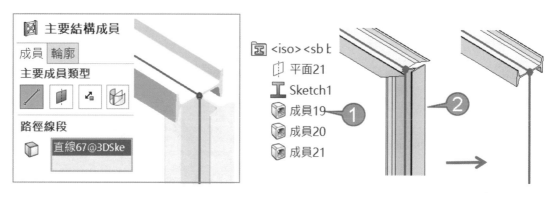

15

結構系統-角落管理

2 結構之間修剪後於特徵管理員出現**角落管理**（Corner Management）資料夾，展開資料夾顯示角落群組，例如：1.簡易角落、2.雙成員角落、3.複雜角落。

角落管理=修剪/延伸，相較之下**角落管理**變複雜的，靜下心理解它們邏輯。

A 角落管理 3 大列表

快速領略這 3 者的特性。

角落管理資料夾	角落類型	說明	圖示
角落管理 ▸ 簡易角落群組 ▸ 雙成員角落群組 ▸ 複雜角落群組	1.簡易	2 成員接觸面	
	2.雙成員	2 個成員端面共線	
	3.複雜	3 個成員以上相交	

B 結構系統角落管理 VS 結構成員的修剪/延伸

指令無法混用，僅支援**結構成員**。

	內部	外部	名稱	刪除	學習
結構系統	於結構系統內部修剪	沒指令	角落管理	無法	難
結構成員	於結構成員內部修剪	有指令	修剪與延伸	可以	簡單

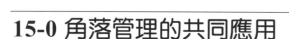

15-0 角落管理的共同應用

先說明角落管理的邏輯，它們觀念皆相同，例如：編輯、檢視、刪除…等，這些操作蠻簡單的可以降低對**角落管理**的陌生程度。

一開始會覺得介面不太一樣覺得難用，特別在編輯過程，希望 SW 統一。

15-0-1 自動產生角落管理

角落管理沒指令，屬於結構作業過程，定義好輪廓和位置後→進入**角落管理**，自動判斷結構屬於哪種角落這就是資料夾內有時只有 1 個，有時會多個角落群組的原因。

15-0-2 亮顯角落管理

展開**角落管理**資料夾→展開資料夾，點選角落，會亮顯修剪的角落，這部分點選會全部亮顯。

15-0-3 編輯角落管理資料夾

點選**角落管理**資料夾→，1. 由標籤編輯 3 種角落類型、2. 所有的角落設定，可以大量進行角落查詢與管理，下圖 A。

15-0-4 編輯 OO 角落群組（資料夾）

點選其中一個角落群組資料夾→→進入角落管理，由角落群組中，點選其中一個角落進行編輯，可大量進行角落查詢與管理，下圖 B，但看不出所選是哪個角落群組。

15-0-5 編輯角落

點選**角落群組資料夾**其中 1 角落→，編輯所選角落，感覺比較直覺，下圖 C。

15-0-6 放大選取範圍（適用 2023）

角落上右鍵→**放大選取範圍**（A），拉近角落位置，下圖左。

15-0-7 刪除/抑制角落管理

無法直接刪除角落管理，他是必要結構，下圖中，但可以抑制角落處理，下圖右。

15-0-8 類似角落（Similar）

類似角落於 2023 年推出，可大量將相同角落群組起來，方便管理並增加讀取效能，就不必每個角落單獨設定。

A 啟用**類似角落**

編輯 A. **角落管理**或 B. **角落群組資料夾**→進入 C. **角落管理**視窗，可見目前有多個角落，1. 點選上方任一角落→2. 出現**類似角落**欄位。

B 將類似角落分組

3. 按下該按鈕，系統計算相同角落→4. 可見被群組的角落→5. 於繪圖區域箭頭指示被群組的角落位置。

C 解散角落群組

被分組的角落可以解散。在角落欄位中，點選**角落群組**右鍵→解散角落群組，下圖左。

15-0-9 類似角落：已識別類似角落清單

在已識別類似角落清單右鍵還有一些功能。

A 自動調整欄位

讓欄位不會太長，就不必人工拖曳欄位。

B 從群組移出角落

指定不要被群組的角落，常用在另外控制該角落型式，於特徵管理員的**角落群組**資料夾中可見**被群組的角落**，以及**被移出的角落**，下圖右（箭頭所示）。

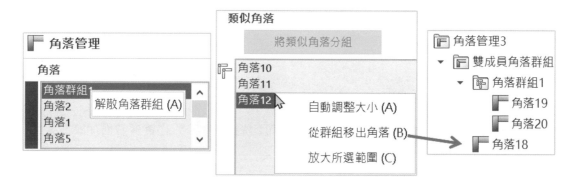

15-1 簡單（Simple Corner）

簡單應用在結構之間不連續，例如：T型、斜T型，本節說明簡單角落。

本節重點在修剪類型（TrimType），他有2個項：
1. 平面修剪（Planar），類似成形至某一面、2. 本體修剪（Body），類似成形至本體。

開始認識角落管理邏輯，對未來角落管理有相當大的幫助。

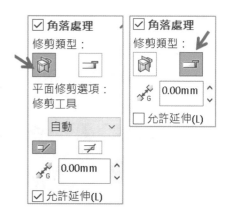

15-1-1 角落群組

完成主要成員後→結束，就會出現**角落管理**。

步驟1 點選 →

ISO→方形管→40x40x4，定義規格及大小。

步驟 2 點選 4 草圖線→↵→結束結構

步驟 3 查看角落群組

　　點選簡單 1、簡單 2，會亮顯所選結構，分別記錄下方設定，下圖左。

步驟 4 完成指令後

　　於特徵管理員可見：1. 角落管理、2. 簡易角落群組、3. 角落，下圖右。

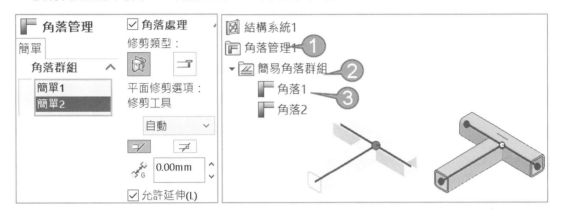

15-1-2 修剪類型：平面修剪、修剪工具：自動

　　結構以平面為結束樣式，且**修剪工具**為自動，有 2 種**平面修剪選項**：1. 第一次接觸、2. 完整接觸。修剪工具項目只會在第一次產生結構才會出現。

A 第一次接觸（First Contact Planar）

　　使結構停止在接觸面上，例如：斜接缺口，第一次接觸應該稱為**接觸**，下圖左。

B 完整接觸（Full Contact Planar）

　　結構延伸貼平另 1 結構面，類似**成形至下一面**，例如：斜接延伸至貼平，下圖右。

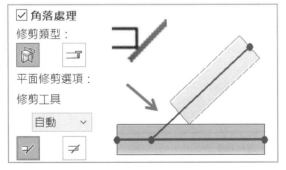

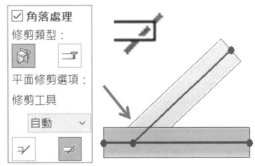

15-1-3 修剪類型：平面修剪、修剪工具：使用者定義

　　將清單切換：使用者自訂，自行指定結構修剪面，類似**成形至某面**，例如：點選斜面後，預覽沒帶邊線塗彩，所以不好點選，下圖左。

點選內面也可以**成形至所選面**，但沒切除本體功能，相較🔷功能比較好，下圖右

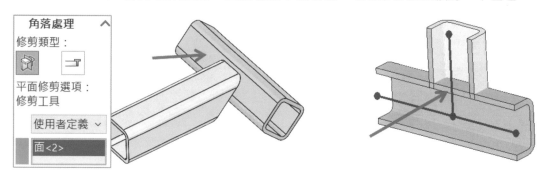

15-1-4 修剪類型：本體修剪 ⌐T

結構完全延伸至結構本體（類似**成形至本體**），修剪的結構也會有圓角。

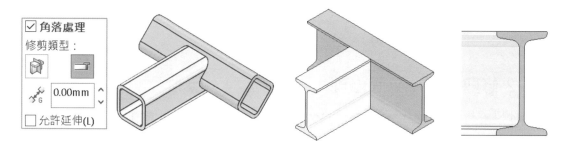

15-1-5 縫隙 ✕G（預設 0）

結構互相接觸的位置產生縫隙，實務可為焊料滲透或**插入連接元素**的距離，最令同學印象深刻是型鋼連接。無論何種修剪類型，皆可定義縫隙。

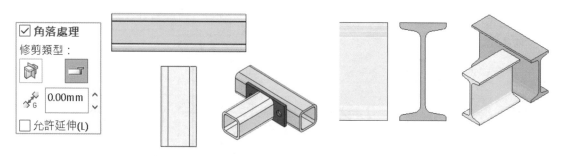

15-1-6 忽略角落處理/角落處理（預設關閉）

忽略自動修剪功能，結構以完整路徑呈現，會有干涉現象，2020 才有的功能，之後的版本改以 □ **角落管理**。

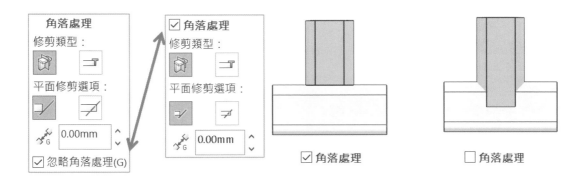

☑ 角落處理	□ 角落處理

15-1-7 允許延伸（預設關閉）

適用**複雜角落**，於複雜角落說明。

15-2 雙成員（Two member）

2 個連續相接或相切結構，例如：L 形，系統以**雙成員**做為修剪群組。下圖為 3 大修剪類型的差異，是否感覺到小小複雜了。

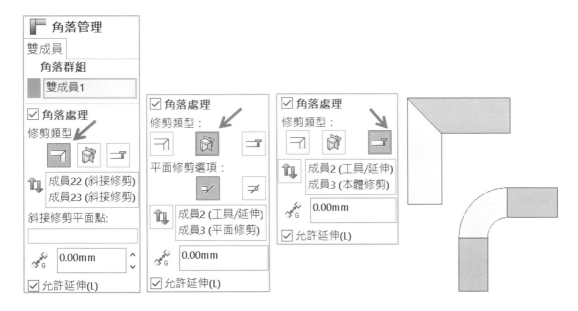

15-2-1 修剪類型：斜接修剪

結構接觸面以斜角相接或圓弧相切，本節和觀念差不多。

A 交換成員（不支援斜接）

對斜接來說結構結果相同，所以無法使用，下圖 A。

B ☑斜接修剪平面點

本節功能和說明🔲相同，不贅述，下圖 B。

C 縫隙 🔧

將 2 結構產生縫隙，不贅述，下圖 C。

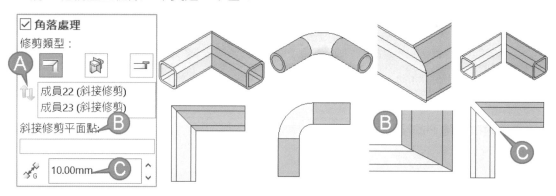

15-2-2 修剪類型：平面修剪🔲

本節與**簡單角落-平面修剪**🔲操作和介面相同，僅多了**交換成員**🔃，常用在結構的短接長、長接短。

A 交換成員🔃

點選欄位左方🔃，將結構上下調整排列順序。

B 允許延伸

本節沒效果。

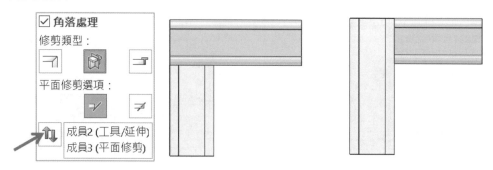

15-2-3 修剪類型：本體修剪🔲

與**簡單角落-本體修剪**🔲操作相同，將結構停止面完全延伸至結構本體形狀。

A 縫隙 🔧

本節結果看起來包覆狀，常將 2 結構產生縫隙 0.001，不讓包覆的技巧，下圖右。

B 允許延伸

本節沒效果。

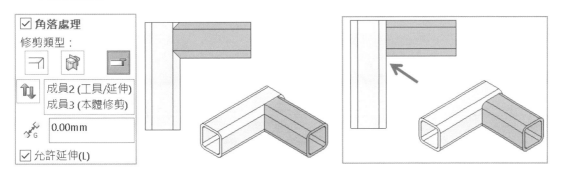

15-3 複雜（Complex Corner）�

定義 3 個以上的結構相接型式，由上到下 3 項設定：1. 修剪工具成員、2. 本體修剪⊐、3. 平面修剪⌐。第一次看到這介面會有恐懼感，覺得很難，把特點看懂就會了，其實本節比其他角落處理還簡單，坦白說就是亂壓就好。

A 3 欄位相互拋接

第一次遇到指令用拋接的方式進行，1. 點選其中一成員→2. ⬇、⬆可見項目在欄位與結構預覽變化，通常亂按由預覽看出要的結構結果比較容易。

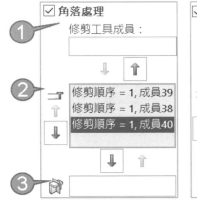

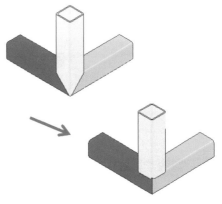

15-3-1 修剪工具成員（定義主結構，不剪）

定義誰為主要結構且不修剪，其他結構會參考主結構本體進行修剪。例如：3 結構預設為 2. **本體修剪**⊐，所以各有斜角，要將垂直結構定義為主結構。

步驟 1 選擇修剪工具成員

點選垂直結構。

步驟2 使所選成員成為修剪工具

點選**修剪工具**欄下方的**上箭頭**，移動到**修剪工具成員**。

步驟3 完成

完成角落管理→⏎，由模型看出結果。

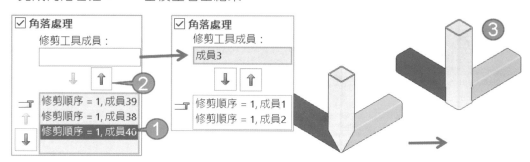

15-3-2 本體修剪（預設，互剪）

將欄位內的所有結構平均計算修剪，類似斜接。

A 修剪順序

於欄位左方箭頭，調整修剪順序，第1順序修剪=1、次要修剪=2。例如：這3個結構互修剪，1.選擇垂直結構後→2.點選箭頭調整順序，同時看出數字順序=2以及模型變化。

其實不必刻意看這些順序，只要預覽看出你要的結構即可。

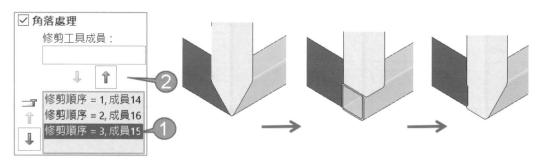

B T型修剪順序範例

以圖示說明本體修剪順序，模型的顯示樣式。

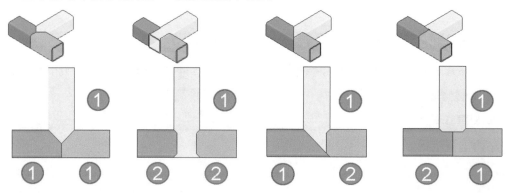

15-3-3 平面修剪（指定結構修剪至平面）

1.點選要修剪的結構→2.點選**本體修剪**的向下箭頭，將結構移至**平面修剪**欄。

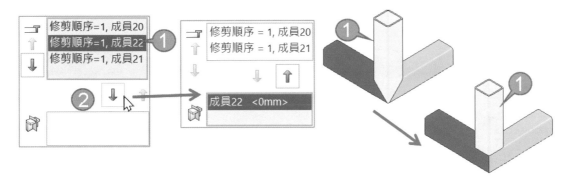

15-3-4 允許延伸

結構是否延伸至另一個結構，常用在尺寸不同的結構（箭頭所示），例如：矩形管。

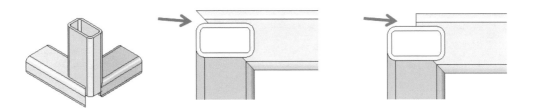

筆記頁

16

結構系統-主要成員

主要結構成員（Primary Member，又稱主要成員），為第 2 個特徵，也是必要步驟，開始進入結構系統核心作業，正式產生結構。

指令有 2 大標籤：1. 成員、2. 輪廓。

16-0 主要成員與次要成員：輪廓

本節先簡單說明**主要成員**與**次要成員**的輪廓設定 3 項目：1. 輪廓、2. 貫穿點、3. 輪廓對正。由於它們內容相同所以統一說明，詳細運用在後面講解。

A 突破輪廓邏輯

的輪廓操作比更進階，算是把很多功能集合在這，例如：貫穿點、輪廓對正。不過一開始會忘記設定這些，甚至會有惡魔心裡覺得難用。

等到遇到結構位置的問題時，以嘗試心理回頭來設定以上 2 項成為解決方案後，才能融會貫通，更體會為何這麼好用，這時能突破輪廓的邏輯。

B 結構系統VS 結構成員介面

最大差別在 2. **貫穿點**，在結構成員屬於對正項目。

C 預設路徑

C:\Program Files\SOLIDWORKS Corp\SOLIDWORKS \data\weldment profiles\，這路徑目前沒辦法在系統選項→檔案位置中設定。

D 前置作業

不知道怎麼會有上述介面對吧，所以本節讓同學明白如何產生，重點在步驟 4。

步驟 1 點選結構系統 →點選主要結構成員

步驟 2 點選輪廓標籤

ISO→方形管→80x80x5，定義規格及大小。

步驟 3 點選成員標籤

進入主要結構成員，點選草圖指定結構成形。

步驟 4 點選輪廓標籤

這時可見 3 項目：1. 輪廓、2. 貫穿點、3. 輪廓對正，下圖右（箭頭所示）。換句話說，要有輪廓位置，才可以定義這些。

16-0-1 輪廓

本節操作與📦相同,對同學來說很快能上手。

A 從輪廓傳遞材料

是否將輪廓材質套用到結構中,說明與結構成員,不贅述。

B 鏡射輪廓(預設關閉)

是否以所選的草圖邊線為基準,定義水平或垂直放置輪廓,可以得到 3 種位置:1. 預設、2. 鏡射水平、3. 鏡射垂直,本節在📦的鏡射輪廓,下圖右(箭頭所示)。

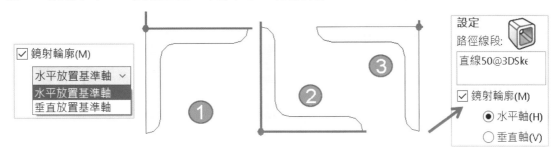

C 對正成員輪廓

產生📝或編輯 1. 成員資料夾📁或 2. 成員本體📦,以圖形空間座標進行水平、垂直移動或旋轉輪廓,快速進行輪廓對正。

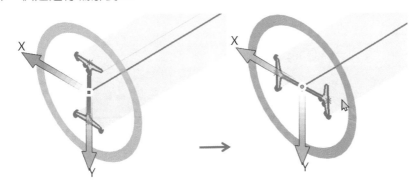

16-0-2 貫穿點（預設選取範圍）

點選欄位啟用，模型自動正視於輪廓，選擇要變更的 1. 輪廓草圖點或 2. 路徑圖元端點，本節和🎲的定位輪廓類似。

A 選取範圍（預設）

點選草圖輪廓的定位點。

B ☑偏移貫穿點（預設關閉）

分別輸入水平（X軸）或垂直軸（Y軸）數值，臨時修改偏移貫穿點的設定。由座標球直覺看出方向，可拖曳箭頭移動或拖曳旋轉環進行快速定位。

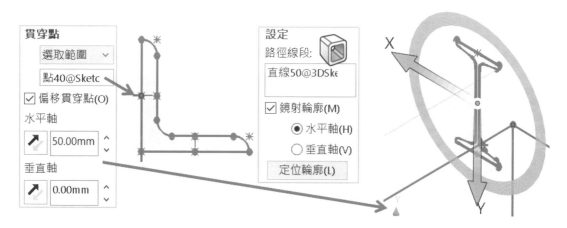

16-0-3 定義預設貫穿點（Pierce Point）位置工

本節說明**貫穿點**指令工運用，讓熔接特徵庫有預設貫穿點位置，使用🔲指令過程展開清單可直接選擇貫穿點位置，不必於模型上指定，例如：中間、左上、右下…等，要有這完整功能，模型檔案必須為**特徵庫**（*. SLDLFP）。

步驟1 開啟I型鋼特徵庫模型（*.SLDLFP）

步驟2 貫穿點工

於**結構系統**工具列→貫穿點工。

步驟3 輪廓屬性

於繪圖區域點選草圖。

步驟4 貫穿點

分別點選啟用欄位點選圖元端點加入，過程有色彩來辨識位置。有9個貫穿點：1. 中間、2. 上中、3. 下中、4. 中間靠左、5. 中間靠右、6. 左下、7. 右下、8. 左上、9. 右上。

步驟 5 查看與編輯貫穿點

完成貫穿點設定後，樹狀結構顯示輪廓屬性資料夾，資料夾右鍵→編輯特徵，可回到貫穿點編輯視窗。

已完成貫穿點**工**就無法重複使用**工**。

16-1 成員類型：路徑線段（**Path Segment**）

成員標籤有 4 大項：1. 主要成員類型、2. 路徑線段、3. 起始/終止延伸、4. 分割成員。

A 介面邏輯

點選任一成員類型，3. 起始/終止延伸、4. 分割成員，都是共同會呈現的欄位。

16-1-1 路徑線段／

常以 1. **草圖圖元**、2. **模型邊線**為結構路徑並支援框選，2020 支援 3. 不規則曲線、4. 橢圓、5. 圓錐、6. 拋物線、7. 螺旋曲線；很可惜不支援以上 5 項線段。

ⒶＡ 合併相切成員

草圖路徑有相切，是否要一體成型，本節與🔳的**合併弧線段本體**相同，不贅述。

Ⓑ 沒有縫隙

本節沒有縫隙可以設定，要在下一節角落管理才有。

16-1-2 起始/終止延伸

設定結構延伸路徑的距離，1. 起始=輪廓位置、2. 終止=線段另一端位置，靈活增加長度不受草圖長度限制，目前沒有反轉方向可以裁切結構，下圖左（箭頭所示）。

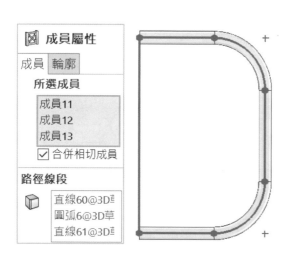

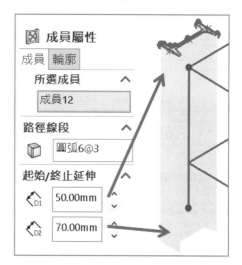

16-1-3 分割成員（Split Member），基準：參考

分割成員專門處理結構分段，不必刻意將草圖圖元分段。點選本體、模型面、基準面，作為斷開位置的參考，要☐**合併相切成員**才可以使用分割成員。

點選☑**分割成員**，展開**基準**清單選擇 2 種分割方式：1. 參考、2. 尺寸，例如：十字型結構，1. 一邊要完整，2. 另一邊要分割 2 段。

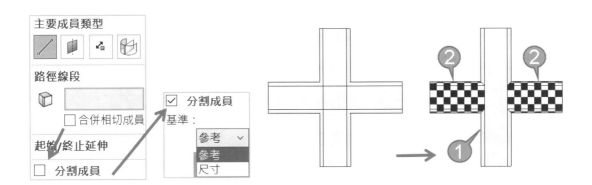

A 分割方式（同時點選 2 條線）

第一次執行⚌時，在路徑線段欄位中，同時點選 2 條線，目前是預覽階段（還沒產生成員），即便☑**分割成員**，在繪圖區域也點選不到，下圖左。

□**分割成員**，完成十字結構後，由特徵管理員發現**角落處理**資料夾空的，代表沒進行處理，下圖右（箭頭所示），就要用編輯的方式完成**分割成員**。

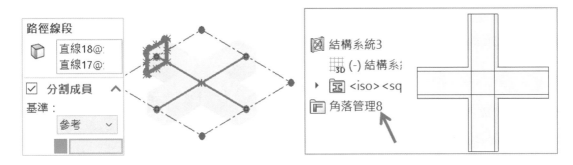

B 編輯成員資料夾⚌

承上節，將未分割成員進行分割。

步驟 1 點選成員資料夾⚌→⚙

步驟 2 所選成員

目前可見有了 2 成員被計算出來。

步驟 3 ☑分割成員，參考

於繪圖區域點選 Y 軸成員=基準=不分割，這時看不出變化。

步驟 4 ↵→⚌，完成分割

這時才看得出變化。

步驟 5 查看角落管理

角落管理出現角落群組了。

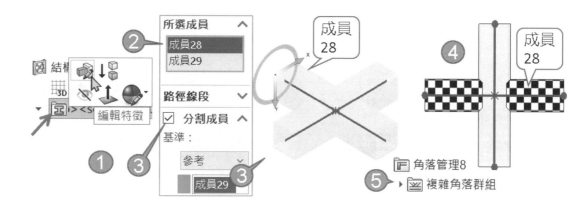

C 路徑線段中分別 2 條線（同 1 個結構系統▣）

在路徑線段欄位中，分別選 2 條線，就可以☑**分割成員**，由角落處理直接分割。

步驟 1 點選結構系統▣→點選主要成員▣

步驟 2 定義輪廓：ISO→方形管→80x80x5

步驟 3 點選成員標籤

主要成員類型，路徑線段╱，點選第 1 條線→↵（右鍵也可以）。完成目前的結構，由右上方角落可見目前還是▣環境。

步驟 4 ▣

步驟 5 點選成員標籤

主要成員類型，路徑線段╱，點選第 2 條線。

步驟 6 ☑分割成員

在繪圖區域只能點選上一個成員。

 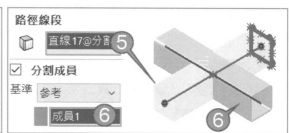

步驟 7 ▣

可以見到角落管理→↵，完成，下圖左。

D 第 2 結構系統

在第 2 個▣產生第 2 結構，過程中直接☑**分割成員**，角落管理會在第 2 結構系統出現，下圖右。

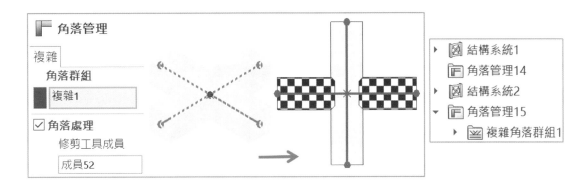

E 事後□分割成員

對於已經☑**分割成員**，後來不想要了怎麼辦?用編輯的就可以完成，這部分也是有點複雜，會了以後對編輯作業會很有感受，下圖左。

步驟 1 點選成員資料夾▣→⚙

步驟 2 所選成員（重點）

分別點選成員找出哪個成員下方有☑**分割成員**，例如：成員 28。

步驟 3 □分割成員→↵→▣

可見模型恢復未分割狀態。

F 輸入的資料無法用於分割

所選成員不能和**分割成員**相同，不能分割被參考的基準，會出現無法分割的訊息，例如：**所選成員 28、分割成員 28**，下圖右（箭頭所示）。

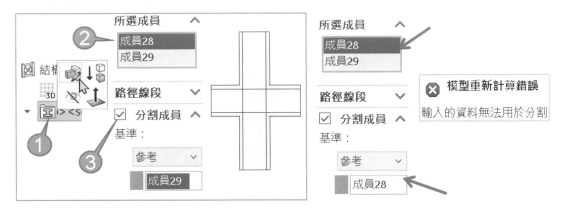

16-1-4 分割成員：尺寸

尺寸有 2 種分割本體的方式：1. 分割長度、2. 副本，本節比較簡單。

A 分割長度

設定結構分段的長度，常用在切割實際長度，確保零件表的數量及長度正確。編輯環境無法顯示分割預覽，必須結束指令才可見，希望 SW 改進。

步驟 1 分割成員清單切換尺寸

步驟 2 ☑分割長度

目前長度 300，輸入 100，系統以每 100 一等分，會分割成 3 等分。

步驟 3 ↵，完成分割長度

步驟 4 角落處理

會自動進入角度管理，這時不要理會→↵，結束目前作業，下圖左。

B 副本

承上節，設定結構要等長分段的總數量，系統計算後自動切斷，例如：副本=2。用編輯特徵的方式將長度改為副本，更能熟練操作。

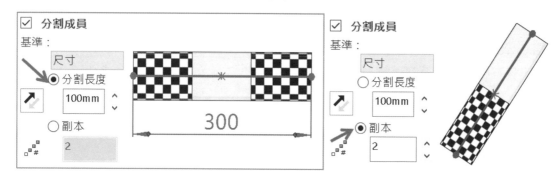

16-1-5 編輯路徑線段

本節可以編輯路徑線段的屬性，但不能刪除成員和路徑線段，雖然看起來可以刪除成員，但結束指令後恢復原狀，大郎相信未來 SW 一定可以做到。

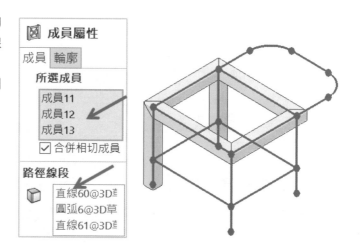

16-2 成員類型：參考平面（Ref Plane）

　　以所選面迅速產生結構長度和位置，不需草圖，本節訓練邏輯思考。由上至下選擇 3 項（簡稱：面 1、面 2、面 3）：1. 起始和終止長度平面、2. 垂直起始和終止長度平面、3. 平行或不平行起始和終止長度平面，這 3 項全部選擇才可成形。

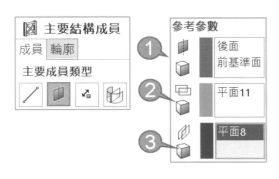
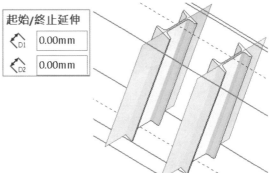

A 參考面為投影計算

　　2 面之間不必刻意要重疊到，系統來說面=無限大，以投影計算讓結構成形過程更便利。

　　例如：前面和上面這 2 小面雖然沒重疊到，還是會計算到交線。

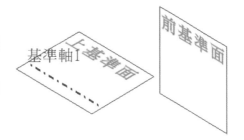

B 先睹為快

　　一開始難理解這一長串名詞，簡單的說定義 2 項：A. 長度=2 面定義（上下）、B. 位置=任選 2 面（左、右）產生交線。

步驟 0 定義輪廓

　　標準：ISO→B. 類型：方形管→C. 大小：80x80x5。

步驟 1 面 1（紅）：起始和終止長度平面（長度）

　　點選上下 2 面定義長度。

步驟 2 面 2（粉紅）：垂直起始和終止長度平面（位置）

步驟 3 面 3（紫）：平行或不平行起始和終止長度平面（相交）

　　分別點選能與面 1 和面 2 相交的面，這時可見預覽。 重點來了，步驟 2、步驟 3 的面其實可以對調，並靜下心思考這 2 面為十字面。

步驟 4 查看結果

於特徵管理員點選結構系統網格⊞，可見系統產生路徑線段與模型，下圖右。

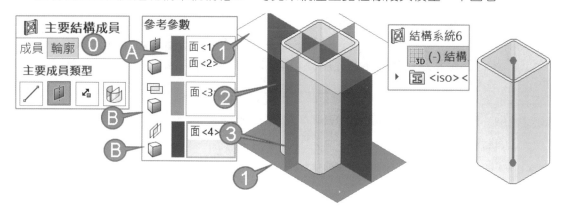

16-2-1 起始和終止長度平面（長度）⬛

選擇 2 平行面（起始與結束面）定義結構長度，例如：右基準面與平面 17。

A 2 面必須平行

這 2 面必須平行，否則系統無法計算長度，例如：點選是上基準面，會出現訊息。

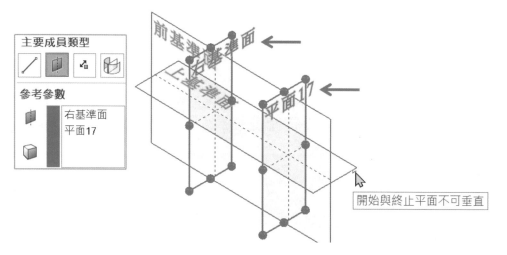

16-2-2 垂直起始和終止長度平面（位置 1）⬚

選擇垂直長度平面來定義結構位置，例如：上基準面。

A 面必須與長度垂直

位置面必須與上一節垂直，否則系統無法計算位置。

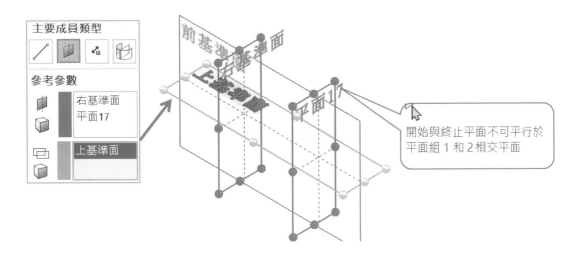

開始與終止平面不可平行於
平面組 1 和 2 相交平面

16-2-3 平行或不平行起始和終止長度平面（位置 2）

選擇與上節的相交面（非平行面即可），讓系統產生交線，可複選多個垂直面或斜面
使結構同時成形，例如：選擇前基準面，下圖左。

16-2-4 起始/終止延伸

增加起始和終止位置的長度，它會影響路徑長度，下圖右。

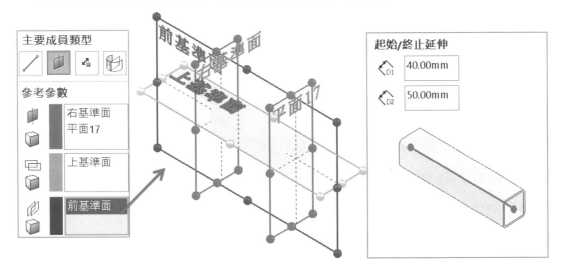

16-2-5 練習：增加斜的結構

在現有的結構之間產生斜結構。

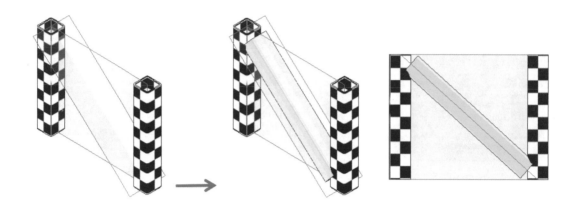

16-3 成員類型：點與長度（Point Length）⤢

使用**草圖點**、草圖**端點**、**圓心**...等作為結構成形的**起點**，並於**終止型態**選擇 4 種結構結束方式：1. 長度、2. 點、3. 成形至某一點、4. 成形至平面，不必線段就能快速成形。

A 類型對照表

終止型態	1. 長度 輸入距離	2. 點 2 點成形	3. 成形至某一點 多結構成形 1 點	4. 成形至平面 面為結束位置
↗ 長度 長度 點 成形至某一點 成形至平面				

16-3-1 長度（點+距離）

1. **草圖點**或圖元**端點**為結構起點位置→2. 終止型態輸入結構長度，這欄位和⤢相同。

A 查看結果

於特徵管理員點選**結構系統網格**⬚，可見系統產生路徑線段與模型，下圖右。

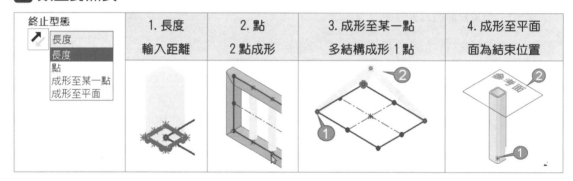

B 2D 草圖成形方向

　　2D 草圖預設成形方向與草圖垂直，可於**成員方向欄位中**選擇草圖線或模型面，指定成形方向（箭頭所示）。

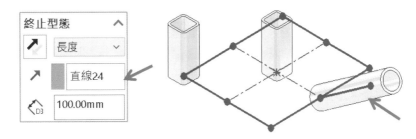

C 3D 草圖成形方向

　　3D 草圖點沒有預設的成形方向，要指定成形方向才可完成。

16-3-2 點

　　以草圖點或圖元端點作為結構連接的起始點與結束點，並決定是否**連續**。

A ☑連續（Toggle Chain Selection）

　　以選擇點順序連續成型（箭頭所示），類似繪製草圖直線時，點選完成連續直線。

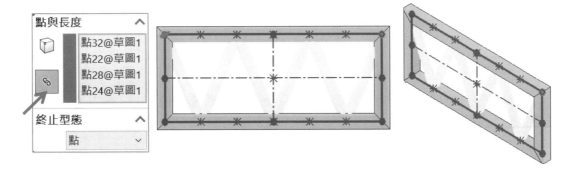

B □連續（預設）

　　每段獨立成形，任選多點系統會自動將 2 點為 1 段結構。

C 取消選擇

如果點選錯誤，在繪圖區域重複點選，比較直覺也迅速。

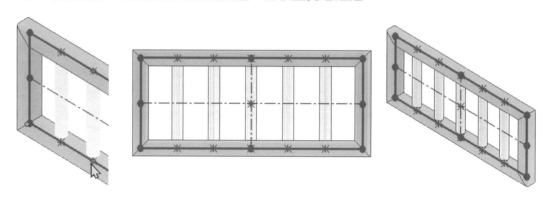

16-3-3 成形至某一點

點選單一或多個草圖點→最終點作為結構結束位置，操作類似□連續。

步驟 1 點與長度

點選下方 3 起始點。

步驟 2 終止型態：成形至某一點

點選上方結束點，完成多結構的連接。

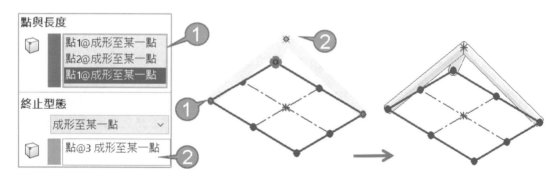

16-3-4 成形至平面

選擇面為結構結束位置，目前不支援模型面及曲面，相信未來可以。1. 點選起始點→2. 點選參考面或基準面成形。

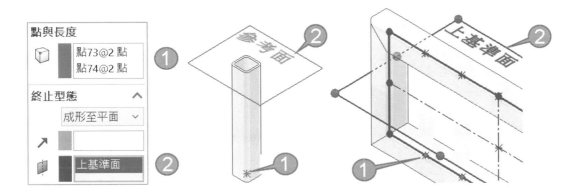

16-4 成員類型：面參數（Face Plane Intersection）

選擇 2 面相交位置來成形結構，2 面一定要實際的相交產生交線，否則無法成型。

A 選擇沒順序之分

2 大欄位所選的面沒順序之分，只要 2 面能產生角線即可。

16-4-1 面

選擇模型面或曲面本體，例如：點選前後 2 平行模型面。

16-4-2 相交平面

選擇與上節相交的基準面、模型面、曲面平面來成形結構，例如：點選右基準面，系統自動產生 2 交線成形結構。

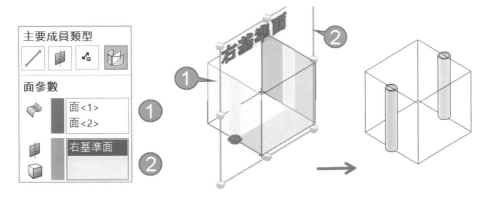

16-4-3 其他類型

基於只要產生交線，點選 2 相鄰面也可以產生結構，下圖左。不支援圓柱面與平面產生的交線，相信未來會支援，下圖右。

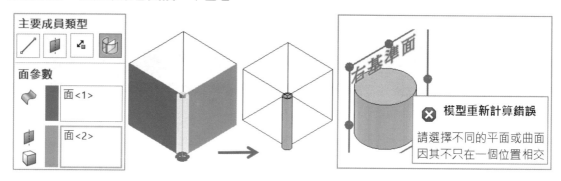

17

結構系統-次要成員

在主要結構▣中→執行**次要結構成員**（Secondary Member，**簡稱次結構**）▣，成型過程擁有彈性與層次，屬於第 2 特徵且為輔助結構，主結構與次結構皆擁有**輪廓標籤**。

A 首次見到次要成員

第一次看到這裡會覺得有點亂，因為還不理解何謂**次要成員**▣。先前只要認識▣，這指令一次到底就能完成結構，的確比較簡單學習。

17-0 次要成員介面與原理

無法直接點選**次要結構成員**▣，有 2 種方式進入▣。

A 第 1 種：從無到有

1. 結構系統▣→2. 主要結構成員▣→3. 次要結構成員▣。

B 第 2 種：已經有了主要成員結構

1. 編輯結構系統▣→2. 次要結構成員▣。

C 次要成員類型

次要成員有 3 種類型：1. 支撐平面╫、2. 點之間╲、3. 上至成員╱。

17-0-1 第 1 種：從無到有

完成本節可以打通**次要成員**的任督 2 脈。

A 主要結構成員 ▣

完成 2 個成員。

步驟 1 輪廓：方形管、80x80x5

步驟 2 成員類型：點與長度 ↗

點選 2 圖元端點，長度 300→↵，目前結構是灰色的。

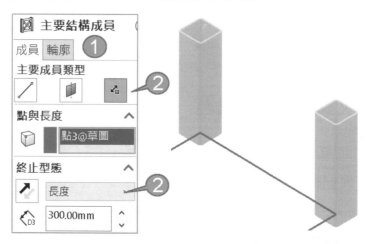

B 次要結構成員 ▣

點選 ▣，進入主題。

步驟 1 輪廓標籤：方形管、40x40x4

步驟 2 成員標籤：成員配對組

預設的次要成員類型為**支撐平面成員** ⊩，分別點選 2 結構本體，讓系統計算長度

步驟 3 點選成員參數欄位

點選平面定義結構位置，可見結構成型。

步驟 4 完成結構系統▨，角落處理→↵

步驟 5 查看特徵管理員

特徵管理員中看不出次要成員的圖示，這部分應該要有會比較清楚，下圖右。

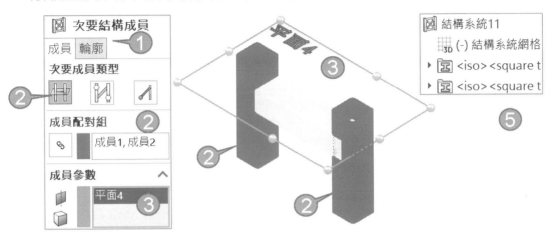

17-0-2 第 2 種：已經有了主要成員結構

複習結構成員的編輯作業，重點在步驟 1。

步驟 1 編輯▨→次要結構成員▨

重點：可以直接點選▨指令。

步驟 2 輪廓：定義輪廓與大小。

步驟 3 成員標籤：成員配對組

分別點選 2 結構面，讓系統計算長度。

步驟 4 成員參數

點選上基準面定義結構位置，可見結構成型。

步驟 5 完成結構系統▨，角落處理→↵

步驟 6 查看特徵管理員

特徵管理員中看不出次要成員的圖示，這部分應該要有會比較清楚。

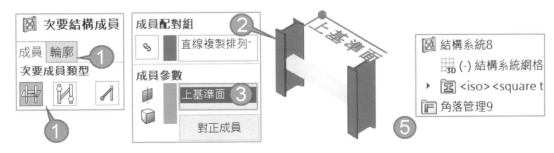

17-1 支撐平面成員（Support Plane）⊨

點選任 2 結構（定義長度）+面（定義位置），完成次結構。有 2 大欄位：1. 成員配對組、2. 成員參數。

17-1-1 成員配對組（Member Pair）

成員配對顧名思義=點選 2 結構本體讓系統計算長度，是否要**連續選擇**🔗。先點選下方的**成員參數**，就可以預覽。

A ☑連續🔗

連續點選結構成型，類似繪製草圖直線時，利用點選完成連續直線。

步驟 1 結構系統⊞→次要結構成員⊠

步驟 2 輪廓：ISO、SB 橫梁、80x6

步驟 3 點選成員參數欄位→上基準面

步驟 4 成員配對組

☑連續🔗，依序點選 5 組結構，可見連續成型，第 1 結構=起始位置（草圖位置）。成員編號為連續配對，點選會亮顯成員，更能理解配對組的用意。

步驟 5 完成結構系統⊞，角落處理→↵

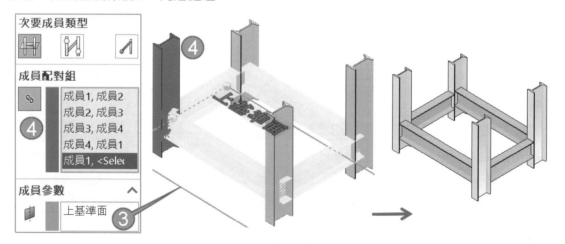

B 練習☑連續⟨🔗⟩

連續點選 4 成員本體完成 3 角形結構，更能體會連續的原理。

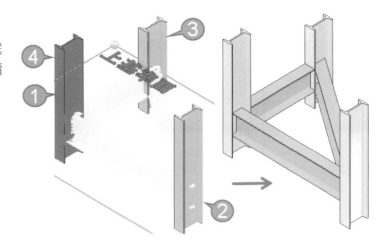

C □連續（預設）⟨🔗⟩

每段獨立成形，2 點為 1 段，類似繪製草圖直線時，拖曳完成非連續或連續直線。例如：點選第 1→點選第 2→點選第 2→點選第 3 結構，完成 2 結構，下圖右。

步驟 1 結構系統⬚→次要結構成員⬚

步驟 2 點選成員參數欄位→上基準面。

步驟 3 成員配對組

□連續⟨🔗⟩，分別點選 2 組結構，可見分段成型。

步驟 4 完成結構系統⬚，角落處理→↵

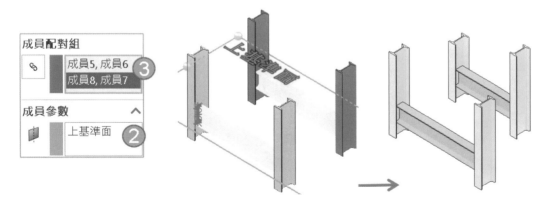

D □連續，完成連續結構

□連續，也可完成連續作業，下圖左。

E 編輯

完成特徵後，無法增加成員配對組，只能進行有限度更改，例如：在現有的成員中進行位置修改，甚至有些情況無法修改，這部分太細膩，很難一一寫出（基本上要重新製作），大郎認為未來版本會改善，下圖右。

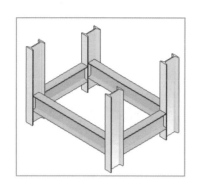
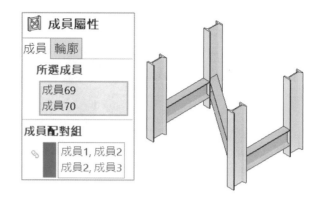

17-1-2 成員參數（Member Parameter）

選擇基準面或模型面為結構成形位置，可複選多個面同時成形，例如：點選 2 基準面，可見 2 組結構同時成形。

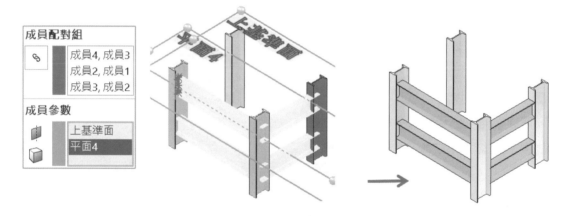

17-1-3 對正成員（Align Member）

定義 1. 次結構的草圖輪廓貫穿點與 2. 主結構的草圖輪廓互相對齊，下圖中。例如：主要與次要結構尺寸不一致時，可將**次結構**對齊於模型外側。

本節會覺得很神奇，主結構與次結構的草圖輪廓都會呈現出來進行對正。

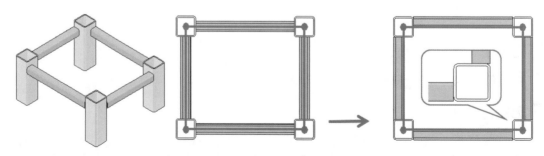

步驟 1 點選要對正的成員

在所選成員欄位中點選要對正的成員→按下**對正成員**按鈕，會自動**正視於**，主結構草圖輪廓會放大。

步驟 2 變更結構位置

點選主結構的輪廓點，可見次結構的草圖輪廓會變更位置，以紅色點顯示。理論上到這步驟就結束了，因為次結構輪廓還是沒有完整的定位，接下來複習**貫穿點**作業。

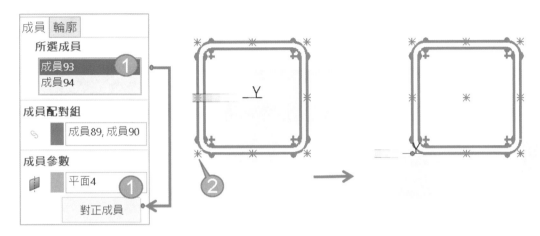

步驟 3 變更貫穿點

點選上方輪廓標籤，於下方的**貫穿點**進行設定。點選次輪廓的右邊點，定義貫穿點位置。

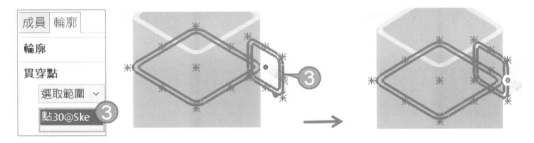

步驟 4 完成，查看結構位置

由等角視看出次要結構已與主要結構外側對齊，目前只完成 1 個成員。

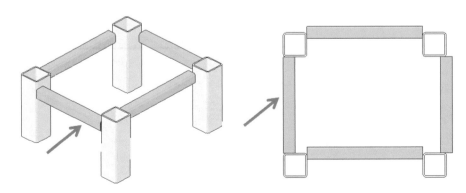

A 精確對正成員

承上節，在繪圖區域或特徵管理員點選要編輯的成員→🔧，回到成員屬性就顯得明確多了，自行完成對正成員與貫穿點作業。

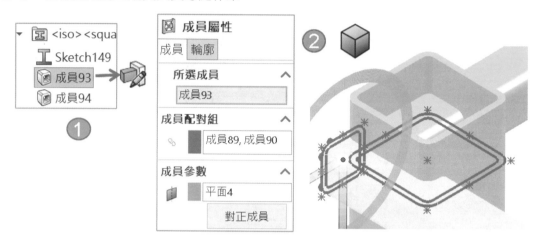

17-2 點之間成員（Between Point）🚏

點選 2 個主結構本體（定義長度），設定距離或長度比例（定義位置）完成次結構。

A 點之間成員介面🚏

1. 成員配對組、2. 成員參數，用調整的定義位置。

B 先睹為快

已經有了主結構，直接進行**次結構成員**🔲，體驗成員參數的定義位置。

步驟 1 點選🔲→次要結構成員🔲

先定義輪廓與大小：方形管、40x40x4→**點之間成員**🚏。

步驟 2 成員配對組

分別點選 2 結構面，讓系統計算長度，這時可見預覽。

步驟 3 成員參數：☑距離

點選上方 M1 位置（否則無法進行下方設定）。定義第 1 成員偏移距離 100、第 2 成員距離 20。

步驟 4 成員參數：☑長度比例

下方定義第一成員偏移距離 0.5、定義第二成員 0.5。

步驟 5 完成結構系統🔲，角落處理→↵

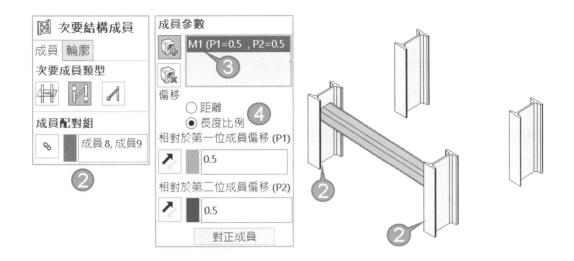

17-2-1 成員配對組

點選 2 結構讓系統計算長度,是否要**連續選擇**⸜,這操作和上節一樣。

A ☑連續⸜

分別點選第 4 個結構面,立即呈現連續結構,很有成就感。

B □連續(預設)⸜

每段獨立成形,2 點為 1 段,繼續點選結構面也可完成連續作業。

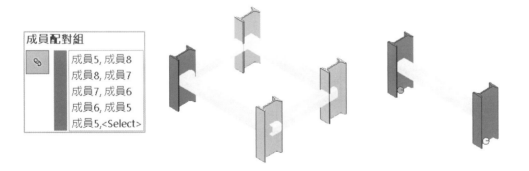

17-2-2 成員參數,偏移:距離

點選成員參數欄位的 M1 項目,設定次結構距離 P1、P2,**反轉方向**調整端點計算位置,於數值欄左方及模型點的色彩,直覺看出設定位置(箭頭所示)。

A 相對於第 1 位成員的偏移(P1,粉紅)

以第 1 所選的成員進行偏移,也可以說起點位置的距離。

B 相對於第 2 位成員的偏移（P2，黃）

以第 2 所選的成員進行偏移，也可以說結束位置的距離。

C 反轉方向↗

反轉端點位置，P1、P2 位置對調。

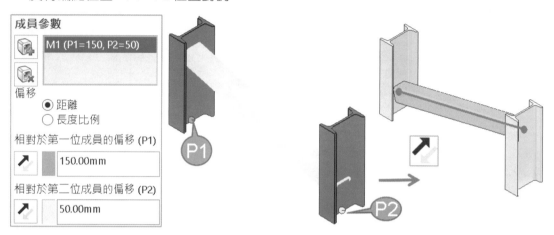

17-2-3 成員參數，偏移：長度比例（Length Ratio）

以比例設定次結構位置（比例範圍 0～1），例如：起點=0、正中間=0.5、結束=1。常將置於中間不必量測結構總長/2，且主結構長度變更時，次結構位置不會跑掉。

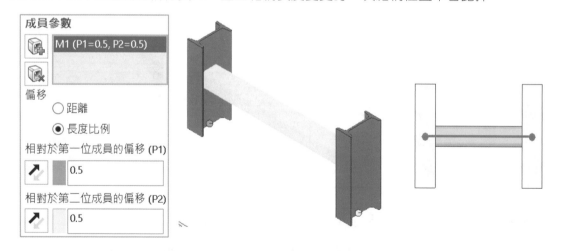

17-2-4 成員參數，新增⬚/移除⬚次要成員（2022）

新增/移除成員，並利用偏移調整位置，可以快速增加結構。

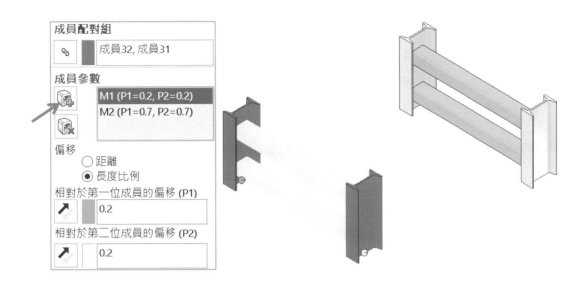

17-2-5 練習：方形框架

一步步完成 1 個主結構和 2 個次結構，本節會了更能理解先前所學的總和。

A 主結構

由已經建立好的矩形 LAYOUT，完成主結構。

步驟 1 點選▨→主要結構成員▨

先定義輪廓與大小：方形管、40x40x4。

步驟 2 主要結構類型：點與長度▨

分別點選 4 個點+長度 500 特徵工具列，完成主結構。

B 次結構 1

利用次結構成員▨，用按鈕的方式建立上下結構框。

步驟 1 編輯▨→次結構成員▨

先定義輪廓與大小：方形管、40x40x4→點之間成員▨。

步驟 2 成員配對組

點選 4 組成員讓系統計算長度，☑**連續選擇**。

步驟 3 成員參數，偏移：距離

點選項目，定義 P1=50、P2=50。

步驟 4 新增次要成員

點選，會增加 1 組 4 個成員，定義 P1=450、P2=450，完成次結構 1。

步驟 5 完成次結構

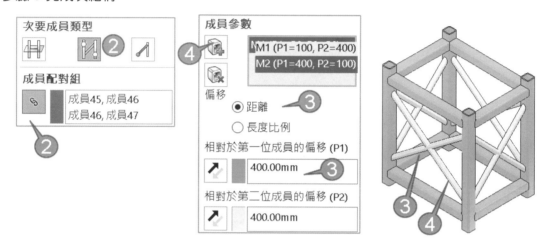

C 次結構 2

承上節，利用次要結構成員，用按鈕的方式建立斜的結構。

步驟 1 編輯→次要結構成員

先定義輪廓與大小：管路、21.3x2.3→**點之間成員**。

步驟 2 成員配對組

點選 4 組成員讓系統計算長度，☑**連續選擇**。

步驟 3 成員參數，偏移：距離

點選項目，定義 P1=100、P2=400。

步驟 4 新增次要成員

點選，會增加 1 組 4 個成員，定義 P1=400、P2=100，完成次結構 2。

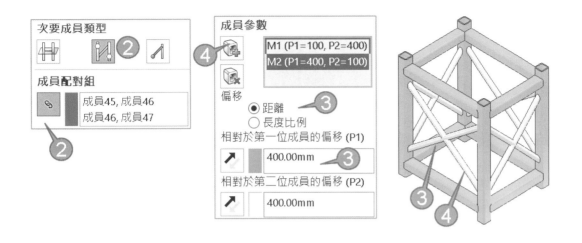

17-3 上至成員（Up to Member）

　　選擇點（草圖點、模型頂點、原點）並設定距離或長度比例，來完成結構，由清單展開 2 種方式：1. 點-成員配對、2. 從點，下圖左。

17-3-1 點-成員配對（Point-Member Pair）

　　在主結構上進行單一結構成型後→設定偏移參數。

步驟 1 編輯▨→次要結構成員▨

　　先定義輪廓與大小：管路、21.3x2.3→上至成員◢。

步驟 2 點選點→點選結構

　　可見結構成形，第 1 步驟一定要選點。

步驟 3 偏移：距離

　　定義點投影在所選結構上的距離位置，可以看出位置變化並理解在所選成員上移動。

步驟 4 偏移：長度比例

　　定義點投影在所選結構上的長度比例，無法理解比例的用意，這部分等未來 SW 改善。

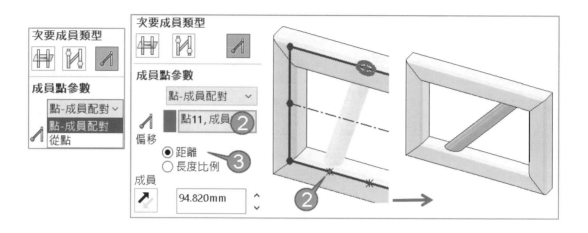

17-3-2 從點（From Point）

1 個草圖點與多個結構成員成形，例如：1. 選中心點→2. 點選結構→3. 點選結構，適合平均型的輪廓。偏移說明與上節相同，不贅述。

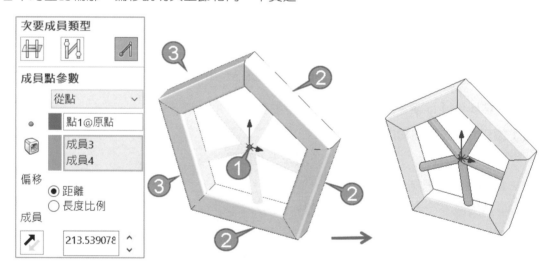

CHAPTER

18

連接元素

本章說明 3 大連接元素：1. 定義連接元素（Define connection Element）◀、2. 插入連接元素◀、3. 複製排列連接元素◀。由指令藍色可以看出功能，這 3 大指令剛好是操作順序，1. 定義◀→2. 使用◀→3. 複製排列◀。

自 2022 起可將任何模型定義◀，成為結構資料庫，以點選方式將配件牢固在結構中，甚至可以傳遞特徵到配合的結構上，例如：1. 底板、2. 支撐板、3. 連接板。

A 模型穩定和靈活性

本章驗證模型是否穩定，更能理解不是只有建模，而是模組穩定度和靈活性。

B 定義連接元素◀→插入連接元素◀同時學習

這 2 指令是相對配套◀→◀測試有沒有要優化的地方。

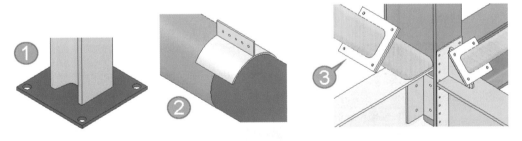

18-1 定義連接元素◀

進入◀後，上方 2 標籤：1. 參考、2. 尺寸，重點在參考標籤。

18-1-1 放置類型（Placement Type）

設定模型的連接面並定義是否傳遞配對特徵，有 2 種放置類型：1. 一般連接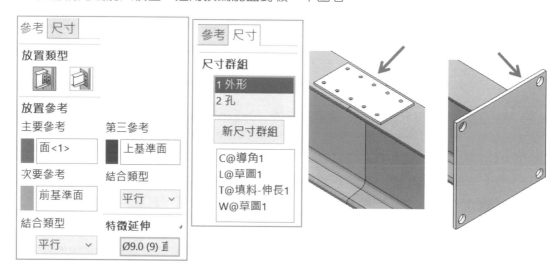、2. 終端連接，只要依模型類型設定其中一個放置類型即可。

Ⓐ 一般連接（Generic，定位）

在結構之間加入連接模型，適用連接板件，下圖左。

Ⓑ 終端連接（End Connection，類似頂端加蓋）

在結構尾端加入模型，適用頂端加蓋封板，下圖右。

18-1-2 參考標籤，一般連接：放置參考

以底板定義 4 個項目：3 個參考面（1. 主要參考、2. 次要參考、3. 第 3 參考）+4. 結合類型，一定要完成 1. 主要參考，下圖左。

Ⓐ 主要參考（Primary Reference，必要項目）

設定定位面，該面完成 70%模型定位，可選擇模型面或基準面，但建議選模型面。理論上基準面最穩定，但是這理論不適用在這，反而不好定位。不能只定義一個參考面，否則無法完成此項目。

> ⊗ **模型重新計算錯誤**
> 在特徵中有遺失項目。請重新選擇正確的遺失參考

Ⓑ 次要參考（Secondary Reference，基準面）

設定第 2 定位面，常設定對稱中間面。建議選基準面會很好定位，例如：前基準面。

Ⓒ 結合類型（Mate Type）

依**次要參考**定義結合類型，例如：平行。目前提供 3 種：1. 平行、2. 同軸、3. 重合/共線/共點，相信未來會增加更多種。重合和平行推薦使用平行，比較好定位。

D 第 3 參考（Tertiary Reference，基準面）

與次要參考觀念相同，設定第 3 定位面，例如：右基準面=對稱中心面。

E 結合類型

依**第 3 參考**定義結合條件的類型，例如：平行（

F 特徵延伸

選擇讓連接元素在加入過程同時將特徵加入在結構上，通常是孔，例如：Ø9 特徵。特徵延伸支援：伸長除料、異型孔精靈、進階異型孔、複製排列、鏡射…等。

若特徵不傳遞至另一結構，本欄位可以為空。

18-1-3 參考標籤，終端連接

以底板進行終端連接。會發現系統自動傳遞設定：1. 放置參考、2. 特徵延伸。

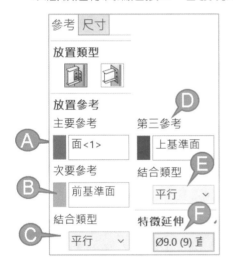

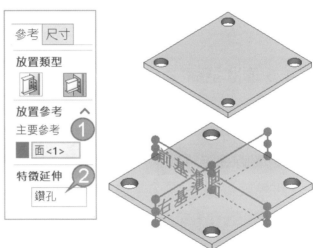

18-1-4 尺寸標籤：尺寸群組

將參考標籤中的**特徵延伸**至**尺寸標籤**中，讓**插入連接元素**過程可修改尺寸。

A 新尺寸群組

尺寸以群組顯示，例如：孔特徵包含形狀 Ø10、位置 10、15。

步驟 1 點選新尺寸群組

於**加入新尺寸群組**視窗輸入尺寸群組名稱，輸入 1. 孔大小→↵。

步驟 2 加入孔尺寸

點選模型尺寸，可見尺寸長名稱被加入欄位。

步驟 3 點選新尺寸群組

於**加入新尺寸群組**視窗輸入尺寸群組名稱，輸入 2. 孔位置→↵。

步驟 4 加入孔位尺寸

點選模型尺寸，可見尺寸被加入欄位。

B 尺寸名稱的重要性

要直覺看出名稱的設定，可先於主要值修改，例如：厚度=T、長度=L。

18-1-5 樹狀結構

完成連接定義後，於樹狀結構原點上方可見**連接元素**資料夾▣：1. 放置參考、2. 除料特徵、3. 尺寸群組，記錄先前的設定，這些與特徵庫架構相似，下圖右。

A 編輯/刪除連接特徵▣

連接特徵▣右鍵→▣，回到定義連接元素視窗。刪除▣，重新製作▣。

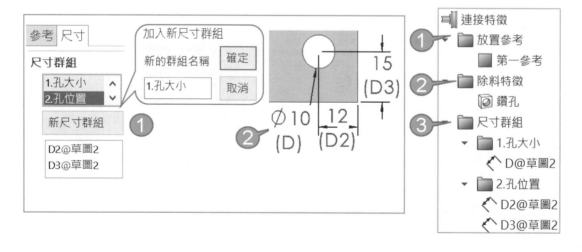

18-1-6 練習：圓端板

加入模型過程同時在結構上挖孔。

步驟 1 參考→放置類型📄→放置參考

點選定位面，目前僅能選擇模型面，不支援基準面，相信未來可以。

步驟 2 特徵延伸

點選外圍鑽孔特徵，會發現中間的鑽孔無法選擇，因為該孔與伸長同時長出，不是獨立的鑽孔特徵，下圖左。

步驟 3 點選尺寸標籤→新尺寸群組

分別定義 1. 外型（圓盤直徑和厚度）和 2. 鑽孔（孔尺寸和數量），下圖右。

步驟 4 查看

完成後，於特徵管理員查看連接特徵，是否出現 3 大資料夾。

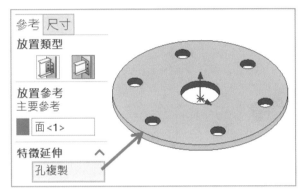

18-2 插入連接元素 🔩

將定義好的 A 連接元素（模組）加入到 B 結構系統，體會放置的魔力並驗證先前製作的🔩是否到位。點選🔩可以見到 2 個標籤設定：1. 連接、2. 放置。

🅰 插入連接元素前關閉視窗

使用🔩過程，選擇的連接元素模型不能為開啟狀態，關閉該模型即可。例如：目前開啟底板模型，🔩選擇底板模型就會出現該視窗。

🅱 使用 2 個 SW 同步測試

本節有很大的盲點：除非了解模型的連結元素定義，否則加入過程不知道如何設定。用 2 個 SW：1 個 SW 模型定義🔩，另一 SW🔩來驗證交叉測試。

C 提供 5 種樣式參考

2022 新增 5 種連結樣式：預設清單以英文顯示，將它翻譯中文+圖片更容易查看。

1. Base Plate 底板	2. Beam Splice 連接板	3. Fin Plate Circular 圓弧肋板	4. Gusset Plate 角板	5. Clip L 角鋼

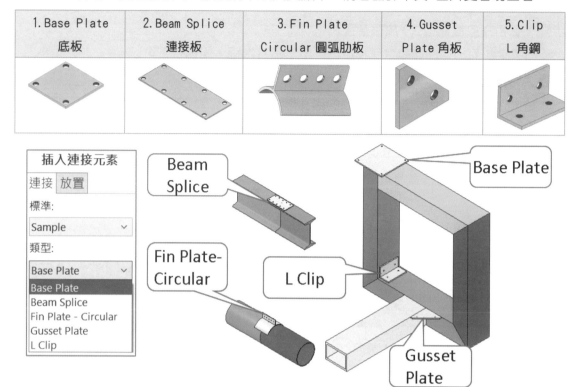

18-2-0 連接元素檔案位置

本節特別說明各位沒注意到的檔案位置，這裡已經第 3 次說到檔案位置了，要留意指定的路徑。

A 預設路徑（2021 以後才有）

C:\Program Files\SOLIDWORKS Corp\SOLIDWORKS\data\Structure System-Connection Elements\samples。

B 規劃路徑（有盲點）

檔案要放在第 3 層才可使用，例如：D:\連接元素\底板.sldlfp。

C 指定路徑（有盲點）

1. 系統選項→2. 檔案位置→3. 結構系統-連結元素→4. 路徑 D:\18-1 定義連接元素\連接元素\，否則會找不到檔案。

D 僅適用結構系統

僅適用在結構系統成員圖中，否則會出現**尚未插入任何元素**。

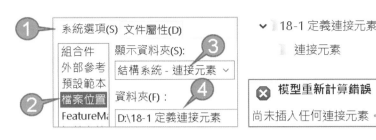

E 先睹為快：底板加入

點選模型面加入底板-終端連接。

步驟 1 點選╢後由連接標籤設定標準、類型、尺寸

標準：連接元素、類型：1.底板、尺寸：Plate100，這介面與操作和🎲相同。

步驟 2 點選放置標籤

步驟 3 點選結構端面

步驟 4 對正（快速鍵 TAB）

目前可見干涉，按 TAB 反轉或按反轉對正🔁→↵。

步驟 5 查看特徵管理員

可見連接元素特徵。

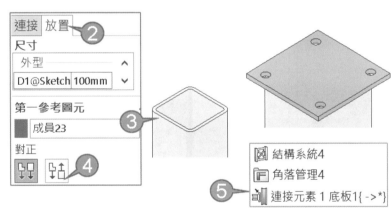

18-2-1 連接標籤

以長型板模型貼平 2 結構，本節詳細說明**插入連接元素**流程。點選╢後由連接標籤設定：1.標準、2.類型、3.尺寸，介面操作與原理和🎲相同，下圖左。

A 標準

切換**連接元素**，這就是資料夾名稱。

B 類型

2 長型板=檔案名稱。

C 尺寸

由尺寸清單可見 3 個組態，這裡切換 200。下表說明當初定義組態的尺寸清單，雖然指令過程可以控制尺寸，有組態就不必每次去切換尺寸。

清單尺寸（組態）	長	寬	厚
100	100	50	2.5
175	175	75	2.5
200	200	75	2.5

18-2-2 放置標籤

設定放置的模型大小和位置，下圖右。

A 尺寸

由清單直接輸入尺寸改變大小並立即變更，通常放置好模型後才改變大小。

 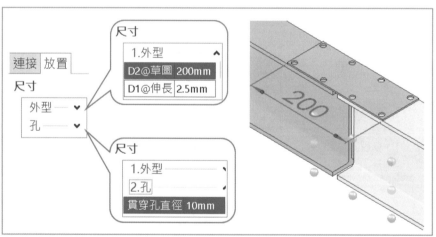

B 第 1 參考圖元（紅色，主要參考）

點選要放置的面（上面），還未點選的過程會見到基準面參考的預覽，點選結構面後，可以完整見到模型，這就是當初定義插入元素的**主要參考**，下圖右（箭頭所示）。

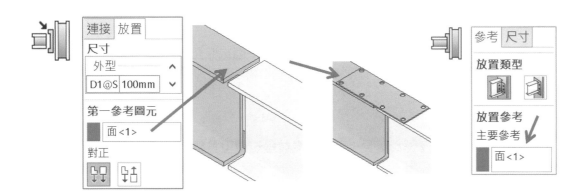

C 第 2 參考圖元（紛紅色，次要參考）

點選欄位後，游標在模型上會出現中間基準面預覽，點選垂直基準面。這就是當初定義**插入元素**的**次要參考**，下圖右（箭頭所示）。

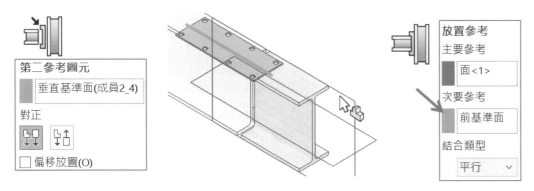

D 第 3 參考圖元（黃色，第三參考）

點選欄位後，模型會出現黃色基準面參考的預覽，點選模型面。可以體會好像怪怪的對吧，應該要讓長板置中，理論上會想結束指令→增加 2 結構縫隙中間面，下圖左。

E 偏移位置

看到好消息了，雖然沒有我們要的中間位置，可利用☑**偏移放置**來定位，可見移動預覽，下圖中。這就是當初定義**插入元素**的第三**參考**，下圖右。

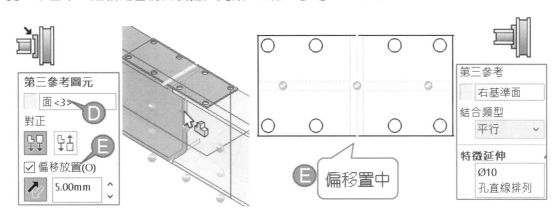

F 切割範圍（非必要選項）

點選要加工的結構（本體），並定義**成形至下一面**或**完全貫穿**，下圖左，若不開孔可以跳過不選擇結構。這就是當初定義**插入元素**的特徵延伸，下圖中（箭頭所示）。

18-2-3 樹狀結構

完成指令後，特徵管理員可見**連接元素並呈現模型名稱**->與特徵庫架構相似。無法拖曳改變連結元素特徵位置。

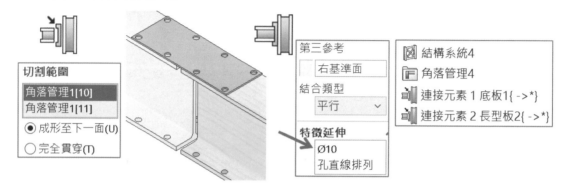

A 關聯性作業

的連接元素有關聯性，萬一檔案位置更換或檔案遺失，就會無法編輯，模型還是看得見，編輯特徵由尺寸欄位可以看到當初的路徑位置。

18-2-4 練習：底板

在結構面加上方形板，控制位置並傳遞特徵到結構上，熟練連接和放置標籤。

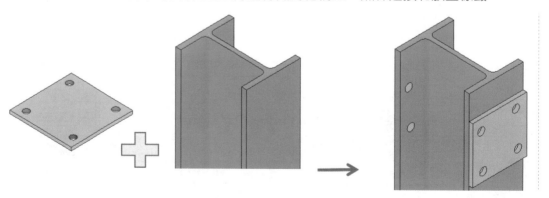

18-2-5 練習：圓弧肋板

圓柱面上加入肋板，選擇 column50 的組態。

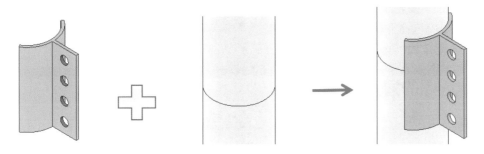

18-2-6 練習：直角加強板

以直角 3 角板作為結構連接板，選擇 65 組態，實務常用於結構補強。第 1 和第 2 參考分別為 2 平面，第 3 參考為中間面。

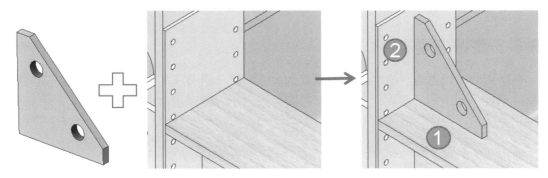

18-2-7 練習：L 補強角鋼

以等邊 L 形角鋼為結構固定，選擇 75 的組態，第 1 和第 2 參考分別為 2 平面，第 3 參考為中間面。

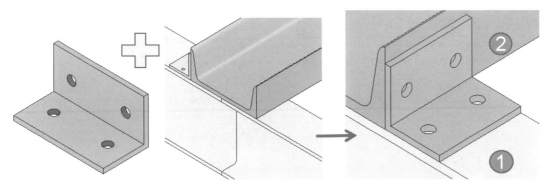

18-3 複製排列連接元素

將角落的連接元素（通常為支撐板）由系統自動複製排列到**類似角落**，可以減少使用複製排列特徵，這是 2023 推出的新功能。第一次面對這種功能還真不能適應，目前模型上方有 2 個支撐板，進行接下來的功能設定。

18-3-1 選擇的連接元素

點選繪圖區域的左下角連接元素（只能點選一個連接元素）。

18-3-2 識別類似角落

顯示可插入連接元素的類似角落，目前算出 3 個類似角落。

Ａ ☑忽略具備連接元素的角落

排除已經有的連接元素，例如：左上角。

18-3-3 跳過之副本

在識別類似角落的欄位中，游標在某個角落右鍵→**略過副本**，排除不要被加入的連接元素，例如：右下角的連接元素不要被複製。列出使用**略過副本**所排除的角落。

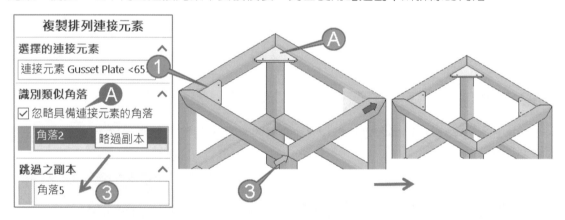

18-3-4 練習：下方的支撐板

練習將下方的支撐板應用在 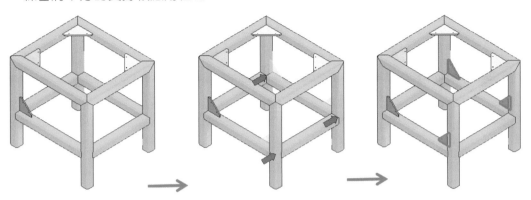。

18-4 複製排列結構系統

　　於複製排列的本體欄位中，可以針對結構系統 ▣ 進行複製，減少多本體的數量點選，並增加讀取效能。

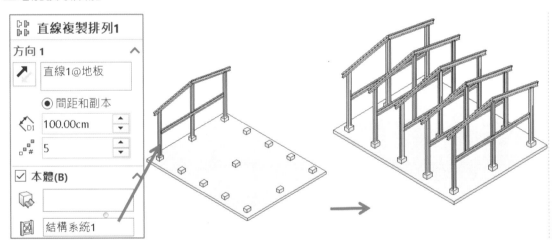

筆記頁

CHAPTER

19

結構設計模組化

本章舉幾個常見模型，說明熔接模組在自訂屬性中如何呈現與注意事項。

A 現有的模型觀摩

本章沒說明建模和定義自動屬性細節，也沒進行細節處理，例如：修剪本體、圓角、材質、多本體算料…等。

B 排列一致性與數字定義屬性

模組化的設計意念要與特徵管理員的特徵排列、自訂屬性介面相同，這樣在對照上才能一致性也方便模組維護。

C 屬性（預設值）

屬性旁呈現預設值，設變有問題還可以目視尺寸調整回來，通常預設值=正確狀態。

D R角固定

為簡化說明，R角為固定尺寸不納入控制。

E 製作過程與模組結果

鏡射或複製排列計算比較耗時，所以會在最後統一呈現。

F 熔接的自訂屬性

熔接有專門的自訂屬性（WLDRPR），僅適合 BOM 資訊連結不能用在模型尺寸控制，換句話說控制尺寸必須在檔案屬性■中。

摘要資訊

摘要	自訂	模型組態指定		
	屬性名稱	**類型**	**值 / 文字表達方式**	**估計值**
1	螺絲直徑	文字		
2	長度	文字		
3	材質	文字	"SW-材質@1 外	SUS304
4	零件名稱	文字	$PRP:"SW-File Na	1 外六角螺絲

19-1 椅子

自訂屬性設計意念：屬性名稱左邊有代號，類似型錄方便找尋與查看。

1. W 椅墊寬 550	2. FH 腳高 450	3. FW 腳寬 750
4. D 椅墊深 650	5. BL 椅背長 600	6. BA 椅背角 220

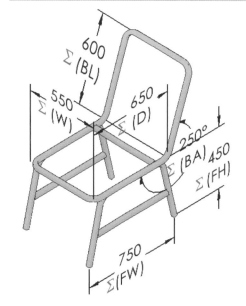

外型尺寸

W寬xH高xD深

W550xH600xD650

W 椅墊寬	D 椅墊深
550	650

FH 腳高	BL 椅背長
600	700

FW腳寬	BA 椅背角
750	220

19-2 欄杆

自訂屬性設計意念：先寬度再高度的尺寸輸入，這部分大郎不見得是好的，這要看公司的設計習慣，把設計習慣問出來整合在自訂屬性中。

1. W 欄寬 150	2. W1 直杆間距 40	3. H 欄高 100
4. H1 橫杆高 30	5. H2 橫杆高 35	

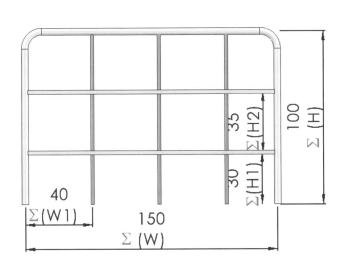

19-3 爬梯

自訂屬性設計意念：以數字定義屬性，方便對照檔案屬性的欄位。

1. W 寬 500	2. H1 梯段高 1000	3. H2 階段高 250
4. L1 踏高 250	5. L2 支撐長 400	6. L3 支撐長 550

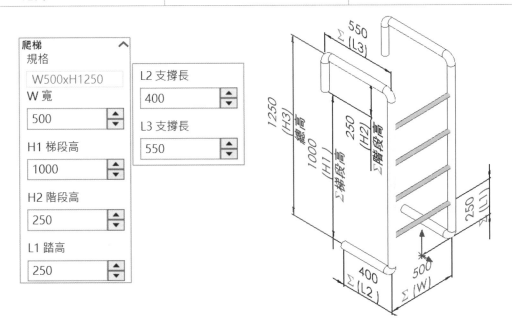

19-4 爬梯+人籠

　　自訂屬性設計意念：自訂屬性右方備註預設值或建議的輸入值。由爬梯和人籠分開的欄位，就不會感覺到要輸入的值太多。

1. W 寬 450	2. H1 梯段高（大於 1000）	3. H2 階段高 250
4. L1 踏高 250	5. L2 支撐長 200	6. L3 支撐長 400
7. L4 爬梯固定高 800	8. D 人籠直徑>W 寬 500	9. H4 籠框距地高度 800

爬梯 ∧

爬梯規格

W400xH2950

W 寬

400

H1 梯段高

2500

H2 階段高

450

L1 踏高

400

L2 支撐長

300

L3 支撐長

480

L4 爬梯固定高

500

人籠 ∧

人籠規格

D307xH2050

H4 籠框高度

500

N 籠框邊條

4

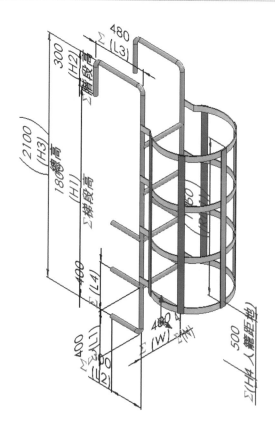

19-5 樓梯

承上節，自訂屬性設計意念：以 2 欄分別輸入：1. 樓梯、2. 欄杆。

1. H 水平距離（3800）	7. P 欄杆間距（700）
2. V 垂直距離（3300）	8. H1 欄高
3. A 角度(建議 30-45)	9. P 杆間距 700
4. W 樓板寬（450-1100）	10. D 欄直徑(30-50)
5. P2 樓板間距(225-255)	11. d 直料直徑(30-50)
6. H1 欄杆高（1000）	

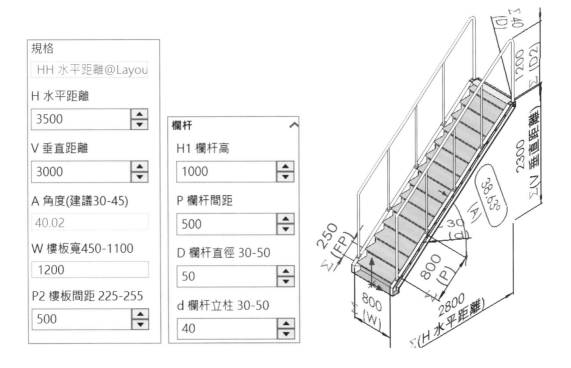

規格

HH 水平距離@Layou

H 水平距離

3500

V 垂直距離

3000

A 角度(建議30-45)

40.02

W 樓板寬450-1100

1200

P2 樓板間距 225-255

500

欄杆

H1 欄杆高

1000

P 欄杆間距

500

D 欄杆直徑 30-50

50

d 欄杆立柱 30-50

40

19-6 機架+護欄

以 2 段比較有層次別輸入：1. 機架、2. 護欄，比較不會覺得輸入很多。最上面有版本和件名，版本以日期自行輸入，件名=檔案名稱。

A 機架

由 L 長、W 寬、H 高構成，更改長寬過程角鐵和護欄跟著變更。

B 護欄

護欄寬度已經被關聯所以只要輸入：1. 高度、2. 欄杆與邊框距離。

1.L 長 150	2.W 寬 300	3.H 高 120
4.FH 護欄高 100	5.FG 護欄與邊框距離 40	

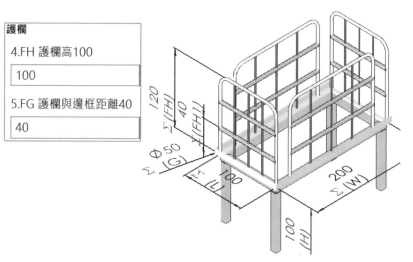

20

鈑金原理

將投影片以文字說明：1. 鈑金（SheetMatel）原理、2. 製作手法、3. 加工方式、4. 版僅好處、5. 不敢用鈑金理由，為課程注入準備並導入製程管理。

🅐 內建模組

鈑金、熔接、模具、曲面為標準版（Standard）內建模組，功能性和專業度高，簡學易用不須理解高階難懂術語，更不用具備專業背景，輕鬆完成**展開驗證作業**。

🅑 鈑金養成

鈑金、熔接、模具是冷門技術，目前業界以 2D 居多，沒有專門書籍詳盡解說軟體作業，除非在鈑金廠待過，並具備軟體操作程度，否則很難有這專業。

🅒 鈑金教育

有這本書不必擔心這項專業難以取得，如果你對鈑金有興趣要再深入研究，除了書籍的幫助最好在鈑金場上班，要如何將模型轉換為鈑金與展開，是業界轉型心聲與顯學。

20-0 天高地厚

分 3 階段學習鈑金，定義學習目標和軟體極限的認知。前 2 階段 RD 要會，只要將模型展開就很受用。第 3 階段是鈑金業者由軟體控制展開算法並由產品驗證展開結果，下圖左。

20-0-1 第 1 階段 鈑金原理

認識加工方式、知道鈑金工具列每個指令特性。

20-0-2 第 2 階段 模型與實務連結

由軟體克服鈑金技術，例如：螺旋、沖壓、實體轉鈑金、鈑金工程圖、展開圖。

20-0-3 第 3 階段 彎折係數

彎折係數控制、成型工具、製程導入、成本控制、鈑金模組化，下圖左。

20-0-4 任督二脈

學會鈑金有 2 脈：1. 邊線凸緣、2. 鈑金製作手法。1. 邊線凸緣：集所有項目為一身，其他指令就會了。2. 鈑金製作手法：將指令融合與實際連結。

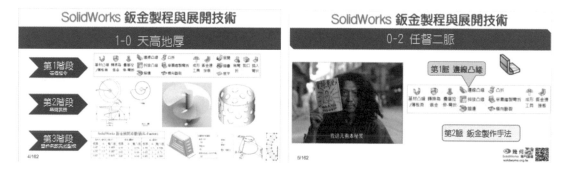

20-0-5 特徵建構順序=加工法

依章節順序=加工法完成鈑金，順勢而為好理解，例如：先完成凸緣➜焊接最後做。

20-0-6 鈑金效益

鈑金是高階普世價值，由鈑金協助轉型與成長的捷徑。業界渴望鈑金人才將軟體操作程度提升，例如：模型進行製造驗證與實務連結，降低出錯風險。

- 懂得操作鈑金指令與加工術語連結，知道加工廠要什麼
- 學習鈑金製作手法與製程連結
- 突破傳統建模技術，多了以鈑金建模思考
- 展開圖可製造驗證，進而設定彎折係數

20-1 鈑金原理

鈑金是唯一可展開零件，業界稱自動展開技術。3D 鈑金降低做錯風險，特別是彎折方向由 3D 避免看錯，展開就是業界要的結果，無法展開就算是 3D 也沒人要。

⒜ 轉型 3D 鈑金

自 2018 年明顯感受到鈑金廠上課變多，就是要學會 3D＋展開，多半看到同業已經用 3D 展開，或 2 代接班沒在用 2D，直接將 3D 帶回工廠導入。

本節先給同學心理建設、鈑金原理、鈑金價值、鈑金工具列取得...等。

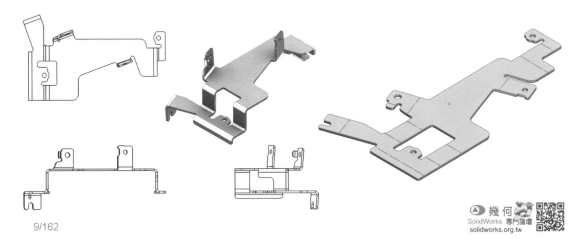

9/162

20-1-1 程度提升

鈑金=等厚金屬，很多人用薄殼示意鈑金，但這沒人要了，業界要直接用鈑金指令導入製程管理。以前只要會 3D 薄殼→出工程圖標尺寸就可以交差，現在要會鈑金指令，讓模型具備能展開驗證。

⒜ 技術提升

📦＋🔲已經很熟不要在用，遇到鈑金件直接用鈑金指令。有沒有覺得設備都有鈑金存在，無論從事哪個行業，都會用到鈑金。

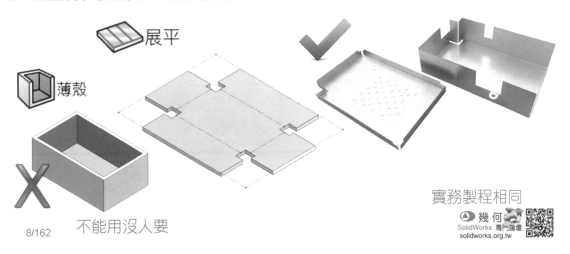

20-1-2 不一定用在金屬

鈑金一想到就是金屬，其實不一定，鈑金也可稱為板金，板=平板物體。更加說明鈑金不一定用在金屬，也可用在紙盒包裝。

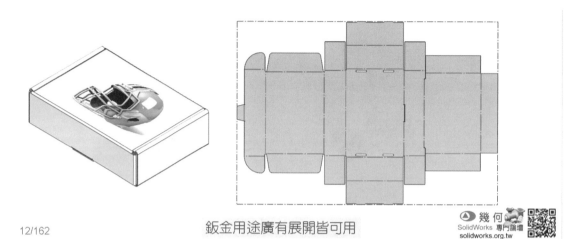

12/162

鈑金用途廣有展開皆可用

20-1-3 製造程序連結

鈑金有多種製造程序，例如：折床、滾圓、沖床…等，體認彎折半徑、彎折順序、加工型式，甚至會用加工角度完成模型建構，例如：由外而內，先折短再折長。先沖孔再滾圓，不能先畫圓柱→柱面鑽孔，不好畫更不容易加工，下圖左。

20-1-4 鈑金指令位置

早期很多人不知內建鈑金，就算知道也沒拿來用，多半沒有鈑金基礎，擔心加工有問題，不敢嘗試而自信心不足，終究以實體完成，因為比較可掌握。

現在經多年推廣鈑金已經是必要的作業，沒用鈑金指令會被念，企業體認軟體本來就可以直接做到這樣程度。

2 個地方取得鈑金：1. 工具列標籤上右鍵→鈑金、2. 插入→鈑金，下圖右。

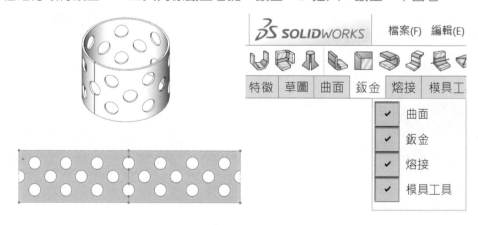

20-1-5 特徵對照

　　鈑金是零件下的彎折技術，如同模具、曲面都是單獨工具列，更支援多本體作業。坦白說特徵有點難懂，除非有鈑金或加工背景，光靠自修會覺得很艱澀我擔心會撐不住。

　　我們想辦法讓學習簡單，由對照表得知，指令用法和基本特徵一樣，有些是兄弟指令，算來只有 7 個指令不會（方框所示）。

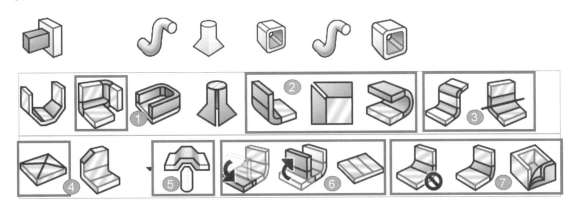

20-1-6 特徵不容易理解

　　鈑金與其他工具列比起來，坦白說鈑金比較難懂，指令複雜以及難懂術語，但鈑金不需複雜圖形。以鐵灰色為基底，橘色為指令特性。

20-1-7 熔接骨+鈑金皮，是相輔專業

　　光靠標題就能想像機架先有骨才有皮，例如：封鈑、盒子。甚至鈑金不再單純外殼作為保護機台，現在演變為外觀看得順眼，成為設計考量之一。

20-1-8 最大特色

點選模型邊線可以成型，成形過程很訝異這麼快，感覺連圖都不用畫，下圖左。

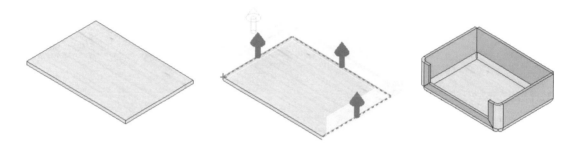

20-2 什麼是鈑金

鈑金（SheetMetal，縮寫 SM）=薄鈑金屬，例如：SM-Flat Patten（鈑金-平板型式）。滿足鈑金要 2 大條件：1. 等厚、2. 可展開，下圖左。

用薄殼只能示意但不能展開，無法滿足業界需求。工程圖只是多了展開視圖，不要怕出鈑金圖面，下圖右。

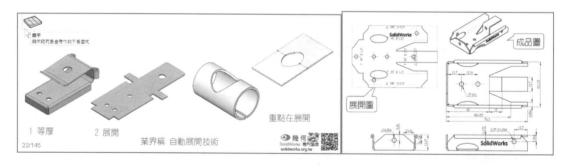

20-2-1 草圖簡單與快速成形

仔細觀察草圖很簡單，也沒有數量龐大且複雜特徵，下圖左。

20-2-2 指令操作與自訂

指令項目由上到下點選，只要認識術語就能學會，比較特殊要認識☑**自訂欄位**，依身分決定要不要使用，例如：自訂是給鈑金廠用的，下圖右。

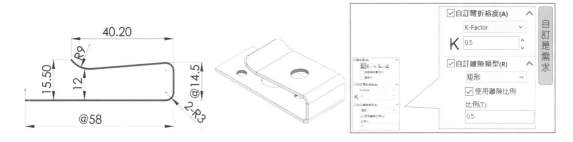

20-2-3 兩種方式完成鈑金

鈑金建構常以 2 種方式：1. 實體轉鈑金：使用率最高，最容易學，一個指令完成、2. 純鈑金指令：要會的專業。

1 實體轉鈑金　　　　　　　　2 純鈑金指令

20-2-4 擁有鈑金環境

完成 1. **基材凸緣**⇔或 2. **轉換為鈑金**⇔，原點下方可見鈑金環境，下圖左。該環境有很多特色：1. 專屬指令選項：連結厚度、垂直除料、2. 平板型式、3. 鈑金工具列功能全開。

例如：使用傳統特徵，會見到**連結至厚度**、**垂直除料**…等項目。

20-2-5 鈑金選項

和鈑金有關的文件屬性有 2 項：1. 鈑金（適用零件）：平板型式和鈑金多本體，下圖中、2. 鈑金（適用工程圖）：彎折線、邊界方塊…等色彩，下圖右。

參閱 SolidWorks 專業工程師訓練手冊 [08] －系統選項與文件屬性。

20-3 鈑金術語

鈑金有 25 個指令，也是加工術語，就算沒待過鈑金廠也可和對方溝通，例如：你講凸緣、彎折、展開…等，對方聽得懂。

20-3-1 彎折

彎折=R 角，平板經刀模向下擠壓成形，上刀模必定是圓角，避免加工過程被切斷，下圖左。大略看過刀具型式更加理解，達成設計易製化，下圖右。

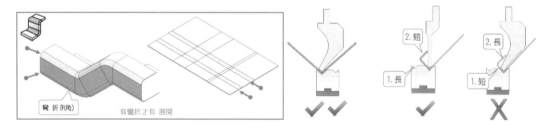

20-3-2 縫隙

鈑金有延展性，彎折過程必須 >指定角度，讓金屬回彈，指定縫隙避免撞件。實務上，除非鈑金很硬，折 90 度就是 90 度。

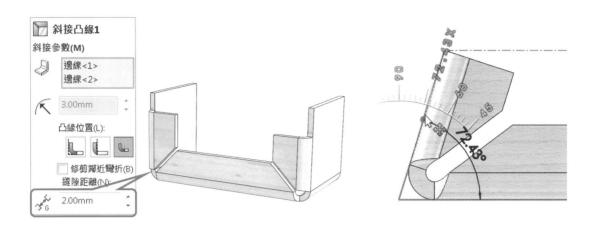

20-3-3 角落與角落處理

2 相鄰彎折（L 型）將角落處理：1. 封閉角落⬜、2. 熔接角落⬚、3. 斷開角落⬚、4. 角落離隙⬚、5. 角落修剪⬚，和加工後處理有關，適用懂鈑金的人。

對繪圖者，要到現場了解這些處理，再回到指令設定讓模型和實際一樣。術語、指令功能和操作影響性... 等，沒有操作基礎和耐心，很難理解之間差異，例如：

1. 有些指令僅影響模型外觀，不傳遞到展開。2. 有些外觀和展開皆會影響。3. 有些僅影響展開。4. 毫無影響，看不懂對吧。

有些指令選項又有上述 3 項差異，例如：1. 新指令加入、2. 舊指令功能提升、3. 舊指令沒除役、4. 名稱定義不明確... 等。

線上說明不清楚，很多梗沒寫到，更造成使用者難以理解，好消息大郎幫各位試出來，並且 SW 是所有 3D CAD 鈑金在功能著墨最多。

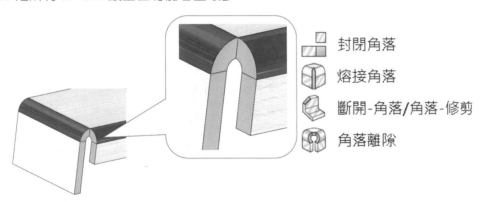

封閉角落

熔接角落

斷開-角落/角落-修剪

角落離隙

A 指令對照表

	外觀可見	展平可見	角落關係	係數影響	1難5易
1. 封閉角落	O	O/X	O	X	3
2. 熔接角落	O	X	X	X	4
3. 斷開角落	O	O	X	X	5
4. 角落離隙	O	O/X	O	X	2
5. 角落修剪	X	O	O	X	1

20-3-4 重疊/不重疊比例

有些項目以範圍定義，範圍又和鈑厚關聯，就像數學關係式，例如：重疊比例=0.5，鈑厚=5，0.5X5=2.5，這時鈑金延伸會到鈑厚 2.5 位置，由此可知，厚度是基準來源。

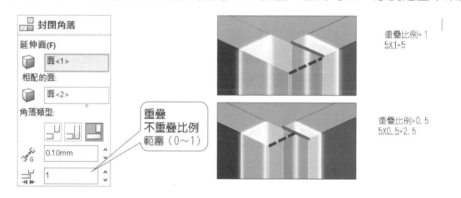

20-3-5 彎折裕度（係數）

控制展開與摺疊的量化數值，內建多種方式。鈑金有延展性，下料鈑長會比較小，摺疊後就能滿足工程圖標示。

例如：工程圖要 50x50，展開長度不會剛好 50+50=100 會比 100 小，假設算出來的長度=98，金屬有延展性，折起來就會剛好 50x50。100 和 98 差異 2，2 就是彎折裕度。

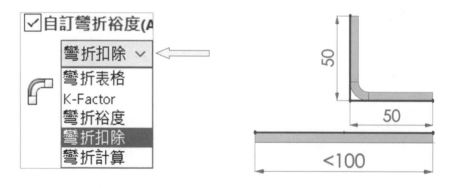

20-4 驗證機制

鈑金有幾項驗證機制，驗證可製造性，驗證核心靠：1. 可不可以展開、2. 彎折處特徵，還記得嗎？展開和彎折有關。

20-4-1 平板型式（展開與摺疊）

建模過程習慣展平 ◎，確認是否可展開，口訣：可展開就做得出來，下圖左。

20-4-2 錯誤彎折顯示

特徵管理員會顯示無法彎折原因，點選錯誤特徵看出彎折位置，重點在怎麼解。比較難解是模型轉檔，這部分論壇有教，下圖右。

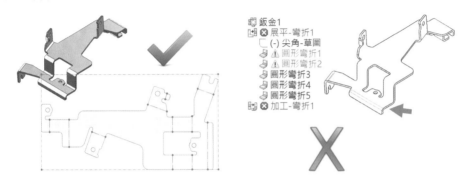

20-4-3 凸緣重疊（自相交錯）

2 凸緣間重疊，顯示特徵錯誤，點選特徵會亮顯問題所在。常用在**邊線凸緣**◎、**摺邊**◎過程 2 凸緣重疊，目前雖然可以展開，因為彎折沒干涉，但實際做不出來。

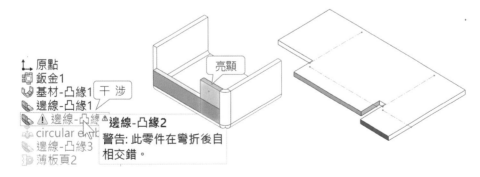

20-4-4 為某些鈑金特徵忽略自相交錯的檢查

承上節，再加另一凸緣，該特徵就是干涉。這功能來自選項→效能→☑**為某些鈑金特徵忽略自相交錯的檢查**。

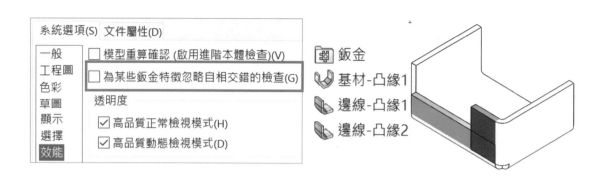

20-4-5 彎折上的本體

彎折上不得有本體，展開過程會卡住（無法展開），平板型式亮顯問題彎折，點選他可看出位置，下圖左。設計公式定義特徵離彎折一定距離，下圖右。

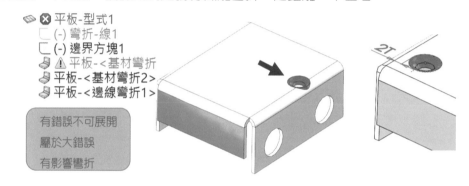

20-5 鈑金製作手法

鈑金手法是多年心得，會有很深的感觸原來還有這招。手法大致分類：傳統特徵、鈑金指令、曲面、專門指令...等，絕大部分指令依加工交互運用。

核心手法：先成型→後展開，你會發現一直繞著展開。

20-5-1 薄殼法

傳統特徵＋薄殼，不具裂口型式，無法展開。比較細膩一點的會加圓角示意焊接，常用在容器和管件，下圖左。

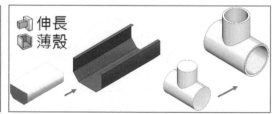

20-5-2 薄件法

　　開放輪廓→🔧，以薄件厚度呈現，但無法展開，下圖左。直接以**基材凸緣**🔧就能擁有展開能力，只是把🔧改按🔧，由這開始把程度提升，下圖右。

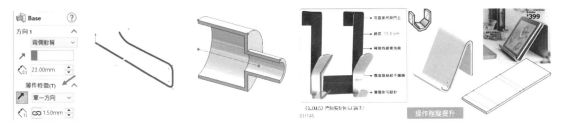

20-5-3 插入彎折法🔧

　　俗稱實體轉鈑金，用在拆件處理更適用模型轉檔，速度快到無法想像，有很多案件全靠她完成，使用率最高。其他不會沒關係這一定要會，此手法適用開放模型。

A 封閉模型

封閉模型會多裂口作業。

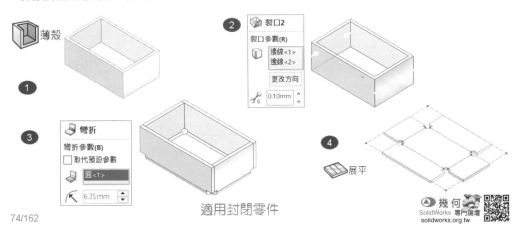

74/162

20-5-4 轉換為鈑金🔧

　　🔧=🔧進階版，🔧無法完成🔧都可以。學習會比較難，重點她支援曲面，模型轉檔解決方案有部分靠他完成。

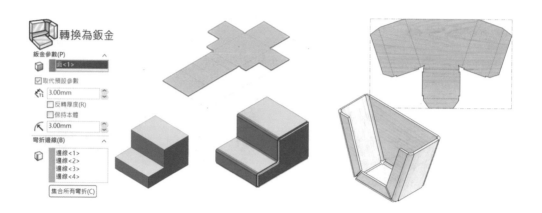

20-5-5 基材凸緣（鈑金指令）

正式步入鈑金基礎，完成薄件特徵，萬物之始在這指令和薄件法相呼應。

20-5-6 邊線凸緣（鈑金指令）

點選鈑金邊線形成開放凸緣，折床類似製程，下圖左。封閉邊線形成的凸緣上，類似沖壓製程，下圖右。

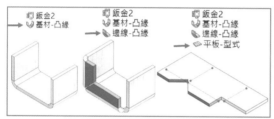
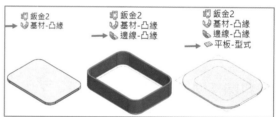

20-5-7 事後修改

因為沒有專門指令，只能修改特徵，這裡可增加建模思維。例如：完成**邊線凸緣**後，修改草圖為耳朵，下圖左。

20-5-8 草圖繪製彎折

直接計算展開尺寸，並繪製彎折線，作業難度最高，下圖中。不是指令很難，人工計算展開有斷層，很多人不學這了，因為軟體有更好用的方式，下圖右。

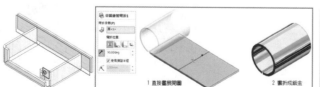
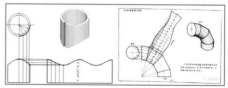

20-5-9 展開與摺疊（鈑金指令）

不能直接在彎折上加特徵，這關係到製程難易度。實務上必須先展後彎，有 2 種方式：
1. 展開 與摺疊 =小三明治、2. 平板型式 =大三明治。

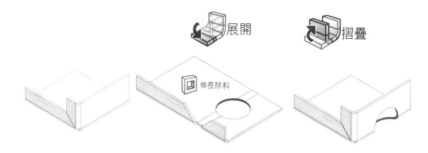

20-5-10 指令選項（鈑金指令）

有些指令可調整展開結果，例如：**掃出凸緣**，☑沿路徑展平，會發現結果不一樣，
下圖左。不知這要幹什麼對吧，只要問現場要什麼，回來設定就好。

有項設定：**固定剖面法向量**，可以調整拆件線段，這就是模型與實務精神，下圖右。

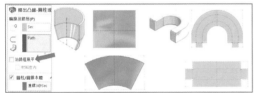 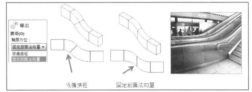

20-5-11 全鈑金指令

鈑金工程圖存在角落缺口、縫隙、相切面交線，初學者不知如何標註，造成不用鈑金
而使用特徵建模。全部以鈑金指令完成，靠教育訓練才有辦法解決問題，下圖左。

20-5-12 多本體鈑金

鈑金支援多本體，讓設計加入彈性。例如：公司進料只是一體，就要多本體。若 3 個
零件，由場內自行焊接，就是組合件。

 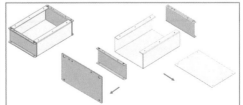

20-5-13 成型工具 🍄

製作成型模（衝模）就是特徵庫。只要拖曳特徵庫→置放在鈑金面上，完成衝凸、衝凹、散熱窗…等形式，下圖左。

20-5-14 如虎添翼

善用指令讓建模更迅速，不見得要展開。例如：在方框每邊加入凸緣，只要點選4條邊線，若以🪣來說至少要草圖和好幾個特徵，下圖右。

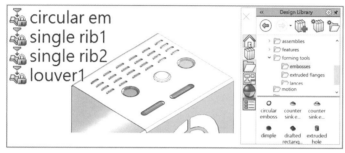

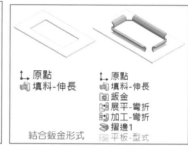

20-5-15 指令克服

以進階特徵完成鈑金展開，期待新版功能解決。目前不支援圓管展開，利用**變形**🪣克服，下圖左。**折邊**🪣不支援圓弧，會用**掃出凸緣**🪣，下圖右。

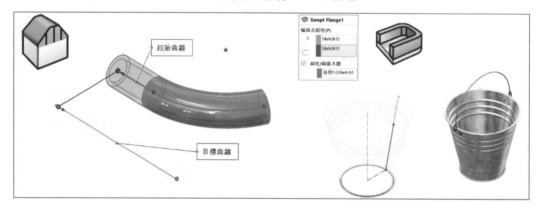

20-5-16 高階曲面

業界對螺旋詢問度高，遇到螺旋就是高階，算潛規則吧，下圖左。球型無法由鈑金展開，1. 詢問以前如何展，2. 由軟體克服，例如：球等分切割→排列組合，下圖右。

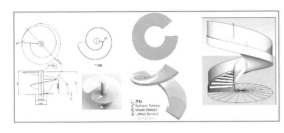

20-5-17 曲面展平

曲面工具列的**曲面展平**，達到沒有展不開的鈑金，算是終極法。先前提醒的觀念，不一定要鈑金指令，其他方式完成展開也算。

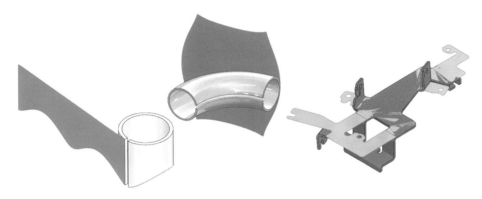

20-5-18 偷吃步

圓管不支援鈑金展開，將 4 邊導圓角讓長條形看起來圓型→展開。

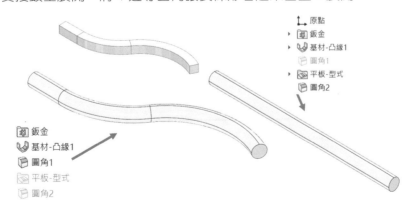

20-5-19 拆件手法

利用多本體→分割特徵的方式完成拆件，會 SW 的使用者對特徵作業不是問題，關於鈑金如何拆問廠商就得到答案，這軟體應用+鈑金拆件=專業技術。

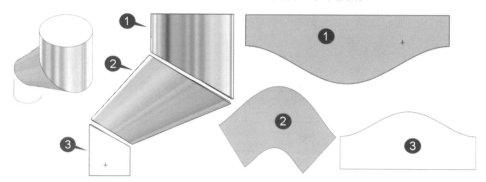

20-5-20 專門軟體

專門軟體讓 SW 如虎添翼，例如：BlankWorks、CG PRESS 用在沖壓件、SheetWorks=AMADA 機台專用軟體。AutoPol、CADTOOL=管用、AUTOLISP 寫的軟體。

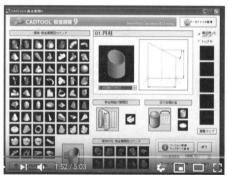
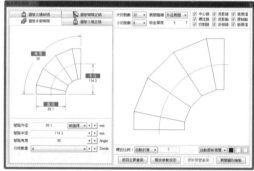

20-6 鈑金結構

鈑金和熔接一樣在特徵管理員專屬環境與圖示，口訣：1. 大三明治、2. 小三明治、3. 轉換圖示。

20-6-1 大三明治

產生第 1 特徵就能見到：1. 鈑金特徵、2. 基材凸緣、3. 平板型式，下圖左。接下來特徵會夾在和之中，例如：鑽孔。

20-6-2 小三明治

使用 1. 展開→2. 鑽孔特徵→3. 摺疊，有點像樓中樓，下圖右。

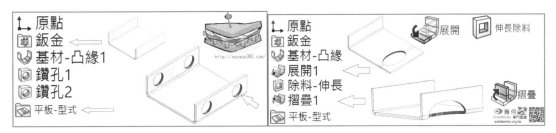

20-6-3 轉換圖示

　　使用插入彎折、成型工具、第 2 次使用，會出現與指令不同圖示，除非有學過，否則不知道是由那些指令轉換過來，因為找不到這些圖示放哪。

　　很新鮮對吧，以現在角度不需要這麼麻煩才對，因為不夠直覺，大郎常說時代不同，專業不應在這，不能再以別人看不懂就是專業。

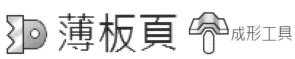 薄板頁 成形工具

筆記頁

21

基材凸緣

基材-凸緣（Base Flange）🛢為鈑金第 1 步驟（第 1 特徵），這觀念和熔接的🛢和**伸長填料**🛢一樣，1. 一定要用的指令，2. 否則其他指令無法使用，下圖左。

第 1 特徵用法和🛢一樣，本章開始認識術語、鈑金結構、鈑金環境，降低對鈑金疑慮並增加信心，教你用看的就會。

21-0 指令介面

說明指令介面項目，先認識欄位➔再認識項目，本節先睹為快讓同學體驗🛢成形作業，本節同學反應相當良好也很有成就感。

21-0-1 介面

進入指令後由上到下分別：1. 方向（包含材料與量規）、2. 鈑金參數、3. 彎折裕度、4. 自動離隙，3、4 一開始不必理解，先成形再看細節。由於 3、4 最好在第 2 特徵說明比較有效果，所以本章不說明。

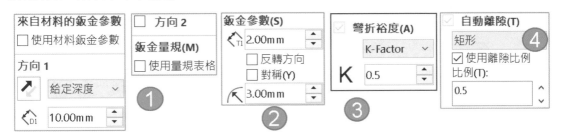

21-0-2 先睹為快：基材凸緣

體驗與🥄不同處，鈑金草圖通常為開放輪廓，封閉輪廓也可以（產生平板）。

步驟 1 基礎成形

1. U型草圖完成後→2.🥄，預覽可見**厚度**與**彎折半徑**。

步驟 2 方向 1

和🥄相同，1. 兩側對稱→2. 深度⬱=50，下圖左。

步驟 3 鈑金參數

鈑厚=3、方向、彎折半徑=3。

步驟 4 展平🥄

點選鈑金工具列🥄，查看展開狀態，再按一次切換展開與摺疊。

步驟 5 鈑金環境

完成🥄後，特徵管理員原點下方顯示鈑金環境3大組成：1. 鈑金特徵🗔、2. 基材-凸緣🥄、3. 平板-型式🥄，下圖右。

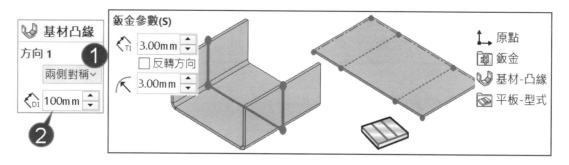

21-0-3 來自材料的鈑金參數（預設關閉）

產生鈑金過程，是否套用材質資料庫：1. 材質與2. 鈑金屬性（彎折設定）。此設定可以在完成🥄指令後，在鈑金特徵🗔重新開啟或關閉他，此設定必須為自訂的材質。

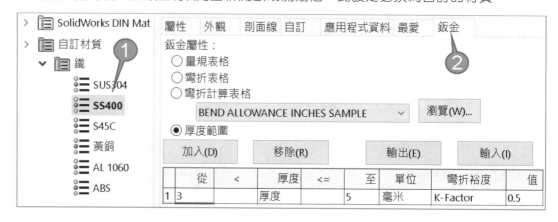

A ☑來自材料的鈑金參數(2023 使用材料的鈑金參數)

套用材質資料庫的鈑金屬性，適合鈑金廠作業，讀取速度會比較久，例如：☑量規表格，在ᵁ成形過程中，會預設☑量規表格、鈑金參數 Gauge、☑彎折裕度。

B □來自材料的鈑金參數

還是可以在特徵管理員套用材質，但不套用材質庫的**鈑金屬性**，下圖 A。

21-0-4 方向 1、方向 2

鈑金的深度操作如同伸長ᵁ的方向 1，下圖 B，如果鈑金有ᵁ的**來自**就更完美了，下圖 C。不說一定沒注意到，開放輪廓才有**方向** 1，封閉輪廓則無，因為封閉輪廓為平板，只有厚度，下圖 D。

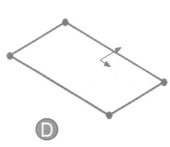

21-0-5 鈑金量規（Gauge）

由清單套用量規 Excel 表格，**量規表格**會自動套用下方的鈑金參數和彎折裕度（箭頭所示）。

A 預設路徑

C:\Program Files\SolidWorks Corp\SolidWorks\lang\chinese\Sheetmetal Bend Tables。

		A	B	C	D
	1				
	2	類型：	Steel Gauge Table		
	3	加工	Steel Air Bending		
	4	彎折類型：	K-Factor		
	5	單位：	毫米		
	6	材質：	Steel		

bend allowance inche
bend allowance mm
bend deduction inche
bend deduction mm
k-factor inches sample
k-factor mm sample

	量規編號 Gauge 5		
11			
12	厚度： 1		
13	角度	半徑	
14		1.00	2.00	3.00
15	15	0.60	0.61	0.62
16	30	0.60	0.61	0.62
17	45	0.60	0.61	0.62

21-1 鈑金參數

說明本欄位的控制：1. 厚度、2. 方向、3. 彎折半徑，如同伸長的**薄件特徵**，下圖右。鈑金一定要指定彎折半徑，可以指定或不指定。

21-1-1 厚度（Thickness=T）

定義鈑金厚度（簡稱鈑厚）=3，鈑厚為鈑金重要參數。

21-1-2 反轉方向

以草圖尺寸為基準定義厚度方向，俗稱包內/包外（又稱實內實外），實務以包外為主，而包內會再標鈑厚。包內或包外與厚度有關和鈑金無關，塑膠薄件圖面也可以定義包內或包外。

A 包內或包外標註

在尺寸前標記@或＊，這2個符號比較好用鍵盤輸入，工程圖註解常這樣說：凡**@皆為包外尺寸**。減少尺寸上輸入包內或包外，造成標註很亂又容易出錯，下圖右。

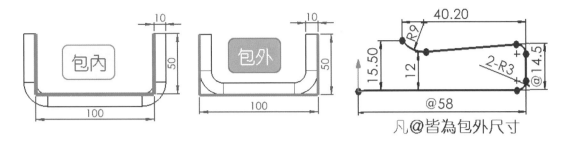

B 統一包內或包外

原則同一零件全部包內或包外，彎折裕度比較好計算以及設計基準。以包外為主要標註，有些地方又不得已標註包內，為何會覺得不得已，因為你心中有標準。

C 統一反轉方向圖示

希望反轉方向能統一為按鈕的方式。

21-1-3 對稱（對稱厚度）

以草圖為基準將鈑金兩側對稱，重點在正折或反折達到相同的彎折半徑，2023 新功能。

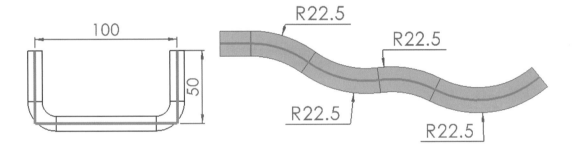

21-1-4 彎折半徑

彎折半徑（又稱彎曲半徑）=刀模規格與彎折係數有關，永遠是內 R，設計上盡量相同半徑。彎折半徑應＞材料厚度，例如：鈑厚 3，彎折半徑應＞3。

實務為了建模便利鈑厚=，例如：鈑厚 3=3。

A 彎折半徑不標

尺寸標註是要求，品保也要確認工件是否達到該尺寸。RD 工程圖不標 R 角讓廠商發揮，否則對加工困擾，若要標就以（ ）區別，下圖左。

B 彎折半徑與鈑厚關係

業界常以包內 Rx1.5，包外 Rx2.5 倍鈑厚，例如：鈑厚 3，=4.5。外 R=內 R＋鈑厚，例如：內 R5＋鈑厚 5=5＋5=R10。

21-1-5 彎折裕度、自動離隙（預設開啟）

這 2 選項是鈑金重要參數，無法關閉，後續再說明，下圖中。

21-1-6 鈑金環境

完成🪝後，原點下方顯示鈑金環境 3 大組成：1. 鈑金特徵🔲、2. 基材-凸緣🪝、3. 平板-型式◪，下圖右。

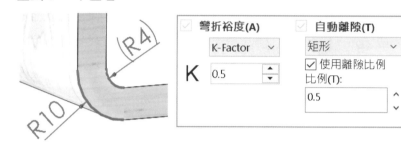

21-2 鈑金環境：鈑金特徵🔲

完成🪝指令後，會將模型定義為鈑金環境🔲，又稱鈑金特徵，類似**熔接特徵**◪，且🔲和◪一樣位於特徵管理員第 1 位置，🔲為轉換圖示。很多人不知道🔲=鈑金特徵，也不知道這可以編輯。

21-2-1 鈑金資料夾🔲

系統會將🔲和◪納入資料夾管理，下圖左（箭頭所示），資料夾 ≠ 鈑金特徵🔲。

A 編輯鈑金資料夾🔲

在資料夾🔲上→🔩，定義資料夾內所有🔲本體參數統一，例如：1. 彎折參數、2. 彎折裕度、3. 自動離隙、4. 鈑厚=6，所有本體厚度皆 6，下圖左。

B 編輯鈑金特徵🔲

在鈑金特徵上🔲→🔩，進行該本體的整體定義。

21-2-2 取代預設參數（預設開啟）

定義所有指令預設值，就不用每個指令個別設定，例如：鈑厚統一 5 或 K=0.5。

21-2-3 刪除特徵

刪除🖥，會把以下特徵刪除，給予重新設計便利，和熔接一樣刪除🔩也會把以下特徵刪除，不贅述。

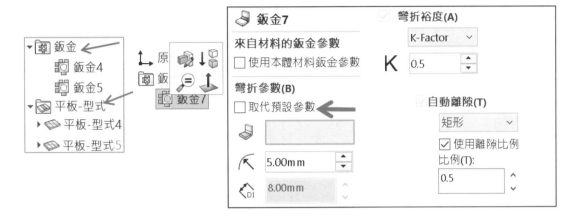

21-3 鈑金環境：基材-凸緣（Base-Flange）

說明🥄的特徵結構與指令內容，以前第一特徵稱**基材**（素材），例如：基材伸長，所以稱**基材-凸緣**是有典故的。

21-3-1 結構與內容

展開🥄可見：1. 草圖、2. 基材彎折🥄，都可被編輯。分別點選亮顯草圖和模型彎折位置，下圖左。

21-3-2 編輯基材凸緣

編輯🥄，看不到**彎折裕度**和**自動離隙**，因為它們被轉移到🖥，下圖右。

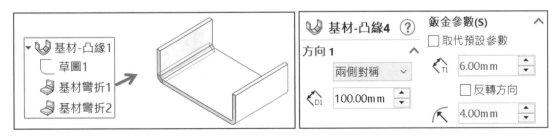

21-3-3 編輯基材彎折

點選基材彎折🔧→🔩，見到**彎折參數**和**自訂彎折裕度**，下圖左。對懂得人可以分別對彎折定義參數，例如：左邊彎折半徑 R3、K=0.5，右邊彎折半徑 R6、K=0.6。

21-3-4 量測鈑厚和彎折

狀態列直覺查詢**彎折半徑**或**鈑厚**，不用尺寸標註或🔎，所謂殺雞不用牛刀，下圖右。

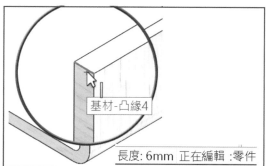

21-4 鈑金環境：平板-型式（**Flat-Pattern**）

平板-型式為鈑金最後特徵，控制展開、折疊，使用率高，點選🔲展開，特徵會亮顯（恢復抑制），再按一次🔲讓鈑金摺疊。本節說明平板-型式結構和常見注意事項。

21-4-1 彎折-線

以中心線表示刀模下刀位置，會將彎折角度、半徑、方向...等，以註解帶到工程圖。通常不畫整條線，只畫離邊線 2 端 10mm 就好，可節省雷射切割時間。

21-4-2 邊界方塊

以最小矩形計算平板材料，於工程圖顯示平板面積。

21-4-3 平板彎折

記錄總彎折數量，適用估價或設計參考，例如：17 折改成 10 折，成本一定比較少，也是設計易製化的表現。

由彎折圖示名稱得知哪個特徵產生彎折，例如：基材凸緣🔩顯示為：平板-<基材彎折1>，邊線凸緣🔩顯示為：平板-<邊線彎折 1>、。

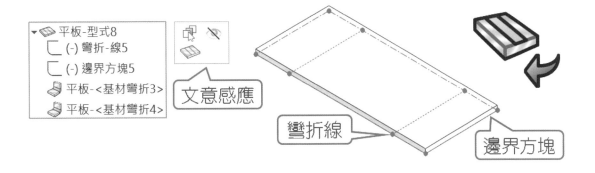

文意感應

彎折線

邊界方塊

21-4-4 調整彎折次序（Reorder Bends）

　　預設的彎折順序是以特徵順序不是我們要的，由視窗調整彎折順序。實務先折小再折大，應用於動畫、紙盒包裝、檢查問題所在，本節說明為鈑金細節，適合進階者。

　　通常在展開的環境下，1. 右鍵**調整彎折次序**，進入視窗→2. 點選清單上的彎折項目，模型會亮顯→3. 上移/下移來調整你想要的順序。

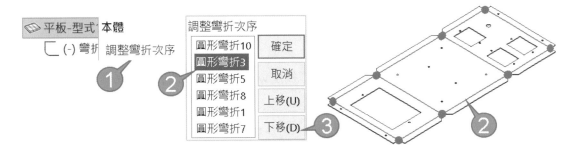

A 工程圖呈現彎折順序

　　平板型式視圖+彎折表格，就能在展開圖上呈現彎折順序，例如：1～10。

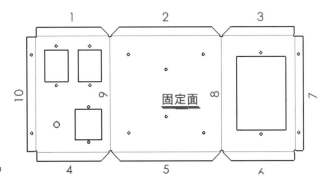

	A	B	C	D
	標籤	方向	角度	內部半徑
2		上	90°	1
3	2	上	90°	1
4	3	上	90°	1
5	4	上	90°	1
6	5	上	90°	1
7	6	上	90°	1
8	7	上	90°	1
9	8	上	90°	1
10	9	上	90°	1
11	10	上	90°	1

B 模型組態紀錄彎折順序

　　將**彎折**抑制/恢復抑制，來展現彎折順序。製作模型組態將平板型式下的利用**抑制/恢復抑制**，查看模型展開/折疊的變化並記錄名稱。

目前無法由特徵管理員拖曳調整 平板-<**圓形彎折** 2>的順序，只能用人工更改名字的方式進行，下圖右。

 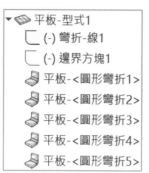 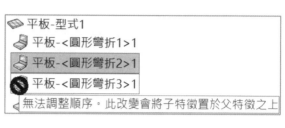

步驟1 製作展開組態

將目前組態命名為展開→並讓模型為展開狀態 ，目前所有平板彎折為亮顯（恢復抑制）狀態 平板-<圓形彎折2>，下圖左。

步驟2 製作摺疊1組態

目前摺疊1組態為啟用狀態。

步驟3 更改彎折名稱

點選平板型式下的彎折，繪圖區域亮顯找出你要的彎折，例如：有3個彎折找到要同時彎，就命名1、1-1、1-2。

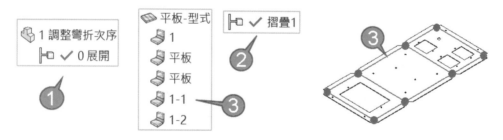

步驟4 抑制彎折

抑制剛才命名的3個彎折，查看是否有摺起來，下圖左。

步驟5 重複步驟2～步驟4

分別別製作其他折疊，共6個折疊，下圖右。

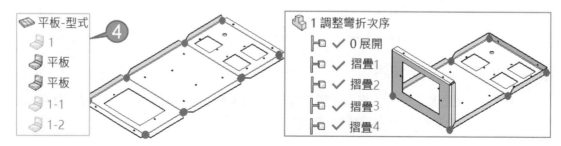

C 工程圖表列所有順序

由工程圖以視圖呈現組態,例如:6 視圖呈現 6 個組態。

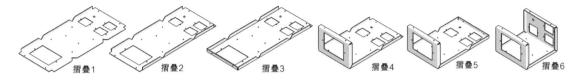

摺疊1　　摺疊2　　摺疊3　　摺疊4　　摺疊5　　摺疊6

21-4-5 抑制彎折

在 🗐 下抑制彎折 🗐,對於檢查彎折次序很有幫助,下圖左。本節抑制 🗐(灰階)=摺疊、恢復抑制(亮顯)🗐=展平。

這說明和特徵的彎折相反,各位展開到有彎折的特徵就能體會,這就是邏輯思考,通了就不會搞混,了不起要想一下。

21-4-6 切換平坦顯示(Tpggle Flate Display)

模型為摺疊狀態時,在模型面右鍵→切換平坦顯示,對照展平和非展平狀態,模型必須摺疊狀態才可切換**平坦顯示**,在繪圖區域點一下會消失平坦顯示,下圖右。

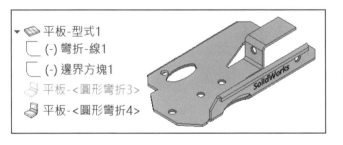

A 顯示速度

看似微不足道小功能,可節省展平計算時間,特別是彎折數量很多或特徵很複雜。鈑金作業會很經常性來回點選 🗐,查看展開/摺疊狀態,遇到複雜模型展開等待時間很長會失去耐心,**切換平坦顯示**就是解決方案。

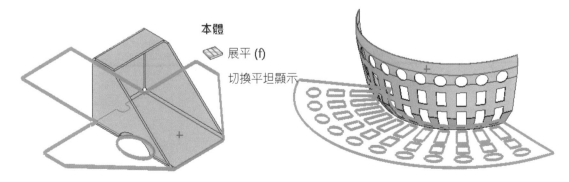

21-4-7 平板型式環境

　　🖐環境中，鈑金指令無法進行，如同編輯特徵過程，不能執行其他指令。不過**角落修剪**🖐和**成型工具**🖐可以在展開過程使用，比較特殊的是🖐必須在🖐環境下使用。

21-4-8 製作文意感應的平板型式

　　由於🖐使用率很高，可惜沒有快速鍵可以設定。只能製作🖐到文意感應，可點選模型面→迅速切換🖐，下圖左。回溯無法使用🖐，下圖右。

步驟1 文意感應右鍵→自訂

步驟2 拖曳🖐到文意感應

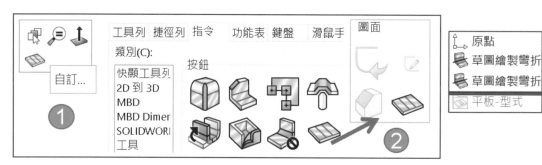

21-4-9 平板型式巨集快速鍵

　　對於無法使用快速鍵設定，可以編寫巨集，在自訂視窗→鍵盤，把巨集檔*. SWP 載入。例如：SheetMetal Flate.swp 加入到巨集項目中，快速鍵自行設定F。

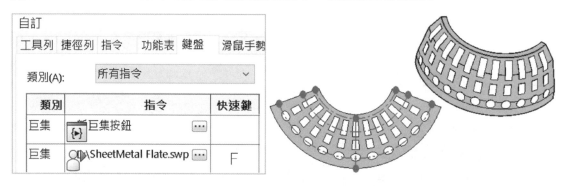

21-5 平板-型式選項

點選 📖→🖱，進入平坦形式特徵（又稱平坦型式選項），如同點選📋→🖱，進入鈑金選項設定。

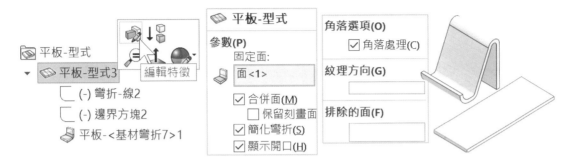

21-5-1 固定面（Fixed Face，預設藍色面）

定義展開的固定面，例如：IKEA 平板展示架，指定不同固定面，展開型態會有壁掛或平坦，就能得知固定面重要性。

彎折線和固定面同一面，正折實線、反摺虛線，下圖右（箭頭所示）。

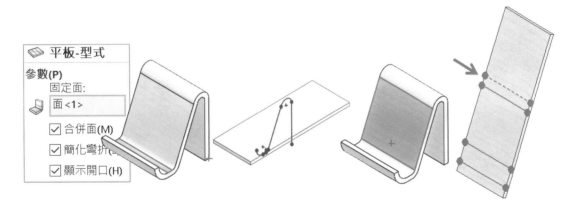

21-5-2 合併面（Merge face，預設開啟）

是否合併彎折的相切面交線，通常與彎折線草圖會同時存在，下圖右（箭頭所示），常用在相切面交線與特徵距離參考。

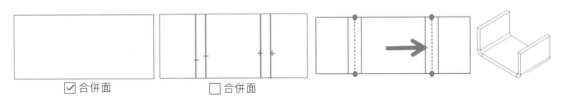

A 保留刻劃面（Retain Scribeb Face）

當彎折面具有文字或分割線特徵，展平能將特徵顯示，本節☑**合併面**才可以使用。

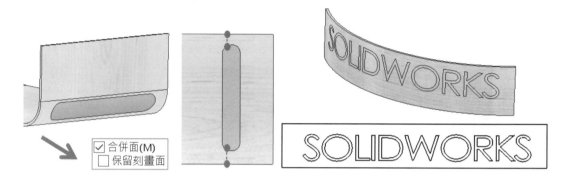

21-5-3 簡化彎折（Simplify Bend）

彎折上的輪廓是否以簡化（拉直）呈現，例如：彎折處割橢圓孔。

A ☑ 簡化彎折

將彎折處的輪廓拉直（箭頭所示），看起來不是完整橢圓，適用結果端。用在模擬加工後，再展開樣子。實務不太將折疊好的成品展開，鈑金會斷掉。

B ☐ 簡化彎折

保持完整橢圓，讓拆圖人員在彎折線上繪製斷點，避免彎折後變形適用製造端。

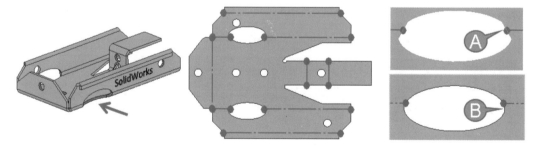

21-5-4 顯示開口（Show Slit）

在彎折處加開口，防止摺疊擠料變形。常用在小於彎折面積的矩形或圓角離隙時，有些情況☐**角落處理**，這功能才可呈現。

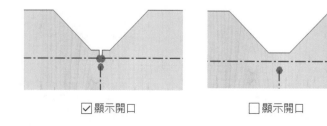
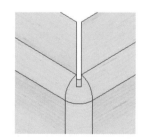

21-5-5 角落處理（Corner Treatment）（預設開啟）

彎折角落是否套用裂開邊線，避免彎折成形過程擠料變形，或減小應力集中。角落處理和包內包外有關，包外比較不用角落處理。

A ☑ 角落處理

2 折的角落以 Y 型切口呈現，避免彎折後變形，適用製造端。縫隙大小，依鈑厚定義。

B □ 角落處理

SW 的 Y 型處理不見得是廠商要的，廠商會有自己處理方法。

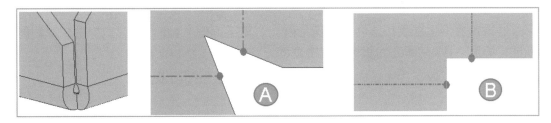

21-5-6 紋理方向（Grain Direction）

改變邊界方塊顯示，調整剩餘料切割，適用下料排版作業。選擇模型或草圖邊線，可看出菱形邊界方塊改為正方形圍繞。

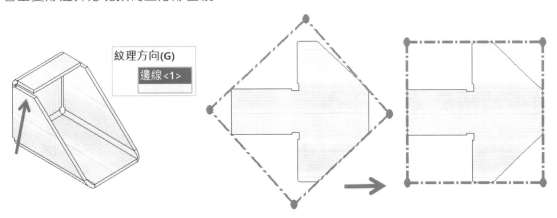

21-5-7 排除的面（Face to Exclude）

選擇不被展開的特徵面（可以在面上右鍵→選擇相切），避免展開受到影響，常用在特徵在彎折面上，換句話說在彎折上的特徵無法被展開，下圖左（箭頭所示）。

這是早期沒有**鈑金連接板**，會使用+完成的衝凸，下圖右（箭頭所示），必須製作 2 個組態（展開與摺疊），將肋材特徵抑制。

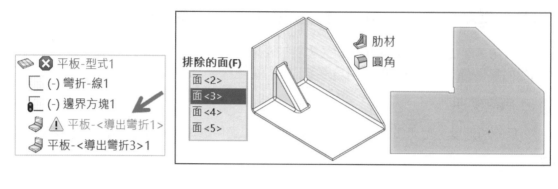

21-5-8 重新產生平板形式（Recreate Flate-Pattern）

改進複雜展平，提供較佳展平幾何，例如：角落處理、及切割與彎折區域交錯的某些狀態。適用 2012 前建立的鈑金，之後建構沒該選項。

以前會重複按，由系統內部計算一次，解決無法展開問題。

21-6 薄板頁（Tab）

用完成產生新凸緣外形，由→轉換的圖示，換句話說同一個本體看不到第 2 個。本節說明與多本體和鈑金的凸緣關係，例如：可否展開或鈑金製程的邏輯。

21-6-1 與差異

功能少重點在資料量小運算速度快。不建議用完成特徵，因為很多選項鈑金用不到，卻資料量大，而且在鈑金上的特徵都很單純，下圖左。

21-6-2 彎折的薄板頁

在彎折上建立薄板頁，薄板頁會跟著展開，下圖右（箭頭所示）。

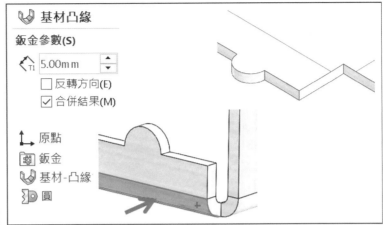

21-6-3 非彎折的薄板頁

萬一在非彎折上進行 ，就會成為焊接件多本體，例如：鐵塊，更能認識彎折對鈑金的影響，下圖左。換句話說，了解製程要焊接還是彎折，會影響建模思考。

21-6-4 反轉方向

改變成形方向與鈑金本體重疊，實務來說不可能。

21-6-5 合併結果

承上節，☑合併結果無法完成重疊鈑金，因為鈑金環境下會判斷這樣不合理。

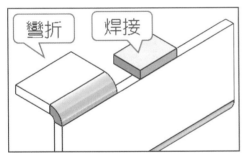
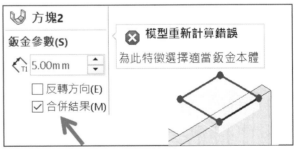

21-6-6 連結至厚度

鈑金環境可以設定**連結至厚度**（箭頭所示），例如：深度可以與鈑厚相同，未來鈑厚設變，不必顧慮其他特徵的深度（厚度）不一致，造成鈑金無法製作。

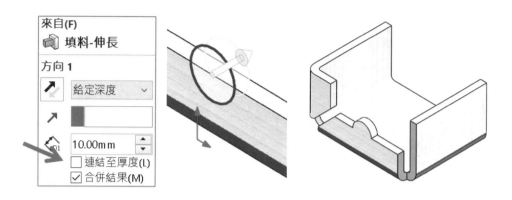

21-7 基材凸緣實務

可見常用類型，反正只用◡特徵，只是沒想到這樣的連結應用。例如：1. 人形模具、2. 擋板、3. 飲料架。

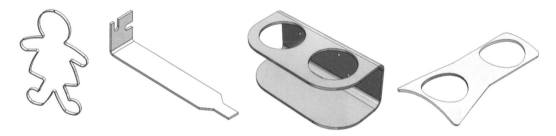

21-7-1 偷吃步，圓管展開

鈑金由於基材凸緣的特性會成為矩形條，可以利用圓角特徵◡將外形修飾，在配合模型組態進行展開作業。

步驟 1 基材凸緣◡，厚度=深度=10

步驟 2 圓角製作

圓角有 2 種作法 1.4 條邊線導圓角◡R5、2.2 個全週圓角。

步驟 3 製作模型組態

更改目前組態➔1. 折疊，產生新組態 2. 展開，目前為展開組態。

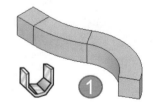

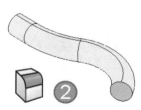

步驟 4 點選展平⬚

步驟 5 抑制特徵與製作圓角

　　抑制先前製作的圓角，新增圓角，於特徵管理員可以見到鈑金控制的細節，這部分後面會說明，這是大三明治法則。

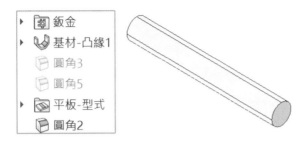

筆記頁

22

邊緣凸緣

　　邊線凸緣（Edge Flange，**簡稱凸緣**）🦴，為鈑金第 2 指令，不用草圖的特徵。點選模型邊線就能輕鬆產生凸緣，很多人對此感到驚艷，因為速度快簡單學。

　　第一次看到很多術語，算是鈑金指令範本，將鈑金 90％選項集一身，先苦後甘。🦴可打通鈑金任督 1 脈，第 2 脈是實務應用。

　　自 2020 以來🦴增加一些設定，功能提升了不少，大郎花了一些時間整理和各位分享。

A 指令介面

　　進入指令分別設定：1. 凸緣參數、2. 角度、3. 凸緣長度、4. 凸緣位置。常用 1、3、4，重點在基準與位置。

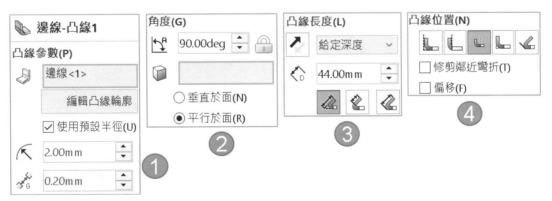

22-1 先睹為快：凸緣與結構

　　本節說明 3 折、2 折、1 折凸緣用法，並查看指令結構，重點在點選的邏輯。

22-1-1 3折製作

以現有的 U 鈑金，點選 U3 條邊線完成凸緣。口訣：灰深度、紅方向。

步驟 1 點選外邊第 1 邊線，可見成形箭頭

所選模型邊沒內外之分，皆可見凸緣預覽，建議最好同一邊。

步驟 2 游標在繪圖區域點一下（重點）

定義成形位置和深度，也可直接輸入深度，下圖 A。

步驟 3 點選第 2、3 條邊線

由預覽得知深度一致，下圖 B。

步驟 4 改變凸緣方向

點選紅色箭頭改變凸緣方向，常用在鎖孔用，下圖 C。

步驟 5 ↵或右鍵完成🖱️。

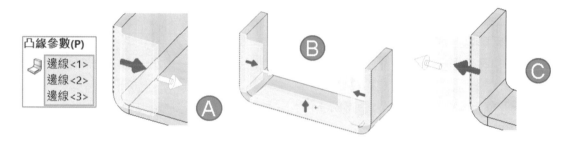

22-1-2 查看指令結構

展開特徵可見 3 個草圖和 3 個彎折，下圖 A。草圖皆為矩形且之間重疊對吧，下圖 B。凸緣之間草圖干涉，系統以縫隙解決，下圖 C。

試想自行繪製草圖→🗒️，時間花更久，更能體會🗒️和🔧指令差異與特性。

A 草圖完全定義

在草圖標尺寸可以完全定義，但會讓特徵無法定義深度，下圖 D。

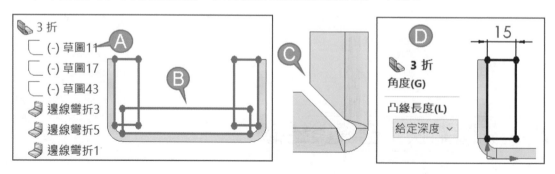

22-1-3 1 折、2 折、多折製作

點選模型邊線產生凸緣的過程不同感受,尤其是左邊有凸緣和右邊沒凸緣的整體感覺,很多造型就這樣完成的,不斷加選邊線輕鬆完成多折。

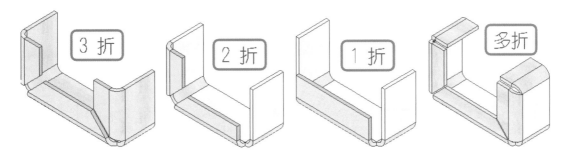

22-1-4 編輯凸緣

可直接點選模型上的凸緣→編輯特徵 ,看起來很基礎,會恍然大悟原來可以這樣,很多人以為 和 融合在一起,下圖左。

22-1-5 預選邊線

預選邊線→ ,用拋的觀念,避免預覽等待加速建模,適用進階者,下圖右。每次說到這,同學一定練這招,越是技巧或旁門左道越吸引人,這就是學習興致。

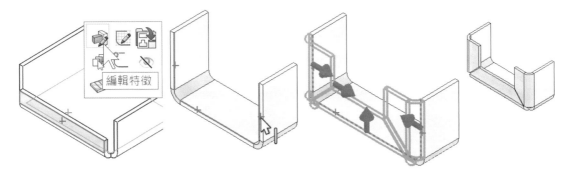

22-2 凸緣參數

記錄、刪除所選模型邊線,本節比較特殊的是**編輯凸緣輪廓**。

22-2-1 編輯凸緣輪廓(進階者)

指令過程直接改草圖,1. 點選清單邊線→2. 編輯凸緣輪廓,拖曳草圖可見預覽,下圖左。有沒有發現,指令環境下可以改變草圖,適合進階者,因為有壓迫感。

回想過程就不能改草圖，希望所有指令都可在指令環境下直接進行草圖作業。

A 上一步、完成、取消

上一步=回到指令、完成和取消=套用草圖並完成指令。

22-2-2 使用預設半徑（預設開啟）

是否要自行控制彎折半徑。

A ☑使用預設半徑

由鈑金特徵統一控制，**彎折半徑**相同不必換刀模。

B □使用預設半徑

需要這彎折改變彎折半徑，適合加工廠，RD 不必理會。

22-2-3 彎折半徑（預設開啟）

為了外型會加大彎折半徑，並配合角度成為弧，下圖左。

很多人不知道可以這樣變化，會用草圖畫弧→。

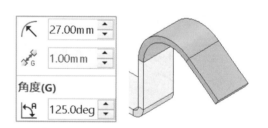

22-2-4 縫隙距離（Gap，預設 0.26）

定義 2 凸緣縫隙（兩邊相等），避免彎折過程碰撞，下圖左。2 凸緣相交才有縫隙，縫隙為 45 度切邊。

A 工程圖縫隙標註

如果不懂縫隙多少就不要標註，讓工廠自行發揮，也不要在建模過程浪費時間定義縫隙為整數，就讓他保留預設 0.26 吧。

B 鈑厚或機構（標註縫隙）

由鈑厚決定縫隙距離（通常 0.2～1），除了加工也可以機構需求，例如：縫隙 10 讓電線穿過，到時工程圖要標尺寸。

C 縫隙 0

用於表達焊接後狀態，或協助彎折計算，下圖右。

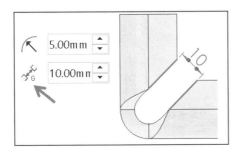
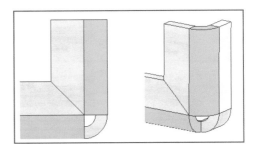

22-3 角度

設定凸緣與本體之間的角度，預設 90（基準），可以輸入 0～179 度→↵ 預覽角度成形。角度=絕對角度，很可惜沒有**反轉方向**的設定。

A 讓系統計算角度

直覺想要外張 30 度，就輸入 90＋30，系統計算為 120，或 90-30=60，不用刻意理解角度方向，由預覽看出外張或內縮即可，更能體會 90=基準的意涵。

B 不同角度，分開特徵

如果要 2 個角度就要就要 2 特徵完成，例如：左邊 120 度、右邊 60 度。

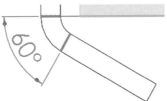

22-3-1 選擇面（非必要項目）

選擇模型面（箭頭所示）並設定相對於**垂直**或**平行面**，就不必計算角度，適用點選斜面的邊線，會比較容易做出來。

A 鎖住/解除鎖住角度（適用多本體）🔒

凸緣長度使用**至邊線並合併**，角度可以鎖住與另一本體關聯，下圖左，也可以自行控制改變外型，下圖右，本節要與下方的**凸緣長度**配合。

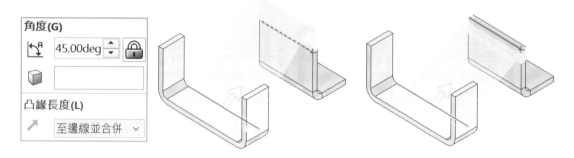

B 垂直於面、C 平行於面

產生的凸緣與所選面垂直或平行。

D 反饋角度

指定面後，上方角度會變更提供參考，無法更改角度，即便更改角度也不會變更。

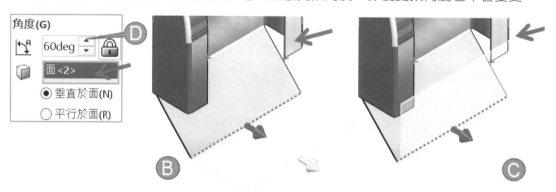

22-4 凸緣長度（Length）

定義模型邊線與凸緣距離並配合下方長度的基準。常遇到長度沒問題，卻忽略長度基準有沒有包含鈑厚而製造錯誤，就會常被鈑厚害死，從此放棄鈑金，改以伸長＋薄殼。

A 設計驗證

別因鈑厚或非 90 度沒注意到造成製作錯誤，進行組件驗證不必擔心這問題，如果是單一零件，就另當別論了，本節和尺寸標註有關並分享避免錯誤的訣竅。

22-4-1 給定深度

　　定義圖元長度尺寸，也可以點選反轉方向或紅箭頭定義凸緣成形方向。給定深度配合項下方的長度基準設定。

　　看到這**虛擬交角**一開始會感覺很難與很煩，暫時不要看**虛擬交角**，只要會看 30 的尺寸有沒有包含鈑厚可以了，設定這 2 項目由預覽看出數值不變，但長度有變，下圖左。

A 外側虛擬交角（Outer Virtual Sharp）✍、**B** 內側虛擬交角✍

　　1. 以模型邊線內側或外側交角→2. 凸緣邊線的凸緣長度，適用非 90 度凸緣。虛擬交角=2 邊線延伸相交的交點，就可以點選交點與模型邊線標尺寸。

　　常設定✍比較好量測與驗證尺寸，常遇到非 90 度彎折的錯誤，很多人僅輸入 30，但忘記切換**外側**還是**內側**，下圖右。

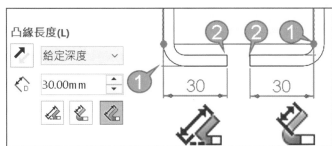
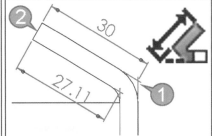

C 相切彎折（Tangent to Bend）✍

　　以凸緣相切（外 R）到凸緣邊定義長度，凸緣長度與角度有關，且位置僅支援大於 90 度～179 度彎折，常用直角規量測，這部分虛擬交角量不出來。

　　2 個重點：1. 線段與彎折（弧）相切、2. 線段與模型邊線平行。

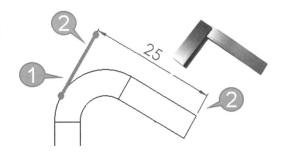

22-4-2 凸緣長度定義：成形至頂點

　　點選模型點作為深度參考，點選頂點後才會出以下 2 項設定，下圖左。

A 垂直於凸緣平面(適用非 90 度彎折)

　　所選的頂點與邊線凸緣的端面投影重合，，下圖中。

B 平行於基材凸緣(適用非 90 度彎折)

　　所選的頂點平行穿過凸緣面，應該稱為平行於凸緣平面，下圖右。

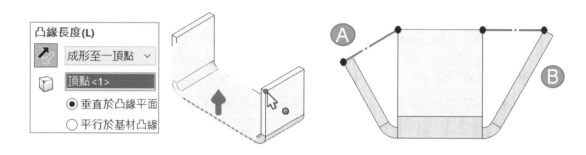

22-4-3 凸緣長度定義：至邊線並合併（Up To Edge And Merge）

選擇另一本體的凸緣邊線並合併 2 個本體，例如：點選另一本體的邊線將圖元長度延伸。要完成本節，另一本體必須相同鈑厚。

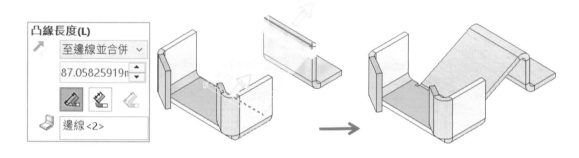

22-5 凸緣位置

定義凸緣與模型位置，**凸緣位置**和**凸緣長度**看起來很像（欄位和圖示），很多人一開始轉不過來，凸緣長度=X 深度，下圖左、凸緣位置=Z 深度，下圖右。

A 指令圖示判斷

仔細看黑虛線=基準=材料邊，切換過程由預覽更能看出差異。本節以模型深度 100，鈑厚 5 透過驗算更能驗證**凸緣位置**與鈑金總深度影響，這就是邏輯思考。

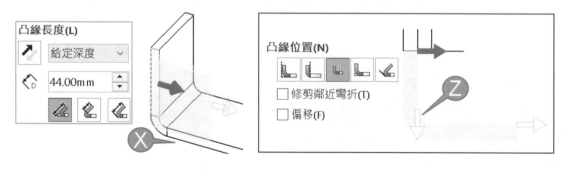

22-5-1 材料內（Material Inside）⌐

　　凸緣位置與鈑金深度相同=100，初步看起來好像會干涉，完成後可以見到離隙類型（鈑金本體與凸緣的處理）。

22-5-2 材料外（Material Outside）⌐

　　凸緣位置與超出鈑厚，總深度：100＋5=105，常用在上下蓋組裝。

22-5-3 向外彎折（Bend Outside）⌐

　　凸緣位置與超出彎折：100＋5＋內 R5=110，本節沒有離隙類型比較好看、好製作、如果這結構沒有很重要，用這種方式比較理想。

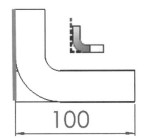 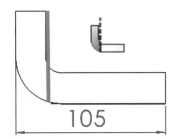 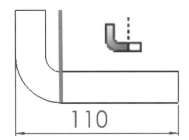

22-5-4 從虛擬交角彎折（Bend from Virtual Sharp）⌐

　　凸緣位置在虛擬交角上，適用非 90 度彎折，下圖左。

22-5-5 與彎折相切（Tangent to Bend）⌐

　　凸緣位置在本體相切位置上，適用大於 90 度彎折，下圖右。

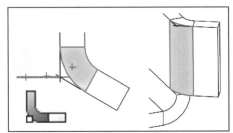 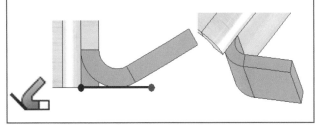

22-5-6 修剪鄰近彎折（Trim side Bend）

　　修剪鄰近彎折顧名思義修剪凸緣旁邊的彎折，當凸緣向內偏移時，修剪彎折處多餘料。**修剪鄰近彎折**與**偏移**對應作業，才看得出本節效果，此設定應該在**偏移**之下。

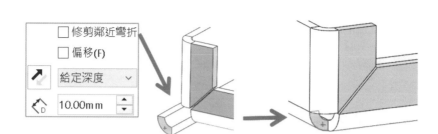

22-5-7 偏移

凸緣向外延伸或向內扣除（**反轉方向**），要有偏移選項，不能設定為 ，下圖左（箭頭所示）。千萬不能改基準，基材凸緣 =基準 100 不要更動他，否則基準一變設計很難維持，用偏移就好，例如：本體 100 向外偏移 50，總深度=100＋50=150，下圖右。

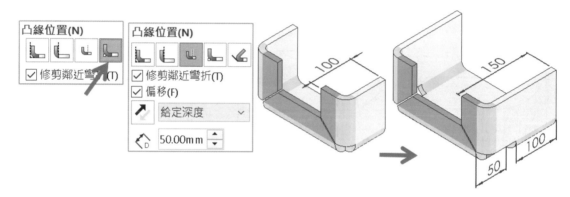

A 反轉方向

改變偏移方向。向內偏移 50，總深度=100-50=50，下圖左。

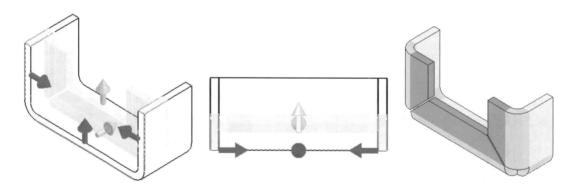

B 移動面修改鄰近彎折

向外偏移造成彎折沒跟上，可以用移動面 來克服。

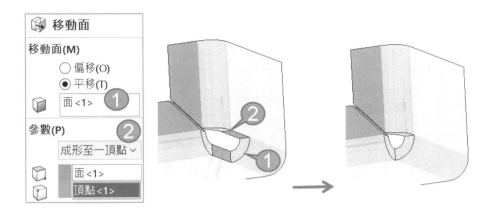

22-6 自訂彎折裕度（Bend Allowance）

第 2 個凸緣指令都有☑**自訂彎折裕度**和☑**自訂離隙類型**，針對目前凸緣設定彎折係數，重點在**自訂** 2 字，下圖左，這兩者已經由鈑金特徵控制，下圖右。

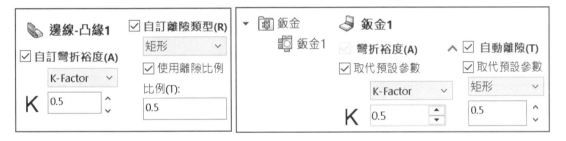

22-6-1 ☑ 自訂彎折裕度

這是給加工者用的，對 RD 而言除非懂，否則不必設定。常遇初學者以為指令都要☑，造成學習負擔。彎折裕度又稱彎折係數、鈑金係數，進行延展控制，鈑金彎折會讓內側被壓縮，外側延伸，提供 5 種計算彎折方法，下圖左。

22-6-2 □ 自訂彎折裕度（預設）

彎折裕度由鈑金特徵控制，不懂可以不必理會也感到心情放鬆。

22-6-3 彎折表格（Sheetmetal Bend Tables.XLS）

由內建：彎折裕度、彎折扣除、K 值表… 等 EXCEL 檔案，讓系統將這些值套用在模型中。Excel 表格是最高境界，即便工讀生都有辦法建構被精算好的鈑金。

通常直接拿來內建的檔案修改，例如：開啟表格見到：1 材質、2 鈑厚、3 彎折半徑、4 彎折角度…等，反推經驗數據建立在表格中，下圖右。

A 預設路徑

C:\SolidWorks Corp\SolidWorks\lang\chinese\Sheetmetal Bend Tables。

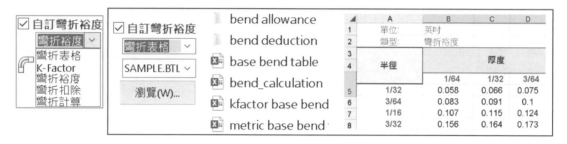

22-6-4 K-factor（0～1 範圍，預設 K0.5）

定義鈑金中立面位置，以厚度為基準，K = 彎折計算常數，又稱 K 值或 K 因子，下圖左。0.5 為鈑厚中間，K=t／T，BA=π（R＋KT）A/190。

延展性高的鈑材會設於中間 K=0.5，例如：鋁板 AL5083...等。延展性低的則取內面 K=0，例如：白鐵 SUS316、鋁板 AL5052、碳鋼板...等。

22-6-5 彎折裕度 BA（Bend Allowance）延展性

Lt＝展開長度（相加），Lt=A＋B＋BA，下圖右。

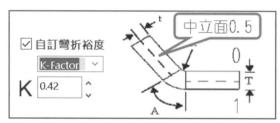

22-6-6 彎折扣除 BD（Bend Deduction）

俗稱扣除法，最常見算法，扣鈑厚、扣 80% 鈑厚、依材質扣 1/3 鈑厚，下圖左。或設定彎折半徑為 0 或 0.0001，L 總長=A＋B－BD。

22-6-7 彎折計算

數學關係式給 V 角度，LD=A＋B＋V，須配合 ☑ **使用量規表格（*.BTL）**，下圖右。

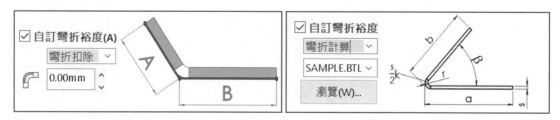

22-7 自訂離隙類型（Auto Reliefs）

彎折之前必須加入離隙切割，避免彎折過程變形，用看的就會，要完成離隙類型，凸緣位置=材料內L，下圖左。

A 不標讓廠商發揮

凸緣過程指定離隙類型、尺寸，系統會自動加離隙，除非與設計有關，否則工程圖不標尺寸讓廠商發揮，換句話說標尺寸廠商要想辦法達到尺寸要求，會造成困惱。

離隙用在 2 種地方：1. 避免加工變形、加工困難甚至折不出來、2. 設計考量，例如：穿電線，這時候工程圖就要標尺寸了。

22-7-1 矩形

定義離隙比例或自行輸入矩形開口大小，常用在開口比較大，下圖中。矩形不見得用再鈑金加工，也可以用在機構考量。

22-7-2 圓端離隙（Obround）

圓端和矩形設定一樣，只是圓端外型比較好看，常用在縫隙比較小，下圖右。以加工角度就不是這樣認為了，雷射切割走圓弧，剪床剪切會走矩形。

 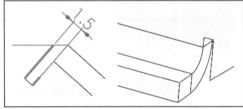 

22-7-3 撕裂（Tear）

很像用剪刀剪，定義：1. 裂口（Rip）、2. 延伸（Extend），下圖左。由預覽可以看出這 2 項的結果，他會影響到展開樣貌。

22-7-4 ☑ 使用離隙比例

比例依鈑厚而定，輸入 0-1 範圍是寬深比，比例越大縫隙越大，適用矩形與圓端。例如：厚度 3mm，比例 0.5，離隙 3*0.5=1.5mm，下圖右。

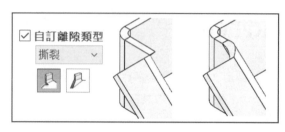

22-7-5 □ 使用離隙比例

自行輸入寬度與深度，不過深度=直線長，沒有算到凸緣，適用矩形與圓端。

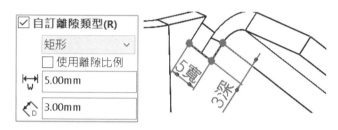

22-8 實務：沖壓

製作沖壓封閉的便當盒，與先前切割開放成型不同。理論1.先直線→2.再曲線，因為遇到極端例子不能先選曲線，甚至還有順時針/逆時針的點選順序，有理論支撐就不會亂。

不會分辨不必理解也沒關係，反正點選直線做不出來，就點曲線試試。也可以先選邊線→再選指令，速度比較快，適用進階者。

22-8-1 鋼杯

完成 Ø50x50L 鋼杯，點選圓就完成了很容易對吧。展開後更能體會計算圓周長＋鋼杯深度困難，與3D鈑金便利。考驗各位，鋼杯直徑和深度有剛好在50位置嗎。

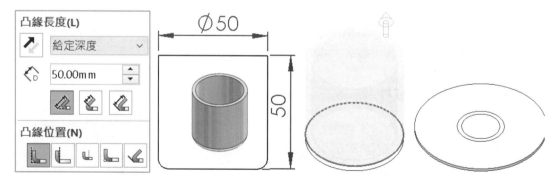

22-8-2 便當盒

這題強調點選順序與位置的議題，雖然後面版本怎麼亂選都會成功，本節還是詳細說明點選的火侯，課堂就是用這些手法解決無法成形的 BUG，學會後可用在其他地方。

A 快速選擇法（選擇相切）

1. 在模型邊線右鍵→2. 選擇相切→3. ↵。其實是弧幫上大忙，形成封閉區域。原則 1. 先直線→2. 再選弧，因為直線計算會比較單純。

B 其他手法

1. 選擇鈑厚上方邊線/鈑厚下方邊線、2. 順時針/逆時針點選、3. 先選邊線→再選指令、4. 要連續選擇不能跳選。

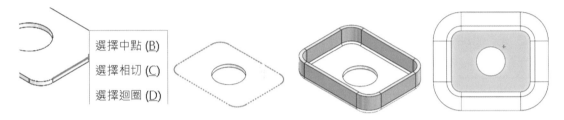

22-9 實務-修改凸緣草圖

有些外型不是指令完成，必須靠修改作業，常見耳朵造型，目前沒有專門的耳朵特徵。展開特徵結構編輯矩形草圖來完成外型，俗稱事後修改（2 次加工）。

22-9-1 耳朵

耳朵是典型案例，編輯草圖後，在草圖加圓和標尺寸，別擔心會改壞他只是個草圖，1. 編輯草圖讓草圖元全定義，下圖左→2. 退出草圖查看耳朵，下圖右。

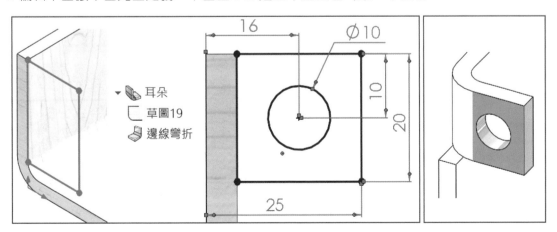

Ⓐ 驗證耳朵正確性

透過 Instant 3D 拖曳孔至彎折處，系統會出現錯誤訊息，因為彎折和特徵要有一定的距離，下圖左。如果孔就要在那位置，就要用第2特徵：🔲或🔘，下圖中。

22-9-2 凸緣草圖寬度

理論上，矩形大小會和點選模型邊線相同，調整草圖寬度會有另一種感覺，2016以前只能縮小草圖，現在可加大邊線範圍，下圖右。

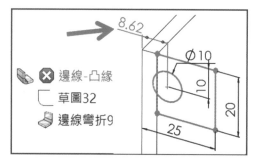

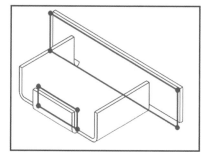

22-10 實務-凸緣分開做

凸緣同時或分開製作，完成業界需要的外型，讓同學體會建模的靈活性和邏輯。

22-10-1 同時-4面盤

一個特徵連續點4邊，完成業界稱的4面盤，下圖左。

22-10-2 分開-不同規格

分開特徵可以把規格獨立出來，例如：一高一低的凸緣，下圖中。理論上不同高度要不同特徵（2個特徵），其實可以一個指令完成後，事後修改草圖，下圖中。

22-10-3 8面盤

凸緣只能完成1彎，所以第1特徵4面、第2特徵另外4面，就是8面盤，下圖右。

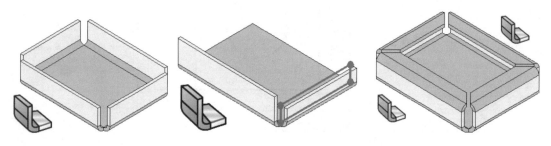

22-10-4 分開並修改凸緣切割

　　2 凸緣之間以平行切割，以 1 特徵連續選擇，事後修改草圖。1. 產生第 1 個凸緣，點選 2 邊線➜2. 修改凸緣草圖➜3. 產生第 2 個凸緣，修改凸緣草圖。

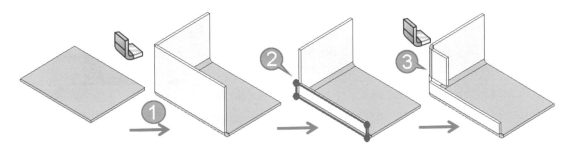

22-10-5 圓弧凸緣

　　利用✎完成圓弧凸緣，這部分在 2020 之前無法完成只能利用掃出凸緣克服。

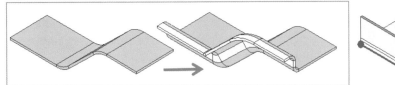 

22-10-6 凸緣方向的盲點

　　這是同學問的問題，凸緣站起來的樣子，只是把草圖用前基準面完成即可。

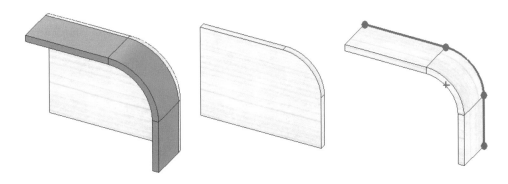

22-11 實務照片

由照片看出用邊線凸緣釘書機。

 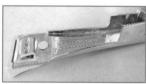 

23

摺邊

　　摺邊（Hem，又稱包邊）➋屬於第 2 特徵，➋和➋是兄弟指令操作上一樣，算➋的簡易版，學習相當輕鬆，算是送你的專業。➋長度約 3～6mm，常用來增加強度、美觀、防止刮手也有人當腳座，屬於產品收尾階段。

🅐 指令介面

　　進入指令分別設定：1. 邊線、2. 類型及大小、3. 斜接間距。本節算送分題，很好理解。

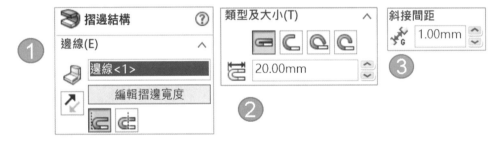

23-1 先睹為快：摺邊與結構

　　完成 1 折和 2 折的折邊，並查看指令結構。

步驟 1 點選左邊模型 1 邊線

　　萬一沒看到成形預覽，調整類型大小；封閉➋。

步驟 2 點選右邊模型 2 邊線

23-1-1 查看指令結構

展開特徵會見到 3 個草圖和 3 個彎折，每邊草圖皆為直線，下圖右。

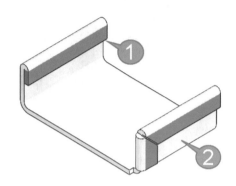
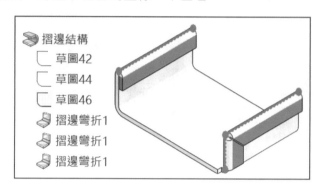

23-2 邊線

於邊線欄位可見：1. 邊線清單、2. 反轉方向、3. 編輯折邊寬度、4. 材料內、向外彎折。本節說明與 相同，所以可以學很快。

23-2-1 邊線

記錄所選模型邊線，點選的位置最好要統一，例如：統一點選鈑厚外側。

A 反轉方向

反轉摺邊方向，也可以點選灰色箭頭，算是臨時更改的手段。

23-2-2 編輯摺邊寬度（Edit Hem Width）

預設草圖長度=模型邊線，常用在需要改短，本節和**編輯凸緣輪廓**操作相同，下圖左。

23-2-3 材料內 、向外彎折

定義折邊基準材料內，或向外彎折，以黑虛線為基準，下圖右。

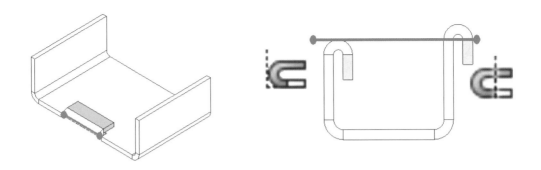

23-3 類型與大小

定義折邊 4 種類型，並依類型定義大小。

23-3-1 封閉（Closed，預設）⊂

可以折 180 度凸緣，與 ◣ 相較之下，◣ 無法折 180 度，最多 179 度。

23-3-2 開放（Open）⊂

除了封閉還可定義縫隙，用來可放排線或鐵絲，以便下一製程。縫隙通常=鈑厚。長度=鈑厚 4 倍。

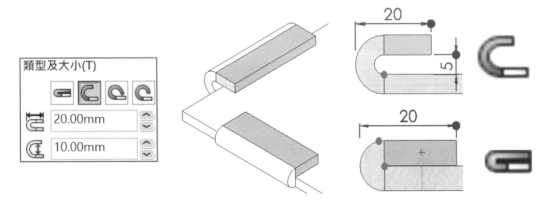

23-3-3 淚滴（Tear Drop）⊖

定義圓弧＋直線造型，並定義圓心角和彎折半徑來控制大小。

23-3-4 捲形（Rolled ）⊖

定義圓弧半徑和圓心角，常用在罐頭。

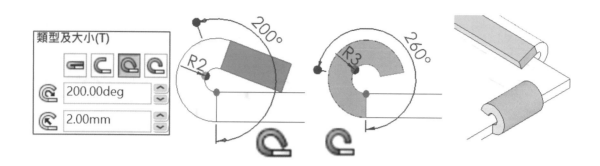

23-4 斜接間距與實務

選擇相鄰 2 折邊，出現**斜接間距**，為隱藏版指令，下圖左。折邊產品，下圖右。

23-4-1 糖果盒

這裡只能說加工理論，目前不支援偏移高度，只能用掃出凸緣🍬＋🧲。

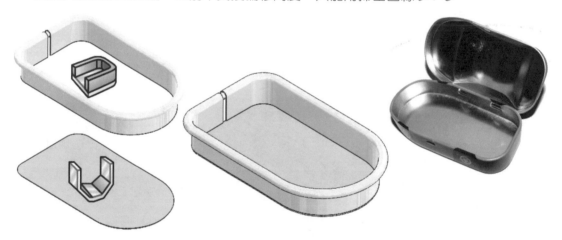

23-4-2 戰鬥圓牌

圓型玩具用折邊完成，下圖右。

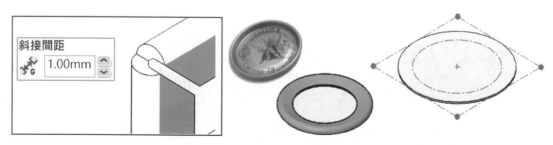

23-4-3 水桶

這裡只能說加工理論，但 SW 做不出來，下圖左。

23-4-4 文件夾與活頁

文具常見的收尾，下圖右。

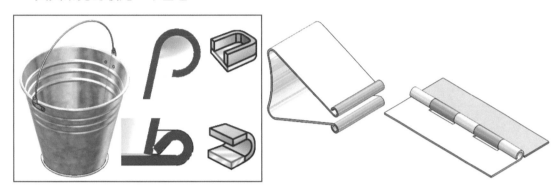

23-4-5 摺邊與彎折係數的類別有關

摺邊大於或等於 180 度僅支援 K 值，設定其他彎折裕度會出現錯誤，並自動以 K 值取代，讓鈑金能展開再說。

 彎折係數
　草圖40
　摺邊彎折1

摺邊5
警告: 如果彎折角度大於或等於 180 度，則彎折扣除是無效的，會使用 k-factor 來取代。請使用一個不同的彎折裕度類型或變更在此摺邊特徵中的彎折角度。

筆記頁

24

斜接凸緣

斜接凸緣（Miter Flange）類似掃出（輪廓＋路徑），由草圖輪廓連接模型邊線（路徑）產生凸緣，擁有多變外型，例如：弧凸緣、多折凸緣。

和是兄弟，學習上同樣也很輕鬆，很快學會。

A 指令介面

進入指令分別設定：1. 斜接參數、2. 凸緣位置、3. 起點/終點偏移。重點在草圖與模型邊線的選擇就能成行，接下來和操作相同。

①

②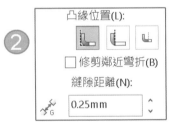

③

24-1 斜接參數

很多內容先前說過，僅說明邊線清單，自行完成草圖，只能連續邊線不能跳選。

步驟 1 點選草圖→

步驟 2 點選衍生（Propagate）

自動沿相切邊加入邊線清單，再點一次可移除衍生。清單得知 5 條邊線（包含 2 圓弧），而只能點選 3 條線。

24-1-1 查看指令結構

展開特徵會見到 1 個草圖和 3 彎折。

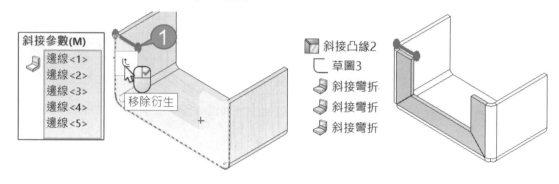

24-2 起點/終點偏移

定義凸緣起點/終點位置，口訣：拉褲管。例如：起點=10、終點=20，由高低邊可看出，起點位置和草圖位置相同，下圖左。

凸緣位置L可省去除料特徵，下圖右（箭頭所示），本節為非必要選項，也可設定 0。

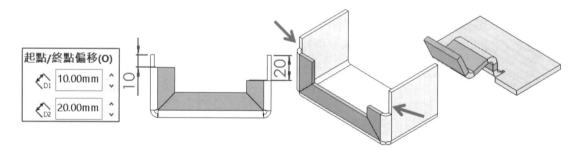

24-3 實務

利用草圖完成多樣凸緣，會覺得就是輪廓比較多條線，和有圓弧在上面。

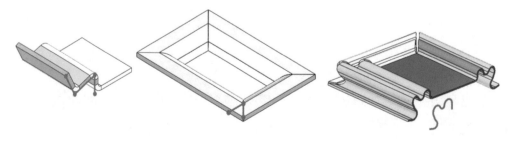

25

草圖繪製彎折

草圖繪製彎折（Sketched Bend）顧名思義由草圖繪製彎折線，模擬彎折作業。可 1 條或多條草圖線段，一次完成多個彎折。

屬於進階手段有些情境非他不可，否則一般不太使用這指令，因為他要先畫展開圖。

25-1 彎折參數

本節說明**固定面**和**彎折位置**（箭頭所示），其餘不贅述。

25-1-1 固定面

以草圖線為基準，點選模型面可見黑球，俗稱鐵球，下圖左。固定面位置和草圖相同面，例如：彎折草圖在下面，固定面也要在點選下面，否則會出現訊息，下圖右。

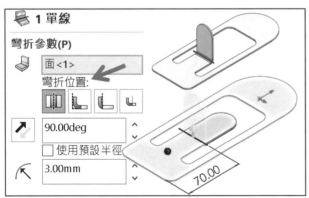
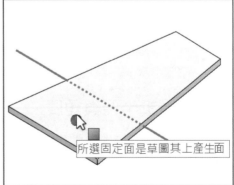

25-1-2 彎折位置

草圖線段為基準=圖示黑色虛線，定義彎折位置，例如：尺寸 70。

A 彎折中心線⑪（Bend Centerline，預設開）

⑪是鈑專屬功能，將彎折置於草圖線段中央。小於 90 度彎折比較看得出來，常用在彎折係數控制的解決方案。

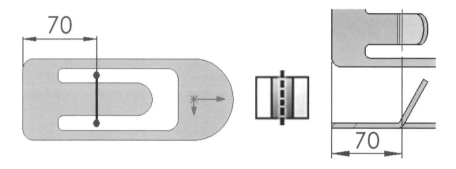

B 材料內└、材料外└、向外彎折└

以圖示判斷，說明與邊線凸緣相同，不贅述。

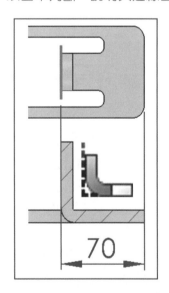
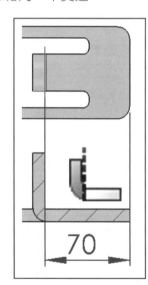
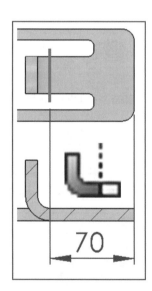

25-1-3 彎折半徑與角度

50 長的平板利用鈑完成圓柱，由鈑厚、彎折位置、角度、彎折半徑來配，例如：彎折草圖在中間、角度 350 度、彎折半徑 7.5。

25-2 草圖繪製彎折實務

本節說明草圖多元性，彎折線=草圖，很多人不知道可以這樣。

25-2-1 單線與多線

原則單線為主，同一草圖繪製多條線，會以同方向一次多折，下圖左。

25-2-2 斜線

沒想到可以斜線對吧，下圖中。大郎也習慣直線卻沒想到用斜線，這就是盲點。試想，如果不用🔖，✏可以完成一樣外型嗎？其實不行。

25-2-3 短、剛好、長

草圖不一定剛好在模型邊線上完全定義，甚至可以短或長呈現，下圖右。

25-2-4 不同方向

只能同向彎折就像手指彎曲。不同方向必須分開製作，例如：70 和 110 度，下圖左。

25-2-5 不支援圓弧

🔖僅支援直線，要產生圓弧凸緣，要✏完成，由展平看出外型怪怪的，下圖右。

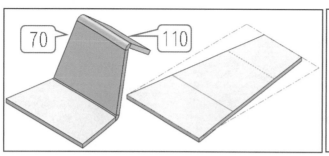
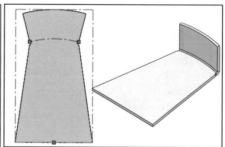

25-2-6 實務範例

A 燈架、門閂

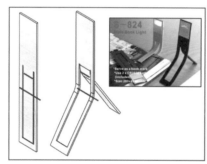
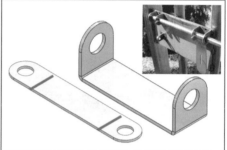

B 板手、非他不可

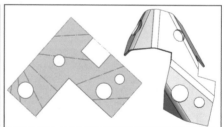

C 飛機、圓錐

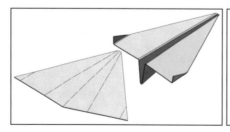
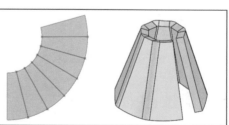

26

凸折

　　凸折（Jog）🖻和🖻一樣是兄弟，利用草圖定義偏移距離，產生 2 彎折，用於斷差或上下蓋相接設計，由於功能差異不大希望將指令合併。

A 指令介面

　　進入指令分別設定：1. 選擇、2. 凸折偏移、3. 凸折位置、4. 凸折角度。重點在凸折偏移，其他的項目同學都會了。

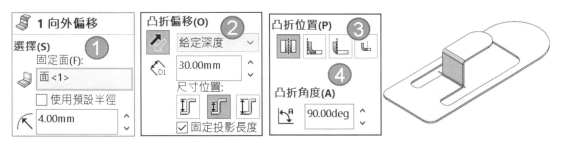

26-1 凸折偏移

　　定義凸折尺寸位置=斷差高度的基準，有 3 種方式設定。切換指令圖示由預覽快速得知凸折基準位置，大郎常說鈑金都是因為位置搞錯，遇到和鈑厚有關的尺寸要特別謹慎小心。

26-1-1 向外偏移🖻

　　固定面到凸緣上面，類似深度量測。

26-1-2 內側偏移￼

固定面到凸緣內面，類似包內。

26-1-3 全部尺寸￼

尺寸在最外側，類似包外。

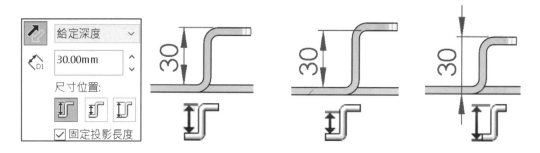

26-2 固定投影長度（Fix projected length ）

第 2 彎折與固定面平行投影時，投影長度是否與材料長度相同，本節會配合展開並理解多元考量，例如：展開能看出投影長度影響是否可加工製作。

26-2-1 ☑固定投影長度

不管實際的材料大小，凸折長度變長（箭頭所示），展開會干涉，形成不合理現象，經常以焊接完成，下圖左。

26-2-2 □固定投影長度

凸折長度依材料尺寸設計，在有限材料設計適用加工考量，展開不會干涉。

26-2-3 凸折角度

由預覽調整角度得知，第二彎折與固定面平行，角度會影響長度呦，下圖右。

26-3 凸折實務

本節說明指令特性，遇到實際圖面如何解決鈑厚的標註。

26-3-1 鳩尾座

成形至某一面可見凸折位置不得超出，這時**全部尺寸**無法使用，下圖左。

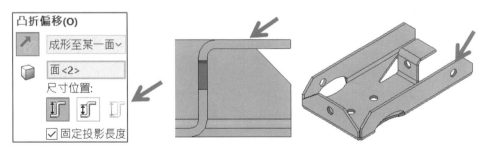

A ☑固定投影長度

讓燕尾切齊，但是展開會增加材料成本。

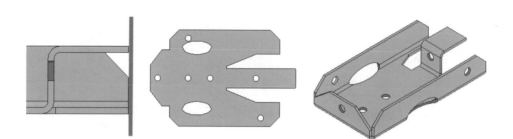

B □固定投影長度

讓燕尾未切齊，展開的材料剛好，下圖右。

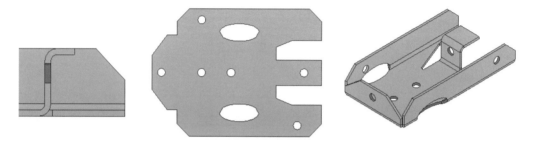

27

展開與摺疊

　　展開（Fold）與摺疊（Unfold）適用在彎折上加特徵，屬於小三明治法則，一開始不容易理解，本章會配合平板型式說明。

　　本章實用性很高，可以解決鈑金展開與特徵匹配的問題，但用這指令的人不多，主要是沒想到可以這樣做，還有鈑金環境的進一步認知，網路這方面的教學也很少見。

27-1 先睹為快：展開與摺疊

　　在彎折上鑽孔，與是兄弟，屬於一套作業，口訣！先展後疊，例如：1. 展開→2. 彎折上鑽孔→3. 摺疊。

27-1-1 展開

1. 指定固定面→2. 點選要展開的彎折→3. ↵。

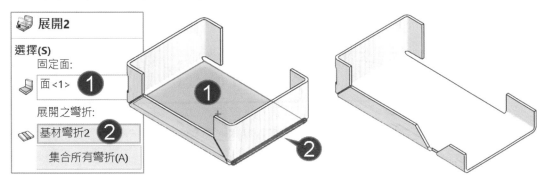

27-1-2 凸緣平面圓除料

1. 畫圓→2. ⬛，☑連結至厚度，下圖左。連結至厚度比**成形至下一面**或**完全貫穿**還來得快，因為不用展開類型清單。

27-1-3 摺疊🗇

將展開折疊回去。1. 點選指令後會發現固定面會自動執行→2. 點選剛才被展開的彎折→3. ↵，孔很完整在彎折上，下圖右。

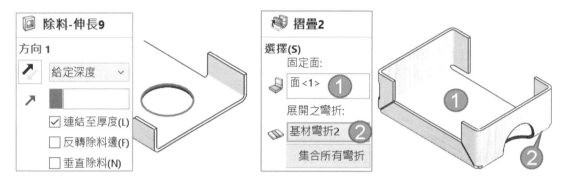

27-1-4 查看結果

特徵管理員看出孔特徵介於這 2 特徵之間，更能體會小三明治法則。

⌐ 原點
▸ 📵 鈑金
  🗇 展開2
▸ ⬛ 除料-伸長
▸ 🗇 摺疊2
▸ 🗇 平板-型式

27-2 驗證小三明治法則

本節說明：1. 在彎折上鑽孔、2. 在平板形式🗇下鑽孔，更能明白展開🗇與摺疊🗇特性。

27-2-1 彎折上鑽孔

當然可以在模型面直接圓除料，不過看起來怪怪的，展平看起來不是圓，下圖左。

27-2-2 平板形式下鑽孔

於**平板型式**🗇下，也可在彎折線（模型面）上直接圓除料，看起來更方便，下圖右。

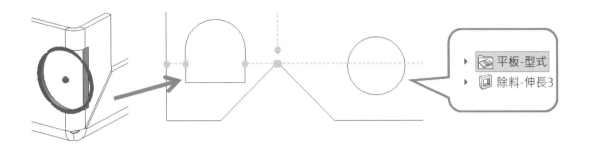

27-2-3 平板形式特徵結構

承上節,折疊回來卻看不到 2 鑽孔特徵,於特徵管理員會見到第 2 鑽孔在平板形式下,並以抑制狀態呈現,更能理解**大三明治**和**小三明治**由來,下圖右。

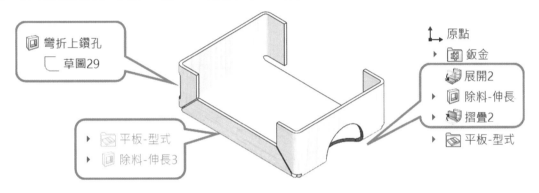

27-3 伸長除料的垂直除料(**Normal cut**)

除料結果是否與最終模型面垂直,常用在非平面特徵。垂直除料和加工法有關,例如:展平的雷射切割或折疊後的成品加工。

如果覺得難以理解,就亂壓☑□垂直除料,看成形結果就好。有些情況必須控制☑□垂直除料,否則無法展開。

本節以伸長除料圖列舉多個模型進行解說,有些結果會讓你意想不到。要有垂直除料項目,模型必須為鈑金環境(箭頭所示)。

27-3-1 ☑ 垂直除料

　　圓孔在平面往斜面除料後，1. 圓孔與斜面垂直、2. 圓柱為 2 分割面、3. 展開後孔是同心圓。本節適合出展開圖，但實務上折疊後的孔不可能為 2 個弧。

　　關於展開會有 2 個半圓，這時可以透過：1. 模型轉檔的選項設定、2. 圖元修復指令。

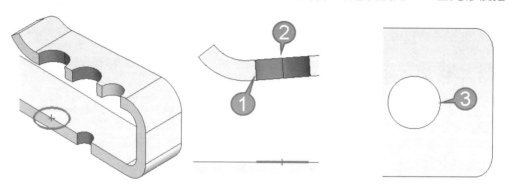

27-3-2 ☐ 垂直除料（預設）

　　圓孔在平面往斜面上除料，1. 圓孔是直的、2. 圓柱為 1 面、3 展開後孔是偏心圓。試想鈑金加工為展開鑽孔→摺疊，展開的孔不可能為偏心，要出展開圖就不能選擇此項。

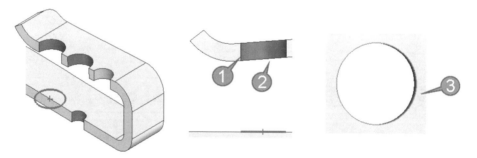

27-3-3 最佳化幾何（☑垂直除料可用）

　　1. 將原本 2 弧相接處產生的直線，2. 以短直線連接 2 弧，避免轉檔形成破面，或加大孔讓管件組裝後有縫隙可以焊接。

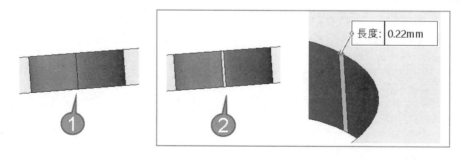

長度：0.22mm

27-3-4 兩全其美

實務上 1. 要顧好設計、2. 又要滿足加工方式，這 2 者能滿足就是業界要的技術，展開與摺疊就是解決方案。

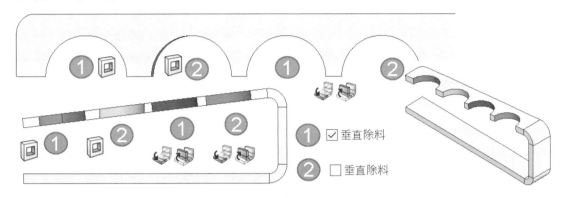

27-3-5 垂直除料案例：V 型板

草圖在模型面上進行，深度 25，本節說明**垂直除料**用法與影響。

A ☑垂直除料

上方孔輪廓與斜面垂直，下方貫穿特徵（箭頭所示），展開可見方孔為實際可用，所以**垂直除料**是必要的。

B □垂直除料（預設）

上方孔與草圖面平行，此為除料基本行為，但遇到鈑金無法展開，因為下方彎折處不合理（箭頭所示），於平板型式可見彎折錯誤。

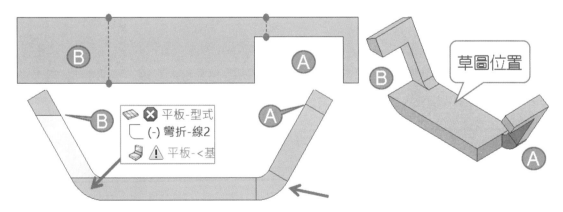

C 活用展開與摺疊

使用展開與摺疊來驗證，會發現無論是否**垂直除料**，特徵皆以**垂直除料**的樣貌呈現，於**平板型式**下草圖在特徵位置上。

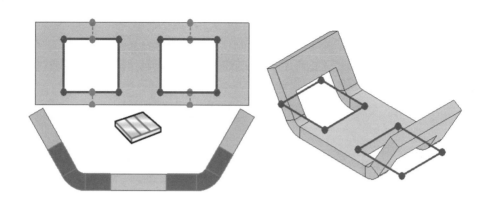

D 可否展開的判讀

在斜面上進行圓除料說明無法展開的原因，更能體會彎折與展平的影響性。1. ☑垂直除料：可以展開，因為特徵面有彎折線、2. □垂直除料：無法展開，特徵面為光滑面。

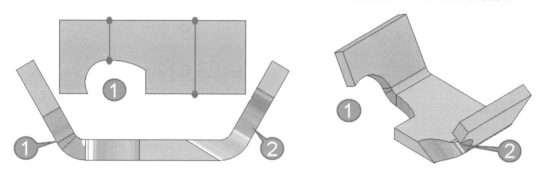

27-3-6 垂直除料案例：管路

2 本體的管路雖然是鈑金環境，但不需要展開。在圓管上進行圓除料，特徵貫穿下方平板，查看**垂直除料**的影響性。

A ☑**垂直除料**

下方平板與孔垂直，但孔大小不理想。下方平板的孔要符合實際，要分開製作⬚。

B □**垂直除料**（預設）

下方平板與草圖平行，為除料特徵的型態。

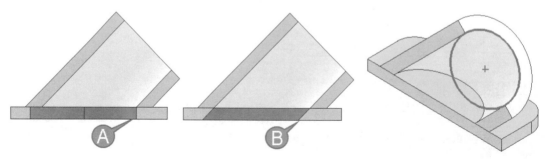

27-3-7 垂直除料案例：桶槽與圓弧貼片

桶槽與管件組裝後焊接，特別是桶槽的開口有 2 種作法，分別完成 1. 桶槽開口和 2. 桶槽上的圓弧貼片多本體應用。

Ⓐ 桶槽開口

完成桶槽→進行圓鑽孔。

步驟 1 基材凸緣

1. 深度 200、2. 厚度 10、3. ☑反轉方向（包外尺寸），完成桶槽，下圖左。

步驟 2 展開

1. 固定面選弧邊線（直線）→2. 集合所有彎折，完成後鈑金為展開狀態，下圖右。

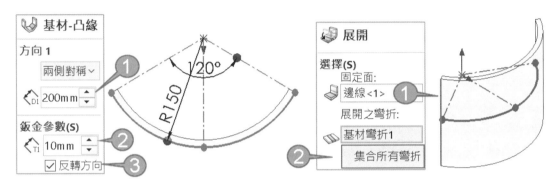

步驟 3 畫圓

在平板上完成 ∅100 的圓除料，☑**垂直除料**，下圖左。

步驟 4 摺疊

進入指令 1. 自動抓取先前的固定面邊線，2. 點選**集合所有彎折**，會自動計算→↵，完成後可見圓桶上鑽孔，自行嘗試展平，下圖右。

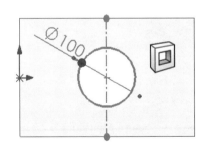

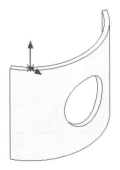

Ⓑ 圓弧貼片

圓弧貼片為加強管路與桶槽組裝的結構，展開為橢圓，貼附在桶槽為圓型，做法和先前一樣。

步驟1 基材凸緣🔰

點選先前的桶槽草圖 2→🔰，1. 深度 150、2. 厚度 10、3. □反轉方向（包內），完成貼片，留意一下貼片是否在桶槽外側，下圖左。

步驟2 畫圓

在右基準面完成同心圓 Ø100、Ø140，下圖右。

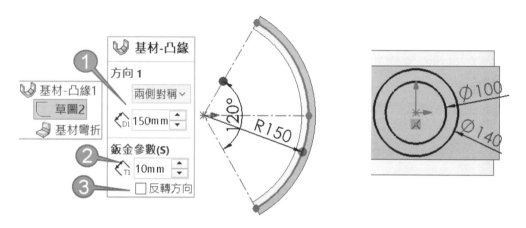

步驟3 📄

完全貫穿、☑反轉除料邊、☑垂直除料、特徵加工範圍：所選本體。

步驟4 展平

點選片→於文意感應展平📄，有沒有感覺貼片好像比較簡單（不需要🔰與🔰）。

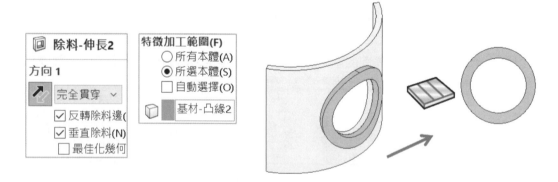

🅲 桶槽簡易版

貼片做法也可以同時完成桶槽和開口：1. 基材凸緣🔰→2. 繪製方口草圖，包含桶槽大小→3. 除料，完全貫穿、☑反轉除料邊、☑垂直除料、所選本體→4. 展平驗證📄。

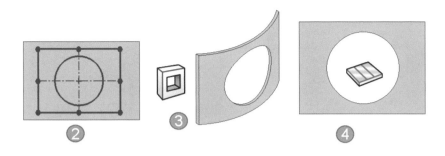

D 垂直除料對照表

　　本節說明桶槽的垂直除料展開和折疊的工法。由於展開🔧與摺疊🔩的除料皆為☑**垂直除料的結果**，本節用除料特徵🔲進行垂直除料的差異進行說明。

☑垂直除料

本節適用滾圓加工，展開狀態為橢圓。桶槽孔將斜面磨除，方便管子插入。

□垂直除料

本節適用桶槽直接切孔加工，讓孔直接形成直條狀，展開狀態為橢圓。

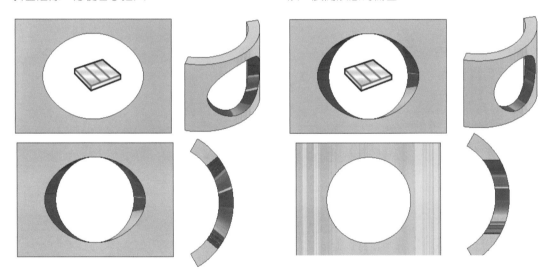

27-4 垂直除料特徵✏️

　　利用垂直除料指令，將非垂直除料的面→垂直除料面，當鈑金無法彎折或展開，就會用它來解決，2018 功能，本節讓同學更理解為何鈑金無法彎折或展開的原因。

　　本節常用在模型轉檔，看出某些面影響鈑金展開或折疊，利用✏️將面進行調整，本節不適用除料特徵☑**垂直除料**，指令作業中最關鍵就是面的選擇。

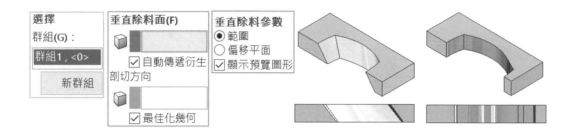

27-4-1 選擇

將所選面以群組方式呈現，例如：有 2 個孔，每個孔分別 2 面。1. 點選第 1 個孔→2. 新群組→3. 點選第 2 個孔，下圖左。

27-4-2 垂直除料的面

點選要進行**垂直除料**的面：1. 合理的面會出現預覽，2. 反之無預覽並出現訊息：要在相同鈑金本體，這時就不必浪時間往下方設定。

A 自動傳遞衍生（預設開啟）

自動選擇連續面，就不必每個面都選。

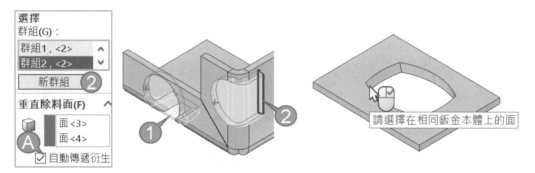

B 剖切方向（邊線/曲線/面）

定義設定面的成形方向，類似伸長的成形方向，目前測試不出來。

C 最佳化幾何

提升鑽孔品質，本節和除料特徵的垂直除料選項的**最佳化幾何**相同，下圖右。

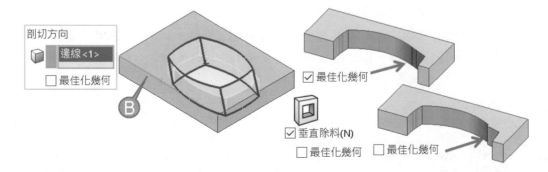

27-4-3 垂直除料參數

定義垂直除料的面範圍，也可以移動面。

A 範圍（預設）

影響範圍就是所選面。

B 偏移**基準面**（不適用剖切方向）

1. 選擇頂面或底面以定義平面→2. 設定 0～1 值來定義偏移平面。

C 連結至 K-Factor

可以連結 K 值彎折係數。

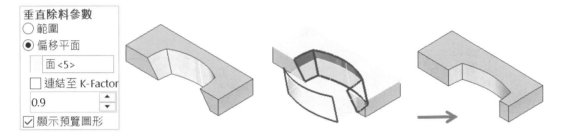

27-4-4 範例

利用先前垂直除料的模型進行✍應用。將原本是垂直除料的特徵面→✍，會得到更理想的彎折外型，下圖左。將原本非垂直除料的特徵面→✍，得到垂直除料的面，下圖右。

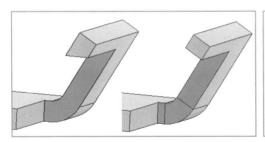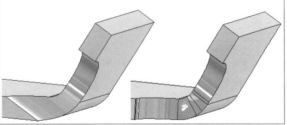

27-5 展開摺疊實務

常見柱狀體上的特徵說明。

27-5-1 環狀體上鑽孔

圓上鑽孔或製作特徵，反正不是直接在圓柱上做特徵就對了。

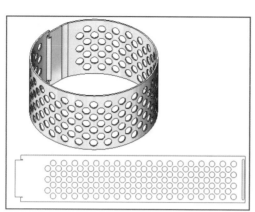

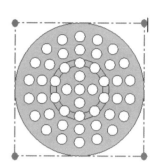

27-5-2 複製排列鑽孔

不見得展開/折疊才可以完成圓柱特徵，也可以利用複製排列鑽孔達成。

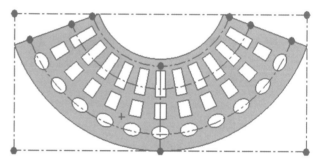

27-5-3 多個除料鑽孔

先用 1. 展開🗲→利用除料特徵排平板上除料→🗐。

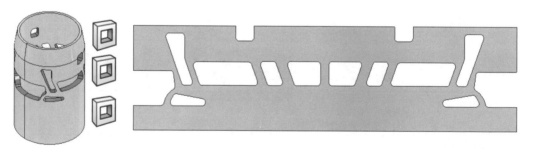

28

掃出凸緣

掃出凸緣✎（又稱掃出鈑金）可以為第一特徵，觀念與✐相同，不過✎很多功能拿掉算是✐簡易版，卻可用來解決複雜且認為無法展開的弧形鈑金。

△ 指令介面

有些版本一開始找不到指令，因為不在鈑金工具列，插入→鈑金→掃出凸緣✎。進入指令分別設定：1. 輪廓及路徑、2. 圓柱/圓錐本體、3. 鈑金參數、4. 彎折裕度與自動離隙，其中 3. 鈑金參數的厚度比較常用。

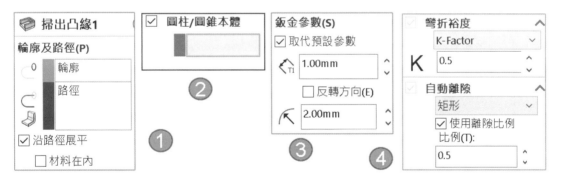

28-1 先睹為快：掃出凸緣

將先前學過的掃出套用在這裡，體驗差異性，我想大家會一開始對 1. 沿路徑展平、2. 圓柱/圓錐本體感到困惑，先不要想了解這些，把這 2 結果分別給加工廠商看，問廠商要哪一個，再調整給他即可。

28-1-1 輪廓及路徑

重大原則：輪廓和路徑都要開放草圖，否則無法展開。點選草圖輪廓及路徑會見到預覽，下方設定鈑金參數，展開就有成就感了。

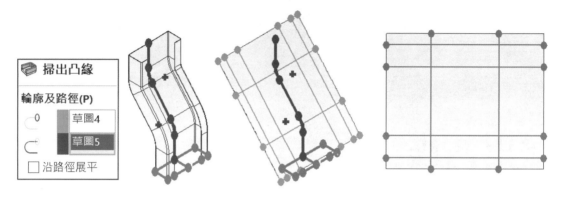

28-1-2 沿路徑展平（Flatten along path）

使用平板型式時，輪廓或路徑是否被展開，通常是展開結果與加工比對，再來控制是否**沿路徑展平**，本節路徑是 U 型。

Ⓐ ☑沿路徑展平

輪廓被展開，沿 U 型路徑成為 U 型鈑。

Ⓑ □沿路徑展平

路徑和輪廓被展開，輪廓沿直線成為直條板。

Ⓒ 材料在內

☑沿路徑展平時，可以控制**平板型式**是否會成功，例如：本節必須☑材料在內，否則無法展平。

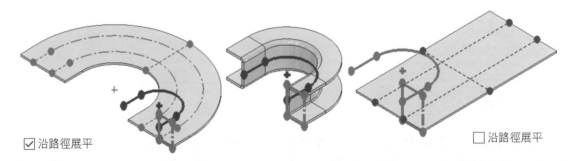

28-1-3 圓柱/圓錐本體（Cylindrical/Conical Body）

控制圓柱或圓錐展開型式，例如：扇形與方形，這 2 種形狀的展開面積不同。**沿路徑展平**和**圓柱/圓錐本體**不能同時選擇，只能擇一。

A ☑**圓柱/圓錐本體**

點選展開的草圖斜邊線（箭頭所示），可以得到扇形展開圖，下圖左。

B ☐**圓柱/圓錐本體**

得到方形展開圖。

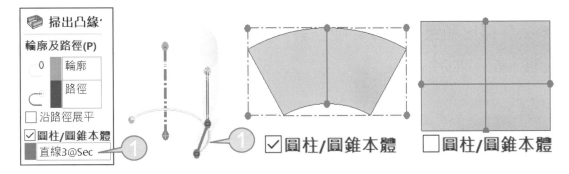

28-2 掃出凸緣實務

🟦有點像斜接凸緣🔲，卻可解決🔲無法完成的限制。

28-2-1 水桶

輪廓和路徑為開放輪廓🟦完成。

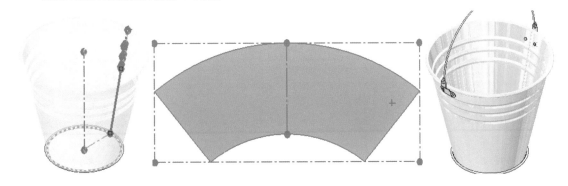

28-2-2 擁有斜接凸緣項目

掃出也有**凸緣位置**、**起點與終點偏移**，以模型邊線當路徑就會出現這項目。

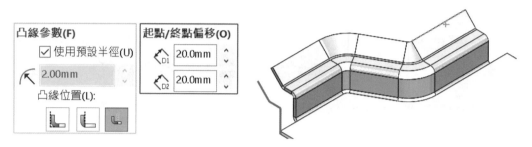

28-2-3 掃出和邊線凸緣功能差異

🛢️也可以完成🪙的凸緣。

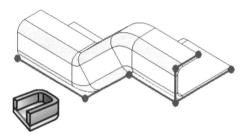
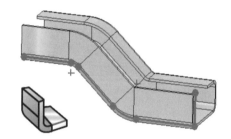

29

疊層拉伸彎折

　　疊層拉伸彎折🔔（又稱疊層拉伸鈑金）可以為第 1 特徵，觀念與🔔相同，很多功能拿掉算簡易版，卻可用來解決複雜且認為無法展開的鈑金，本節的前言和🍱一樣。

29-0 製造方法（Manufacturing Method）

　　進入指令定義 2 大製造方法：1. 彎折（Bent）或 2. 成形（Formed），一旦決定製造方法完成模型後，就無法改變回來，例如：先前 1.☑彎折，就無法編輯特徵改為 2.☑成形。

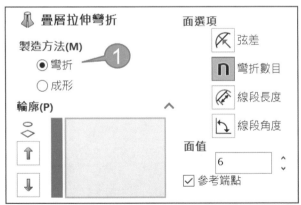 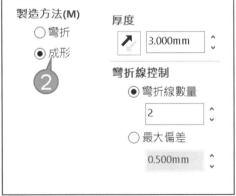

29-0-1 製造方法比較

	草圖圓角	歷史	學習	功能
彎折	有或沒有皆可	新	難	多
成形	一定要有	舊	簡單	少

29-1 製造方法：彎折

以彎折法（折床）完成方轉圓，草圖角落不必導圓角，由特徵的**彎折半徑**控制即可。彎折法就會有彎折線，彎折線在**平板型式**呈現，下圖右。

29-1-1 輪廓

本節模型為方轉圓，點選 2 開放輪廓成型，可以見到預覽。

29-1-2 面選項與面值

由於**面選項**與**面值**同時設定所以一起說明。面選項中，點選其中 1 種計算方式，並輸入下方數值，絕大部分數值越大彎折數越少，先認識**彎折數目 n** 會比姣好理解。

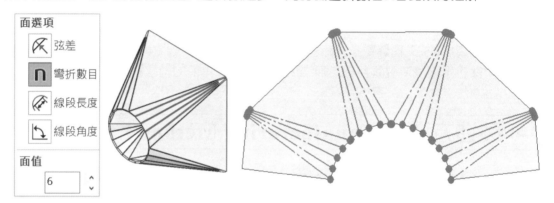

A 弦差（Chord Tolerance）

弦差俗稱弦高，設定圓弧和直線距離，距離越長彎折數越少。

B 彎折數目（Number of Bends）n

設定 1 個彎折上有幾條彎折線，數值越高越趨近圓弧，例如：4 和 6 的差別。

C 線段長度（Segment Length）

設定弦長，長度越長彎折數越少。

D 線段角度（Segment Angle）

設定 2 彎折的弦長之間角度，角度越大彎折數越少。

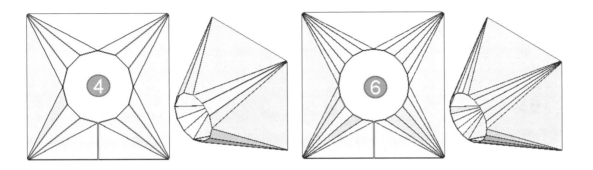

29-1-3 參考端點

彎折是否參考輪廓尖角,可以預覽設定。

A ☑ **參考端點**

展開圖會尖角顯示,下圖左。

B □ **參考端點**

展開圖會圓弧顯示,下圖右。

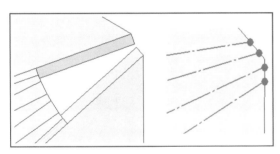 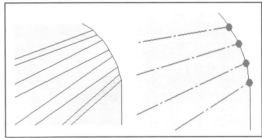

29-2 製造方法:成形

以**製造方法**:成形(沖壓)完成方轉圓,會覺得功能比較陽春,但速度比較快。

29-2-1 方轉圓

矩形草圖的角落要有圓弧,否則無法完成,下圖左(箭頭所示)。展開後沒彎折線,這是因為圓沒有相對彎曲元素。

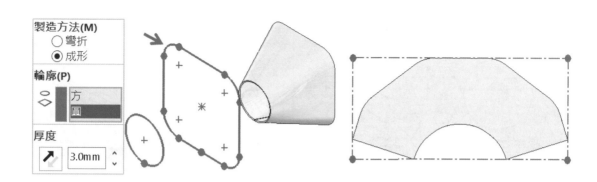

29-2-2 彎折線控制（Number of bend lines）

圓要和矩形一樣有 4 個圓角，才會出現**彎折線控制**。

A 彎折線數量

數量 2=彎折處會有 2 條彎折線。

B 最大偏差

偏差值越小，彎折數越多，例如：偏差 1，每 1 彎 5 條彎折線，偏差 0.5，6 條彎折線。

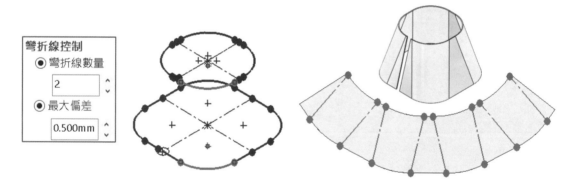

29-2-3 彎折偏差（Maximum deviation）

在平板型式中，平板-<自由型態彎折>右鍵→彎折偏差，於模型上見到彎折資訊。

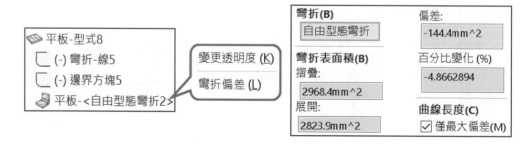

A 摺疊

摺疊表面積。

B 展平

展開表面積。

C 偏差

展平-摺疊值。

D 百分比變化(%)

（偏差值／摺疊值）×100。

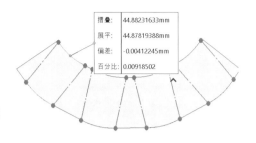

摺疊：	44.88231633mm
展平：	44.87819388mm
偏差：	-0.00412245mm
百分比：	0.00918502

29-3 實務：螺旋葉片

螺旋葉片必須配合**螺旋曲線**，直覺螺旋=掃出，就是問題所在，因為沒有**導引曲線**可使用，就要用的**製造方法-彎折**完成。

鈑金的螺旋葉片常用於攪拌器，業界使用率很高，但利用 3D 來展開卻很少，本節和曲面觀念很像，很多人一時轉不過來。

29-3-1 螺旋葉片-螺旋曲線

由完成比較正規且準確度高。

步驟 1 分別完成 2 條螺旋曲線

不過螺旋曲線不是真實圖元，無法作為輪廓使用。

步驟 2 3D 草圖

分別將 2 條螺旋曲線→參考圖元，產生 2 條 3D 草圖，成為輪廓使用，下圖左。

步驟 3 疊層拉伸

分別點選 3D 草圖，只能選擇製造方法：成形。

步驟 4 展平

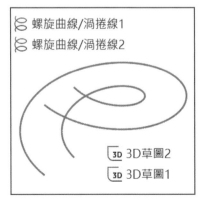

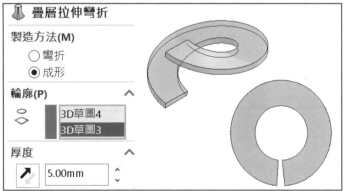

筆記頁

30

封閉角落

封閉角落（Closed Corner）將開放角落填料延伸，也是不用草圖的特徵。類似修剪應用在結構型式，例如：長邊包短邊。

很多人會用把角落填滿，其實不必這麼麻煩。

當凸緣非 90 度時就無法用，這時就能體會非不可的用意。

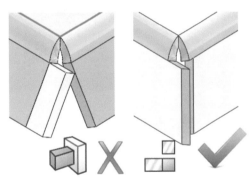

🅐 指令位置

指令在角落處理群組中，進入指令可見：1. 延伸、相配的面、2. 角落類型、3. 選項設定。

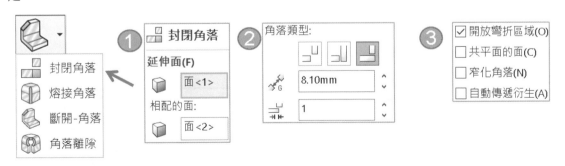

30-1 延伸面、相配的面

選擇平面來延伸材料，相配的面會自動產生，本節說明長邊包短邊。

30-1-1 延伸面（Extend，基準面）

點選前後凸緣4面（箭頭1）。

30-1-2 相配的面（Match）

系統自動加入相鄰面（箭頭2），看到預覽。

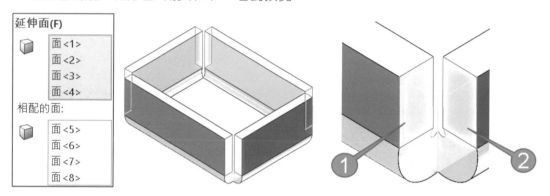

30-2 角落類型

角落類型改變封閉結果，本節更能體會基準面用意。

30-2-1 對頭（Butt）⌐

角落未封閉。

30-2-2 重疊（Overlap）⌐、不重疊（Underlap）⌐

不需重新選擇延伸面，亂壓由預覽取得你要的結果，例如：長邊包短邊。

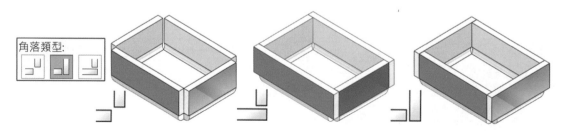

30-3 選項

套用角落類型的細節設定，有些術語不容易理解。本節適用加工者，由預覽看出數字變化會更有感覺。

30-3-1 縫隙距離

設定封閉角落縫隙，縫隙不得 0，可以 0.001mm，下圖左。越大值（例如：10）更能看出為除料用意，下圖右。

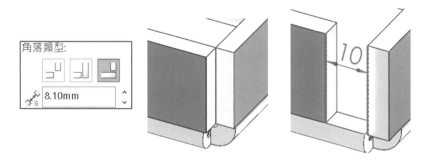

30-3-2 重疊與不重疊比例 (預設 1)

以相配面定義延伸距離（箭頭所示），搭配鈑厚輸入 0～1 比例範圍，適用**重疊**、不**重疊**。例如：鈑厚 3，比例 0.5，相配面退出鈑厚 1.5(3x0.5)。

設定 0=無延伸=對頭，數字越高=延伸，例如：1。

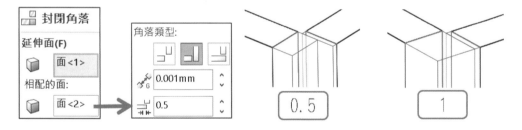

30-3-3 開放彎折區域（Open Bend Region，預設開啟）

角落之間的唇口是否要開放離隙顯示，常用全焊或薄件，設定過程沒有預覽。

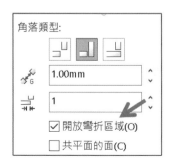

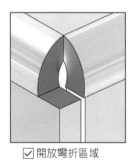

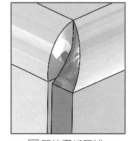

30-3-4 共用平面的面（Coplanar Face，預設關閉）

點選面，系統會找出配合的相同平面，減少點選面時間，例如：只要點選 1 面即可，剩下 2 面系統成形，本節沒有限制一定要點選完整面或非完整面。

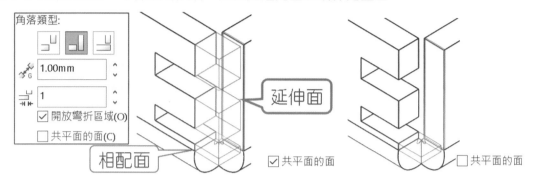

30-3-5 窄化角落（Narrow Corner，預設開啟）

使用大彎折半徑的演算法，窄化彎折區域縫隙。這部分展開看不出來，僅影響模型外觀，下圖左。要留意以下幾點，否則試不出來：1. □開放彎折區域、2. 彎折半徑不得很小（0.001）、3. 要為 90 度彎折。

30-3-6 自動傳遞衍生（預設開啟）

點選延伸面，系統自動選到**相配的面**，下圖右。

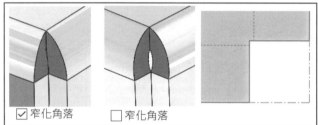
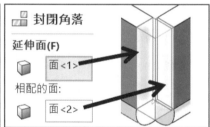

30-4 封閉角落實務

封閉角落可進行大範圍填料：1. 通過凸緣除料，下圖左、2. 大彎折半徑，下圖中、3. 大角落面，下圖右。

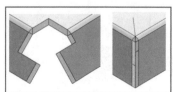
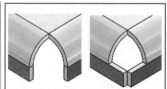
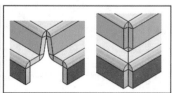

31

角落離隙

　　角落離隙（Corner Relief）◉將角落加入離際類型，產生的特徵在模型可見，並延續到**平板型式**✎。◉功能和**平板型式**下的**角落修剪**◉相同，◉是加工廠商在用的，對 RD 而言不懂要哪種類型，比較適合工法除非肯花時間了解。

A 指令位置

　　◉指令位置在角落處理群組中，進入指令可見：1. 角落類型與範圍、2. 角落（角落型式）、3. 定義角落、4. 離隙選項。

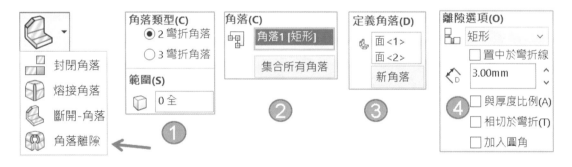

B 角落所有類型

　　◉分別 5 大類型：1. 矩形、2. 環形、3. 撕裂、4. 圓端、4. 全周圓角、5. 球型圓角，每項類型各有選項設定，算蠻複雜的。

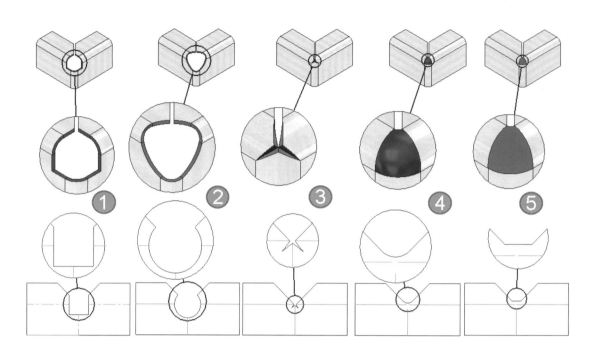

31-0 先睹為快：角落離隙

快速體驗指令用法並說明技巧。

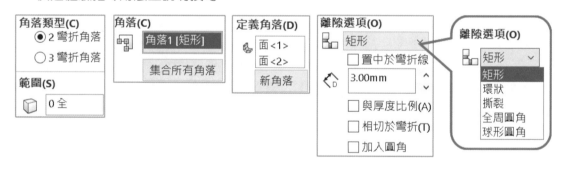

31-0-1 角落類型：2彎

一開始要指定套用在2彎折或3彎折角落，先認識2彎比較好學。

31-0-2 範圍

指定要套用的本體（適用多本體），下圖左。這裡要說技巧了，1. 先選要的本體→2. ⊕，速度會比較快。

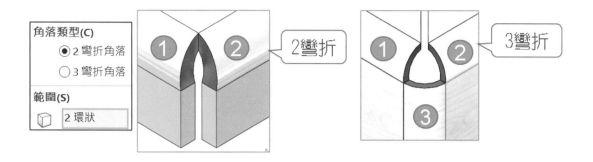

31-0-3 角落（2 Bend Corner）

點選**集合所有角落**，系統自動幫找出角落。

31-0-4 定義角落

角落由 2 面構成，系統抓到 2 面，通常不會去管它。

31-0-5 離隙選項

清單可見多種離隙類型，並搭配以下設定：置中於彎折線、溝槽長度、加入圓角...等，不同類型顯示項目不同，例如：撕裂就不會有選項，完成後會看到結果。

31-0-6 離隙參數控制（適用多角落）

清單點選角落 1[矩形]，模型會見到所選角落，也可以點選模型的角落點，進行離隙參數控制（箭頭所示）。

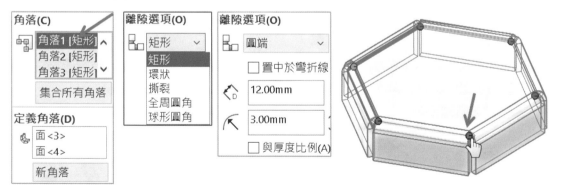

31-1 2 彎折角落：離隙選項

說明 2 彎折離隙選項設定：1. 矩形、2. 環形、3. 撕裂、4. 圓端、5. 固定寬度。

31-1-1 矩形

矩形選項比較多。

A 置中於彎折線（預設關閉）

矩形是否置於彎折線中間，外型有點不一樣。

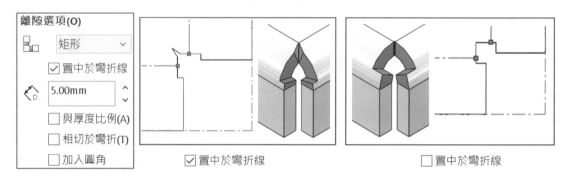

B 狹槽長度

定義矩形大小，數字越大開口越大，下圖左。

C 與厚度比例（預設關閉）

承上節，以厚度比例設定狹槽（矩形）大小。

D 相切於彎折（適用置中於彎折線）

離隙大小在相切面交線位置，有點像彎折刪除。無論上方狹槽長度如何，皆無法改變大小，並且☑置中於彎折線才會有作用，下圖右。

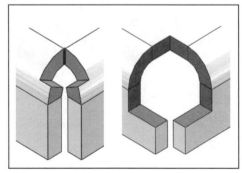
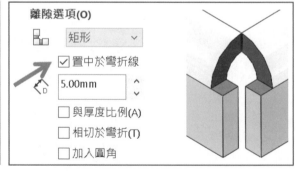

E 加入圓角（預設關閉）

是否將矩形角落加入圓角。

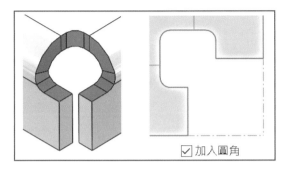 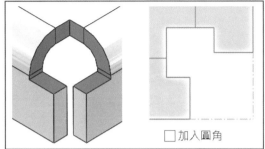

31-1-2 環狀（Circular）

1. 置中於彎折線、2. 相切於彎折，看圖就懂。

 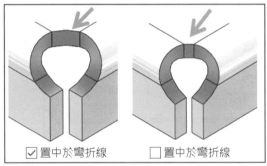 

31-1-3 撕裂（Tear）

產生淚滴形，算是沒效果，下圖左。

31-1-4 圓端（Obround）

產生與穿越彎折線的圓端角落離隙，定義長度和寬度，下圖右（箭頭所示）。

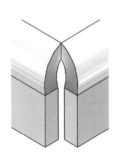 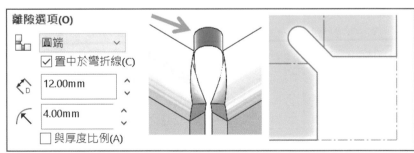

31-1-5 固定寬度（Constant Width）

產生與厚度連結的寬度的圓端角落離隙。

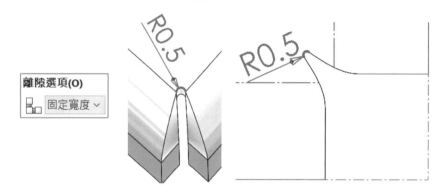

31-2 3 彎折角落：離隙選項

3 彎折角落：1. 矩形、2. 全周圓角、3. 球型圓角、4. 撕裂、5. 圓端。

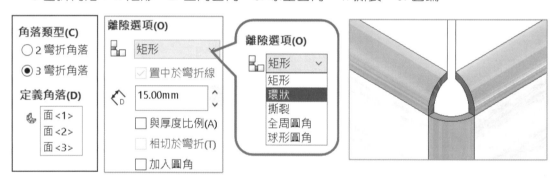

31-2-1 矩形

設定狹槽長度=15，模型外觀看起來不太像矩形，展開就看得出來。

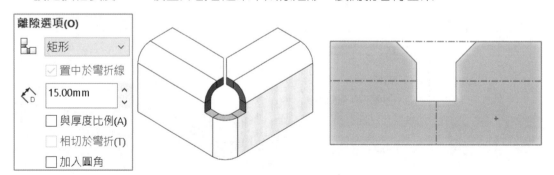

31-2-2 環狀

模型外觀看起來不太像要適應一下，展開後就看得出來，為了效果狹槽長度=10。

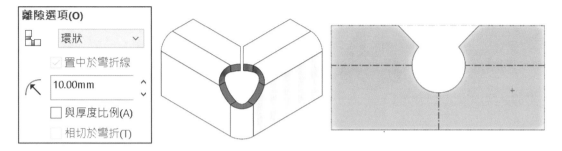

31-2-3 撕裂

產生淚滴形角落離隙，展開可見撕裂，下圖左。

31-2-4 全周圓角

將凸緣之間產生相切圓角，有點像焊接，想要把角落補起來，就用這招，下圖右。

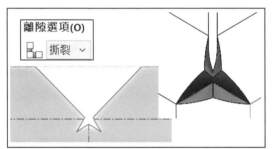
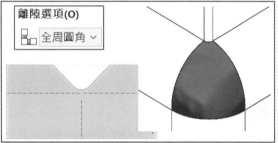

31-2-5 球型圓角（Suitcase）

外型很像**全周圓角**，差別在：1. 選項設定、2. 展開樣子。

A 預設球型圓角

凸緣相切圓角，但展開看不出圓角的樣子。

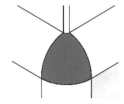
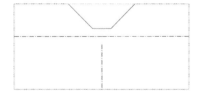

B 將間隙延伸至彎折區域（Extend the gap into the bend area）

間隙延伸到彎折上。

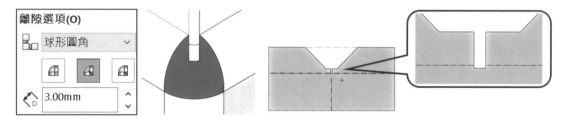

C 填補部分間隙（Fill in some gap）

將縫隙填補，很適合焊接（箭頭所示）。

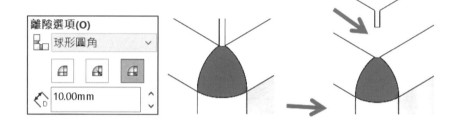

角落修剪與斷開角落

角落修剪（Corner-Trim）🔧，將 2 彎折之間進行角落處理，還可進行**斷開角落**🔧的內容，🔧預防彎折變形、擠料，🔧必須在**平版型式**📄進行。

本章與**斷開角落**🔧和**橫向斷裂**◇一同說明，因為這 2 指令很像註解，1 分鐘就會了，功能陽春最大優點運算快。

A 指令位置

🔧指令位置在角落處理群組中，進入指令可見：1. 離隙選項、2. 斷開角落選項。第 2 項整合**斷開角落**指令🔧。

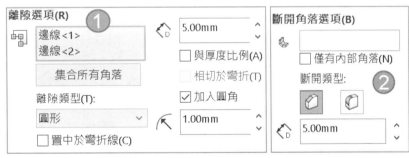

B 展平可見、摺疊不見

所產生的特徵僅影響展開輪廓，折回來就見不到了，以大三明治原理就能理解。完成的🔧特徵會在📄之下，也可事後編輯，下圖右。

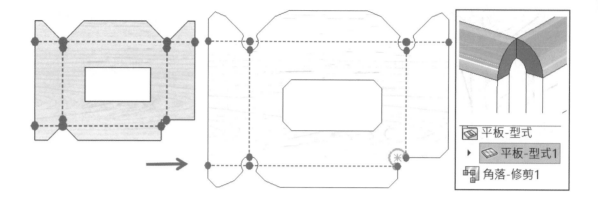

32-1 離隙選項

定義角落修剪最重要的地方。

32-1-1 角落邊線🖳

記錄彎折相交處的邊線，進行下方的離隙類型，本節通常會和**集合所有角落**一起使用。

32-1-2 集合所有角落（Collect all corners）

自動加入彎折角落邊線，例如：4 條線。

32-1-3 離隙類型（預設圓形）

分別為：圓形、矩形、彎折中間細部，矩形用在沖壓。這 3 個類型下方的選項就比較好理解，若無法使用以灰階狀態呈現。

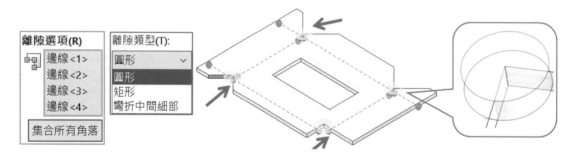

32-1-4 置中於彎折線（適用圓形或矩形）

離隙類型是否在彎折線中央處理，由圓心可見差異，下圖左（箭頭所示）。

32-1-5 半徑

設定離隙類型大小，例如：圓形=半徑、矩形=邊長、中間彎折細部=半徑。

32-1-6 與厚度比例

離隙大小與**厚度**為比例關係，通常為厚度 1.5 倍，這時無法設定大小，下圖右。

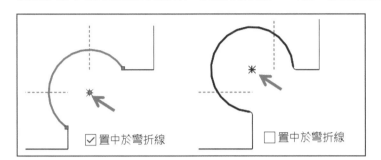

32-1-7 相切於彎折（適用**圓形**、**矩形**和 **3 彎角落**）

角落處理是否在彎折線上，圓半徑會自動與彎折線重合且無法改變，下圖左，本節必須☑**置中於彎折線**才能使用。

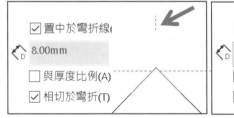

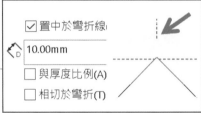

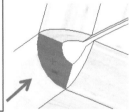

32-1-8 加入圓角

將處理的特徵邊線產生圓角，可加快雷射切割速度，無法預覽，只能完成指令才看得出來。

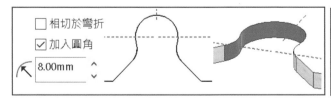

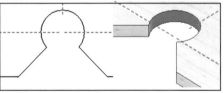

32-2 斷開角落選項

整合斷開角落🍂，詳細介紹在後面說明。

32-2-1 集合所有角落

點選面→集合所有角落，由系統循邊導角。

32-2-2 僅有內部角落（Internal corners only）

點選面，讓系統自行循角落斷開，例如：內部矩形。

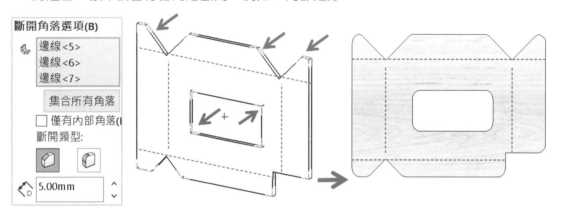

32-3 橫向斷裂（Cross Break）◈

橫向斷裂在模型面上加入交叉圖形，類似**裝飾螺紋線**，工程圖會標示斷裂圖示與註解。衝凸使鈑金變硬與避免變形，例如：油桶、風管。

◈=非幾何圖元，進行圓角半徑或角度不會變更模型面與草圖的交叉狀、凹或凸。

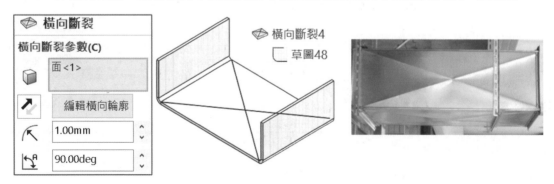

32-4 斷開角落（Break Corner）

斷開角落特性：1. 在邊線或面加入圓角或導角、2. 功能比圓角（導角）陽春、3. 速度快與操作簡單，只能用在**鈑金，平板型式，**常用於避免尖角及讓開銲道空間。

32-4-1 角落邊線或凸緣面

點選邊線或面加入圓角或導角。比較特殊可以點選面，會自動尋角落邊線，希望圓角和導角特徵也能這麼方便。

32-4-2 斷開類型

可直接切換**圓角**或**導角**，但不可在同時使用圓角和導角，只能分開特徵用。

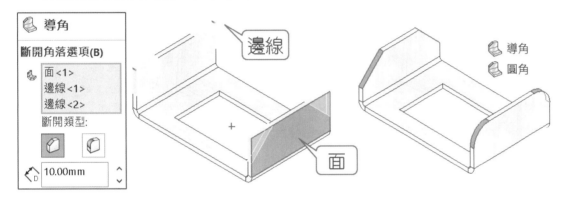

32-4-3 不支援內部角落

點選中空面無法完成，會出現：找不到有效角落斷開。甚至無法點選內部邊線，這部分希望能改進。

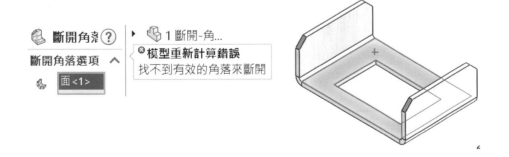

筆記頁

熔接角落

熔接角落（Weld Corner）將彎折缺口補起類似焊接補料，常用在外觀需求或封閉容器，目前支援 2 彎折。

A 很多指令不能使用

指令完成後很多指令無法使用，以加工角度來看，熔接為最後程序，以前軟體會綁加工程序認為這是專業，現在人不這麼認為，應該要彈性與直覺。

B 指令位置

指令位置在角落處理群組中。

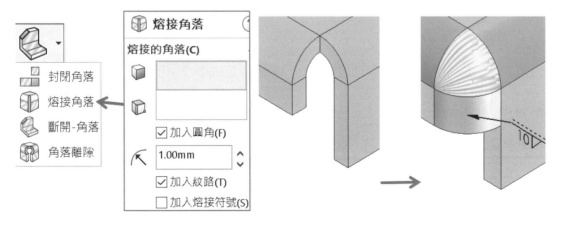

33-1 熔接的角落（Corner to Weld）

定義要熔接的彎折角落，並設定大小和熔接符號。

33-1-1 選擇要熔接的鈑金角落側面

點選要熔接的面，系統自動選擇配合面，經計算形成封閉特徵。

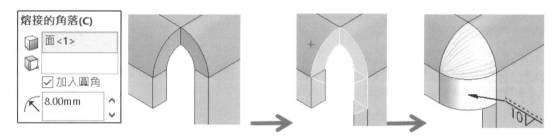

33-1-2 停止點 ⟁（不支援三個或多個彎折）

控制熔珠產生的位置，可選擇頂點、相交邊線或面，可以見到像封板。

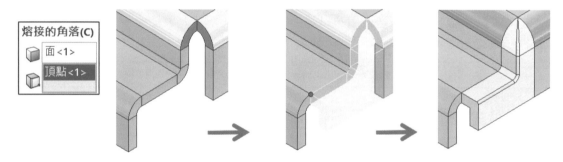

33-1-3 加入圓角

加入熔珠的圓角面，圓角與彎折半徑相同與外部邊線相切，可看出熔接美觀，下圖左。

33-1-4 加入紋路

塗彩狀態可看出熔接紋路，下圖中。

33-1-5 加入熔接符號

在模型上有熔接註解，會傳遞到工程圖顯示，下圖中。

33-1-6 展開

製作熔接角落可以展開，可見⬡自動為抑制狀態，下圖右。以前沒有⬡，必須用其他特徵完成，但無法展開，只能製作模型組態抑制特徵來克服。

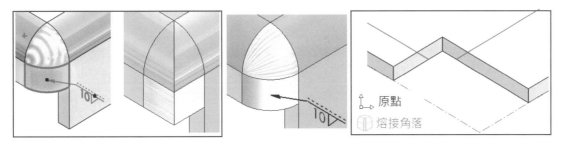

33-2 3 彎折熔接製作方式

目前不支援 3 彎折熔接，雖然可見預覽但會出現無法使用的訊息，只能用其他方式完成熔接外型。

33-2-1 填補曲面◈

1. 點選 3 個邊線→2. ☑修正邊界，下圖左。

33-2-2 角落離隙：球型圓角

製作前要抑制⬡，因為有⬡就無法使用◉。以◉的球型圓角完成。

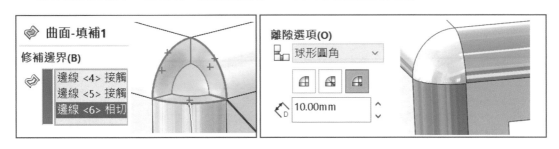

筆記頁

34

鈑金連接板

鈑金連接板（Sheet Metal Gussets）🦑，製作沖凸特徵，也是不用草圖特徵，不必建立基準面與設定**排除的面（平板型式選項）**。

A 指令介面

進入指令分別設定：1. 位置、2. 輪廓，操作觀念和**連接板**🦑相同。

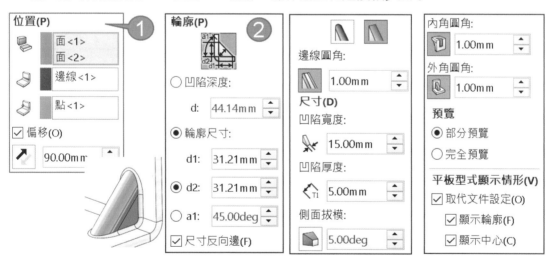

34-1 位置

產生連接板位置，只要定義支撐面，其餘系統自動抓取。

34-1-1 支撐面（綠）

點選2支撐面，自動產生邊線與參考點，所選面只是讓系統計算。

34-1-2 邊線（粉紅）

以第1所選面抓取彎折特徵交線，做為參考點位置。

34-1-3 參考點（紫）

定義連接板位置，預覽可見預設位置為線段端點。可重新指定模型原點、邊線或草圖點為基準。

34-1-4 偏移（可作可不作）

以參考點為基準進行偏移，算是補正。

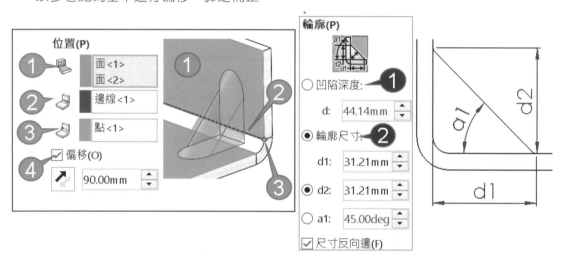

34-2 輪廓

定義連接板尺寸大小，透過 1. 凹陷深度或 1-1. 輪廓尺寸、2. 支撐類型。由於介面沒很理想，2. 支撐類型為共同設定，很容易讓人誤以為他是 1-1. **輪廓尺寸**才可使用。

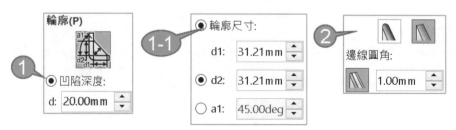

34-2-1 凹陷深度（Indent depth）

定義連接板大小，例如：d=20。課堂會以此教學，因為比較簡單輸入。

實務上只要示意連接板凹陷深度即可。

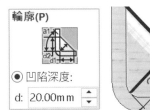

34-2-2 輪廓尺寸

以三角形定義尺寸 d1＋d2 或 d1＋a1。

A 尺寸反向邊（適用尺寸輪廓）

對調輪廓尺寸，例如：d1=20、d2=40 對調為 40x20。

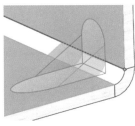

34-2-3 圓角支撐（Rounded gusset）

肋材頂面為**全周圓角**，適用寬度比較小，這是獨立設定和輪廓無關。

34-2-4 平行支撐（Flat gusset）

設定肋材頂為平面，這是獨立設定和輪廓無關，下圖左。

A 邊線圓角（Edge Fillet）

按下才可定義邊線圓角，可設定圓角=0，適用寬度比較大。

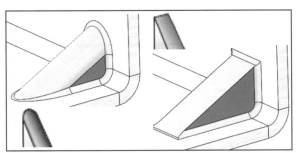

34-3 尺寸（肋特徵大小）

設定連接板寬度與邊緣的圓角尺寸。

34-3-1 寬度（厚度）

定義連接板寬度為包外尺寸，例如：20。

34-3-2 凹陷厚度（單邊厚度）

本節是重點了，厚度必須＜鈑厚，可見外側凹陷處。

34-3-3 側面拔模（Side face draft）

就是拔模角。

34-3-4 內角圓角（背圓角）

設定連接板背後邊線圓角，也可以=0，下圖右（箭頭所示）。

34-3-5 外角圓角（正面圓角）

設定連接板正面邊線圓角，也可以=0。

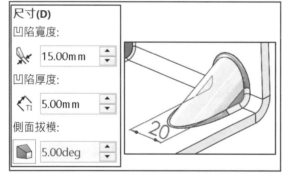
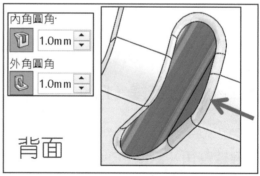

34-4 預覽

完全預覽比較直覺，若大量製作就用部分預覽，增加運算效率，下圖左。

34-4-1 部分預覽（預設）

顯示沒有圓角及凹陷的支撐預覽。

34-4-2 完全預覽

顯示包含圓角及凹陷的支撐預覽。

34-5 平板型式顯示情形

是否顯示 1.**連接板輪廓**和 2.**中心**，用於定位識別，例如：雷射畫出該輪廓，讓現場人員得知下刀位置，下圖右。

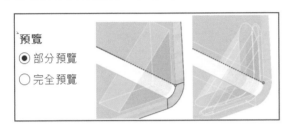
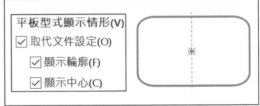

34-5-1 鈑金連接板-外形

平板型式下可以見到**鈑金連接板草圖**，只能在展平狀態呈現。

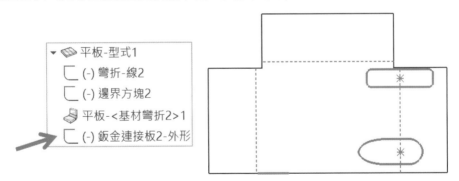

筆記頁

插入彎折與裂口

插入彎折（Insert Bend）簡稱實體轉鈑金，將薄件模型加入彎折資料，讓模型能展開，類似加入**熔接特徵**，完成插入彎折會出現轉換圖示，下圖左。

A 搭配的小指令

會搭配小指令：1. 無彎折、2. 裂口，常用在細節處理。

B 就地合法

會發現為何一直強調展開，就是要提升鈑金價值，滿足加工行為。以傳統特徵完成無法展開的鈑金，在不重畫情況下以讓他成為鈑金環境，這就是專業技術。

C 指令介面

進入指令分別設定：1. 彎折參數、2. 彎折裕度、3. 自動離隙、4. 裂口參數。每項都會用得上，遇到無法展開的解決方案都是設定上的細節。

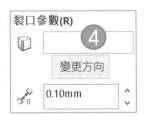

35-1 開放模型

分別完成：1. 有特徵、2. 無特徵的轉檔模型，快速體驗指令用法，通常按**固定面**就可以完成，就像執行**熔接特徵**一樣簡單，**固定面**和**平板型式**說明相同。

35-1-1 有特徵模型

這是以傳統特徵建構的模型，2步驟完成鈑金展開：1. 固定面→2. ↵。

步驟1 固定面

選擇模型上面，因為上面比較好選。

步驟2 彎折半徑

系統辨識模型半徑作為彎折半徑，所以無論設定為何不會改變模型半徑。

步驟3 ↵→

完成後模型外觀看不出變化，驗證是否可展開。

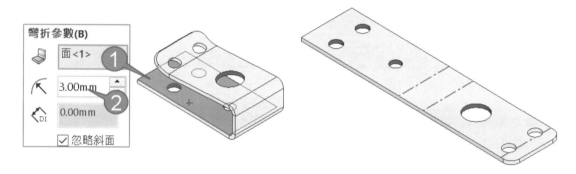

35-1-2 查看結構

特徵管理員多了鈑金加工圖示：1. 、2. 展平-彎折、3. 加工-彎折、4. 平板型式，2、3圖示第一次見到，接下來大概知道這是甚麼就好。

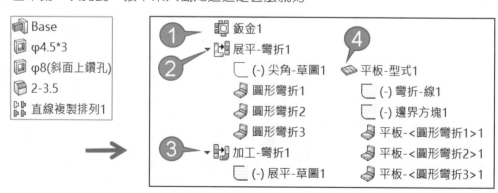

A 展平-彎折（Flatten-Bends，俗稱展開）📲

記錄圓角轉換彎折資訊。**尖角-草圖**列出彎折線，草圖無法編輯但可隱藏或顯示。

B 加工-彎折（Process-Bends，俗稱折疊）📲

紀錄零件轉換成形過程，草圖可以編輯、隱藏或顯示。

35-1-3 小三明治法則

將特徵放入📲、📲之間，就不必使用🔧、🔨，這算是邏輯思考。例如：完成🔧後，在錐形桶上進行鑽孔特徵，該特徵在入📲、📲之間。

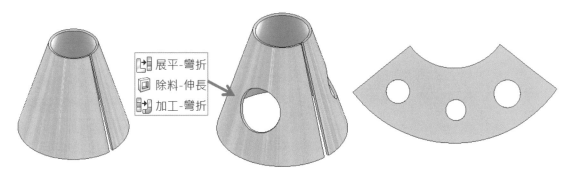

35-1-4 編輯特徵

分別編輯特徵它們的內容都一樣，進行 1. 彎折半徑、2. 鈑厚、3. 彎折裕度。

35-1-5 忽略斜面（Ignore beveled faces）

產生彎折的過程排除圓角面，避免圓角被轉換為鈑金的彎折。

A ☑忽略斜面

頭端圓角會被排除，該圓角位置會被移除並影響模型長度。

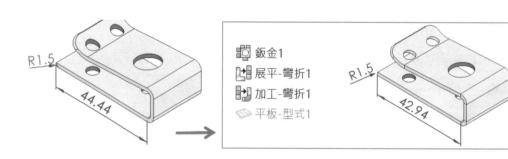

B □忽略斜面

頭端圓角讓系統以為是彎折，造成彎折錯誤。

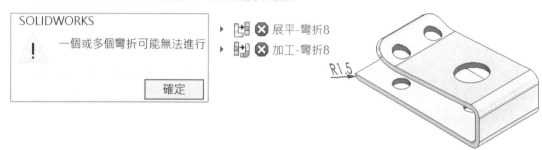

35-1-6 無特徵模型

這是無特徵的轉檔模型，也可迅速完成展開。他是將模型圓角辨識為彎折，有了彎折就能展開了。客戶通常只給轉檔的模型(STEP、X_T、IGES)，都可以很迅速地完成展開。

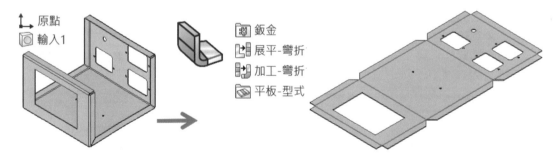

35-1-7 練習-耳朵、馬達

這算送分題，固定面=彎折線的位置，例如：固定面在上面，彎折線=上面。

35-1-8 練習-圓錐

對**固定面**更深入認識，選面會做不出來，要選**邊線**。將游標放在固定面上，由訊息得知：**選擇固定面或邊線**。反正不是面就是邊線，這樣想就好。

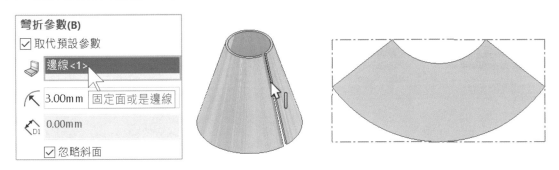

35-2 封閉模型，裂口（Rip）

進行◢更深一層認知，適用封閉模型。裂口顧名思義就是把封閉邊割開，這樣才能展開。封閉模型實務為沖壓製成，利用裂口把模型改為折床加工，並完成長邊包短邊作法。

Ａ 彎折參數

固定面選擇模型底部上面，下圖左。

Ｂ ☑自動離隙

記得要☑**自動離隙**，否則展開來怪怪的不能用，下圖右（箭頭所示）。

35-2-1 裂口參數

定義裂口位置與縫隙大小，選擇內或外邊線都可以，最好選擇同一邊，避免計算太複雜，基準統一是原理。

35-2-2 裂口箭頭（口訣：箭頭邊=裂口邊、未選=彎折）

點選模型邊線會顯示箭頭，就是控制裂口位置。以長邊包短邊來說，讓箭頭朝短邊，裂口箭頭分別 3 種形式：Ａ：箭頭 1、Ｂ：箭頭 2、Ｃ：2 箭頭。

A 變更方向

點選**變更方向**循環切換箭頭3種形式，或點選箭頭改變裂口方向，下圖右。

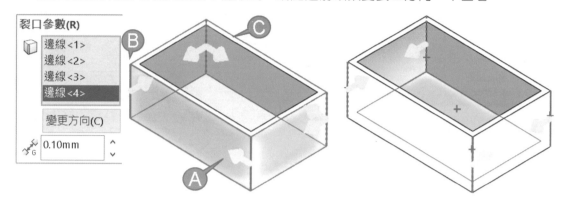

35-2-3 查看結構

完成後見到訊息是正常的，只是告訴你**自動餘隙除料**，薄殼被裂開且可被展開。由特徵管理員見到鈑金加工圖示，還多了裂口形式🔷（箭頭所示）。

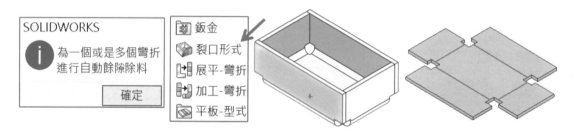

35-2-4 裂口特徵🔷

早期使用**插入彎折**🔷之前要先使用🔷，後來🔷整合🔷，所以後期🔷比較沒在用。對於複雜的鈑金作業會利用🔷作為🔷測試作業，判斷裂口形式正確性，可減少🔷來回試誤時間。

A 更改方向

編輯**裂口特徵**🔷，在指令下方點選更改方向修改縫隙箭頭，更改方向=變更方向。

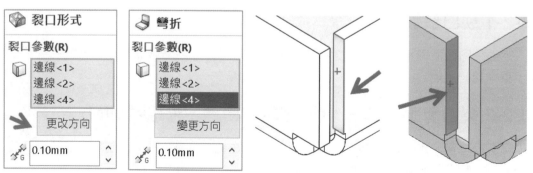

B 刪除裂口特徵

刪除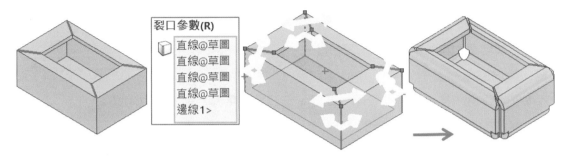可以重新製作插入彎折。

C 裂口進階作業（裂口草圖）

裂口支援草圖邊線，常用在平坦面需要裂口時，繪製草圖 4 條線讓裂口選取。

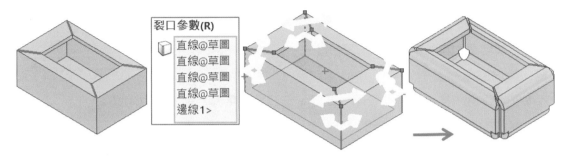

D 無彎折（No Bend）

回溯至**展平彎折**之前，裂口之下，這時也無法使用，常用在特徵加入，也可以利用回溯完成這項目。

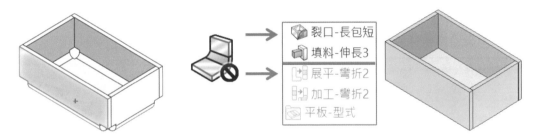

35-2-5 練習：有蓋的方盒

以方形中空模型利用完成有蓋的鈑金。

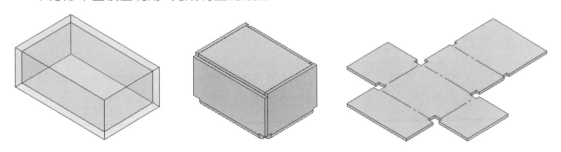

35-3 3 通管

將圓管展開，以加工製程來說，1. 平板→2. 來回滾圓→3. 焊接，所以要製作裂口（管縫），通常由◎完成。

35-3-1 直管展開

先完成簡單的直管並學習◎前置作業。

步驟 1 裂口草圖

1. 前基準面，畫直線與直管相同高度、2. 或模型平面上畫直線也可以。

步驟 2 ◎，方向 1，成形至下一面

步驟 3 薄件特徵，對稱中間面

讓縫隙置中，實務上縫隙與焊接有關，這時厚度就自行定義。

步驟 4 特徵加工範圍

由於這是多本體，選擇圓管本體。

步驟 5 插入彎折

固定面：選擇邊線→◎展開查看結果。

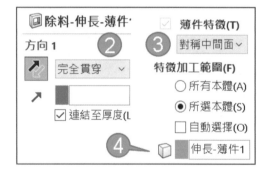
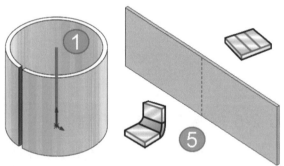

35-3-2 分件拆：三通管

這是單一本體的 3 通管，用薄殼◎拆件是最好用的方法，實務 2 件焊接，所以要上下管分別展開。要達到通透，先完成上管拆件→**用改的**完成下管子拆件並展開。

步驟 1 上管薄殼=3 拆件

選擇 4 面尤其是第 4 面可以把下管移除，達到拆件作業。

步驟 2 自行完成上管裂口→插入彎折◎

選擇裂口邊線→↵，選擇內面和外面邊線不同，差在彎折線位置。

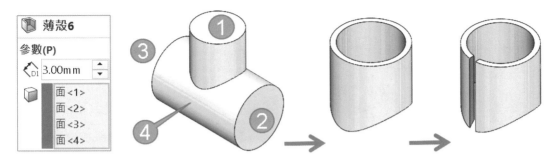

步驟 3 查看結果

是否發覺 5 分鐘完成拆件，下圖左。

步驟 4 編輯薄殼特徵

編輯先前製作的薄殼特徵，用改的完成下管拆件。

步驟 5 下管裂口

編輯先前的草圖，完成下管裂口。不能把裂口定義在孔，2 邊會有縫隙不好焊接。

步驟 6 插入彎折，查看結果

有沒有覺得下管拆件作業更快，這代表你有通透邏輯，下圖右。

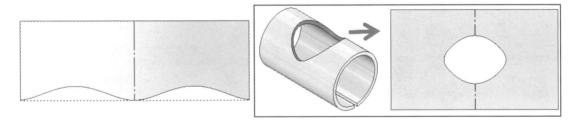

35-3-3 練習：分件拆-方轉圓

這是單一本體的 3 通管，分別完成 1. 方管、2. 圓管的轉鈑金。

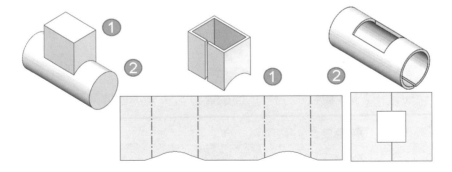

35-3-4 練習：分件拆-斜角三通

這是單一本體的斜角 3 通管，短邊為裂口邊，完成後會發現不難。

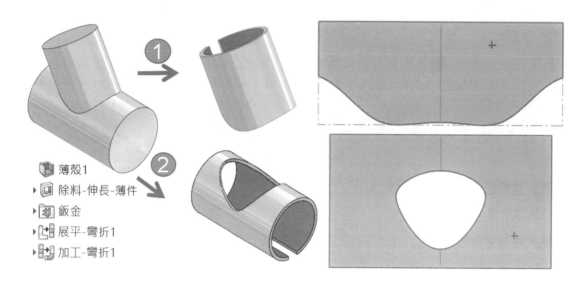

🔲 薄殼1

▸ 🔲 除料-伸長-薄件

▸ 🔲 鈑金

▸ 🔲 展平-彎折1

▸ 🔲 加工-彎折1

35-3-5 進階3通（1.直接拆、2.分開拆）

說明2大手法，手法會影響PDM、ERP的管理方式，這部分有很大的討論空間。

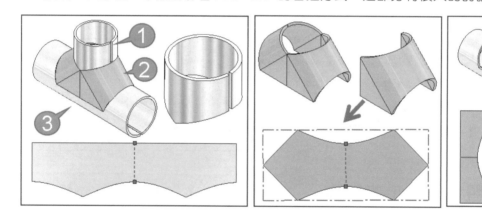

🅰 直接拆

由一個多本體先薄殼再拆件，雖然比較麻煩，可以方便整體出圖和組合件組裝。

步驟13本體完成🔲

由於移除面會被其他本體面遮到，利用剖面視角🔲，就能克服這點。點選上管3個面，完成薄殼，下圖中。以本步驟分別完成2.**連接管**和3.**下管**本體的薄殼，下圖右。

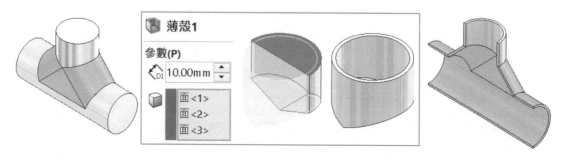

步驟 2 上管拆件

在模型面上畫草圖除料⬛→✏，下圖左。

步驟 3 連接管拆件

連接管為對稱，只要完成其中一拆件→鏡射，所以先矩形除料⬛→✏→Ⓜ，下圖右。

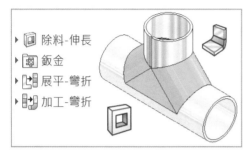

- ⬛ 除料-伸長
- 🔧 鈑金
- 📐 展平-彎折
- 🔧 加工-彎折

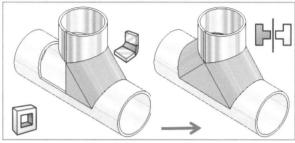

步驟 4 下管拆件

除料⬛→✏，說到這同學都能理解就是重複除料和彎折罷了，這就是邏輯。

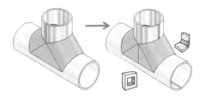

Ⓑ 分開拆

複製排列本體，分別將本體隱藏後拆件，看起來雖然方便，但這 3 件的分離狀態不方便組合件和工程圖，後續處理會比較繁複。

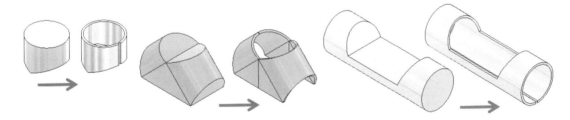

35-3-6 直接拆：圓柱與圓錐彎管

這是 1 體的 3 通管，直接拆件。本節模型有很多議題，特別是第 2 件無法✏，必須用🖌，也就是用鈑金指令重畫，其實重畫也是解決方案。

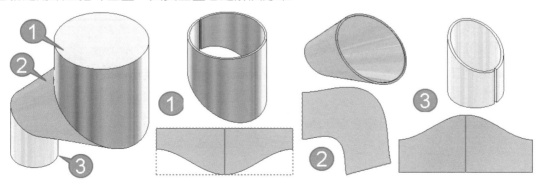

A 前置作業

利用除料圖將模型分離，不用分割特徵圖的原因要扣縫隙，為了講解便利將縫隙加大。

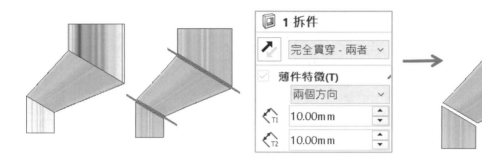

B 上管拆件

先薄殼圖→除料圖→圖，過程有點技巧。

步驟 1 圖 T10

點選圓管上下 2 面完成中空管，下圖左。

步驟 2 裂口圖

右基準面繪製直線→圖。由於草圖在管子外面，利用 1. 來自平移→2. 完全貫穿→3. 薄件特徵-對稱中間面→4. 所選本體，下圖右。

步驟 3 圖

這部分對同學來說已經很熟練了。

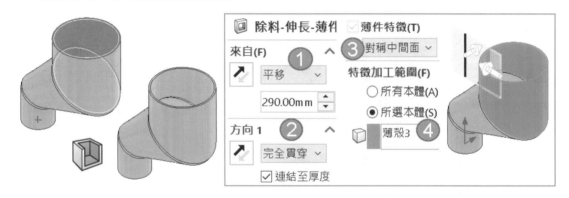

C 連接管拆件

先薄殼圖→除料圖→圖，會發現做不出來。

步驟 1 隱藏上、下管本體

游標分別在上或下管模型上→TAB，隱藏 2 本體，這樣比較好看連接管的模型。

步驟 2 圖 T10

點選圓管上下 2 面完成中空管，下圖左。

步驟 3 裂口▣

前基準面繪製矩形，要完成左邊的裂口→▣，兩側對稱 10。下圖右。

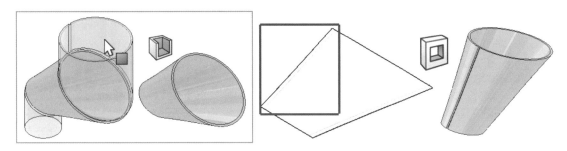

步驟 4 🗃

進入指令後，無法選擇固定面，這部分無解，只能改變作法了，利用🗃。

步驟 5 製作疊層拉伸鈑金的 2 輪廓

分別在上下圓面進入草圖→點選外圓邊線→參考圖元🗊，完成 2 開放草圖輪廓。

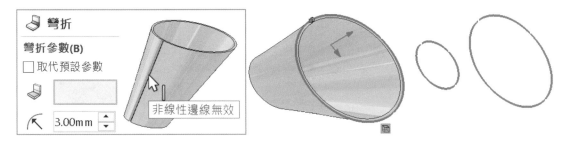

步驟 6 🗃

製造方法☑成形、厚度 10，包外，完成指令後→◈看看是否成功。

D 下管拆件

下管已經是送分題了。

步驟 1 隱藏連接管本體→顯示下管本體

步驟 2 自行完成下管拆件

步驟 3 顯示所有本體

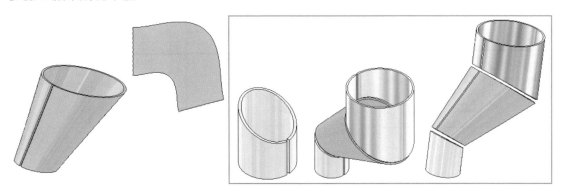

35-4 實務手法

本節說明詢問度很高的進階議題：1. 製圖尺寸、2. 除料離隙、3. 重新製作...等技法。

35-4-1 矛盾尺寸（設計、建模標註法）

鈑金為薄件方向成型，1. 設計角度：在已經完成的模型上進行功能性標註、2. 建模角度：開放輪廓的草圖標註。例如：紅色為草圖輪廓，於工程圖標尺寸來滿足設計尺寸需求，功能標註在鈑厚位置 25、58，R10 在外 R，會形成下列幾種狀況，下圖左。

A 算尺寸（鈑厚）與驗算

建模過程草圖尺寸要用算的，有些要扣有些要加，例如：31（25+6）、52（58-6）。

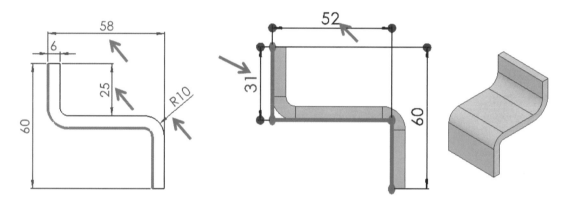

B 建構線補正（2 全奇美）

由於鈑金為單一輪廓構成，利用**偏移圖元**⊑產生建構線，將草圖尺寸=建模尺寸=設計尺寸避免計算，這是最理想的方法，例如：25、58 標註在未來鈑厚上。

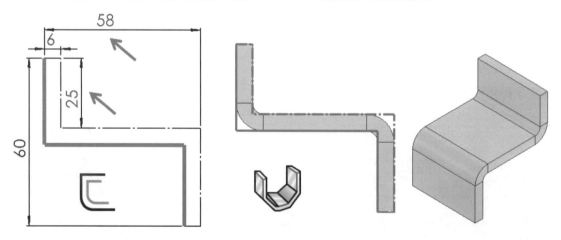

🄲 伸長🗐→插入彎折🗐

承上節，常遇到不知可以用建構法，而使用封閉草圖進行功能標註→只能使用伸長特徵🗐，這時🗐就派上用場，可以提升模型價值將鈑金展開。

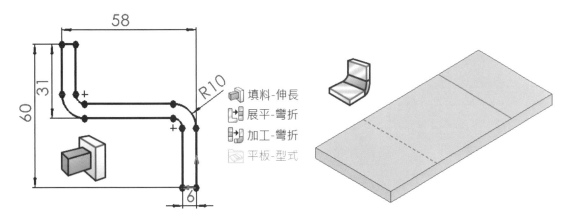

填料-伸長
展平-彎折
加工-彎折
平板-型式

35-4-2 彎折干涉排除（製作裂口）

當彎折處沒縫隙→🗐失敗，常用在 1. 模型轉檔、2. 填料法的鈑金解決方案。

步驟 1 插入彎折🗐

🗐過程出現無法進行的訊息，雖然可展開，但特徵管理員出現錯誤，這模型最好不要拿來用。

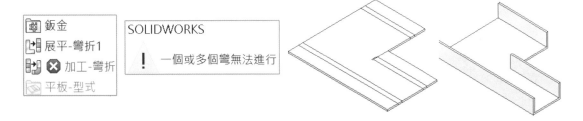

步驟 2 彎折位置判斷

目前有 1、2、3 彎，1、2 彎為開放比較沒問題，點選第 3 彎模型面，由模型面的亮顯可見與底板黏住，下圖左。用除料方式給離隙，離隙大小=鈑厚 3，下圖中。

步驟 3 🗐，可以完整展開

彎折與底板交界處一定會有離隙現象，下圖右（箭頭所示）。

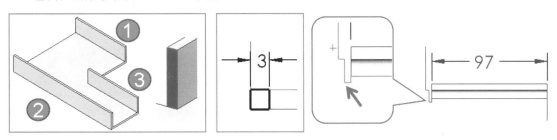

A 練習：彎折干涉排除

本節模型彎折之間也是黏住，除料過程不要切除到彎折會比較好。🗑一開始展不開，但🔋就可以完成展開的刁鑽，這可以說是經驗。

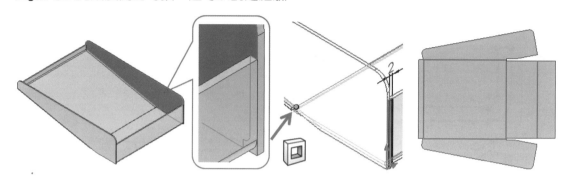

35-4-3 曲面鈑金

這是傳統特徵建構的類鈑金。

A 無彎折

執行🗑，由特徵管理員會發現沒有彎折，就無法執行展平🗑並形成錯誤。

B 垂直除料

課堂會問同學為何會錯誤?其實除料特徵沒有☑**垂直除料**可以選擇。再問為何沒有**垂直除料**可以選?因為一開始不是鈑金特徵。

展平-彎折1
    (-) 尖角-草圖1
加工-彎折1
    (-) 展平-草圖1
❌ 平板-型式
▼ ❌ 平板-型式
    (-) 彎折-線2
    (-) 邊界方塊2

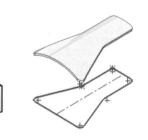

C 重新製作鈑金特徵

先前說明過無解的模型利用鈑金特徵重新製作也是解決方案。

步驟 1 弧形草圖→🪣，深度超過下方的外形草圖

步驟 2 外型草圖→🔲，☑反轉除料邊、☑**垂直除料**、☑所選本體

步驟 3 展開驗證🗑

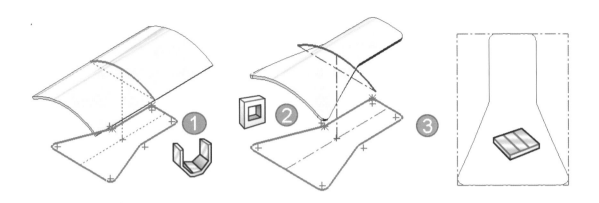

35-4-4 等分線製作：面曲線（Face Curve）◈

使用面曲線◈（工具→草圖工具），利用等分線驗證展開數據。

步驟 1 選擇展開面

步驟 2 ☑網格

分別輸入水平和垂直的等分線段，過程中有預覽。

步驟 3 ☑忽略孔

線段遇到孔會自動切割。

步驟 4 查看

完成後會再特徵管理員產生 3D 草圖線段。

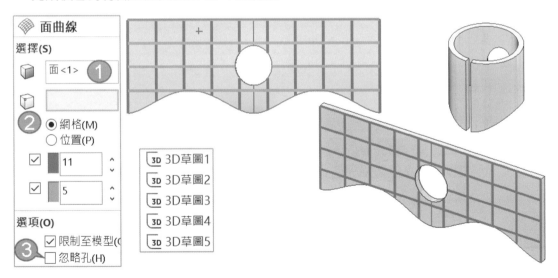

35-4-5 大量插入彎折

這是多本體，利用↵連續使用◈。

步驟1 第1◈

進入指令後，點選固定面→↵，完成第1彎折特徵。

步驟2 第2◈

↵，重複上一指令→點選固定面→↵，完成第2彎折特徵。

步驟3 第3◈

重複步驟2，完成第3彎折特徵。

步驟4 分別點選模型面→◈

可以見到3個鈑金本體可以被展開。

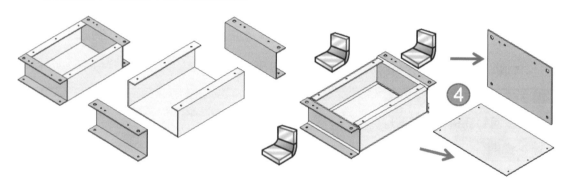

35-4-6 彎折錯誤

先前已經製作過的◈，後來SW版本計算精度提高，運算能力也提升的情況下，會見到特徵錯誤，本節說明原因和解決方案。

Ａ 此彎折....可以被抑制

展開錯誤特徵會發現錯誤彎折，游標在彎折上出現訊息：此彎折不予模型組態相關且可以被抑制，**模型組態**應該為**平板型式**。換句話說該錯誤可以用抑制的方式解決。

B 重新製作

刪除彎折特徵→重新製作🖌。

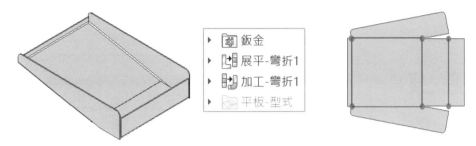

35-4-7 舊式彎折

早期的🖌沒有平板型式，使用🖌展開會發現以**回溯**方式達成（箭頭所示）。

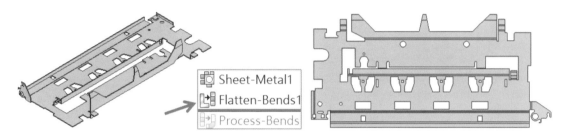

A 彎折範圍內的幾何過於複雜

刪除舊特徵重新🖌，會發現錯誤：1. 點選錯誤彎折可以看到問題的模型位置，2. 游標在彎折上出現訊息。本節彎折半徑太大，模型會擠料，只要把彎折半徑修改為 0.5 即可。

筆記頁

轉換為鈑金

　　轉換為鈑金（Convert to SheetMetal）🗂，將實體或曲面模型轉換為鈑金所需要的厚度、彎折和裂口，🗂為**插入彎折**🗂的進階版，配套解決🗂無法完成的鈑金轉換。

　　指令過程有點像智力測驗，🗂製作速度比🗂快，本章不贅述**固定面、鈑厚、彎折半徑**。

A 指令介面

　　進入指令分別設定：1. 鈑金參數、2. 彎折邊線、3. 裂口邊線、4. 裂口草圖、5. 角落預覽、6. 自動離隙。常用 1、2，進階用 4，其餘 3、5、6=細節調整。

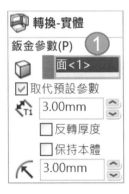

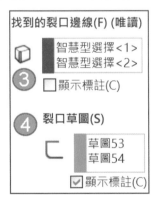
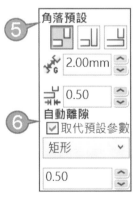

B 轉換為鈑金 VS 插入彎折差異

	操作度	指令功能	執行能力	本體	薄件模型	俗稱
轉換為鈑金 🗂	不容易	多	複雜外型	實體/曲面	不用	新式
插入彎折 🗂	容易	陽春	簡單外型	只能實體	需要	舊式

36-1 鈑金參數

由曲面模型認識🔲指令能力：1. 將曲面增厚、2. 集合所有彎折。游標放在指令上方由指令訊息得知：將曲面/實體轉換為鈑金，下圖左。

A 單一面增厚→轉鈑金手法

常用在破面模型，可以把面刪除為單一面外殼→🔲，就不用費時費工補破面。

36-1-1 先睹為快

這是曲面鈑金，可以增厚、自動指定模型彎折面和展開，下圖右。

步驟 1 選擇模型固定面

步驟 2 厚度=5

厚度不能比彎折半徑大，否則彎折半徑的地方會形成直角，造成彎折錯誤。

步驟 3 集合所有彎折

系統自動找出彎折面。

步驟 4 查看結構

特徵管理員可見鈑金加工圖示：1. 🔲、2. 轉換為實體🔲、3. 平板型式🔲，下圖右。

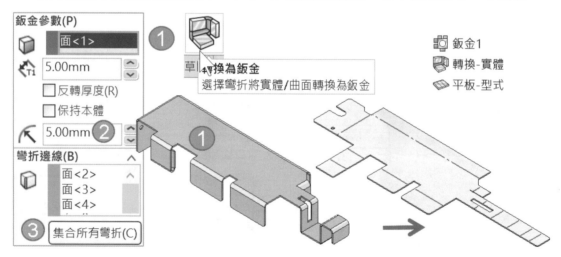

36-1-2 保持本體

保持原始實體，讓日後原始的本體還可以使用，這功能我們很希望其他指令也可以，特別是**結合**🔲。這模型彎折複雜無法用🔲，且有些彎折不是半徑而是曲線（弧長），下圖左，也讓同學體驗看看🔲魔力。

CHAPTER

步驟 1 選擇模型固定面

步驟 2 ☑保持本體

將鈑金獨立產生，保留舊本體。

步驟 3 集合所有彎折

會自動顯示實體厚度 2.9 與彎折半徑 3，不需要設定。

步驟 4 驗證展開，和保留本體用意

目前 2 本體為重疊狀態，利用🖐把本體搬移，可見原本實體被保留。

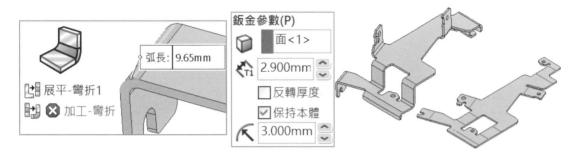

36-1-3 保持本體應用

單本體希望產出 3 本體，但🛡只能產生 1 個本體，這時☑**保持本體**很有效果，下圖左。

A 中板

先完成中間的 L 板。

步驟 1 選擇模型下方作為固定面

步驟 2 集合所有彎折

步驟 3 ☑保持本體

將鈑金獨立產生，保留舊本體。

B 側板 A

1. 選擇側邊模型面作為固定面➔2. ☑保持本體，下圖右。

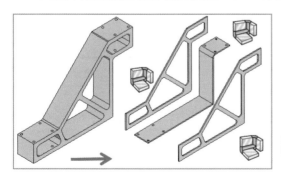
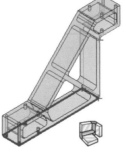
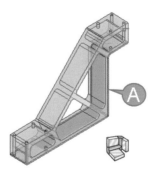

B 側板 B

1. 選擇側邊模型面作為固定面→2. □保持本體，這就是重點了。

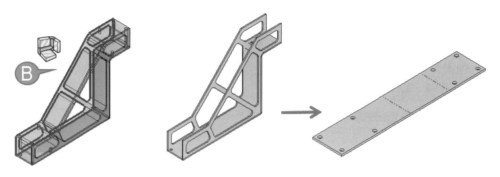

36-2 彎折邊線

針對沒薄殼的模型進行彎折邊線用法，要想像未來展開樣式，才有辦法點選彎折線。

A 彎折線的支援

1. 彎折線必須為直線、2. 第 1 條彎折線必須為固定面相鄰邊線，否則會出現訊息。

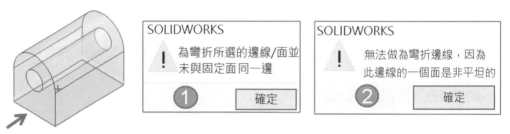

36-2-1 閂閂

學習自行指定厚度、彎折半徑，這部分先前不太一樣，試想用 🔜 就要先用薄殼了。

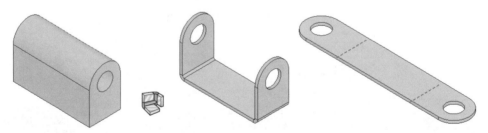

步驟 1 選擇模型下方作為固定面，厚度=5、彎折半徑=5

步驟 2 彎折邊線

點選下方左右 2 條邊線，可見預覽成形。

步驟 3 ↵，可見自動薄殼並增加彎折

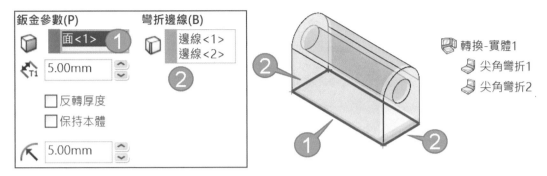

36-2-2 練習：U 型架

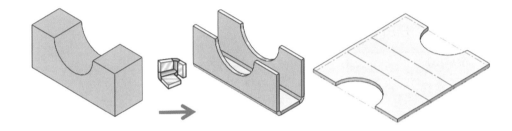

36-2-3 練習：U 型架

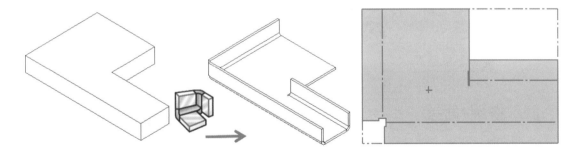

36-3 裂口邊線

學習封閉模型增加裂口，會發現裂口邊線是唯讀，由系統找出。

36-3-1 U 型架

選擇模型下方作為固定面，厚度=3、彎折半徑=3。

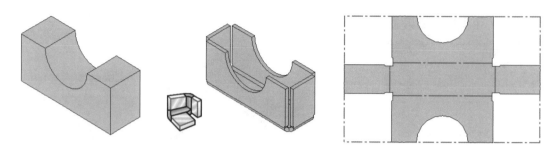

步驟 1 彎折邊線（粉紅）

點選固定面的周圍的 4 條邊線。

步驟 2 找到的裂口邊線（紫）

裂口邊線不用選，系統自動找出裂口邊線。

步驟 3 ↵，驗證是否可展開

可見自動薄殼，增加彎折。

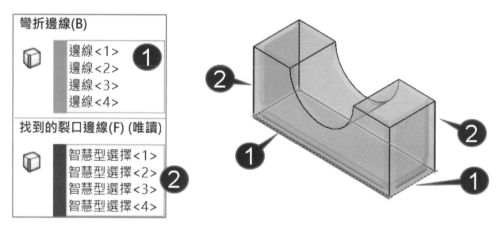

36-3-2 書架-有蓋

這題難度有點高，製作有蓋的鈑金轉換，有點像智力測驗。

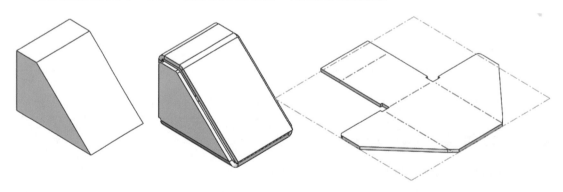

步驟 1 選擇下方為固定面，厚度=3、彎折半徑=3

步驟 2 彎折邊線（粉紅）

點選固定面周圍的 3 條邊線＋上方 2 條=5 條。

步驟 3 找到的裂口邊線（紫）

會發現 2 側為裂口邊線。

步驟 4 驗證是否可展開

展開後會發現該指令的邏輯。

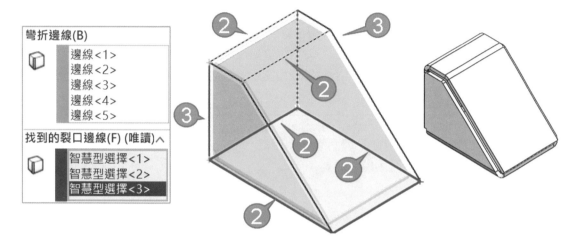

36-3-3 書架-無蓋

承上節，製作無蓋的鈑金轉換。點選固定面的 3 條邊線＋上方 1 條，沒有點的邊線，會以除料（薄殼的挖除面）處理。

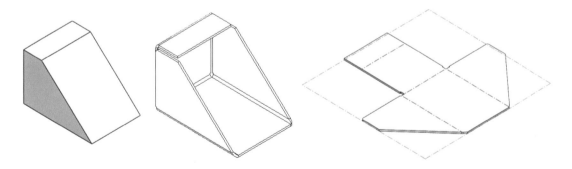

36-3-4 練習：階梯

智力測驗一下吧。

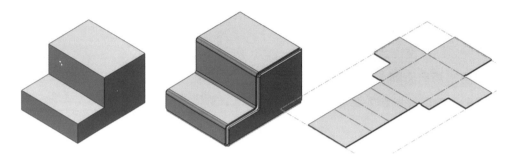

36-4 裂口草圖

利用草圖製作裂口，常用在平坦面需要裂口時，完成一開始覺得不太可能的實體轉鈑金作業。不要製作◙這樣反而讓指令更難用呦。

36-4-1 4 面盤

錐形方體完成前後有裂口鈑金（箭頭所示）。

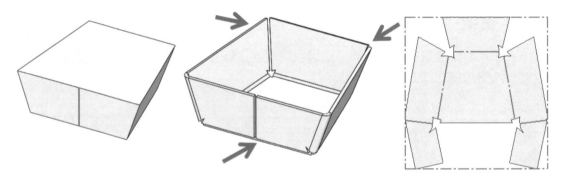

步驟 1 選擇模型下方為固定面，厚度=3、彎折半徑=3

步驟 2 彎折邊線（粉紅）

點選固定面相鄰 3 條邊線＋前面垂直 2 條，共 5 條。這部分比較不好做尤其是第 5 條彎折會被辨識為裂口邊線，用技巧突破。

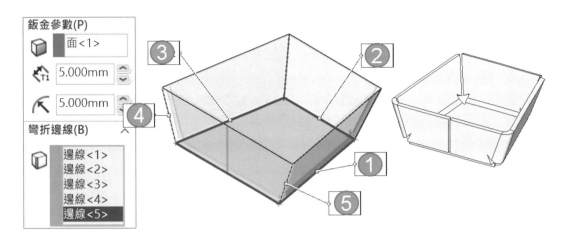

步驟 4 找到的裂口邊線（紫）

會發現下方水平 1 條，後方垂直 2 條，共 3 條。

步驟 5 裂口草圖

點選已經製作好的草圖（箭頭所示），下圖左。這時可以先完成指令，可以見到模型缺一邊→編輯特徵後，就能回來點選第 5 條彎折線了。

步驟 6 驗證是否可展開

展開後更能明白，裂口由草圖（箭頭所示）製作並合乎邏輯。

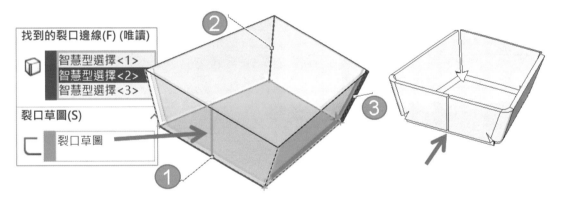

36-4-2 U 容器

這題比較難，特別是彎折邊線，實在沒想過靠**裂口草圖**來克服。

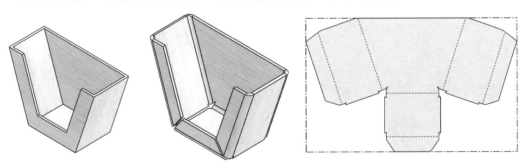

步驟 1 鈑金參數

選擇模型後方為固定面，厚度=3、彎折半徑=3。

步驟 2 彎折邊線（粉紅）

點選固定面的 3 條 U 邊線＋前面 3 條 U 邊線，共 6 條。前面 U 邊線很可能會被辨識到裂口邊線，這時候暫時不用理會他，利用**裂口草圖**去解。

步驟 3 找到的裂口邊線（紫）

系統會找到下方左右 2 條裂口邊線，標示 A。

步驟 4 裂口草圖

點選已經製作好的 2 裂口草圖，標示 B。

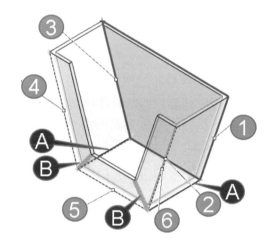

步驟 5 解決步驟 2 彎折邊線的問題

完成指令後，被裂口草圖的影響 L 凸緣被移除，下圖左。編輯特徵後，就可以把 2 彎折邊線加選回來，下圖中。

步驟 6 驗證是否可展開

展開後更能明白，前面裂口由草圖製作的邏輯。

步驟 7 查看結構

裂口草圖會在特徵之中，下圖右。

A 草圖必須分開繪製

　　每個裂口必須為獨立草圖,把草圖畫在一起時會遇到錯誤訊息,對系統而言分離的圖元就是開放輪廓。

36-5 插入彎折與轉換為鈑金探討

　　本節同一個模型分別使用🝗與🝗完成鈑金展開,打通任督二脈,未來就分別使用這 2 指令增加經驗值,這些都是業界要的技術。

36-5-1 插入彎折適用薄件體🝗

　　錐狀實心無法使用🝗,必須要先薄殼,下圖左。進入指令後:1. 固定面→2. 裂口選擇底部邊線都會出現無法選擇的訊息,下圖右。

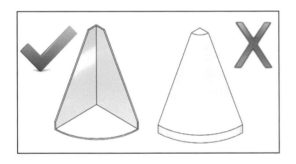

請選擇內部直邊線　　　　　外凸的邊線是無效

A 成本考量

　　被限制的結果只能選擇垂直長邊線,展開後由**邊界方塊**看出這種成本很高,換句話說雖然可以用🝗來完成但實際不能拿來用。

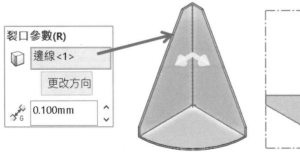
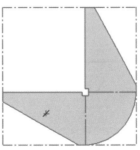

36-5-2 轉換為鈑金-薄殼體

🛡️其實可以用在薄件，短邊為裂口邊，加工便利與成本考量。

步驟 1 鈑金參數：固定面、鈑厚、彎折半徑=5

固定面以前都要同學選下方，本節固定面選擇上方。

步驟 2 彎折邊線

選 2 彎折邊線，標示 1，同時見到裂口被找到，第 1 邊線必須固定面相鄰邊。

步驟 3 找到裂口的邊線

由系統取得裂口邊線，標示 2。展開後可見邊界方塊是我們要的，下圖左。

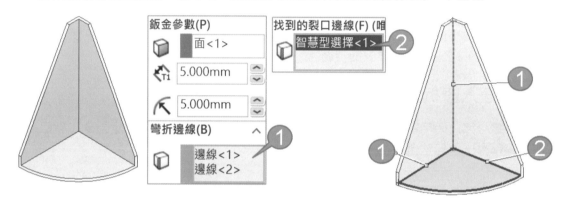

A 練習：轉換為鈑金🛡️-錐體

自行完成錐體🛡️，更能體會不必製作🛡️就能使用🛡️，下圖右。

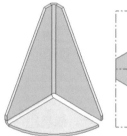
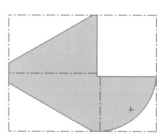

36-5-3 電源盒組多本體

電源盒組由上下蓋組成，分別使用🛡️和🛡️完成，會發現🛡️可以完成上下蓋，但🛡️下蓋會出現錯誤，更能理解🛡️相容性比較好。

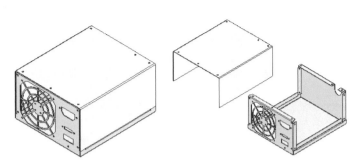

▸　🔲 轉換-實體1
▸　🔲 轉換-實體2
▸　📋 展平-彎折3
▸　📋 加工-彎折3
▸　📋 展平-彎折4　　下蓋
▸　📋 ❌ 加工-彎折4

36-5-4 練習

分別使用🔧與🔧來完成鈑金展開。

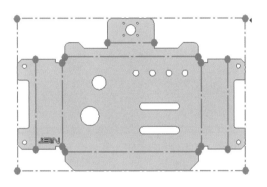

筆記頁

曲面展平

　　曲面展平（Flatten）🦶，將所選面展開並產生曲面本體，常用在皮革、鈑金、紙盒包裝，甚至工程分析，這是 2016 功能且要為 Premium 才有。

　　🦶可以用在任何有面的模型讓其展開，用在鈑金可以解決無法展開情形，甚至我們可以說沒有展不開模型。

A 指令介面

　　🦶屬於曲面指令（插入→曲面→展平🦶），為了整合與直覺將指令放入鈑金說明。進入指令分別設定：1 選擇、2. 其他圖元、3. 離隙除料、4. 精確度，常用 1、2。

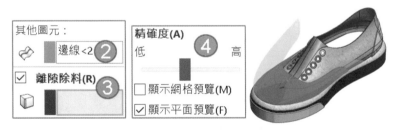

37-1 曲面展平作業

　　先睹為快 2 個步驟：1. 點選要展開面、2. 點選展開的起始位置，位置=展開的固定邊線，本節相當容易學習，成功率高，剩下就是功能細節。

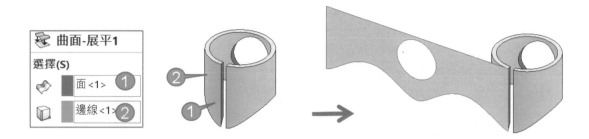

37-1-1 要展開的面/平面（Face/Surface to Flatten）

選擇要展開的上圓弧面。

37-1-2 要開始展平的頂點或邊線（Vertex or Point on Edge）

1. 點選欄位啟用欄位→2. 選擇被展開起始位置，通常點選直線，點選後見預覽。此欄位可點選頂點、弧線，重點要在展平面上的圖元。

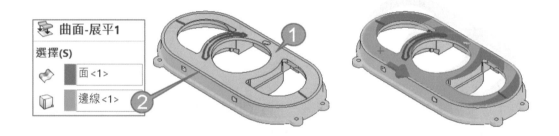

37-1-3 其他圖元

點選要加入展開的草圖或模型邊線，例如：箭頭草圖。

37-1-4 離隙除料（Relief Cuts）

加入切割來消除展平的應力集中。點選貼在模型上的曲線，做為切割範圍，不過無法定義寬度。

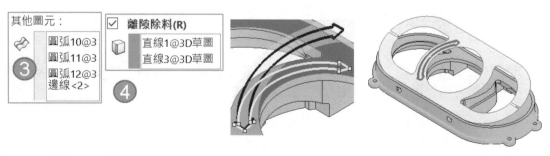

37-1-5 變形繪圖（Deformation Plot）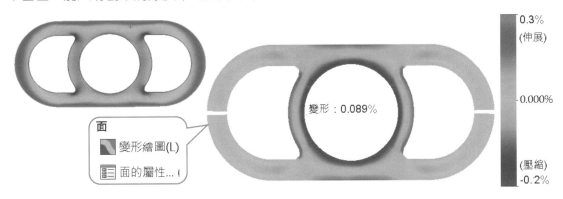

展平曲面上右鍵→▨，可見伸展及壓縮程度區域，游標在曲面上查看定點偏差百分比，下圖左。加入切割來消除展平的應力集中，由藍色（壓縮）可以看出類似鈑金皺褶，下圖

37-1-6 其他圖元範例

在其他圖元欄位置中，點選圓柱上下圓弧+左右邊線，得到展平面與周圍邊線，展開特徵可見草圖被產生出來。

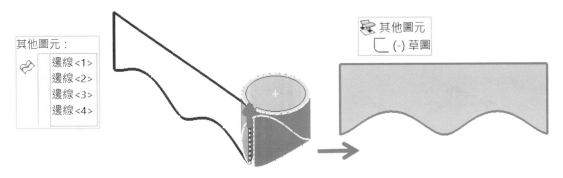

37-2 精確度（Accuracy）

由控制棒提高或降低曲面展開精度，提高缺點會資加計算時間。

Ⓐ 顯示網格預覽與顯示平面預覽

顯示點選的模型面上的網格。顯示展開的預覽平面。

Ⓑ 確認誤差

量測得知：1. 圓柱面積、2. 展開面積，以圓柱面積為基準，就能算出誤差是否為可接受範圍內，並調整精確度高低。

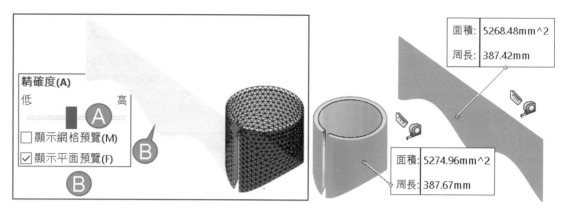

37-2-1 螺旋葉片展平

製作葉片展平並監測螺旋與螺旋展平面積，驗證展平的精確度。

步驟 1 點選葉片面

步驟 2 點選葉片前端邊線

步驟 3 精確度→高

A 監測螺旋葉片

量測製作展平和螺旋面積。

步驟 1 量測展平面積，下圖右

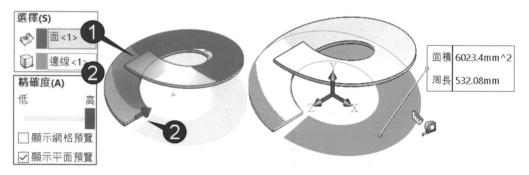

步驟 2 點選產生感測器∿，預設☑面積→↵

步驟 3 特徵管理員可見展開的感測器面積：6023mm^2

步驟 4 重複步驟 1，製作螺旋面積

特徵管理員可見感測器的螺旋面積：6026mm^2。

步驟 5 誤差比較

相較之下誤差不到 1%。

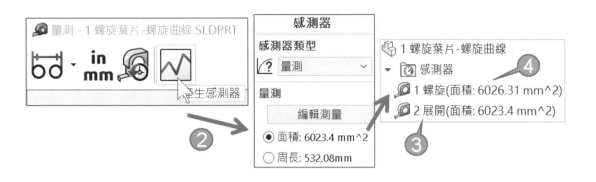

37-2-2 練習：浪型華司

重點在於全部展平面積會誤差，用一半展平提高準確度。

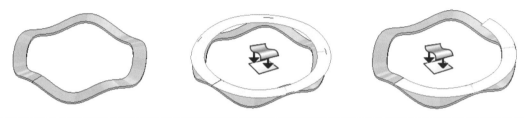

作法	原始波浪（標準）	全部展開	一半展開
面積 mm^2	362.58	363.08	181.41X2=362.82

37-3 展平實務

本節有多項實務無法利用鈑金展開，但用🐢可以。

37-3-1 3D 支架

多方向彎折模型這麼多面要選何時（共 22 個面），在模型面上右鍵→選擇相切。

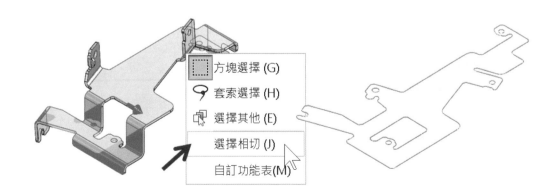

37-3-2 練習：轉向架

點選上面 7 個面進行展平，只有凸出特徵不選（箭頭所示）。

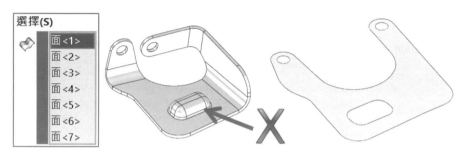

37-3-3 漸縮曲面

學會中間線作為做為展開對稱參考，1. 點選 2 曲面→2. 點選中間線段，系統會依點選的曲線位置作為展平參考。

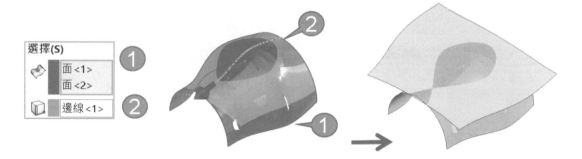

A 車體展開

承上節，多個面的中間線做為對稱參考。

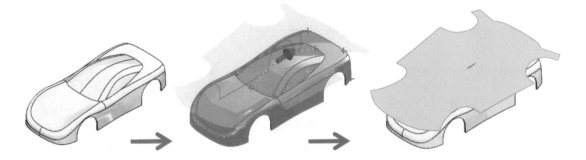

37-3-4 風扇葉片

本節重點點選葉片的軸心弧邊線。

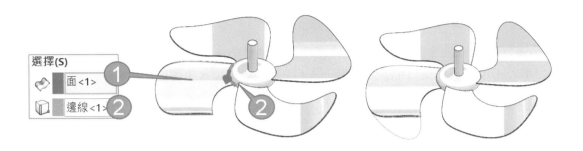

37-3-5 球體

空心球體無法直接展開，使用分割特徵以草圖將球體分割 8 等分。

步驟 1 修剪工具：點選分割的草圖

步驟 2 所選本體，點選球

步驟 3 切除本體

步驟 4 自動指定名稱→↵

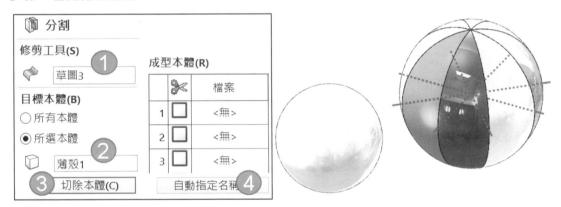

步驟 5 刪除本體

於實體資料夾中將多餘的 7 個本體刪除。

步驟 6

點選球面→點選弧邊線，下圖右。

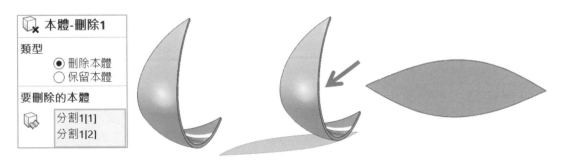

37-3-6 移花接木法

🔧僅支援 Premium 但業界大多使用標準版或專業版，其實可以用騙的方式讓模型也可以使用🔧，例如：A 模型有🔧特徵→拖曳到 B 模型中，這樣 B 也可以使用🔧。

步驟 1 開啟 B 圓柱模型

拖曳 A 轉向架模型到 B 圓柱模型中，這時會出現**建立導出的零件**→是。

步驟 2 插入零件

1.□以移動/複製特徵...、2.☑斷開與原始零件的連結，螢幕上點選模型放置位置。

步驟 3 可見轉向架模型加入到圓柱中

步驟 4 編輯🔧，進行圓柱展平作業

步驟 5 刪除轉向架的特徵

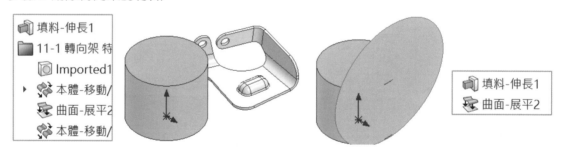

38

鈑金工程圖與展開尺寸

說明鈑金展開圖製作方式，並控制展開圖顯示資訊，展開圖還有一項特點，可以看到所有特徵。

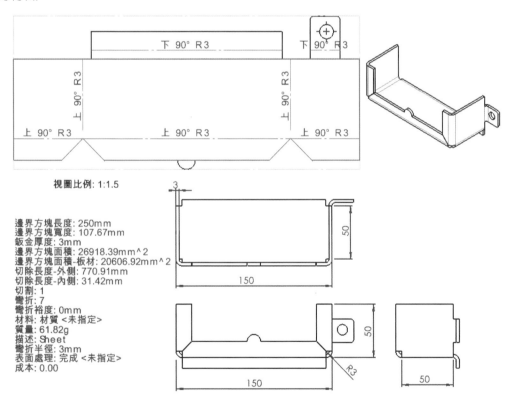

視圖比例: 1:1.5

邊界方塊長度: 250mm
邊界方塊寬度: 107.67mm
鈑金厚度: 3mm
邊界方塊面積: 26918.39mm^2
邊界方塊面積-板材: 20606.92mm^2
切除長度-外側: 770.91mm
切除長度-內側: 31.42mm
切割: 1
彎折: 7
彎折裕度: 0mm
材料: 材質 <未指定>
質量: 61.82g
描述: Sheet
彎折半徑: 3mm
表面處理: 完成 <未指定>
成本: 0.00

38-1 展開圖由來

鈑金工程圖多了平板型式視圖（俗稱展開圖），如同等角圖都是獨立視角，**平板型式**視圖由模型組態控制並形成專屬的**平板型式**稱呼，展開圖有 3 種方式製作。

38-1-1 第 1 種：切換平板形式

將目前的等角圖切換為展開圖：1. 點選視圖→2. ☑**平板型式**。有項重點，視圖一定要為母視圖◎。

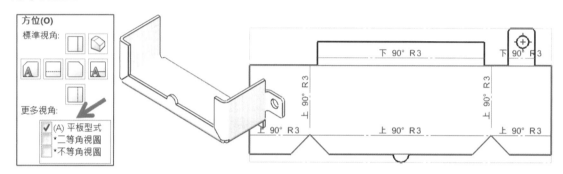

38-1-2 第 2 種：切換模型組態

點選剛才產生的展開圖，由組態清單得知視圖由**預設 SM-FLAT-PATTERN** 產生，下圖左。當鈑金模型產生工程圖，系統會在零件製作**預設 SM-FLAT-PATTERN** 的組態。

A 打通視角與組態的邏輯

將展開切換為等角圖：1. 等角視◎→2. 切換組態到預設，將這樣就通了。

38-1-3 第 3 種：視圖調色盤 🔲

由視圖調色盤下方拖曳**平板型式**到繪圖區域中。

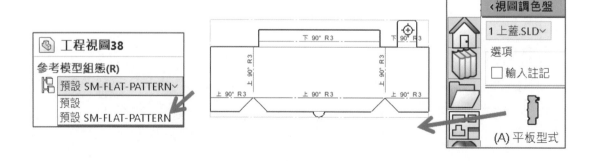

38-2 零件之模型組態

鈑金模型產生工程圖後，自動產生子組態。由零件可見 2 個組態：1. **預設=折疊**、2. **預設 SM-FLAT-PATTERN=展平**，下圖左。

分別切換組態可見組態控制鈑金工具列的展平指令📄（抑制或恢復抑制）。

38-2-1 記憶按鈕

📄指令被組態記憶點選或非點選，當展開圖有問題時，這就是解決方案，例如：視圖非展平狀態，零件的 SM-FLAT-PATTERN 組態忘記將📄切換所致。

38-2-2 視角與組態的邏輯由來

回到工程圖點選平板型式視圖，切換模型組態為預設，視圖就會是摺疊狀態。萬一組態 SM-FLAT-PATTERN 也是摺疊狀態，就要回到模型變更修改。

38-2-3 早期作法

你會製作模型組態，為了控制展開或折疊狀態嗎？當然不會，因為比較麻煩。可是早期要自行製作展開與摺疊組態。

38-3 彎折線與彎折註解

點選視圖後，於欄位控制顯示：1. 彎折線、2. 彎折方向、3 彎折半徑、4. 彎折順序、5. 彎折裕度，這些都是加工資訊，彎折註解不同一般註解，不必手動加入。

38-3-1 ☑彎折註解

顯示彎折線與註解，<bend-direction>=彎折方向、<bend-angle>=彎折角度、R<bend-radius>=彎折半徑，下圖左。

38-3-2 □彎折註解

很多人問如何刪除彎折註解，雖然可以點選他，但無法直接刪除，很納悶對吧，所以只要□**彎折註解**，就可以看不到彎折註解，下圖右。

38-3-3 回到預設彎折註解

□彎折註解→☑彎折註解，這時註解回到預設，先前設定會重來。

38-3-4 註解語法

按圖示會自動加入代號，不過有很多代號很少人看得懂，建議只要呈現 1. **彎折方向**↕與 2. **彎折角度**即可。

Ⓐ 彎折方向↕

語法<bend-direction>，展開圖呈現上或下。

Ⓑ 輔助角度

語法<bend-angle>，展開圖呈現角度，常見 90°。

Ⓒ 互補角度

語法<bend-complementary-angle>，常用在非 90 度彎折。

Ⓓ 彎折半徑

語法<bend-direction>，展開圖呈現半徑數值，例如：90° R3。

Ⓔ 彎折順序

語法<bend-order>，展開圖呈現數值 3，建議不要放。

Ⓕ 彎折餘隙

語法<bend-allowance>，展開圖呈現數值 0.5，建議不要放。

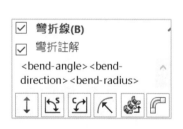

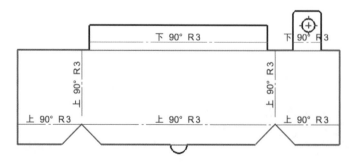

38-4 平板型式顯示

快速切換平板型式的視圖角度,也是視圖美觀。

A 展開圖與立體圖對應

展開圖的放置要和等角圖對應,這樣才不會考智力測驗。否則容易產生糾紛,建議把這部分納入審圖機制。

38-4-1 標準角度

清單切換標準旋轉角度,就不必使用**旋轉視圖**指令。

38-4-2 反轉視角

正反面翻轉視圖,像煎荷包蛋,常用在等角圖相對顯示。可見註解方向為整體改變,例如:原本上 90 度 R3➜下 90 度 R3(又稱正折反折),可避免人工註解輸入錯誤。

A 正折朝上

展開圖習慣正折朝上,水刀或雷射切割會在此面畫彎折記號線,使加工者能容易判斷。萬一展開圖反折朝上,加工者不僅無法使用,還必須人工畫線,外 R 會有破板風險。

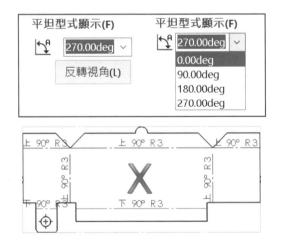

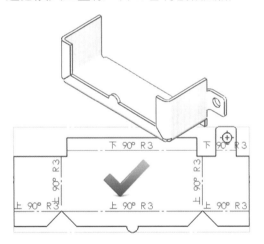

38-5 除料清單屬性

顯示鈑金內部資訊,例如:邊界方塊尺寸、面積、彎折半徑…等,除料清單屬性應該稱為平板型式屬性。

38-5-1 加入除料清單屬性

下拉式功能表沒有指令，只能：1. 平板型式視圖上右鍵➔2. 註記➔3. 除料清單屬性。

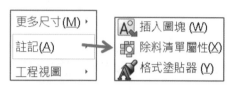

邊界方塊長度: 250mm
邊界方塊寬度: 107.67mm
鈑金厚度: 3mm
邊界方塊面積: 26918.39mm^2
邊界方塊面積-板材: 20606.92m
切除長度-外側: 770.91mm
切除長度-內側: 31.42mm

邊界方塊長度：250mm	彎折：7
邊界方塊寬度：107.67mm	彎折裕度：0mm
鈑金厚度：3mm	材料：材質
邊界方塊面積：26918.39mm^2	質量：61.82g
邊界方塊面積-板材：	描述：Sheet
20606.92mm^2	彎折半徑：3mm
切除長度-外側：770.91mm	表面處理：
切除長度-內側：31.42mm	成本：0.00
切割：1	

38-5-2 零件的除料清單屬性

特徵管理員除料-清單-項次 1右鍵➔屬性。

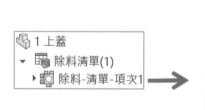

除料清單摘要	屬性摘要	除料清單表格		
	屬性名稱	類型	值 / 文字表達方式	估計值
1	邊界方塊長度	文字	"SW-邊界方塊長度@	250
2	邊界方塊寬度	文字	"SW-邊界方塊寬度@	107.67
3	鈑金厚度	文字	"SW-鈑金厚度@@@除	3

38-5-3 平板形式視圖屬性

在工程視圖屬性視窗，顯示：1. 鈑金彎折註解、2. 顯示邊界方塊。

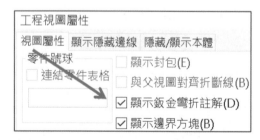

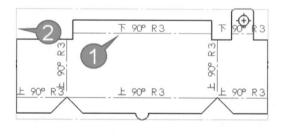

38-5-4 取得厚度連結

不要人工輸入鈑厚，業界常說被鈑厚害死，經常發生模型改到，工程圖鈑厚沒改到，所以鈑厚用屬性連結可避免這問題。

有 2 種方法取得連結鈑厚：1. 除料清單屬性、2. 在鈑金模型中，檔案→屬性。

邊界方塊長度: 250mm
邊界方塊寬度: 107.67mm
鈑金厚度: 3mm ①

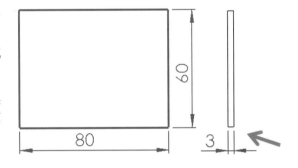

38-5-5 標註鈑厚

上節有點難對吧，直接產生有厚度的視圖並標註鈑厚（箭頭所示），雖然多一個好像無關緊要的視圖，卻是最容易導入成功的手法。

常遇到發現這招是好方法後，補視圖與標尺寸卻發現多年來鈑厚與實際現場不符。

38-6 驗證展開尺寸

說明展開尺寸與 1. 彎折裕度、2. 彎折半徑、3. 鈑厚關係。以 50x100 來說，在模型展平狀態下點選邊線查看尺寸 190.9 覺得怪怪對吧，應該是 100＋50＋50=200 才對。

鈑金展開先學理論相加，再學會如何計算彎折裕度。

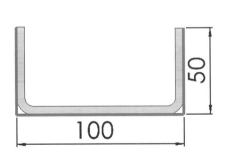

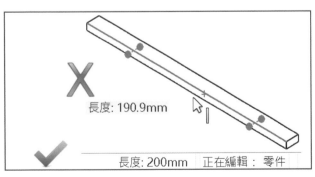

38-6-1 理論值相加

邊長相加結果為拆圖基準（不含彎折裕度）。包外鈑金為例：彎折半徑=5、鈑厚=5、應該是展開尺寸包外=200（100＋50＋50），若是包內=220（200＋10＋10）。

38-6-2 彎折線與輪廓邊距離

工程圖彎折線與輪廓邊距離包外=50、包內=55。

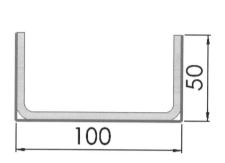
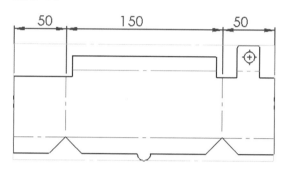

38-6-3 預設的彎折裕度

編輯看出預設 K-Factor=0.5（箭頭所示），所以包外展開不會是 200，下圖左。

38-6-4 展開標準圖

答案揭曉，由控制**彎折扣除=0**，對 RD 可滿足鈑金廠要展開標準圖。彎折扣除=0，展開尺寸與**鈑厚**有關，和**彎折半徑**無關，下圖右。

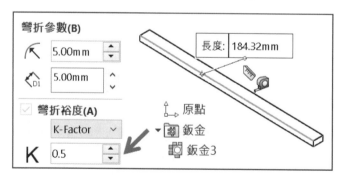

A 包內（鈑厚 5）

包內的彎折扣除 0，展開長度=160(100+50+5x2)，包內和鈑厚有關，下圖左。

B 包外（鈑厚 5）

包外的彎折扣除 0，展開長度=150(100+50)，包外和鈑厚無關，下圖右。

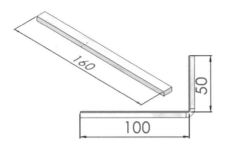

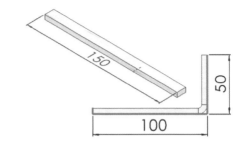

38-6-5 彎折半徑 0

彎折半徑=0 不必計算彎折裕度，不過折彎數量多，誤差提高，要準確就用 K 值，下圖左。彎折半徑=0 有些特徵無法使用，例如：邊線凸緣🥄會出現計算錯誤，下圖右。

業界會將 R 改接近 0，0.001，讓後續特徵可使用。

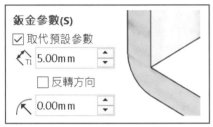

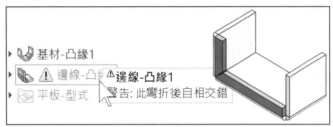

38-6-6 K 值換算手法（和鈑厚有關）

展開環境驗算 2 邊 50 相加 =100，反推增減 K 值到 0.273。

K 值可以 1 以上讓模型變長，常用在增加鈑金加工預留量。

繪圖區域修改 K 值後→🥄才可看到展開長度被更新。

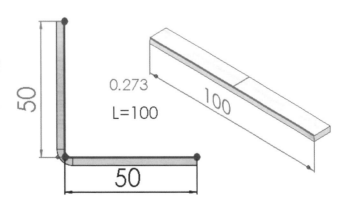

38-6-7 輸出至 DXF/DWG

在模型直接輸出平板型式，不必到工程圖，再另存為 DWG。有 2 種方式：1. 模型右鍵、2. 平板-型式右鍵→輸出至 DXF/DWG，顯示輸出預覽視窗，確認輸出內容是否正確。

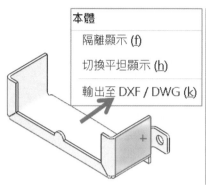

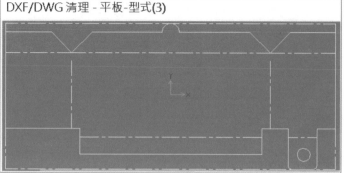

38-7 導入展開圖建議

廠商說不要展開圖，RD 也沒問為什麼就跟著不出展開圖，重點在於自己想不想要展開圖。要問對方為何不要，了解對方需求並改變自己是困難的，導入本來就不容易呀。

38-7-1 展開圖提供拆圖參考

加工廠商不要展開圖，至少展開圖協助拆圖人員展開參考和基準圖面（不必重拼），拆圖參考多半不會拒絕。1. 展開圖參考→2. 整數展開圖→3. 計算係數的展開圖。會擔心廠商沒注意把你的展開圖加工嗎，是有可能的，所以在展開圖下方：展開圖為參考用。

38-7-2 視圖比例

展開圖比例經常要求 1:1，例如：轉檔避免圖形失真，機台就是要 1:1 圖形。可以將該視圖複製到另一圖頁，該圖頁為了轉 1:1 視圖用，不必擔心 1:1 會放不下圖面，下圖右。

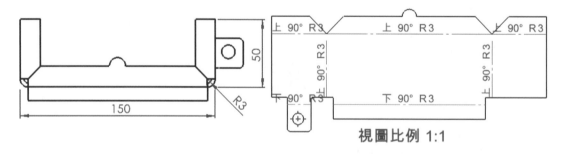

39

成形工具

成形工具（Forming Tools）⚘，就是沖壓模具，模擬衝壓成形。特點：重覆使用、製作簡單、具/不具關聯性。⚘是鈑金專屬的特徵庫，可以自行製作特徵（衝凸、鑽孔、散熱窗）加入該指令中，讓其他模型也能使用。

A 指令介面

進入指令類似**異型孔精靈**🜚有 2 大標籤：類型和位置。分別設定：1. 放置面、2. 旋轉角度、3. 模型組態、4. 連結、5. 平板型式顯示情形，常用 1、2。

39-1 先睹為快：成形工具

先會用再學製作，使用方式和異型孔精靈很像。

39-1-1 成形工具位置

本節使用預設成形工具範例，1. Design Library→2. forming tools→3. 點選embosses⚘，可見到下方清單模型。

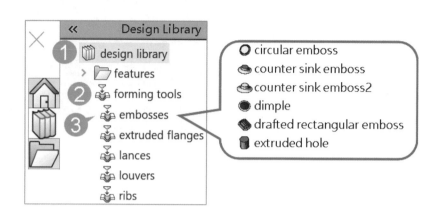

39-1-2 成形工具-類型

1. 點選 drafted rectangular emboss◆→2. 拖曳該檔案到模型面上看到預覽→3. 進入成形工具特徵。ESC 會退出指令，這部分異型孔精靈已經不會這樣了，本節指令還有。

步驟 1 放置面

顯示放置成形工具的面，在模型面上點選迅速改變放置位置。

步驟 2 旋轉角度

控制特徵的角度。

步驟 3 反轉工具

改變衝凹凸方向，下圖左。

步驟 4 模型組態

切換成形工具組態（如果有了話）。

步驟 5 連結至成形工具

控制成形工具檔案是否關聯，未來成型工具的檔案設變，會同步變更。

步驟 6 取代工具

抽換成形工具檔案，適用指令後編輯作業。

步驟 7 沖壓 ID

顯示沖壓表格的代號，該號在檔案屬性

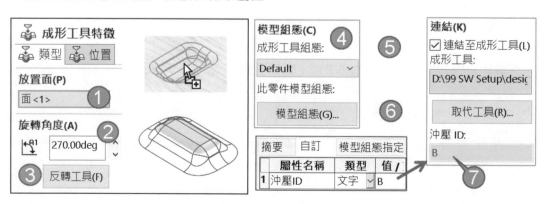

步驟 8 平板型式顯示

設定展開是否顯示成形工具資訊：1. 沖壓、2. 輪廓、3. 輪廓中心，這些資訊在工程圖可見。

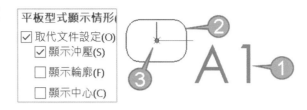

39-1-3 成形工具-位置

透過草圖點增加成形數量以及定義位置，下圖左。

39-1-4 成形工具結構

成形工具結構包含 2 個草圖：1. 輪廓、2. 位置，特徵名稱也是檔名。自行練習將其他的成形工具載入到鈑金模型中。

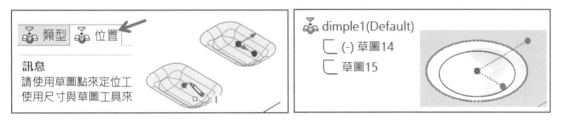

39-2 成形工具製作

模型製作為成形工具，設定後看到顏色變化：1. 模座青色、2. 衝模特徵黃色、3. 衝孔紅色，例如：右圖模型最好用中心矩形 ▣ 完成。

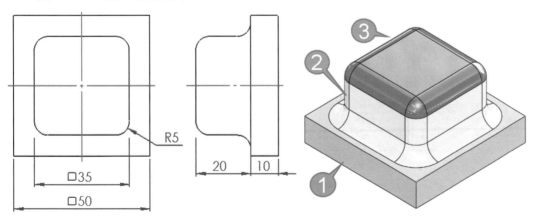

39-2-1 R 角重要性

R 角會影響到鈑金厚度，例如：R5，只能用在 5 以下鈑厚。

39-2-2 製作模型組態

設計衝模尺寸 26*26 以及 35*35 模型組態。

39-2-3 成形工具🍄

本節說明成形工具應用，該指令不能重複使用也不能抑制，必須刪除才能重新製作。

步驟 1 停止面（必要選項）

指定衝模停止位置，例如：底座平面。

步驟 2 移除面（非必要性選項）

指定面為衝破孔，例如：衝頭上共 9 面。

步驟 3 插入點

指定點為插入基準，不設定也可以（箭頭所示）。

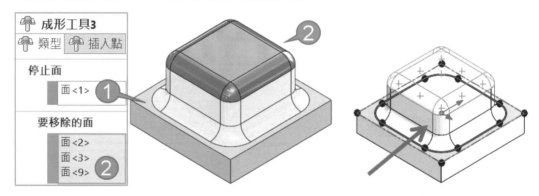

39-2-4 驗證成形工具

自行驗證剛才製作的成形工具到鈑金模型上。

步驟 1 將檔案總管的模型拖曳置放到成形工具資料夾中

步驟 2 拖曳沖頭到鈑金模型上

可以見到成形工具的模型在鈑金上。

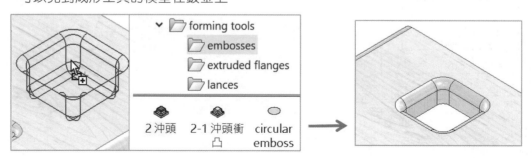

39-3 成形工具技術與問題原因

以 SW 內建的成形工具檔案說明特徵庫技術，並舉例無法產生成形特徵的問題與解決。

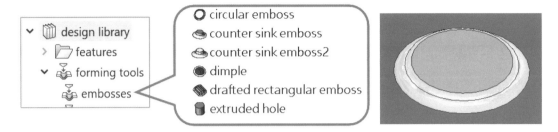

39-3-1 成形工具技術

早期沒有成形工具🍄是如何製作特徵庫的，可以認識早期成型特徵的作法，他是🍄的歷史，會覺得很克難，甚至可以認識早期人員的思維模式。

A 檔案格式

dimple.sldftp，SLDLFP 為特徵庫專屬格式，後來可以統一為零件格式 SLDPRT。

B 無基準底座

由於外圓角特徵必須製作底座，而特徵庫不包含底座，就用除料特徵把底座移除。

C 定位草圖

要自行用草圖把定位輪廓產生出來，通常為參考圖元。

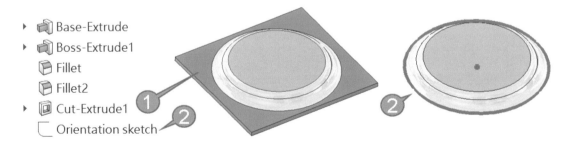

D 預設成形方向

以前的人以加工成型法建模，所以模型打開衝凸向下，為了強調顯示切剖面，下圖左。

E 自行給顏色

特徵庫有一項特色，只要遇到紅色面就會自動破孔，顏色必須 RGB (255, 0, 0)，下圖右。

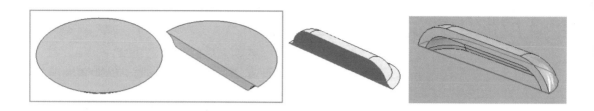

39-3-2 問題原因與解決

本節原因沒聽過有這樣的說法，有些是進階議題。

A 成形工具資料夾

資料夾沒指定成形工具資料夾，就會出現導出零件視窗。1. forming tools 資料夾右鍵→2. 成形工具資料夾。

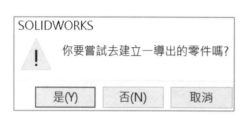

B 要在平坦面與鈑金零件

必須用在鈑金與平坦面，否則系統會錯誤提示。

C 鈑厚要相容

成形工具與鈑厚有關，鈑厚要小於成形工具，或成形工具導角要大於鈑厚。

D 成形工具不能重疊

成形工具不能重疊，否則形成干涉，這樣的鈑金也是無效的。

成形工具特徵

類型　位置

放置面(P)

❌ **模型重新計算錯誤**
成形工具與其他成形工具重疊
請嘗試重新定位

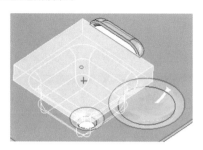

筆記頁

榫頭榫孔與本體應用

　　榫頭與榫孔（Tab & Slot）🔧於 2018 推出，不必使用扣件（螺絲、螺帽）即可直接連結。凸為榫頭、凹為榫孔接合結構，方便生產、安裝與拆卸、讓接合處穩固，常用在木工。

A 盲點

　　研究指令過程遇到 2 大盲點：1. 鈑金與非鈑金使用🔧的差異、2. 榫孔長度預設為**成形至某面**，造成一開始指令無法點選。本章後面列舉常用鈑金雜項：多本體和鈑金模組化。

B 榫頭應用

　　🔧被歸類在鈑金（插入➔鈑金），除了指令不容易被發覺，也讓人誤以為只能用在鈑金，其實他可以用在任何本體，以名稱和指令特色來說應該歸類在熔接比較適合。

C 不用草圖的特徵

　　🔧如同連接板📎也是不用草圖的特徵，為業界使用度很高的指令。

40-0 榫接觀念

　　榫頭與榫孔早期為木工專門術語常稱為**榫接**，由 2 部份組成：1. 榫頭、2. 榫孔。

40-0-1 榫頭（Tenon，簡稱榫）

　　每個面有專門術語，分別為 1. 榫端、2. 榫頰、3. 榫肩，1. 榫端為凸出端面、2. 榫頰為榫端垂直面、3. 榫肩為底端面，下圖左。

40-0-2 榫孔（Mortise，簡稱卯）

榫孔又稱榫眼，當榫孔深度不同可再細分為 2 種類型：1. 明榫、2 暗榫。

A 明榫

榫孔完全貫穿與榫頭接合後，可見連接痕跡，下圖中。

B 暗榫

榫孔不貫穿本體，與榫頭接合後看不出連接痕跡，下圖右。

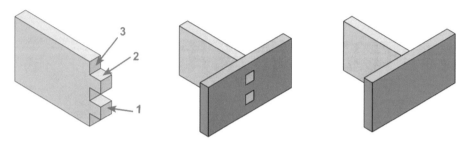

40-0-3 指令位置

插入→鈑金→榫頭與榫孔，或鈑金工具列。

40-0-4 指令介面

進入指令會遇到 5 大項：1. 選擇、2. 偏移、3. 間距、4. 榫頭、5. 榫孔，一開始感覺很多不好學經常失敗，只要掌握榫頭位置的給法，剩下只是大小設定，下圖左（箭頭所示），掌握以後只要亂壓幾乎可以成功。

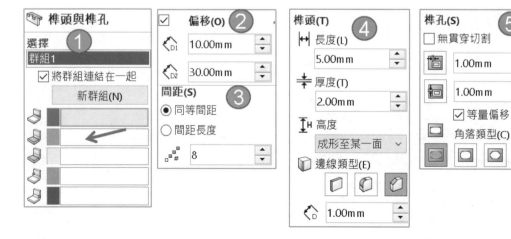

40-0-5 先睹為快：隔板

完成隔板榫接，先有成就感，再理解指令細節，進入指令由訊息可知 2 步驟。

步驟 1 榫頭邊線

點選隔板垂直線，定義榫頭位置與排列方向。

步驟 2 榫孔面

點選榫孔的成形面，這時可見預覽。

步驟 3 間距，☑同等間距

定義榫頭與榫孔數量 3。

步驟 4 榫頭

定義榫頭長度 10、榫頭高度 10。

步驟 5 榫孔

榫孔長度偏移 1、☑等量偏移。

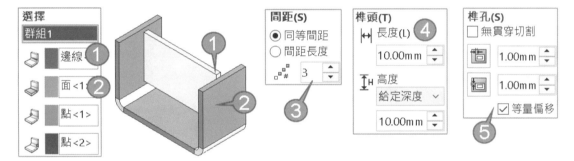

步驟 6 查看特徵管理員

可見 2 個特徵：1. 榫頭與榫孔-榫頭、2. 榫頭與榫孔-狹槽。可以改特徵名稱，但無法編輯狹槽特徵，編輯後會顯示：**無法編輯榫孔特徵**…訊息，下圖左。

A 練習：U 版

自行完成 U 版，下圖右。

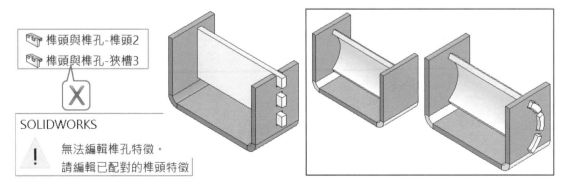

40-1 選擇

設定榫頭位置：1. 群組、2. 位置，重點在位置，不過一開始看到群組會感到阻礙，其實觀念和結構成員的新群組一樣。

例如：一個特徵完成下方 4 隻腳的榫接，就要 4 個群組。

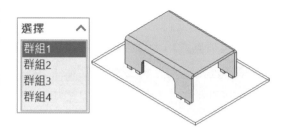

40-1-1 群組清單

一個指令可以製作多組位置，例如：隔板有 2 邊，就用 2 個群組。1. 完成右邊設定後→2. 新群組→3. 點選左邊的邊線和面，系統自動完成和右邊一樣的設定。

A ☑將群組連結在一起

將群組設定連結，修改其中 1 群組尺寸，其他群組尺寸同步更新，不必一個個修改。

B 新群組

建立新的榫接位置，推薦使用快速鍵 Alt＋N。

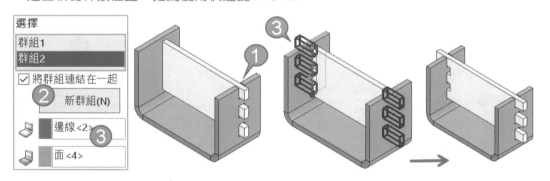

C 橫跨群組

群組只支援相同 2 本體，不同的模型邊線，例如：工形板有 3 個本體，使用第 2 群組時，會顯示**榫頭本體和榫孔本體/零組件應同樣橫跨群組**訊息。

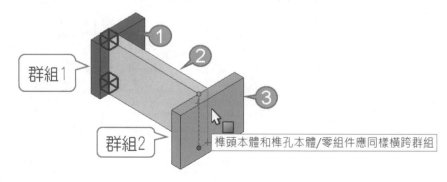

40-1-2 榫頭邊線（位置，紅）

點選模型邊線定義榫頭位置。點選邊線後會出現榫接的起始和終止 2 點位置，並加入至欄位，下圖左。

A 支援的邊線

榫頭邊線可以是圓柱上的直線或圓，但目前不支援**不規則曲線**。

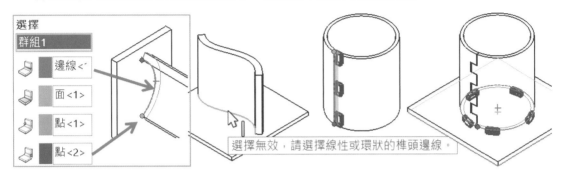

40-1-3 榫孔面（結束面，粉紅）

選擇要榫孔的成形方向（面），類似成形至下一面，這時會見到榫頭預覽，下圖左。

40-1-4 榫頭面（黃色，適用非鈑金）

所選非鈑金本體的邊線，系統會增加位置邊線的相鄰面，才可以完成指令。此面是榫頭的基準面，且該面會被另個本體擋到，有 2 種方式選擇榫頭面。

A 選擇其他

游標在模型面上右鍵→**選擇其他**→在清單視窗選擇該面，比較麻煩。

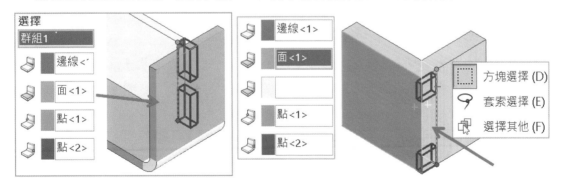

B 隱藏本體

在快顯特徵管理員將另個本體隱藏後→再回過頭來選擇**榫頭面**。目前不支援游標在模型面上右鍵**隱藏實體**，下圖右。

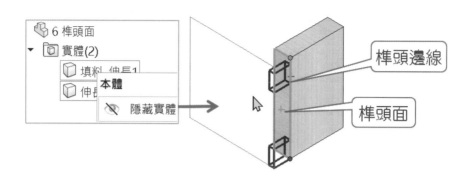

C 鈑金，自動面選擇

由上方訊息得知，選擇榫頭邊線系統自動選擇榫孔對應面，坦白說，一開始也看不懂他在說甚麼，下圖左。點選**榫頭邊線**後，系統就能判斷是否為鈑金本體，如果是鈑金就不會出現**榫頭面**欄位，下圖中。

D 無效的榫孔面

理論上鈑金本體的榫頭邊線會自動抓取榫頭面，榫頭位置邊線的選擇造成系統抓錯面→選擇**榫孔面**會出現**無效的榫孔面**，下圖右。

這時重新製作並改選另一條榫頭位置邊線即可。

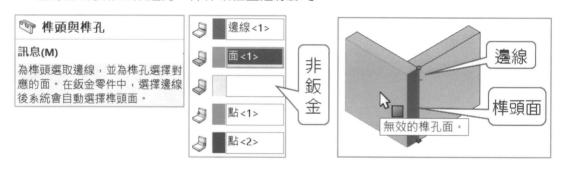

40-1-5 參考起點（綠）/參考終點（墨綠）

顯示榫頭邊線的。選擇榫頭邊線後，系統自動抓取並顯示邊線2端點，並自動加入至起點和終點欄位，作為下方偏移的定位參考。

40-2 偏移（預設關閉）

是否要設定榫頭線段 D1 **起點**及 D2 **終點**的距離，由端點色彩對應位置，偏移可以為 0 或□**偏移**。本節與焊道長度定義相同，不難理解。

40-2-1 起點/終點

分別定義榫頭起點和終點偏移位置，例如：10。

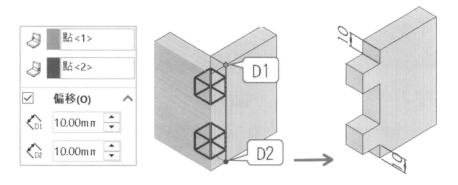

40-3 間距

選擇 2 種榫頭間距方式：1. 同等間距、2. 間距長度，設定其中一項，切換另一項會協助換算，例如：邊線長度 50，同等間距 2→☑間距長度，就會計算為 20。

40-3-1 同等間距

設定榫頭總數量，依邊線長度平均分布榫頭數量，例如：2 或 3，下圖左。

40-3-2 間距長度

設定榫頭之間距離，例如：20、40，下圖右。

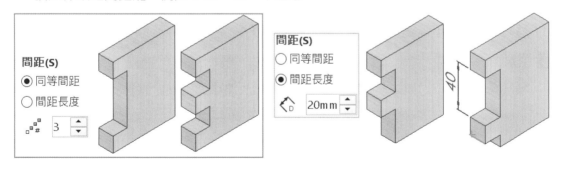

40-4 榫頭

以所選邊線為基準設定榫頭尺寸（大小）：1. 長度 15、2. 厚度 10、3. 高度 20、4. 邊線類型，下圖左。一開始無法理解這 3 尺寸定義基準，調整尺寸由預覽來體會即可。

40-4-1 長度⊬

與所選邊線共線=榫頭長度 15。

40-4-2 厚度⇞（不支援鈑金）

榫頭厚度通常與本體一樣厚。此設定不支援鈑金，因為系統自動連結**鈑金厚度**。

40-4-3 高度⊺ʜ（預設成形至某一面）

偏移所選邊線=榫頭高度 20，展開清單有 3 個高度選擇，如同伸長填料◈的深度。

A 給定深度

設定榫頭高度，高度可大於、小於或等於榫孔厚度，下圖右。

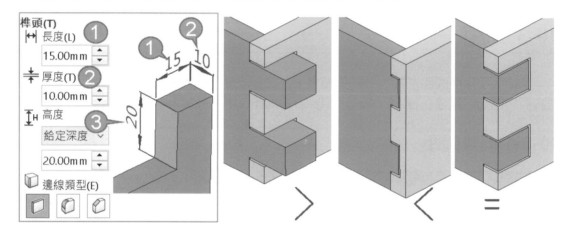

B 成形至某一面（預設）

榫頭高度為所選面並擁有關聯性，通常**成形至某一面**=榫孔面，下圖左（箭頭所示）。

C 至某面平移處

設定榫頭高度成形與榫孔面的偏移距離，點選反轉厚度可將榫頭調整為凹凸，下圖右。

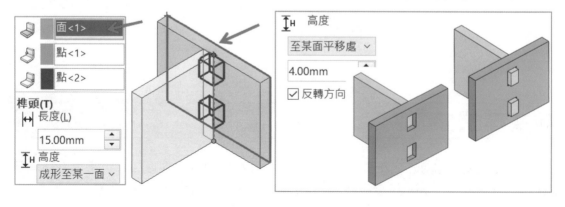

40-4-4 邊線類型

設定榫頭樣式：1. 尖角◻、2. 圓角◻、3. 導角◻，指令過程中順便加入，不必指令完成後使用第 2 特徵圓角、導角特徵，增加建模時間和系統運算。

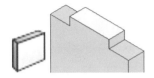 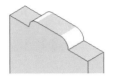 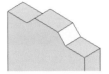

40-5 榫孔

榫孔配合榫頭大小，有 4 項設定：1. 無貫穿切割、2. 長度/寬度偏移、3. 等量偏移、4. 角落類型。

40-5-1 無貫穿切割（預設關閉）

榫頭高度未達榫孔板厚，榫孔是否要完全貫穿，常用在暗榫或橫槽對接。此設定應該稱為**允許延伸**，讓術語統一。如果是單一本體就無法使用此設定，下圖右。

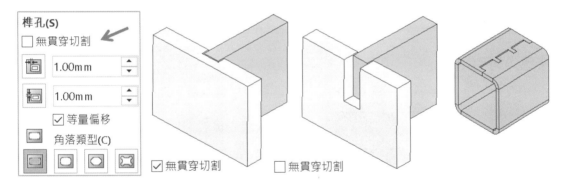

☑無貫穿切割　　　□無貫穿切割

40-5-2 榫孔長度◻、寬度偏移◻

設定榫孔偏移榫頭長邊與短邊距離，□**等量偏移**啟用寬度偏移◻。

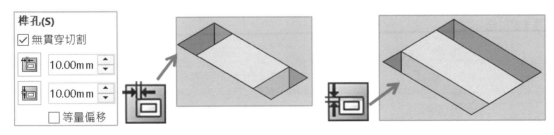

40-5-3 等量偏移（預設啟用）

將榫孔長寬等距偏移。

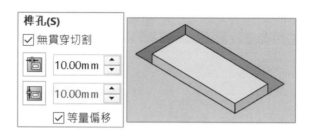

40-5-4 角落類型

設定 4 種榫孔角落類型，分別設定參數，望圖生義不難理解。

A 尖銳角落（預設）▭

榫孔角落為直角。

B 圓化角落▭

榫孔角落為圓角，輸入半徑值，要留意尺寸是否會干涉，下圖左。

C 導角角落▭

榫孔角落為 45 度導角，輸入導角值，要留意尺寸是否會干涉，下圖右。

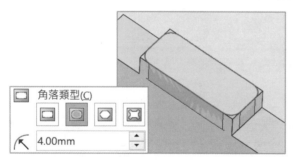
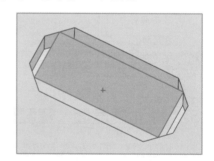

D 圓形角落▨

榫孔角落為圓孔，輸入半徑值。

40-6 榫接與榫孔應用

本節說明多項🔩範例,擴展對指令認知與廣度,甚至破除盲點。

40-6-1 圓柱製作

圓柱製作看起來簡單,但第一次會做不出來,因為沒打通觀念,例如:1. 圓筒為 1 個本體,不像先前 2 本體互相計算、2. 榫頭尺寸。

步驟 1 榫頭邊線

點選圓柱邊線定義榫頭位置。

步驟 2 榫孔面

點選榫孔成型面,出現無效選擇。由於預設尺寸過大超過模型範圍,先往下方設定榫頭尺寸再回過頭來定義**榫頭面**。

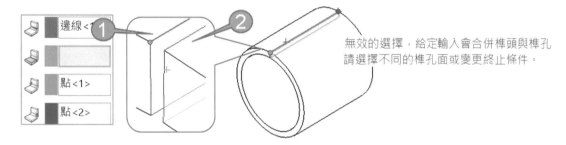

無效的選擇,給定輸入會合併榫頭與榫孔
請選擇不同的榫孔面或變更終止條件。

步驟 3 榫頭長度、高度=10

高度經常預設**成形至某一面**,造成步驟 2 無法執行、先設定榫頭長度與高度 10。

步驟 4 回到步驟 2,設定榫孔面

這時可以見到預覽,心裡安心許多。

步驟 5 間距

同等間距 3。

步驟 6 查看結果

A 練習：方管榫接與榫孔榫製作

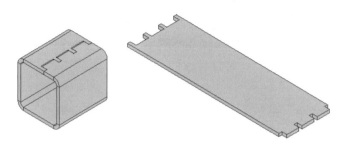

40-6-2 鳩尾榫製作

目前榫頭只能為直角榫型式，製作鳩尾榫可利用拔模❑完成。

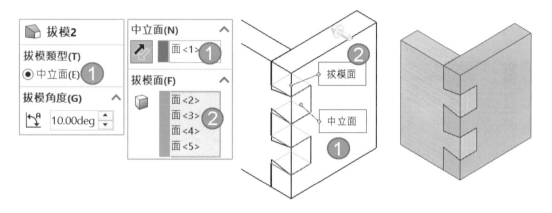

40-7 鈑金多本體應用

本節說明：1. 鏡射、2. 分割，這些都是指令應用，有些沒想到可以這樣用。

40-7-1 鏡射鈑金

利用鏡射特徵❑完成鈑金本體鏡射，最大特色：鏡射後的鈑金也能展開，常用在文武向鈑金，下圖右。

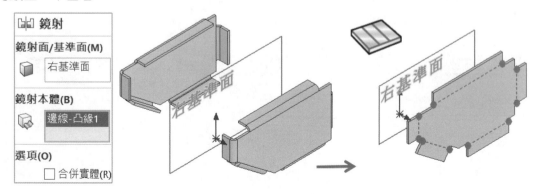

40-7-2 分割鈑金本體

利用分割特徵⬛將 1 個鈑金模型，切割為多個鈑金本體，分割的鈑金也能展開。

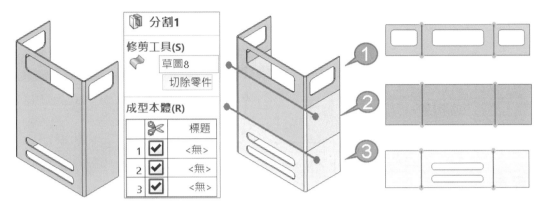

40-8 鈑金模組化

本節說明鈑金的自訂屬性，更改尺寸後進行變化與展開。

40-8-1 圓錐鈑金模組化

自訂屬性設計意念：1. 先設定型式➜2. 再設定基本尺寸。

Ａ 型式：偏心

以下方原點為基準，定義偏心量 50。

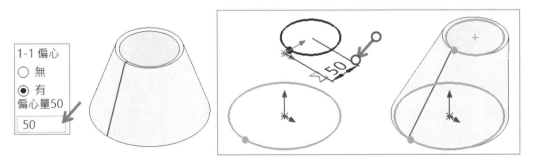

B 型式：上斜口

定義角度 25 與中心高 150。

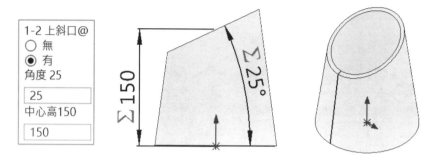

C 基本尺寸

定義 1. 底部直徑、2. 頂部直徑、3. 總高、4. 厚度、5. 縫隙、6. 彎折。

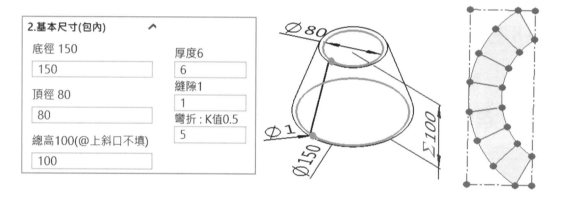

40-8-2 螺旋葉片模組化

螺旋葉片常用在攪拌器，自訂屬性設計意念：1. 內徑、2. 外徑、3. 螺距、4. 鈑厚、5. 旋向、6. 展平面積。

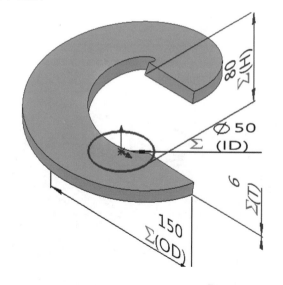

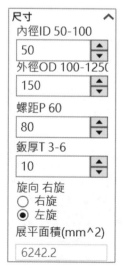

41

模具原理

將投影片內容以文字說明：1. 模具（Mold）原理、2. 製作手法、3. 檢查展示、4. 學習方向、5. 模具實務，為課程注入準備並導入製程管理。

A 內建模組

模具為標準版（Standard）內建模組，一般人以為模具最難，反而模具最好上手。1. RD驗證開模可行性、2. 模具業這設計模具系統，能在短時間產生預期能不能開模，避免到了製造端發生無法開模情形。

B 使用程度提高

模具屬後處理階段，本書破除模具很難迷失，模具=精密，是高階普世價值也是成就捷徑，以 4 大天王來說，業界要求精通 SolidWorks 局勢下，你不能不會模具。

C 多本體技術

模具重點在分割手法，書中準備許多模具讓你拆個夠，模具適用實體不支援曲面，應證實體為主觀念，並對多本體應用更上一層樓。

D 模具養成

體會模具並非你想像這麼難懂，只要把模穴產生就很吃香，只是沒想到可以這樣。模具設計是一行飯，無論如何先把模穴產生再說。

市面有賣模具原理書籍，但原理整合在軟體操作並不多，有鑑於此大郎盡快把模具和大家分享。

41-0 天高地厚

分 3 階段學習模具，定義學習目標和軟體極限的認知，前 2 階段 RD 要會、第 3 階段是模具業者要會的。

41-0-1 第 1 階段 模具原理

模具工具列每個指令要會用，並知道指令特性。其實模具沒有專屬的環境，只是多本體作業，換句話說多本體都可使用模具指令。

41-0-2 第 2 階段 分模手法

融會貫通多種模具製作手法，例如：布林運算、模具分割、伸長法... 等。模具主題依常用和學習容易度順序排列，讓你有系統學習。

41-0-3 第 3 階段 模具系統

認識零件和組合件模具系統，包含：澆道、頂針、導柱、斜銷、模板... 等，下圖左。

41-0-4 任督二脈

模具有 2 脈：1. 結合🔲和模具分割🔲、2. 模具製作手法。1. 絕大部分模具由🔲完成，比較複雜一點靠🔲，對模具系統來說這些都是前置作業。

41-0-5 效益故事

這是真實案例，原本底座加工製造，每月需求 60 片，1 片約 120 圓。上完本課程試想開模看看，自行完成模穴，廠商吸收模具費（業界行規），庫存廠商準備（不必一次下大量，通常會要求下大量），這些改變不影響公司運作，反倒是降低成本提升品質。

一面倒作業獲得全公司支持，也開始想到很多事情用模具思維。只要一面倒優勢，反而是吸引提議，經幾次作業下來，全公司依賴 SW。

41-1 什麼模具

模具（Mold）=大量製造，模具=開模=模穴=分模，具備迅速將模穴產生技能。疫情後明顯感受模具廠接班的態勢，2 代直接採用 3D 分模以及製程管理，縮短模具設計時間。

41-1-1 技術提升與製造程序連結

工程圖標尺寸就會有東西回來，這樣的作業模式會被淘汰，絕大部分廠商採用 3D 進行建模與溝通，在 3D 主流趨勢下，要求工程師由模具驗證可製造性、設計變動模組化。

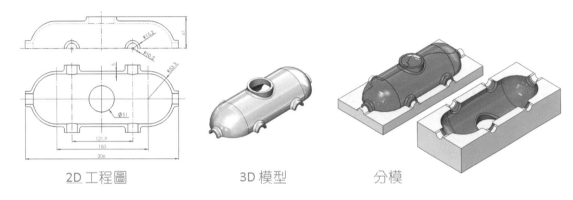

2D 工程圖   3D 模型   分模

41-1-2 驗證模型可製造性

機構設計過程難免細節沒注意，最短時間將模型分模，找到無法分模原因，寧可發包前找到問題，而非事後模具有問題才在釐清責任。攪拌器有 4 件要分模，讓你有辦法 30 分鐘內完成模穴。

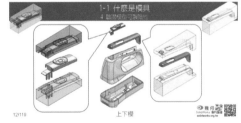

上下模

41-1-3 進階查看機構位置

模穴再加頂針、滑塊，確認是否影響機構位置，適合進階者。

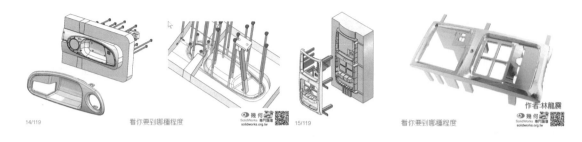

看你要到哪種程度　14/119　15/119　看你要到哪種程度　　作者:林龍震

41-1-4 結合 3D 列印

大郎常舉這故事，將模型 10 分鐘分模➔3D 列印塑膠模穴➔自行澆鑄打樣，成本就當作是 0。確認無誤後再把 3D 模型外包加工為金屬模穴，只要 9000。

以往把模型加工為金屬模穴，抱歉要 4 萬，這之間為何價差這麼大，包含對方幫你產生模穴的設計費，都是 3D 列印讓想法改變。

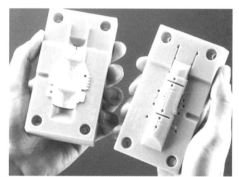

https://kknews.cc/tech/pxm9poz.html

41-1-5 指令位置

2 個地方取得鈑金：1. 工具列標籤上右鍵➔模具、2. 插入➔模具，下圖左。模具指令不多，強調多本體應用，指令會和曲面指令搭配。

常用 5 個指令依序：1. 分模線、2. 分模面、3. 封閉曲面、4. 模具分割、5. 側滑塊，這些也是模具術語。

41-1-6 工具列比較

看起來工具列好像很多指令，SW 把模具分析和進階特徵加到模具工具列來。其實常用只有後面 6 項，學習上比鈑金和曲面容易多了，下圖右。

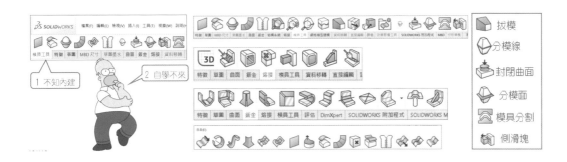

41-1-7 指令區段

由左至右 4 大區段：1. 曲面、2. 分析、3. 工具、4. 模具工具。分類不是很好，分析應該要在後面。

41-2 模具總類

一定常聽到 OO 模具，例如：塑膠模具、金屬模具、脫蠟模具、射出模具...等，這些和材質、製程有關，本節簡單說明。

41-2-1 成品材質分類

以產生的材質分類，例如：塑膠模、金屬模、紙模。

41-2-2 模座材質分類

模座（Plate）為模具本體，模座材質與使用速度、壽命、硬度、化學性質...等有關，例如：鋼模、木模。

  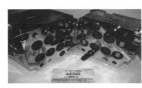

木模　　　　　砂箱　　　　　鋁中板

41-2-3 加工法分類

連續沖壓模、壓鑄模、鍛造模、澆鑄、整型、成型模具，下圖左。

41-2-4 用途分類

製造過程夾具、檢驗檢具，感覺好像和模具無關，至少符合大量使用。一種是壓模（成型模）、另一種是檢具。

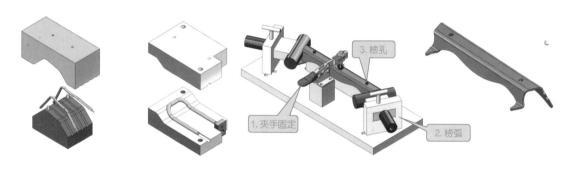

41-3 模具術語

簡單說明常遇到術語與理論，可由書本、網路、口耳相傳得到，即便是模具專家也要一一收集很花時間。指令運用會遇到術語，不多就是了。

41-3-1 公模、母模、成品、模穴

公模在下面=模座=凸模，母模在上面=凹模，母模特徵比較少。成品就是設計模型，為了能夠開模，定義拔模角或其他改變，下圖左。

模穴=成品壓凹處，影響模穴必須由成品下手，例如：縮水率（成品放大或縮小）。以前大郎以為模穴是特徵畫出來的，後來才知道是模塊＋成品計算出來的結果。

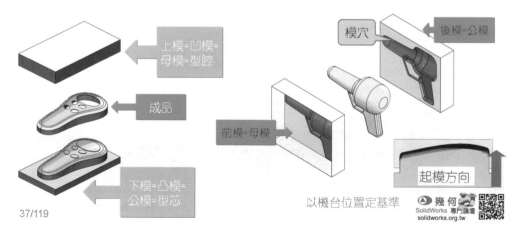

41-3-2 分模線（Parting Line，PL）

分模線為分模面前身，圍繞模型中間的迴圈，雙方用手指模型比畫分模線，討論怎樣分模會對模具比較好。PL 會在模型中間凸起一圈，會放在不明顯地方，甚至用咬花淡化。

41-3-3 分模面（Parting Surface，PS）

有線就有面，以分模線往外延伸曲面，為公母模共同接觸的假想面，他是電腦圖形實際看不出來。面不要零碎和不平整，避免加工費過高。

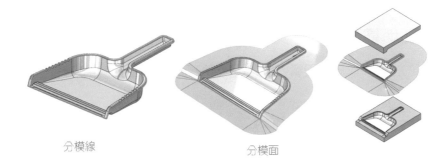

分模線　　　　　　分模面

41-3-4 模具配件

模具標準零件具有特性，例如：斜銷、側滑塊、頂針...等。

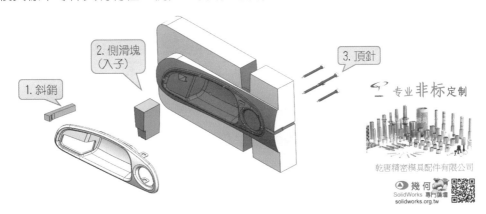

41-3-5 模座與模板

上下=模座，在模座中間=模板，每片模板都有自己功用。經熱處理材質會比較硬，讓它們堅固耐用。

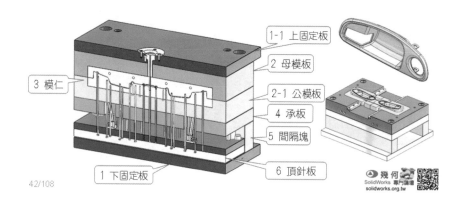

42/108

41-3-6 破孔與靠破

利用模具的凸面，成形過程幫模型直接貫穿，不須事後加工，下圖左。

A 破孔來自於下模

成本較低。

B 破孔來自於上模

影響美觀。

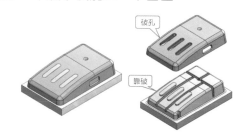

41-3-7 模仁

模仁是耗材用來抽換，不必整座換掉。

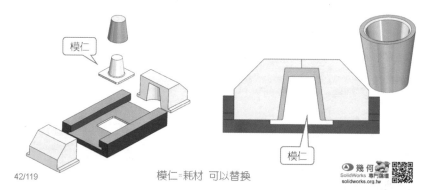

42/119

模仁=耗材 可以替換

41-3-8 拔模角

成品角度離開模具，例如：杯子斜度或2片玻璃中間有水，玻璃就移不開，下圖左。

41-3-9 嵌角與頂針

成品由頂針取出時，與頂出方向干涉，例如：卡勾、倒勾，就要用滑塊脫模，下圖右。

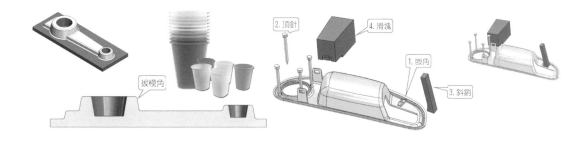

41-3-10 導柱（定位）

協助模具作業過程引導模具行程與定位，下圖左。

41-3-11 互鎖定位

引導模具定位，保持下方基準平坦，以及密封防止液體滲漏，下圖右。

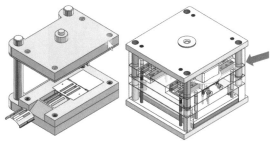

- 密封防止液體滲漏
- 鑄模引導模具就位
- 模具保持對正
- 防止偏移、不平滑曲面
- 防止不正確薄壁厚度
- 最小加工成本
- 保持基準平坦

41-3-12 澆道（流道）

液體入料的通路，下圖左。

41-3-13 一模 N 穴

1 次可以產出幾個成品，增加生產量，例如：1 模 4 穴，下圖右

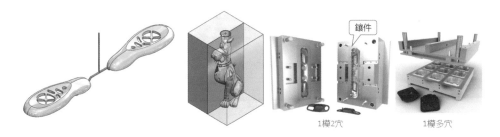

鑲件

1模2穴　　　　　　　1模多穴

41-4 先睹為快模具製作

體驗常見 2 種模具拆法，學完後可以下課了，以常用順序說明：1. 布林運算（結合）🗃️、2. 模具分割🗃️，都是在零件拆模，也是由下而上多本體設計。

半小時內學會 2 種手法，模具沒想像這麼難，受業界好評，口說無憑看下去吧。

41-4-1 布林運算法

2003 推出重大技術-多本體，布林運算=結合特徵🗃️，☑減除，見到模穴，2 步驟完成。

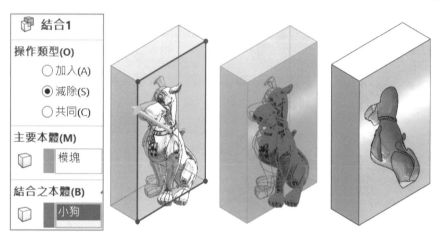

41-4-2 模具分割🗃️

2005 年推出🗃️，把它定義為新手法，放射曲面🥣（舊手法）為先前立下汗馬功勞，由模具工具看出模具製作順序，不必擔心記不起。

步驟 1 分模線🖐️

步驟 2 分模曲面🖐️

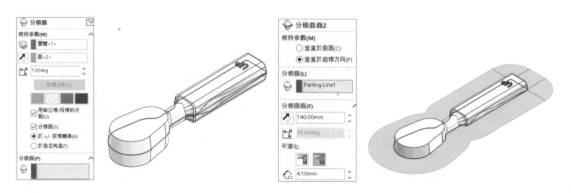

步驟 3 模具分割 🗃️

步驟 4 爆炸視圖，查看模穴

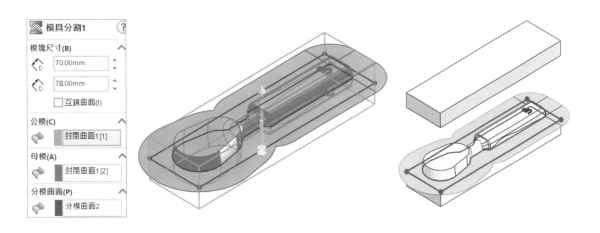

41-5 模具製作手法

依使用率簡單說明 9 大手法特性：1. 布林運算⬢、2. 模具分割⟁、3. 放射曲面◑、4. 模塑◙、5. 凹陷◕、6. 填料◩、7. 曲面除料◈、8. 曲面法、9. 側滑塊◐。

🅐 融會貫通

前 2 大應付至少 9 成模具作業，後面依需求為細膩手法克服特殊模型。要達到拆模任督二脈，這些手法全部要會，就會有人主動來找你。

🅑 混用手法有互通性

到底要⟁還是◩來分模?有些指令有先天障礙，要靠熟悉度、反應度，重點在一面倒的狼性技術。常遇工程師寧可在那等，也不會想辦法去問怎樣比較快。

模具手法是，很難 1 個手法走天下，1 個手法通吃只是很花時間而已，融會貫通就能邊拆順勢累積全面手法經驗，這樣你就無敵了。

41-5-1 布林運算法

最簡單且常用，適用對稱和單件模型。

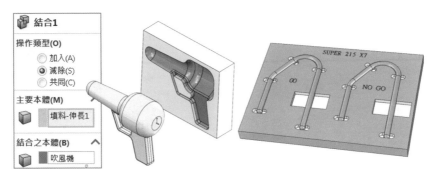

41-5-2 模具分割法

功能比較多，可產生分模線、分模面、模塊，95%以上靠它解決。

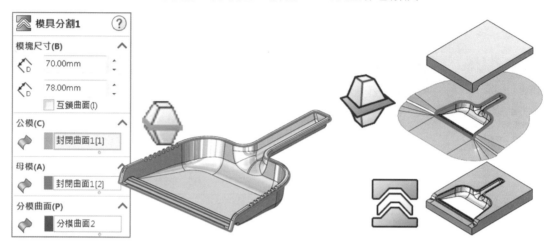

41-5-3 放射曲面法

1個指令一次完成分模線和分模面。

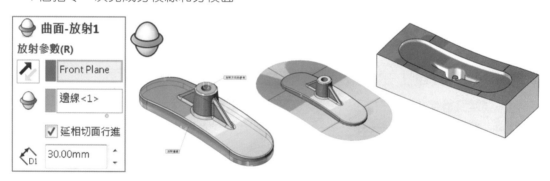

41-5-4 模塑法

又稱關聯法，由組合件產生模穴，算是💡和比例特徵💡整合，讓模穴產生關聯，此法會與插入零件💡與分割特徵💡同時應用，適合進階者，現今會以由零件產生模穴為主。

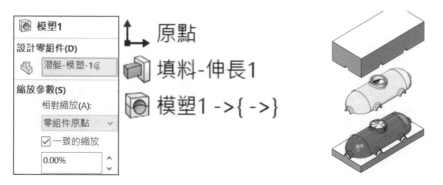

41-5-5 凹陷法

類似結合產生凹陷，特色可產生偏移間隙。

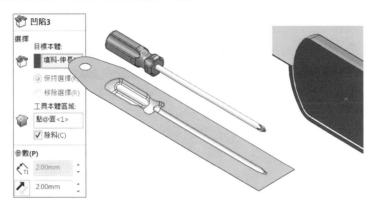

41-5-6 填料法

利用曲面殼→產生模具＋模穴，此法要配合曲面完成公、母模殼。

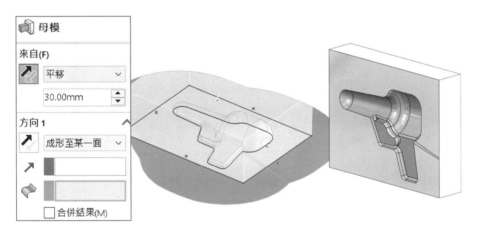

41-5-7 曲面除料法

承上節，除料手法完成模穴，除料常見為和。

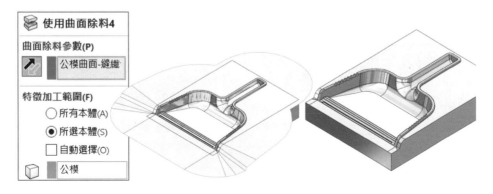

41-5-8 曲面法

基準會產生多方向分模面，會利用曲面完成。

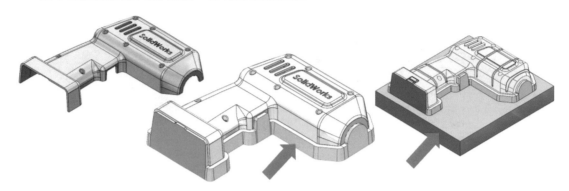

41-5-9 側滑塊法

分割上下模不同方向的本體，算是附加在手法之中，實務不太會以這獨立為手法。不過要以完成模具也是可以，就要等該指令功能再好一點，例如：可支援多本體分割，右圖為 SolidWorks 模具設計高級教程，康亞鵬繪製。

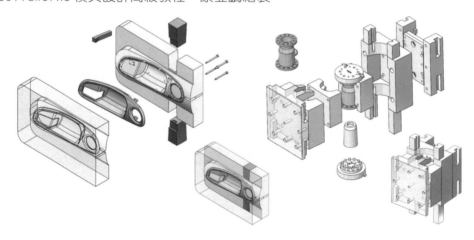

41-6 模具檢查

分模會檢查發現模型是否可分模，或是分模到一半有問題時：1. 憑經驗解決→2. 使用檢查工具。不見得要開模才會使用**模具檢查**，很多情況只為了查詢資訊，到時很多人會問你怎麼辦到的。

41-6-1 指令位置

指令都在評估工具列上，例如：拔模分析、底切分析、分模線分析、厚度分析，顏色標示需進行的處理區域，不會影響外型。

41-6-2 顯示卡效能

檢查工具靠顯卡處理，調整數據即時查看更新結果，甚至有些指令在關閉指令，結果還停留在模型上。

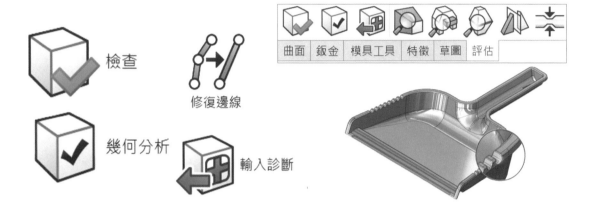

41-6-3 模流分析

軟體進行射出或澆鑄液體動向模擬，下圖左。

41-6-4 機構模擬運動

利用機構模擬確認動作順序是否正確，下圖右，資料來源 kknews.cc。

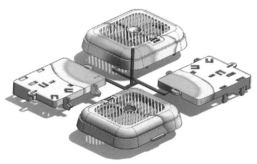
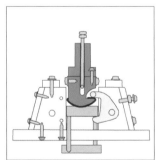

41-7 模具展示

把模塊和成品分離，為了確認模穴正確性和滿足成就感，進行模具後續作業。製作過程會臨時看一下多本體分開作業，確認後再放回去。

模具預設為合模不到內部，分離屬於意識作業，只是過程怎樣比較快。展示算階段任務，展示效果取決對方能不能一目了然並對你讚譽有加。

模具展示不見得用在模具，舉一反三用在別地方吧。展示指令依常用順序：1.移動複製 ✎、2.特徵複製排列、3.爆炸視圖 ✎。

A 爆炸視圖 ✎

自2012可多本體零件製作 ✎，不必透過組合件，2012以前使用 ✎。

B 移動複製排列 ✎

拖曳箭頭直接產生爆炸效果，使用率最高。

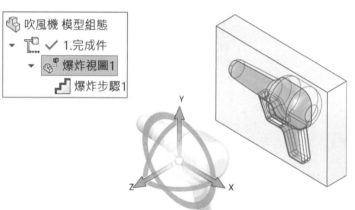

C 比較表

說明**移動複製** ✎和爆炸圖 ✎指令差異。

	優點	缺點
移動複製 ✎	可進行其他特徵指令 使用率高	增加特徵運算 沒有保持顯示 無法直覺控制距離
爆炸視圖 ✎	速度快、不需要特徵 知名度高 可以直接搬移距離 常用臨時查看	無法使用滑鼠手勢 無法使用特徵 回溯不能使用 ✎ 無法使用剖面視角

41-7-1 上下法

成品留在模塊，另一模分離避免死鹹，例如：模型留在下模，上模分離，下圖左。

41-7-2 上中下法

傳統爆炸法，將模型與模塊分離，很清楚看見成品與模塊關係，下圖中。

41-7-3 單件保留法

有些模型不見得有上下模，將成品留在模具上呈現對照，例如：檢具，下圖右。

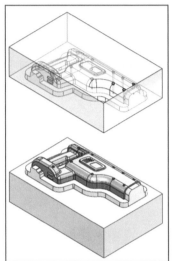
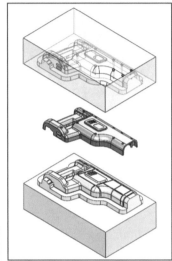
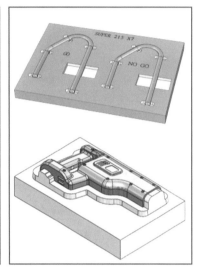

41-7-4 單件分離法

成品與模塊分離對照，下圖左。保留和分離同時呈現，下圖右。

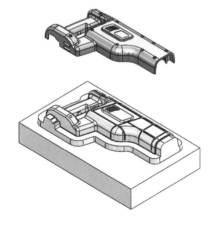
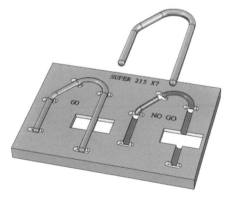

41-7-5 開盒法90度

旋轉模塊90度就像分享，下圖左。單一模塊掀開也是開盒，圖片來源16sucai.com。

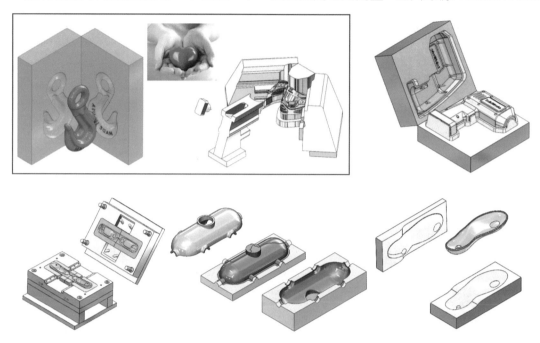

Ａ 作法

最常使用掀蓋展示法，把上模旋轉90度翻過來完整看出模穴。口訣：模型不動，上下模動。爆炸圖也是這手法，讓你想，上下模哪個先移動。

步驟1 移動/複製本體

點選下模。要先移動下模，看起來沒什麼這卻很重要，要讓上模成為旋轉基準。

步驟2 下模移開

拖曳Y軸讓下模分離。

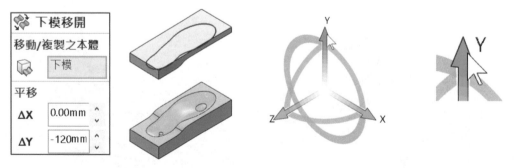

步驟 3 🔧

步驟 4 點選要旋轉的上模

步驟 5 展開旋轉欄位

步驟 6 點選下模旋轉邊線

步驟 7 角度=250

通常角度 90 或 250，只要看到模穴都行，角度不對就改過來，很隨性的。

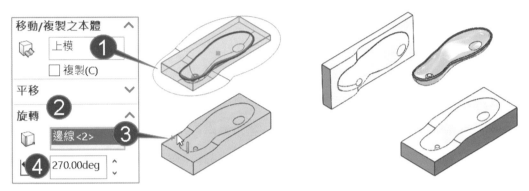

41-7-6 櫥窗法

讓上面模塊透明顯示，穿透看到成品和另一模塊。透明模塊上沒有特徵，就像看玻璃櫥窗一樣，看到裏頭擺設。

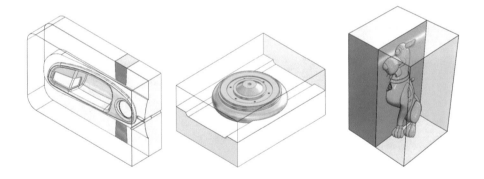

41-7-7 透明法

將模塊透明可見內部滑塊、頂針...等結構，但不適合對稱體看起來死鹹，下圖左。

41-7-8 對稱法

將模塊翻開對稱擺放，很多設計都會這樣擺，同時也是展示。

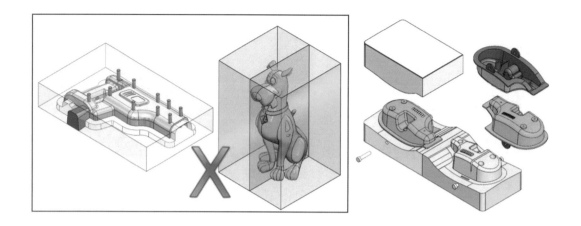

41-7-9 剖面法

最簡單與最快方式查看模具內部情形，或是查看模穴。

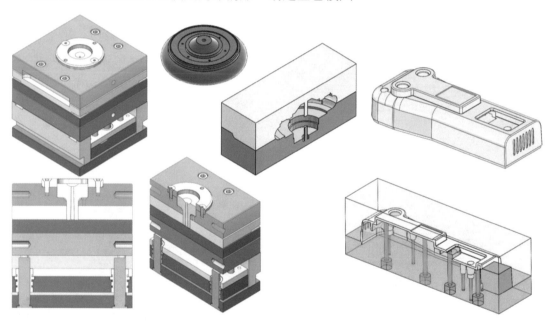

41-7-10 線架構法

就像 X 光穿透模具內部，不必刻意與大量翻轉模型。

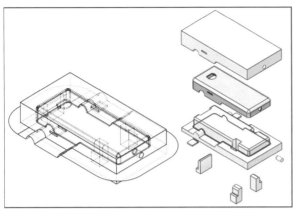
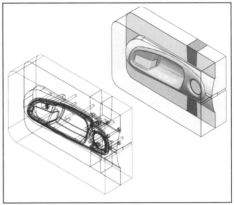

41-7-11 拖曳法

於組合件拖曳模型分離和組合。來自模型之間進階平行相距,常用在機構設計過程,只是把它用在模具罷了,下圖左。

41-7-12 成品取出法

利用相交曲面將模穴填充,就像把成品灌回來,這部分很少人知道,下圖右。

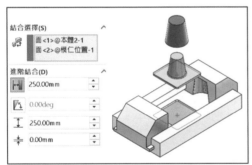
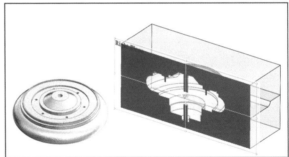

41-7-13 機台位置法

很好奇有些模具站起來,那是和機台位置有關,例如:上到下沖壓,左到右射出。

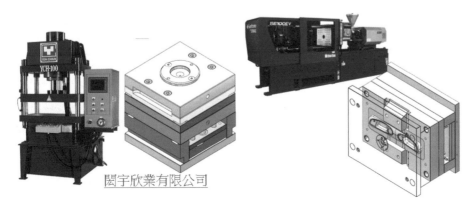

41-7-14 eDrawing 3D＋動畫

利用 eDrawing 分享檔案、查看 3D 與動畫，下圖左。

41-7-15 2D 圖片與錄製動畫表示法

其實 2D 圖片動畫擁有簡單明瞭、製作容易、檔案小特性，很多人將圖片分享在網站，例如：前沿數控技術、精創實戰課堂。

41-7-16 機構模擬法

將模具系統導入動作研究，模擬模具運動，查看堆模時序是否正確，下圖右。

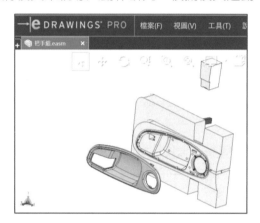 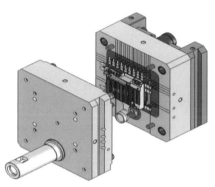

41-8 前置作業

本節說明模具做業之前的前置作業，有很多是指令作業，到時不詳細解說。

41-8-1 常用特徵整合到模具工具列

模具作業會用到很多特徵搭配，避免工具列切來切去所以會將：1. 伸長、2. 分割、3. 移動面、4. 鏡射、5. 移動/複製、6. 刪除面...等整合到模具工具列。

41-8-2 熔接環境

多本體作業不必顧慮伸長特徵是否**合併結果**，減少判斷時間與勞累，下圖左。

41-8-3 複製本體與爆炸圖

🖐會將成品移除,利用🐾複製成品,拖曳空間球的 Y 軸順便製作爆炸圖,這時系統就有 2 個成品,讓 1 個成品讓🖐減除,對後續模具展示或模穴對照檢查很有幫助,下圖右。

步驟 1 點選要複製的模型模型

步驟 2 ☑複製

步驟 3 拖曳空間球的 Y 軸

步驟 4 特徵管理員查看

實體資料夾多 1 個本體,特徵管理員有了移動/複製特徵🐾,可隨時變更與修改他。

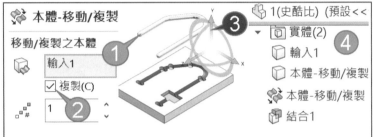

41-8-4 複製排列⣿VS 移動/複製🐾

這 2 指令一樣都是複製,操作上🐾會比較簡單,例如:只是要複製 2 本體進行差異對照,這指令我們會用滑鼠手勢來執行,總之,很常用的指令會用滑鼠手勢。

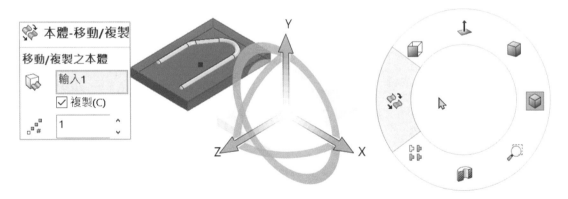

41-8-5 成品定位

🐾的結合設定和組合件組裝一樣,將模型定位置中,方便關聯性設計。常遇到模型不在原點附近或是模型本身歪斜,進行模具設計之前會先將模型定位。

步驟 1 移動的本體

點選要移動的管子本體。

步驟 2 進入約束

點選下方約束按鈕→進入**結合設定**頁面。若一開始就是**結合設定**，就略過此步驟。

步驟 3 同軸心◎

1. 先按同軸心→2. 點選原點＋圓邊線→3. 新增。重點在新增，這部分和組合件不同。

步驟 4 重合

按前基準面→點選模型面→新增。

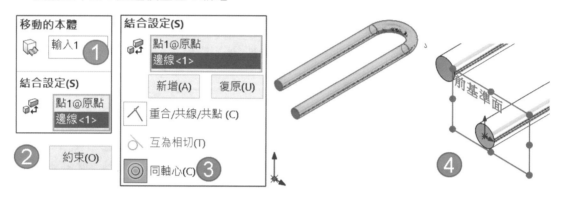

41-8-6 剖面視角

查看被包覆在模塊內本體，方便指令點選作業，不必到樹狀結構點選本體。例如：使用過程，環境下直接點選壺蓋模型即可（箭頭所示）。

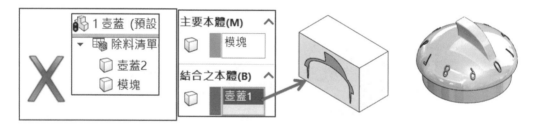

41-8-7 顯示隱藏線

顯示狀態常用在分模線作業，例如：**移除隱藏線**，由紫色分模判斷哪些線段沒加入，或紅色箭頭判斷成形方向，下圖左。由塗彩和非非塗彩之間比較就能體會，下圖右。

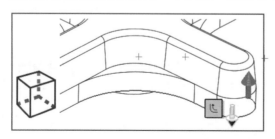
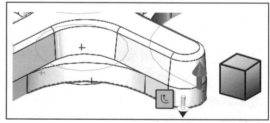

41-8-8 隱藏線選擇

模具作業經常選擇隱藏線，確認選項的**隱藏線選擇**是否開啟，下圖左（箭頭所示）。

41-8-9 塗彩

分模線作業中會進行拔模分析，由色彩變化清楚可見倒鉤位置，下圖右。

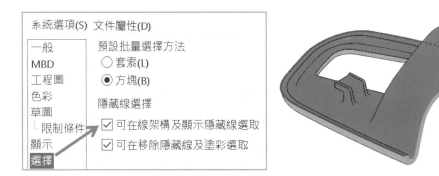

41-8-10 移除相切面交線（檢視→顯示）

塗彩模型圓角過多，相切面交線也多，**移除相切面交線**會覺得視覺很清爽，下圖左。

41-8-11 檔案縮小

模具特徵會讓檔案容量增大，例如：ㄇ型把=6.3MB→ㄇ型把模具=24.5MB，下圖右。所以要把ㄇ型把轉檔，例如：ㄇ型把.STEP 後，ㄇ型把=1.4MB→ㄇ型把模具=3.8MB。

ㄇ型把原稿有特徵，轉檔後特徵不存在所以檔案容量才會這麼小，不過原稿轉檔後沒特徵的情況下不容易設變。

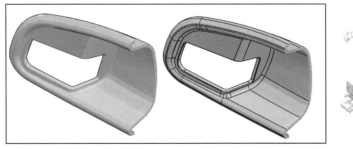

ㄇ形把.SLDPRT
6.30 MB

ㄇ形把模具.SLDPRT
24.5 MB

筆記頁

42

手法 1 布林運算法

布林運算（Boolean）是通俗講法，利用結合 (插入→特徵）的減除（差集）產生模穴。這手法適用對稱模型，是最簡單且常用的拆模手法，由於使用率極高會用快速鍵。

A 前置作業：成品複製

特性會減除原來的設計模型（吹風機），模具要保留運算後的設計模型與模穴比對，更能體會奧義。

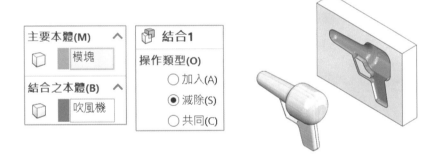

42-1 單件模塊設計意念

單件（1 個模塊）檢具設計 1 模 2 穴（GO 和 NG），說明檢具常見的：1 模多穴、文字、人體工學...等設計元素。

A 管長定義

由於銅管彎折加工會有延展性，以標準長度 100 來說，製程中長度可能超過 10mm=容許誤差範圍，就將成品增加 10，就會有 100(GO) 和 110(NO GO) 長度模型。

B 左模穴 GO

長度 100 的模穴=合格。

C 右模穴 NG

長度 110 的模穴=不合格，換句話說管子超過 110 一定放不下右模穴。

D 管子模型

有 2 種做法：1. 製作 2 組態進行切換 100、110 管長。2. 直接在管子面使用**移動面**增加 10，本節說明。

42-1-1 產生 NG 管

將標準管子使用複製排列，會覺得有點麻煩，如此能體會的好用之處。

A 設計距離

複製排列的距離和手寬度有關，例如：操作是女生，手掌距離比較小。另外，距離大模塊會大，成本增加也過重不好拿取。

B 數量（1 模幾穴）

要複製幾根管子=幾個模穴，例如：1 模 2 穴，數量=2。想要 1 次檢查多一些可以多穴，例如：讓作業員一次擺多根管子，用手指或手掌將管子輕撥入穴。

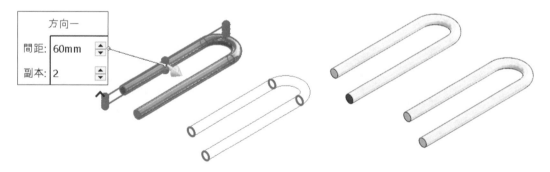

42-1-2 製作 NG 管長

將 NG 管利用延伸長度 10，下圖左。

步驟 1 ☑平移

步驟 2 移動的面

在管子上點選要平移的面。

步驟 3 方向參考

點選另一平面作為平移方向，也可以在 △X、Y、Z 中直接輸入距離。

步驟 4 平移距離=10

42-1-3 模塊大小

在管子中間繪製草圖，模塊最好以標準大小設計就不用額外裁切，模塊標準大小可以問加工廠商。

步驟 1 上基準面繪製矩形

矩形 140x120=模塊大小，不是配合件所以不重要，不要在圖面加公差。

步驟 2 🗐

自行設計深度 10。口合併結果，要產生多本體。

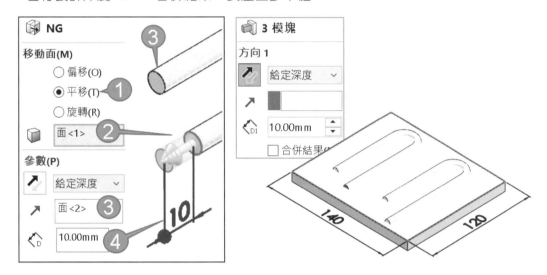

42-1-4 取物區域

製作 1. 逃摺痕＋2. 手取區域。當 U 管彎折產生摺痕時，將檢具的彎折摺痕去除，避免管件放入檢具傷到管件外觀。

步驟 1 在模塊上繪製矩形

在彎折處除料，矩形大小和手指、摺痕位置有關，尺寸自行發揮。

步驟 2 🗐

深度 5。特徵加工範圍，☑所選本體，點選模塊（箭頭所示）。

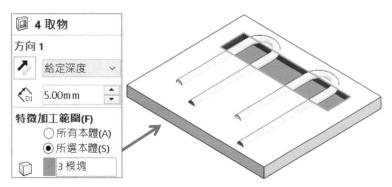

42-1-5 模穴

重頭戲來了，使用 製作模穴。

步驟 1 操作類型：☑減除

步驟 2 主要本體（保留）

點選要保留的模塊。

步驟 3 結合之本體（減除）

點選要產生模穴的產品=管子。

步驟 4 查看結果

模穴產生但管子不見了，這是 指令特性，後面說明如何克服達到雙贏，下圖右。

42-1-6 文字與修飾

本節屬於後處理，為了不佔用系統計算會在模穴後才製作。在模塊利用草圖文字→ ，加上型號、GO、NG 以利識別。由於模穴容易割人和傷管件，會在模穴銳角導 R0.2。

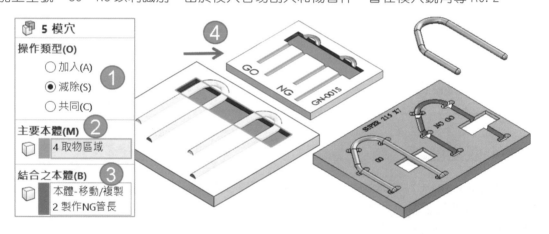

42-2 單件模塊設計

本節克服 指令特性複製多 1 本體，算布林運算前哨站。以後這部分不再說明，加速講解與製作效率。

42-2-1 1 檢具-2 彎

前置作業已經協助同學完成，直接進行 2 彎的管子檢具設計，下圖左。

步驟 1 取物區域

製作逃摺痕＋手取區域，深度會超過管子半徑，例如：管子 Ø6 半徑 3=深度 3，到時深度大於 3 即可，共 7 處。

步驟 2 特徵加工範圍

因為這是多本體除料，避免除到管子，所以要指定到模塊。

步驟 3 複製本體與爆炸圖🐾

☑複製，複製管子本體→拖曳空間球的 Y 軸往上順便製作爆炸圖。

步驟 4 模穴🎲

先前有複製管子，被🎲扣除 1 個還有 1 個。

 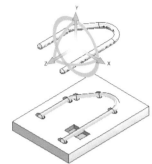 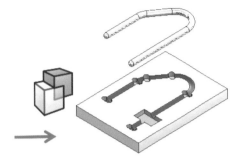

42-2-2 練習：螺絲起子

自行練習螺絲起子的模穴與爆炸圖。

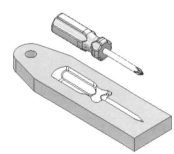

42-3 模塊關聯性

本節說明模塊的設計考量：1. 模塊尺寸、2. 設計尺寸。

42-3-1 模塊尺寸（A）

習慣將模型置中保有設計彈性，並以中心矩形▢→🏠，草圖尺寸直接依廠商提供的素材大小為基準，就不必再加工以減少成本，例如：350*250，下圖左標示 A。

42-3-2 設計尺寸（B）

模型與模塊距離決定模具強度、壽命或設計空間，該距離依公司習慣定義，例如：30 和 50，下圖左標示 B。

42-3-3 模塊深度

由於模塊在吹風機深度中間，當吹風機直徑100（半徑50），模塊要離吹風機至少要10的厚度，這時深度就要60，下圖中。

42-3-4 複製本體與爆炸圖

利用完成2個吹風機本體，並直接產生爆炸圖。

42-3-5 模穴產生與模具展示

完成吹風機模穴，並且與爆炸圖對應完成模具展示。

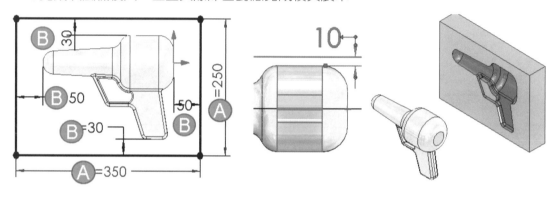

42-4 對稱兩件模塊

上節的單一模塊是最簡單的，本節說明2件（對稱模塊）做法。1. 先用最簡單的鏡射特徵，2. 再來分割特徵（插入→特徵），將模塊1分為2。

本節不再說明：熔接、移動複製、模塊繪製、結合...等操作細節。

42-4-1 鏡射本體

吹風機模具利用鏡射本體，完成第2件模塊，特別留意鏡射本體為文武向不能共用。

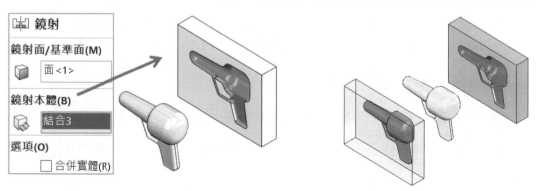

42-4-2 分割-基準面 🔲

🔲，**兩側對稱**將模型包在裡面，下圖左。本節完成🔲和🔲特徵，🔲又稱拆件，常用在由下而上設計。

步驟 1 🔲，製作模穴

步驟 2 🔲，修剪工具

　　點選右基準面，該基準面位於模具中間。

步驟 3 目標本體-☑所選本體

　　點選模塊進行切割。

步驟 4 按下切除本體

　　繪圖區域會見到模塊被預覽分割。

步驟 5 成型本體

　　繪圖區域點選 2 本體作為保留→↵。

步驟 6 查看狀況

　　這時會見到模塊分為 2，小狗夾在裡面，更能體會模具展示重要性。

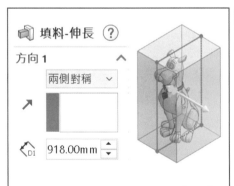
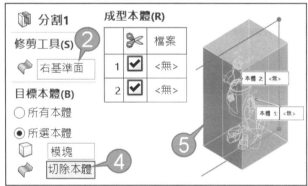

42-4-3 分割-草圖 🔲

　　說明 L 管分模與關聯性作業，本節作業比較多層。分模區域不再是直線而是 L 型，利用草圖繪製分模區域（這就是邏輯）。

🅐 模穴製作

步驟 1 🔲，□保持端蓋色彩

　　利用剖面手段將模型切割，方便點選管子本體。

步驟 2 模穴 🔲

　　主要本體：點選模塊、結合之本體：點選管子，完成模穴後結束🔲，下圖左。

B 關聯性通孔

模穴進行第2特徵，讓管子穿孔，讓加工方便。

步驟1 顯示隱藏線🔲

方便點選裡面的模型。

步驟2 參考圖元

1.點選模塊面進入草圖→2.參考圖元🔲，將管子圓邊線投影出來，下圖中。

步驟3 除料🔳

成形至下一面。特徵加工範圍：所選本體，點選模塊，下圖右。

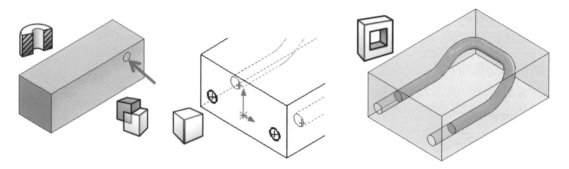

C 顯示作業

說明模具常用的顯示作業，下圖左。

步驟1 帶邊線塗彩🔲

步驟2 於實體資料夾本體上右鍵→變更透明度

步驟3 顯示暫存軸🔲

暫存軸方便草圖參考用。

D 分割模塊🔲

繪製草圖作為模塊分割參考，下圖左。

步驟1 完成L草圖參考

點選模塊右面進入草圖繪製2條線→線段分別與暫存軸**共線對齊**🔲，下圖右。

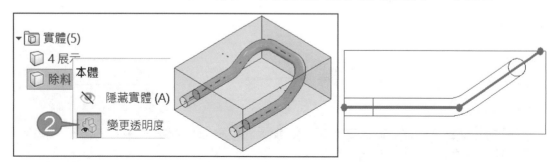

步驟 2 🐾

　　1. 修剪工具：點選 L 草圖→2. ☑所選本體：模塊→3. 切除本體→4. 繪圖區域點選上下 2 模塊→5. ↵，完成指令。

步驟 3 模具展示

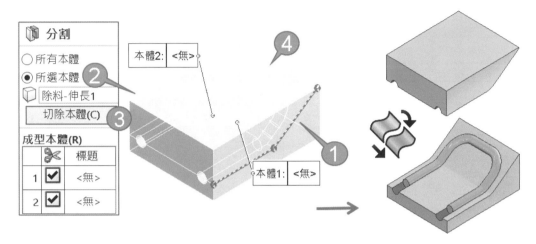

42-4-4 練習分割-基準面

　　自行練習基準面分割模塊：A 握把、B 飛輪、C 掛勾。

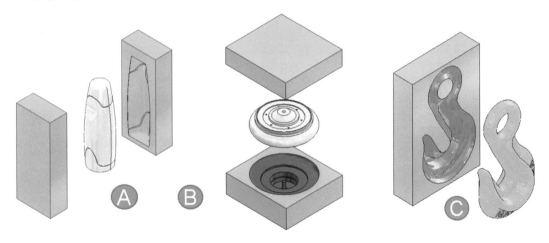

42-4-5 兩件模塊🗄

　　這是沖壓鈑金件，利用🗄一次完成 2 件模塊，很神奇對吧，基於學習效率已協助複製 2 本體讓🗄扣除。

步驟 1 建立模塊

　　在模型面上將已經有的草圖🗄，方向 1 深度 20，□合併結果，下圖左。

步驟 2

自行完成模穴→↵。

步驟 3 保持本體視窗，☑所有本體

那些本體要保留。這視窗第一次看到，不是只有結合才有，多本體作業都有，下圖中。

步驟 4 模具展示

確認完成上下 2 件。

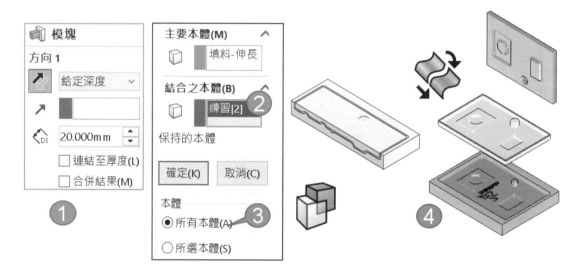

42-4-6 結合模塊

在🗗中完成模具，並將分割的模塊結合，本節不說明模塊製作。

步驟 1 模穴🗗

自行完成模穴→↵，會出現保持本體視窗，☑所有本體。

步驟 2 🗗

分模線在下方，1. 選擇模型面或上基準面→2. 點選要分割的上下模塊，下圖左。

步驟 3 確認分模狀態

🖑發現下模塊和內柱模型分離，（箭頭所示多一條線）。

步驟 4 合併下模塊和內柱

再利用🗗將下模塊和內柱成為 1 本體，下圖右。

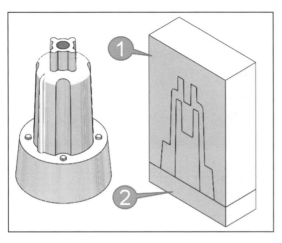
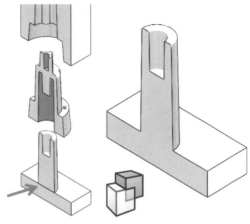

42-5 第三件拆模：滑塊

　　完成 2 件模之後，利用 🔲 完成第 3 件模-滑塊，多 1 個拆模方向。滑塊拆法會有 🔲、🔲 做法，各有千秋，讓同學對模具產生興趣外，更對拆模擁有多元基礎技術。

42-5-1 上滑塊-馬克杯

　　杯子由前後兩方向拆出後，但杯口會拉到模具無法退模，這時就要製作滑塊進行第 3 方向退模，下圖左，本節利用 🔲 和 🔲 混用製作上滑塊。

🅐 滑塊本體製作

　　利用 🔲 製作杯子上滑塊。

步驟 1 🔳

　　方便點選杯子本體。

步驟 2 滑塊草圖製作

　　在模塊上進入草圖→2. 點選杯子外圍→3. 🔲，下圖中。

步驟 3 滑塊成形

　　🔲→成形至本體、口合併結果，下圖右。

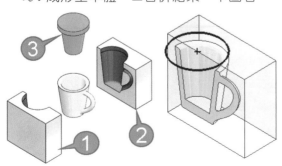
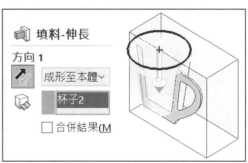

🔲 填料-伸長

方向 1

↗ 成形至本體 ∨

🔲 杯子2

☐ 合併結果(M

B 模穴與模塊製作

完成模穴🔘和分割模塊🔘。

步驟1 利用🔘複製杯子和滑塊本體

步驟2 模穴製作🔘

點選滑塊和杯子產生模穴，下圖中。

步驟3 分割模塊 🔘

選擇前基準面（中間面），將模塊分為2件，很有成就感吧，下圖右。

步驟4 模具展示

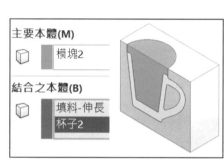
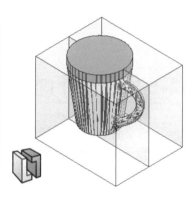

42-5-2 下滑塊轉下模-旋鈕

重點在下滑塊，本節特色在除料🔘→🔘混和作業。已協助各位完成模塊和旋鈕複製，直接🔘模穴製作，🔘視角下，方便點選本體。

A 模穴與下滑塊製作

將模塊變更透明度，完成模穴後，利用🔘、🔘、🔘製作滑塊。

步驟1 模穴 🔘

完成指令後，模穴包在模塊中，接下來要拆件了，下圖左。

步驟2 下模滑塊草圖製作

1.在下模塊底面進入草圖→2.點選旋鈕外圍→3.🔘，下圖中。

步驟3 下模滑塊挖除 🔘

成形至下一面，系統會成形到旋鈕本體，會見到下方是空的，下圖右。

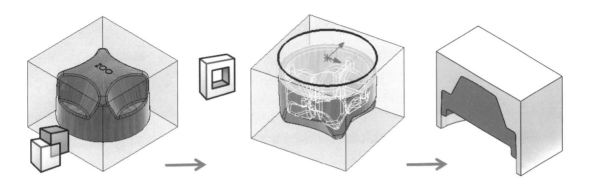

B 下模塊製作

將下模塊長回來→分割→合併。

步驟 1 下模塊製作

點選剛才的草圖→，成形至下一面，口合併結果，見到下方補滿，下圖左。

步驟 2 分割上模塊

所見下模底座不是我們要的，以上基準面為基準，☑所選本體：上模塊。切割完成後會見到 4 個本體，下圖右。

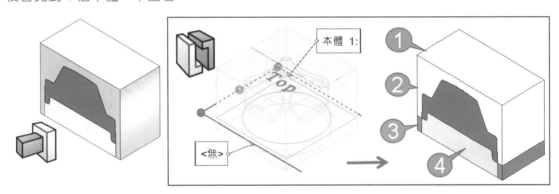

步驟 3

將 3、4 本體合併=下模塊，見到上下模塊、旋鈕、很有成就感吧。

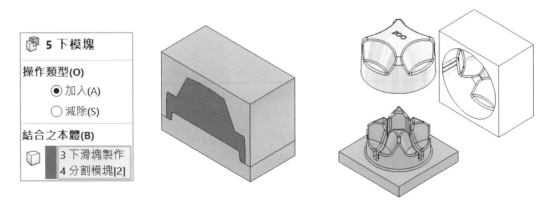

42-5-3 練習：下滑塊轉下模-壺蓋

本節步驟故意不同，讓同學靈活判斷，就算步驟不同也可以完成模具，本節步驟比上一節少。

A 模穴與下滑塊製作

將模塊變更透明度，完成模穴後，利用🗒️→🗒️→分割模塊🗒️。

步驟 1 模穴製作🗒️

步驟 2 下滑塊挖除🗒️

自行完成草圖參考模型內圓→成形至本體，點選壺蓋，會見到下方是空的。**成形至本體**或**成形至下一面**不見得適用每次作業，這部分自行切換，反正可以完成就好，下圖中。

步驟 3 分割模塊🗒️

目前只有上模塊，先進行分割，以模型面為基準，☑所選本體：上模塊。切割完成後會見到 3 個本體，下圖右。

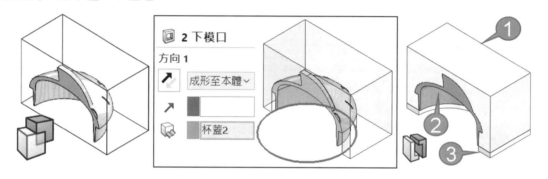

B 下模塊製作

🗒️完成下滑塊，徹底運用🗒️**特徵加工範圍**，將下滑塊與下模板合併，就不必使用🗒️。

步驟 1 點選先前的草圖圓→🗒️

成形至本體：點選杯蓋→☑合併結果，下圖左。

步驟 2 特徵加工範圍

☑所選本體→點選下模板，讓下滑塊與下模板合併，下圖中。

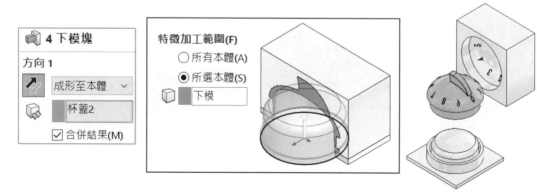

42-5-4 上下滑塊：水壺

　　上下 2 滑塊做法和先前一樣，本節比較特殊：相同特徵同時做。製作教材插曲，忘記先製作模穴，意外讓模具作業更順利，後來想想也沒人規定要先模穴，反倒成為新課題。

A 滑塊前置作業

　　分別將上下滑塊的穴口挖除→🗒分割模塊。

步驟 1 上滑塊挖除 🗒

　　草圖參考模型外圓🗒→成形至本體，點選水壺。特徵加工範圍，☑所選本體：模塊。

步驟 2 下滑塊挖除 🗒

　　自行完成，下圖左。

步驟 3 分割模塊 🗒

　　完成前後模塊分割，下圖右。

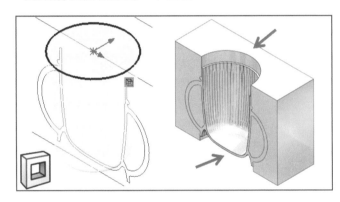
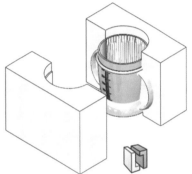

B 模穴與滑塊製作

　　完成模穴與上、下滑塊製作。

步驟 1 模穴製作 🗒

步驟 2 上滑塊成形 🗒

　　點選先前的草圖圓→🗒，成形至本體，點選水壺、口合併結果。

步驟 3 完成下滑塊 🗒

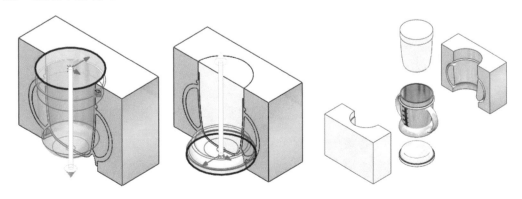

42-5-5 練習：上下滑塊-旋轉座

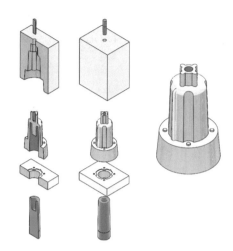

43

手法 2 模具分割法

本章學習另一種拆模手法速度會更快，大郎不必將一樣的步驟重複講解，皆大歡喜。

A 模具分割 3 部曲（SOP）

本章一次說明這 3 指令用法：1. 分模線→2. 分模面→3. 模具分割，工具列排列就是 SOP 對應，下圖左。

B 曲面本體資料夾

特徵管理員上方，**曲面本體資料夾**組成，對驗證模具很有幫助，例如：1. 公模、2. 母模、3. 分模曲面本體，下圖右。

C 使用率比還高

讓模塊+模穴成型速度快，更能體會按一按就有了。可打敗，而且很多模型無法用完成。

D 手法混用

雖然業界很常使用布林運算法，對於複雜模型會產生很多特徵（步驟很多），運算久沒效率，遇到這情形就會混用其他手法來拆模，本章是混用法的開端。

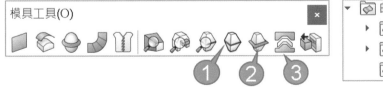

43-0 先睹為快：模具分割3部曲

體驗模具分割✎作業，用最短時間完成碗的分模，在碗的上緣建立分模線◈→分模面◈→模具分割✎。

43-0-1 步驟1 分模線◈

由上到下點選：1. 點選上基準面→2. 1度→3. 按下拔模分析→4. ☑用做公模/母模的分割→5. ☑分模面→6. 點選碗的上邊緣。

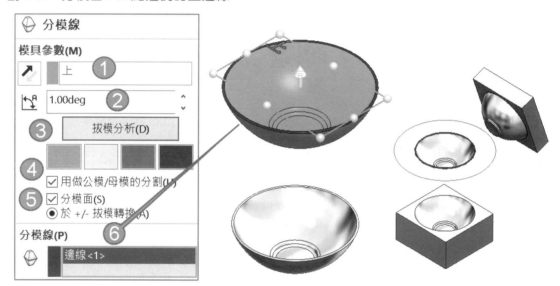

43-0-2 步驟2 分模面◈

將分模線往外延伸產生分模面。

步驟1 ☑**垂直於曲面**

步驟2 分模曲面距離 60

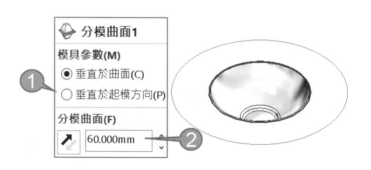

43-0-3 步驟3 模具分割✎

1. 上基準面繪製矩形，退出草圖→2. ✎，模塊尺寸 10、70，公模、母模、分模曲面系統會自動抓取→3. ↵，結束指令後會覺得速度很快對吧，因為：1. 不必多複製一個碗、2. 不必使用分割◍。

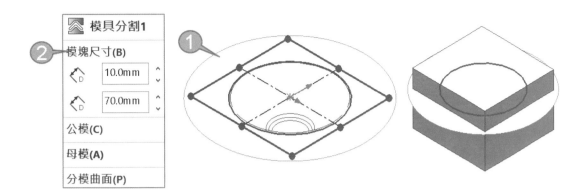

43-0-4 模具環境：曲面本體資料夾

完成分模線後，由特徵管理員的**曲面本體資料夾**可見：1. 母模曲面本體、2. 公模曲面本體，展開可到曲面殼。先前和同學說過熔接、鈑金有專屬環境，那模具有沒有環境呢，其實他是有的，就是**曲面本體資料夾**。

43-0-5 顯示/隱藏窗格（F8）查看目前的本體

隱藏本體，可得到僅有上下蓋曲面，且分模線為藍色顯示。

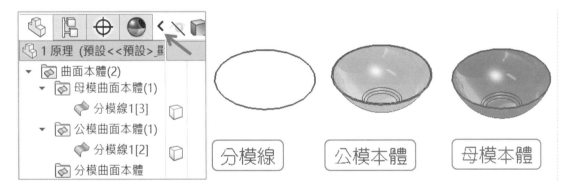

43-0-6 顯示/隱藏分模線

可以進行分模線顯示與隱藏，常用在分模線遮到模型邊線，讓模型不容易識別。分塗彩狀態會比較好看分模線。

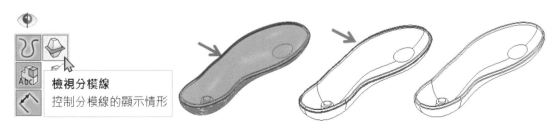

43-0-7 驗證公母模曲面的正確性

🖐合併公、母模曲面殼，☑產生實體，如果可以完成代表公母模曲面殼是正確的。常遇到無法完成模具分割🔲，就會用這來驗證。

步驟 1 回溯到分模線下 🍐

步驟 2 隱藏碗實體→剖面視角

可以見到中間是空的。

步驟 3 🖐

點選公母模殼→☑產生實體→↵，完成後可見碗本體已經成形。

43-1 分模線（Parting Line，PL）🍐

🍐為模具的基礎線段，通常是模型最外的封閉輪廓線，2 模塊合在一起後，液體經高壓擠壓就會讓產品出現一道縫隙，分模線看得到也摸得到。

A 分模線重要性

分模線是模具一開始作業也是最重要的步驟，位置沒分好會嚴重影響分模面平整度。如果不知道分模線如何分，可以問模具朋友，到時回到 SW 進行指令作業即可。

43-1-0 指令介面

進入指令見到：1. 訊息、2. 模具參數，看起來很陽春，但內容充滿學問，要滿足指令才可以完成分模線作業，指令過程很多是新體驗，其他指令沒見過的。

A 訊息（黃提示、綠結果）

訊息分別為文字與顏色，得知指令需求，重點要成為綠色底。黃底=條件說明、綠底=完成指令作業，例如：此分模線是完整的，模型可以分為公母模，下圖左。

B 模具參數（Mold Parameter）

指定要分模的：1. 本體、2. 分模線基準、3. 角度、4. 拔模分析、5. 公母模分割、6. 分模面並自動產生分模線。習慣後，會用最快速度不看細節，由上按到下，下圖右。

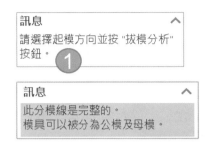

43-1-1 本體（適用多本體環境）

於多本體環境中，繪圖區域點選本體，如果不是多本體環境，不會出現這欄位。

43-1-2 起模方向（Direction of Pull）↗

點選啟用欄位→點選與模型垂直的面，系統根據拔模方向自動判斷分模線位置，可以點選：基準面、模型平面或模型邊線。

A 快速啟用欄位

快點 2 下 TAB 鍵迅速啟用此欄位，適用進階者。

B 基準面（顯示基準面）

3 大基準面比較穩定，因為基準面不會變，且模型會以基準面進行定位。基準面位於特徵管理員不好點選，顯示基準面就可以在繪圖區域中愜意點選基準面了，常用在試指令。

C 模型面

通常**模型面**與**分模面**為垂直狀態，且模型面穩定度沒有基準面高，會點選**模型面**作為起模方向有幾項原因：

1. 模型面比基準面好選，面也很多。
2. 有把握所選的模型面是平面而非斜面。
3. 點選的模型面不會更改（例如：增加特徵或被刪除）。
4. 模型面與基準面沒有垂直，所以只能點選模型面。
5. 所選面是模型基準（模具基準），例如：上下蓋或底座蓋，下圖左。

D 反轉方向

改變起模方向（箭頭會變更）→拔模分析，改變正負拔模的分析，模型正負拔模的綠色和紅色對調，下圖右（箭頭所示）。

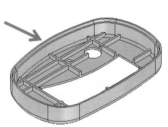
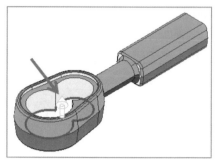

E 先選條件再選指令（適用進階者）

先選基準面→⏥，可見基準面被加入起模方向，就不必由在快選特徵管理員點選基準面了，符合先選條件再選指令的操作原則與便利性。

43-1-3 拔模角（Draft Angle，預設 1 度）⚒

定義脫模的斜角，進行下方**拔模分析**，預設 1 度通常不改就進行分析，並配合下方☑分模面、☑於+/-**拔模轉換**。

43-1-4 拔模分析(Draft Analysis，預設 1 度)

根據拔模角為模型上色，並自動加上分模線（簡單的迴圈才可以）。更改啟模方向拔模角才可重新使用**拔模分析**，按鈕應該在最下方會比較好理解。

43-1-5 顏色 4 方塊 ■■ ■ ■

按下拔模分析後，模型會自動上色，游標在色塊上方可見提示訊息。

1. 綠色=正拔模（向上分模）

2. 紅色=負拔模（向下分模）

3. 黃色=不用拔模

4. 藍色=跨面（Straddle faces）包含正、負拔模的面，通常要製作分割面劃開。

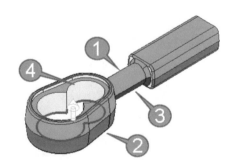

43-1-6 用做公模/母模的分割

於特徵管理員加入公模、母模、分模曲面本體資料夾。

43-1-7 分模面

模型以拔模分析面綠色和紅色相交處產生分模線，分別☑☐分模面就能看出。

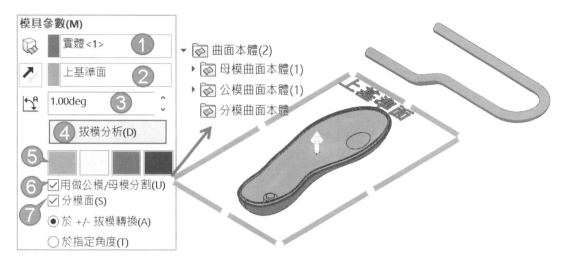

A 於+/-拔模轉換（Draft transition，預設）

於正負拔模之間產生分模線，下圖左。

B 於指定角度

以指定的拔模角來產生分模線，實務上還是要問出拔模角度進分析，因為拔模角會影響分模線的位置，例如：0 度，下圖左、20 度，下圖右。

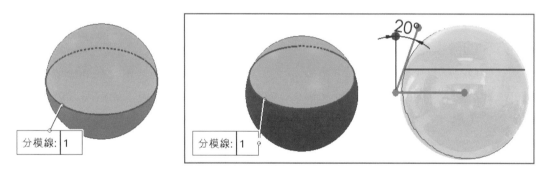

43-1-8 分模線欄位

紀錄模型上的分模線段，例如：1. 點選實體➔2. 點選模型平面➔3. 拔模分析，可見系統自動加入分模線，下圖右。

當分模線數量不足時，無法產生完整的模具分割，在欄位左邊出現選擇功能。在欄位中**使用選擇**是通識，很多指令都有這功能。

A 衍生（沿相切面）⎰

模型為相切面時，點選第 1 條線會出現⎰圖示，點選他會自動沿相切面進行點選，節省點選邊線的時間，下圖 A。

B 選擇下一個邊線（Y=yes、N=no）↻

點選箭頭或快速鍵切換連接方向，進階者一路 YN 循環切換，把分模線連接起來。

連續點選 Y=沿箭頭加入邊線，下圖 B，點選 N=切換箭頭找尋下一條邊線，下圖 C。

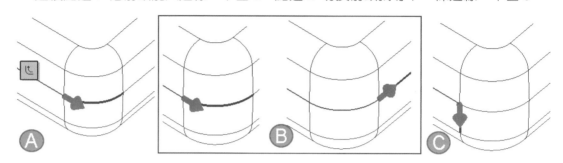

C 放大所選範圍 👁

放大查看短邊線，避免選擇錯誤讓分模線成為段差。

D 復原

選錯分模線段，按下**復原**按鈕或快速鍵 ALT＋U。

E 清除選擇（A）=全部刪除

不要的分模線，1. 在欄位上右鍵→2. 清除選擇。進階者右鍵→A，下圖中。

F 小方塊的分模線數量

小方塊呈現分模線數量 6，別小看這細節呦，這是驗證分模線是否到位的依據，例如：應該 6 條線才對，為何是 5 條線，就知道少 1 條，而非只知道分模線不完整卻沒量化依據。

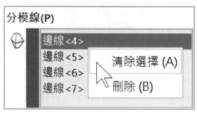

G 儲存選擇

欄位上右鍵→儲存選擇→新選擇組，紀錄**人工所選的邊線**，就不必重新選擇，這對指令試誤相當有幫助，下圖左。

H 使用選擇

指令過程中，於快顯特徵管理員點選**選擇組**📖，就能將先前儲存的選擇加入，下圖右。

43-1-9 手動分模線與分割之圖元（Entities to Split）

自動產生的分模線不是自己要的就採取人工點選模型邊線。至於無須拔模的面（黃色）要有分模線，這時就用**分割之圖元**來克服（箭頭所示）。

A 右方分割之圖元

步驟 1 自行完成模具參數

步驟 2 分模線欄位

點選外邊線➜衍生（只能用一次不再出現），遇到非相切面會停住選擇，下圖左。

步驟 3 右方分割之圖元

點選下方分割之圖元欄位，製作跨平面的分模線，1. 點選頂點 1➜2. 頂點 2，下圖中。

B 左方分割之圖元

步驟 1 點回分模線欄位

很多人沒留意欄位切換，因為系統不知道**分割之圖元**結束了沒。

步驟 2 加入邊線（快速鍵：Y）

Y 加速分模線選擇，也可按住 Y 不放，形成外迴圈。

步驟 3 刪除邊線

頭端也有小平面，圓弧不應該為分模線，點選該圓弧可刪除所選分模線，下圖右。

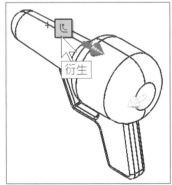

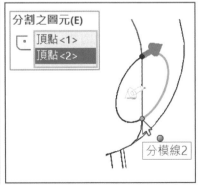

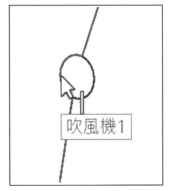

步驟 4 左方分割之圖元

自行完成小平面上的分模線（頂點 3、頂點 4），下圖左。

步驟 5 查看訊息

目前訊息為黃底，說明分模線是完整的，已完成階段任務。

43-2 分模面（Parting Surface）

分模面由分模線而來，以往外延伸的曲面。本節詳細說明分模面作業，進入指令見到：1. 訊息、2. 模具參數、3. 分模線、4. 分模曲面、5. 選項。

A 訊息（黃提示、綠結果）

提示是否完成分模面作業，下圖左。

43-2-1 模具參數

設定分模面成形 3 大類型，切換項目即時預覽，坦白說亂壓看預覽居多，習慣 1. 分模面先做出來→2. 再求不相交、不扭曲、不皺褶。

A 相切於曲面（Tangent to surface）

分模面與模型面相切，常用在模型表面為曲面或段差模型，下圖 A。

B 垂直於曲面（Normal to surface）

　　分模面與模型面垂直，適用模型表面為平面，下圖 B。**反轉對正（適用模型面為曲面）**，切換分模線相鄰的面來計算分模面，例如：橢圓葉片，分模線為中間，左右 2 面的曲面不同，切換後由**斑馬紋**可見分模面有些微變化。

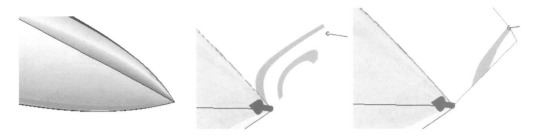

C 垂直於起模方向（Perpendicular to pull）

　　分模面與分模線起模方向垂直，模型為平面，下圖 C。

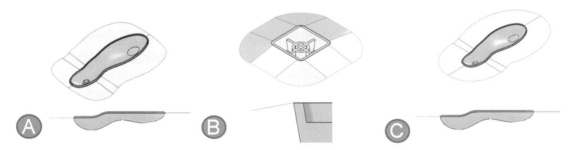

D 無法使用所選項目

　　有時候這 3 大項目不見得全部出現，會依分模線與模型的搭配，甚至無法使用所選項目，系統會自動調整，例如：葉片無法使用相切於曲面，要求使用**垂直於起模方向**。

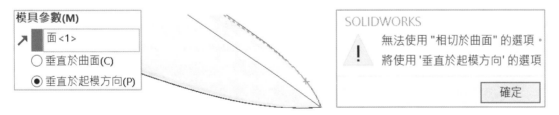

E 如何判斷分模類型：平面

　　分模面最好是平面，會利用**曲率**顏色變化來查看，平面=黑色曲率 0。例如：按鍵分模面為平面，以下 3 種類型：A 相切於平面、B 垂直於平面、C 垂直於起模方向，A、C 都很理想，全部為平面。B 在轉角處有曲面，上視圖可見為斜面。

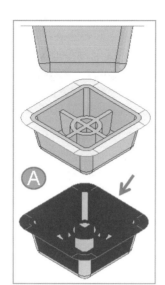 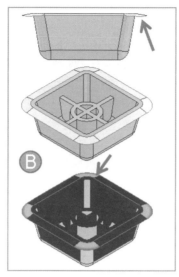 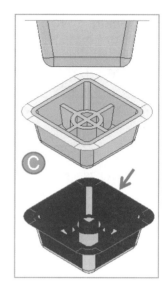

F 如何判斷分模類型：曲面

下蓋分模面為曲面。A 分模面分布不均勻、B 分模面分布雖然均勻，但頭尾兩端有微小弧度，上視圖分模面沒垂直模型。C 最理想絕大部分為平面，上視圖分模面垂直模型。

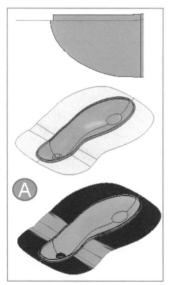 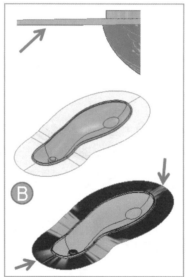 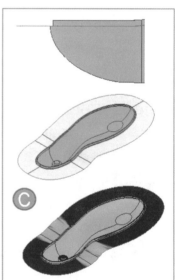

43-2-2 分模線欄位

自動套用先前完成的**分模線**，由於分模線已指定起模方向，所以模具參數不會有**起模方向**，下圖左（箭頭所示），如果本項目能整合⊕功能就更棒了，甚至指令合併。

A 分模面整合分模線

　　分模面也可製作**分模線**，只是習慣先完成**分模線**→⊕，適用進階者。在多本體環境中，⊕直接加入**分模線**，可以不必選擇本體，只要選擇**起模方向**，下圖中，更可以減少運算時間與模具製作的便利性，下圖右（箭頭所示）。

B 沒有 1.用做公模/母模的分割、2.拔模分析

　　本節最大盲點就是他沒有如標題的 2 項功能，對於沒有實際邊線的模型就無法點選分模線，也沒有公母模的曲面殼，這時就要乖乖使用⊕，例如：圓管必須使用⊕。

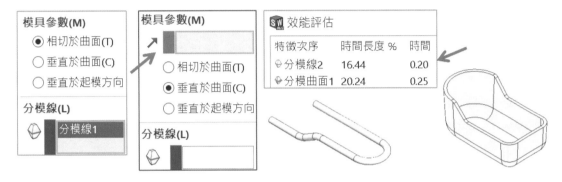

43-2-3 分模曲面

　　設定分模面長度、角度、平滑化...等，對各位印象最深刻會是**平滑化**。

A 距離

　　定義分模線向外延伸長度，重點：長度要大於模塊草圖，例如：模塊尺寸 30，分模面設定 40，技巧：基準面判斷未來模塊的矩形草圖會不會超過分模面，下圖左。

　　不想太麻煩就把分模面距離加大，但要避免曲面**段差**或**重疊**，下圖右（箭頭所示）。

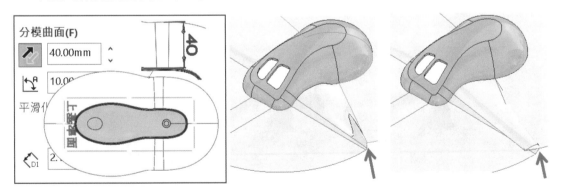

B 反轉偏移方向 ↗

反轉曲面延伸的方向，這部分除了一般認知成形方向外，有很多神奇的地方，例如：改變分模面轉角型式，下圖左。部分曲面方向錯位的調整，下圖右。

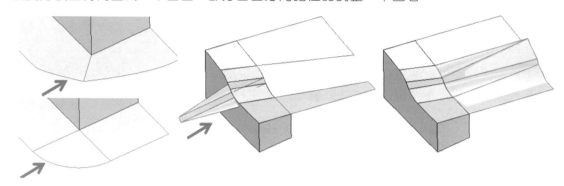

C 角度（適用相切於曲面或垂直於曲面）

設定分模面與起模方向的角度，常用在分模面在模型斜面的位置。

D 平滑化（Smoothing）

定義相鄰的分模面：1.尖銳（Sharp）◥或 2.平滑（Smooth）◥，常發生在圓弧邊線或轉角的曲面延伸，讓曲面收斂轉換，切換這2項設定會改變**最小曲率半徑**。

◥可定義圓角尺寸會改變相鄰面的平滑度，類似圓角，例如：10 和 50，下圖右。

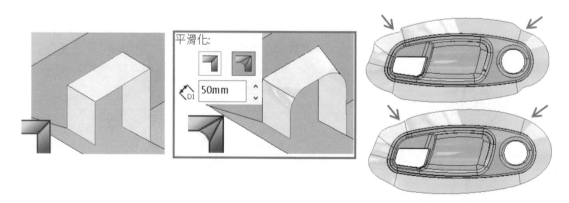

E 最小曲率半徑

承上節，曲面品質利用：1. 曲率分析◢、2. 斑馬紋◣，3. 最小曲率半徑來看，每個分模曲面只有 1 個**最小曲率半徑**會標示在小方塊上。

 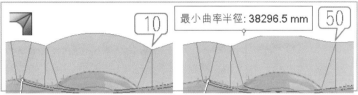

43-2-4 選項

有 2 個常態性開啟：1. ☑縫織所有曲面、2. ☑顯示預覽。其他項目要依模型或模具參數搭配才會顯示，算隱藏版項目。

A 縫織所有曲面（俗稱縫織曲面）

縫織分模面為一片面，否則分模面資料夾會有很多曲面本體，下圖左。萬一曲面沒有被縫織到，就知道該面連續有問題，例如：曲率應該 0，不應該有數值，下圖右。

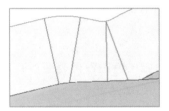 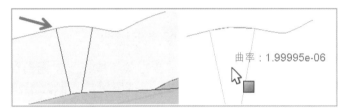

B 顯示預覽

關閉可得到顯示效能，由於預覽沒有網格，經常結束指令後看結果。分享各位一項技巧，開啟/關閉**斑馬紋**◣或**曲率分析**◢一次，就能在預覽過程看到曲面邊線。

C 最佳化（適用相切於曲面）

提高分模面的平滑度，避免彎曲產生利於加工，適用有弧形的分模面。**最佳化**會和上方的**平滑化**有相對的關係，例如：尖銳◥、☑最佳化，分模面無法完成。

D 手動模式（適用垂直於起模方向）

當分模面之間衝突時，此選項會自動開啟，拖曳分模面與模型的對應點，防止重疊曲面，功能類似🔘的**顯示所有連接點**。

43-2-5 分模曲面本體

展開**分模曲面本體**資料夾，可見到分模面，下圖右（箭頭所示）。

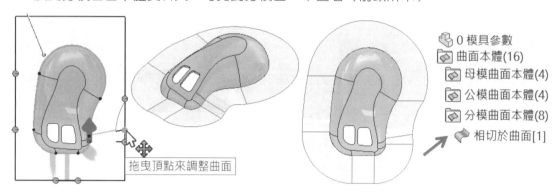

拖曳頂點來調整曲面

- 0 模具參數
- 曲面本體(16)
  - 母模曲面本體(4)
  - 公模曲面本體(4)
  - 分模曲面本體(8)
- 相切於曲面[1]

43-3 模具分割（Tooling Split）

來到分模的最後一步驟**模具分割**，由草圖產生模塊並自動分割公母模。指令運作：1. 繪製草圖定義模塊大小→2. 指令定義模塊深度→3. 自動套用曲面本體產生公母模。

A 多本體議題：無法重複使用指令

這部分第一次聽到，有極少指令不能在多本體重複使用，例如：特徵管理員可以有多個，但只能1個為啟用狀態，只能刪除或抑制，即便將回溯也無法使用。

多本體自2003年以來，有部分還很古老沒彈性，希望SW改進。

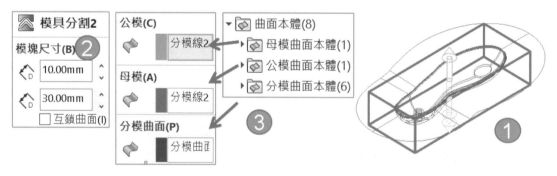

43-3-1 繪製草圖

原則上草圖與分模面平行，通常點選基準面→進入草圖。不點選分模面進入草圖，因為分模面會因指令或模型調動而改變，讓草圖失去穩定性。

步驟1 點選上基準面繪製矩形

矩形草圖要比分模面小，否則使用過程會出現：分模面要大於草圖邊界，下圖右。

步驟 2 退出草圖

完成草圖後要 1. **退出草圖**→2. 執行指令是早期的程序,以現在的直覺操作不應該這樣了,這就呼應剛才所說的古老作業。

步驟 3 點選剛才的草圖→🔼

希望以後可以在草圖環境下,直接執行🔼。

43-3-2 模塊尺寸

理論以分模面為基準定義公母模深度,深度要超過模型,此作業類似🔲,例如:方向 1=10、方向 2=30,可以拖曳箭頭完成深度,下圖左。

常為了修改便利先成形再說,除非很確定否則不會一開始定義正確的模塊尺寸。

🅐 互鎖曲面

沿著分模面以指定的拔模角完成上下模的凹凸定位,防止合模過程模塊錯位,下圖右(箭頭所示)。**互鎖曲面**的草圖必須大於分模面,這部分後續有完整說明。

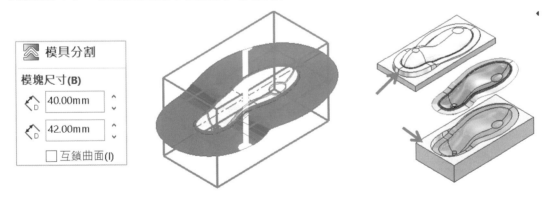

🅑 模塊深度以模型範圍進行控制

理論草圖位置在分模面上,深度以草圖位置為基準,其實這觀念是有盲點的,萬一分模面是波浪狀且有極大的段差,就能看出其實模塊深度以模型範圍定義的。

例如:草圖位置在分模面下(箭頭所示),系統以分模面為基準,自動將模塊分別產生公、母模,方向 1 尺寸=公母模的一半,方向 2 尺寸會顯得多餘可以=0。

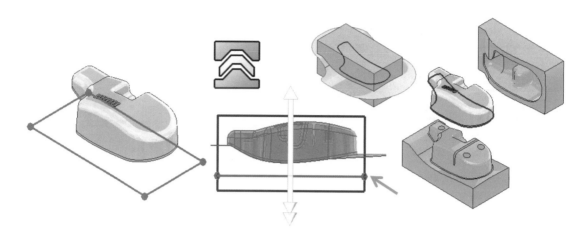

C 伸長深度短於模具本體

模塊尺寸要超過模型範圍，否則會出現伸長深度短於模具本體。

D 兩模塊：中空按鍵

以中空按鍵來說只要單一模塊，模型面和草圖同一位置，模具分割過程會計算到內部幾何，就無法其中一方向尺寸=0，不過可以用 0.001 來騙，下圖左。

E 單模塊：實心按鍵

承上節，實心按鍵可以完成單一模塊，模具分割過程可以一方向尺寸=0，下圖右。

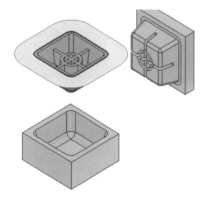

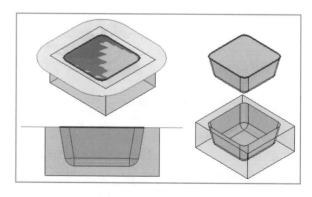

43-3-3 公模、母模、分模曲面

系統自動將 3 曲面資料夾中的曲面加入：1. 公模、2. 母模、3. 分模曲面，下圖左。後面會說明如何自行加入，有些情況系統判斷不見得是你要的。

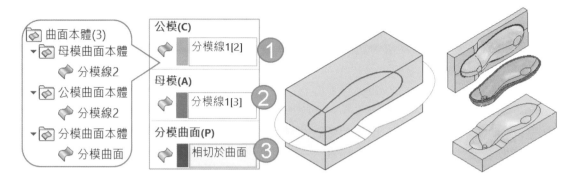

A 無法將曲面縫接在一起

分模面與公母模曲面殼之間有縫隙，無法完成模具分割。

43-4 練習：模具分割

本節有很多主題會讓同學若有所思，學到很多意想不到的情境，可以對🔹、🔹、🔳融會貫通，更理解🔳拆模速度超級快。

43-4-1 按鍵

參數自行定義，進階者 1 分鐘完成。

步驟 1 分模線🔹、分模面🔹

按鈕上方完成分模線。☑垂直於起模方向，距離 30。

步驟 2 模塊草圖

在模型面上繪製矩形草圖→退出草圖。

步驟 3 模具分割🔳

方向 1=20、方向 2=50。

步驟 4 模具展示

有項技巧，下模向下移動，上模用旋轉角度，旋轉邊線參考下模，下圖右（箭頭所示）。

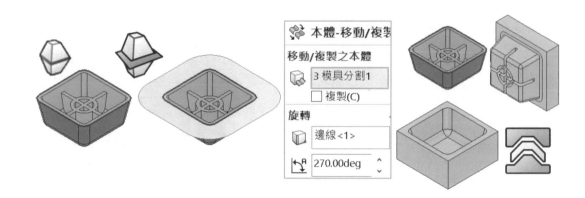

43-4-2 吹風機

本節重點在分模線的位置，分模線位置不合理，會影響分模面成型。

步驟 1 點選右基準面→分模線◐

基準面自動加入起模方向，1. 機身分模線在外部，2. 吹風口分模線在內部，共 20 條。

步驟 2 分模面◐

☑垂直於起模方向，距離＝120。

步驟 3 模具分割▨

方向 1=30、方向 2=10。

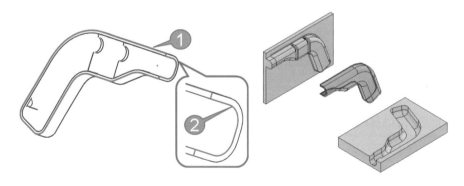

43-4-3 分割之圖元：U 型管

這是整型模，快速完成分模線，克服線段重疊現象，以及完成彎管的**分割之圖元**。

A 分模線◐

重點在模具參數技巧。

步驟 1 點選上基準面→◐**→拔模分析**

步驟 2 點選其中一條模型邊線→◐

分模線雖然被自動加入，但加入重複和不理想邊線。先不要介意這些，事後處理邊線會比較快，也不要一條條正確選擇，這樣太慢了，下圖左。

步驟 3 模型出現名為重複的小方塊，系統判斷為重複的邊線

點選多餘圓弧邊線（共 3 條），除非要定位用，否則分模面為平面。

步驟 4 分割之圖元

分別完成 4 個頂點連結 2 條分模線，完成後分模線成為迴圈。

步驟 5 查看訊息與曲面本體資料夾

分模線是完整的，於曲面本體資料夾可見公母模的曲面本體，下圖右。

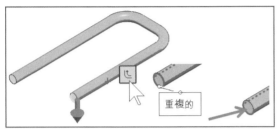

B 分模面

☑垂直於起模方向，分模面=10，目前中間曲面不連接，加大距離=20 會發現中間分模面會自動連接，下圖左。

C 模具分割

自行完成，完成後有沒有覺得比還快，不必製作重複的彎管本體和分割特徵。

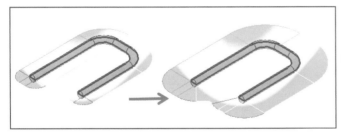
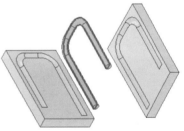

43-4-4 練習：圓形模塊

模具以方形居多，圓模塊讓同學體驗：1. 旋鈕、2. 碗、3. 旋轉座。重點在模塊草圖可以與分模面一樣大小，1. 點選分模面外圍邊線→2. 參考圖元，下圖左。

43-5 段差模塊

段差=分模面 L 投影，感覺難一些，沒做過題目會怕怕的，沒想到這麼簡單。

43-5-1 L 段差

進階者 1 分鐘完成，下圖左。

步驟 1 分模線◎

上基準面為起模方向，按下拔模分析，分模線已經完成，速度快吧。

步驟 2 分模面◎

☑相切於曲面或☑垂直於起模方向皆可，距離=50。

步驟 3 模具分割☎

方向 1=10、方向 2=100。

43-5-2 練習：弧段差

這題看起來專業許多，感覺很難但還是很簡單完成，進階者 1 分鐘，下圖右。

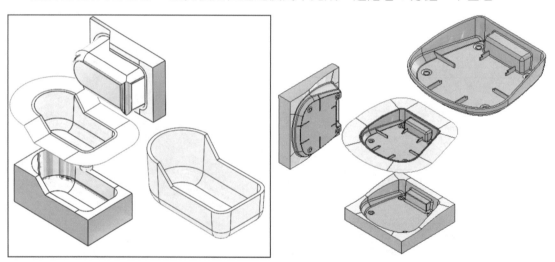

43-5-3 分模面-手動模式

這是以前做的整型模，以前很難製作分模面，自從有了**手動模式**，讓分模作業更簡單。

步驟 1 分模線◎

上基準面起模方向。分模線在上方，下模就會有穴，方便把產品放在穴上，下圖左。

步驟 2 分模面◎，☑**垂直於起模方向**

距離=20，分模面沒有比模塊大，調整距離 90，分模面會重疊與扭曲，下圖右。

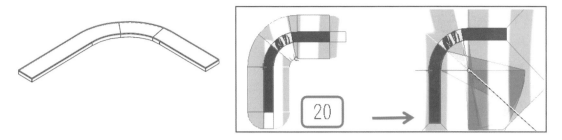

步驟 3 手動模式

讓原本交錯曲面自動變得平坦,雖然模曲面外型像狗啃,只要分模面比模塊草圖大就好,畢竟分模面=過程,下圖左。

步驟 4 模具分割📐

方向 1=10、方向 2=10。

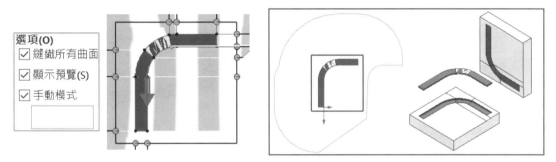

43-6 分模線分析 🔎

分模線分析(評估→🔎)顯示最佳分模線位置,坦白說功能不是很好。指定模型面或基準面作為起模方向,立即可見模型中間有分模線。

43-6-1 調整三度空間參考

利用空間球改變分模線位置。

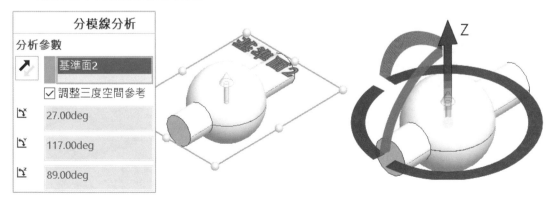

43-7 底切分析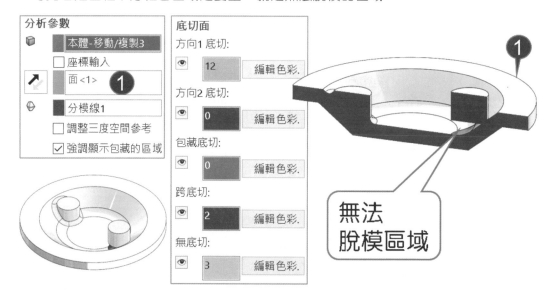

查詢無法讓模具分開的區域，也是脫模干涉，由顯示紅色面要製作側滑塊。

43-7-1 轉盤

步驟 1 起模方向

指定模型面或基準面作為分模面，例如：點選右邊模型上面（箭頭所示）。

步驟 2 ☑強調顯示包藏的區域

可見右邊圓柱下方紅色區域是簍空，就是無法脫模的區域。

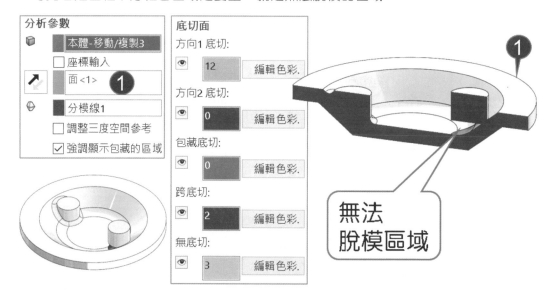

無法
脫模區域

43-7-2 車門把手

點選前基準面作為起模方向，可見箭頭所示區域與分模干涉。

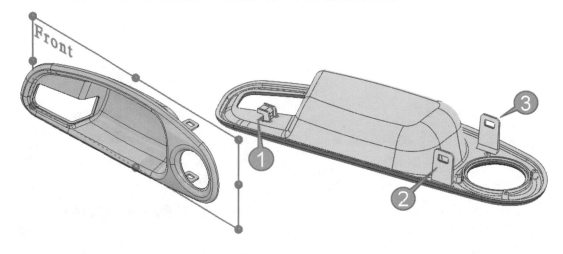

44

手法 3 封閉曲面

封閉曲面（Shut-OFF Surface）🛅，公母模曲面殼必須為封閉狀態，將開孔填補避免上下模黏住無法脫模，是🖐前置作業，例如：1. 🖐→2. 🛅→3. 🖐→4. 🖐。

A 封閉曲面特色

自動選擇邊線並填補，就像🖐能自動將模型邊線加入。甚至曲面作業利用🛅自動選擇邊線的特性迅速完成補破面。

B 多本體議題：無法重複使用指令

🛅和🖐一樣無法重複使用，更糟的是🛅不能用抑制特徵重新製作，只能刪除🛅或存成另檔案，利用 2 個 SW 分別查看並試誤分模作業。

44-1 封閉曲面指令介面

說明指令環境並直接製作模具，由指令看出功能陽春，擁有執行效率高的優點，指令包含：1. 訊息、2. 邊線→3. 重設所有補貼類型。

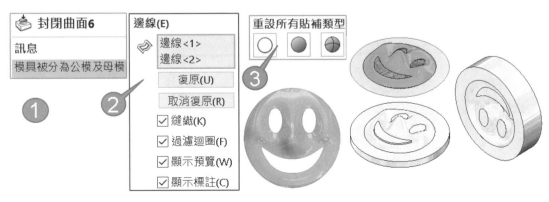

A 分模線

分模線完成後，訊息告知下一步要做什麼：分模線是完整的，但模具無法分為公母模，需要產生封閉曲面。

分模線3

訊息　　　　　　　　　　　　　　∧
此分模線是完整的，但模具無法被分為公模及母模。您可能需要產生封閉面。

44-1-1 訊息

完成封閉會出現綠色底，說明模具可以分公母模。因為 1. 分模線有產生公母模曲面本體、2. 公母模曲面本體與目前封閉曲面合併。

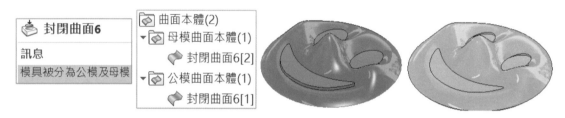

封閉曲面6

訊息
模具被分為公模及母模

曲面本體(2)
▼ 母模曲面本體(1)
　　封閉曲面6[2]
▼ 公模曲面本體(1)
　　封閉曲面6[1]

44-1-2 邊線

清單記錄模型邊線，點選指令系統會自動加入封閉的輪廓線，例如：3 條邊線。

44-1-3 復原/取消復原

復原被刪除邊線，其實很好用呦，至少不必在模型上點選不要的邊線，下圖左。

44-1-4 縫織

是否將封閉的曲面與公母模曲面合併，下圖右。

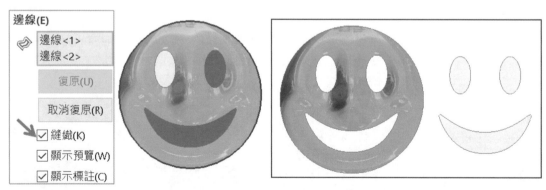

邊線(E)
　邊線<1>
　邊線<2>

復原(U)

取消復原(R)

☑ 縫織(K)
☑ 顯示預覽(W)
☑ 顯示標註(C)

A 無公母模本體無法縫織

如果沒先製作👃，系統不會有公母模本體，以面具模型來說使用👃產生的眼睛與嘴巴曲面為獨立狀態就不能縫織。

🏺 **封閉曲面1**

訊息

此模具不是可分離的。
請選擇連續的邊線來指明封閉鑽孔

⊗ **模型重新計算錯誤**

無法分開，然後縫織曲面至公模及母模。清除縫織選項來在母模及公模曲面本體資料夾中產生未縫織的曲面。

44-1-5 過濾迴圈（Filter loops）

是否自動將無效的孔清除，他是隱藏版指令。實體有厚度，孔會有上下迴圈，原則只要單向封閉，例如：統一將孔上面或下面的邊線刪除，下圖左。

A 曲面殼原理

🏺很神奇會複製 2 組，選擇上迴圈封閉，公、母模會與縫織成為封閉面。

B 無法重複使用

使用**過濾迴圈**完成指令後，就無法編輯特徵使用**過濾迴圈**。萬一怎麼做都無法達到你要的過濾迴圈，只能人工作業一個個選。

迴圈: 重複的

迴圈: 重複的

公模　　　　　　　　　　　　　母模

44-1-6 顯示預覽

預覽封閉曲面情形，對應下方**填補類型**，要看**填補類型**必須**顯示預覽**。

44-1-7 顯示標註

顯示封閉曲面位置的小方塊，得知邊線位置和切換填補類型，覺得亂口**顯示標註**。

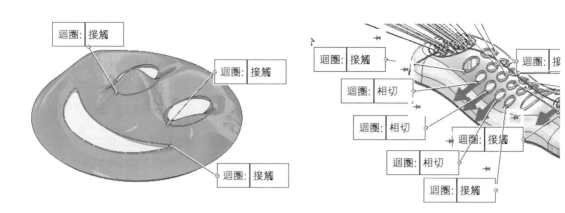

44-1-8 重設所有貼補類型

設定孔的填補類型，點選小方塊可以1條邊線獨立1種類型，下圖左。對曲面品質有要求，會利用相切◐並由斑馬紋來檢查，下圖右。

A 全部無填補（All No-Fill）○

不封閉，適用以額外指令填補，例如：平坦曲面▰、填補曲面◈。

B 全部接觸（All Contact）●

封閉曲面與模型為G0接觸，適用模型平面。

C 全部相切（All Tangent）◐

封閉曲面與模型是G1相切連續，◪就能看出。

D 看不出類型

圖示按鈕看不出來設定哪種類型，只能由模型上的小方塊看出。

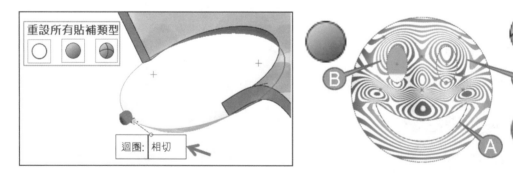

44-1-9 練習：多邊線-防水蓋

直接說明◉多邊線封閉作業，自行完成◪。

步驟1 ◐

由上方訊息：分模線是完整的，但模具無法分公母模，需要產生◉。

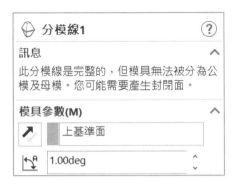

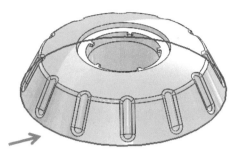

步驟 2 🗜️

點選上面的弧邊線→快速鍵 Y，一直按 Y 到底，共 30 條邊線。

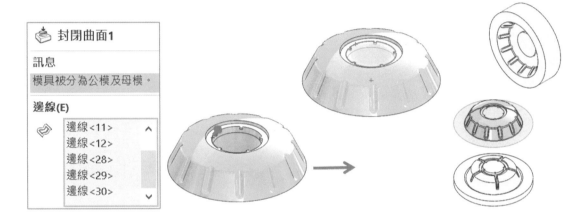

44-2 封閉上邊線

本節準備多個題型說明開口上方邊線封閉，離你的螢幕比較近也容易點選，自行完成🗜️和🗜️。

44-2-1 計時器上蓋

步驟 1 🗜️

特別凵**分模面**，讓孔不會有分割，讓🗜️比較好選擇，下圖左。

步驟 2 🗜️

系統自動選到開孔上方 6 條邊線，下圖右。

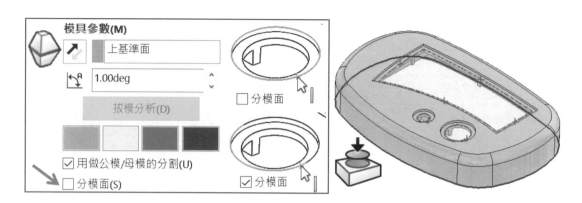

步驟 3 👌、🔊

相切於曲面=20。方向 1=10、方向 2=10，下圖左。

44-2-2 練習：馬達蓋

自行完成，下圖右。

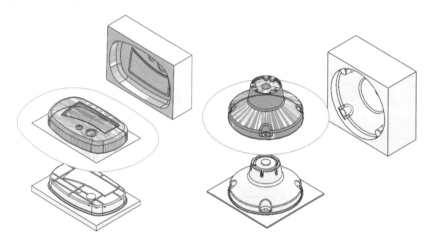

44-2-3 拉門把手

知道分模線在哪裡，剩下就簡單了。

步驟 1 👌

分模線在相切面交線上，16 條線。

步驟 2 👌

狹槽封閉要在相切面交線下方，在上方邊線無法脫模，6 條邊線。

步驟 3 👌、🔊

垂直於曲面=20。方向 1=10、方向 2=40，下圖右。

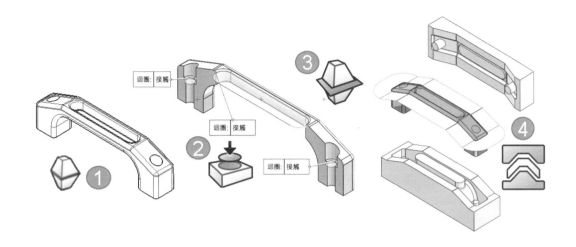

44-2-4 連續鈑金

填補類型的認知。

步驟 1 ⬙

分模線底部，8 條線，下圖左（箭頭所示）。

步驟 2 ⬗

80 條線有點多，也還好有自動加入功能。理論平面封閉應該為**接觸**⬤，會發現曲面怪怪的，填補類型=➗，看起來比較正常

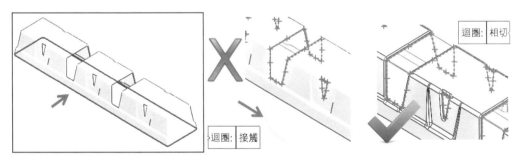

步驟 3 ⬙、🗺

垂直於起模方向=20。方向 1=30、方向 2=10。

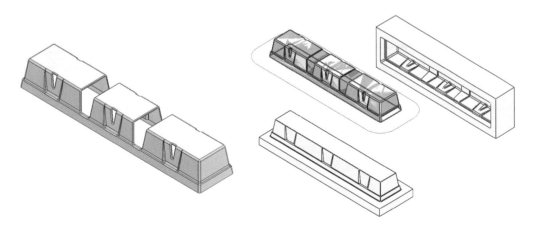

44-2-5 遙控器上蓋

模具步驟可以對調，原本 1.👆→2.👇對調。填補類型=相切並切換相切方向。

步驟 1 👇→👆

分模線在底部，2條線。垂直於起模方向=50，下圖左。

步驟 2 👆

將上方開口補起來，填補類型=相切👆，預設相切參考向下，點選紅色箭頭，切換相切方向在表面，下圖右。☐**顯示預覽**，速度會變快。

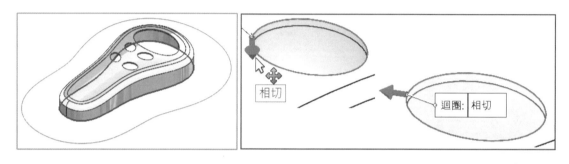

步驟 3 🔲

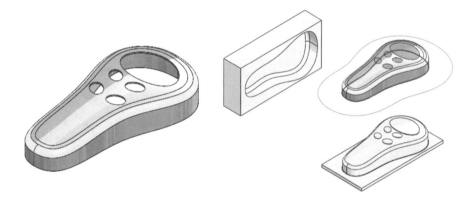

44-2-6 練習：手控器

封閉曲面在上方，填補類型為相切。

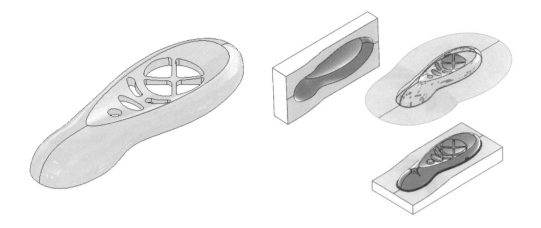

44-3 封閉中邊線

將手指口中間邊線封閉，主要說明分模線過程，切換相切的連續選擇，自行完成。

步驟 1

分模線在外圍，共 22 條線，下圖左。

步驟 2

預設封閉曲面在手指口兩側，不是我們要的，在邊線清單上右鍵→清除選擇，下圖左。

步驟 3 選擇相切

於中間邊線上右鍵→選擇相切。或點選其中一邊線→按，雖然紅色箭頭方向不太對，因為相切設定，系統自動把相切線段選起，共 8 條線，下圖右。

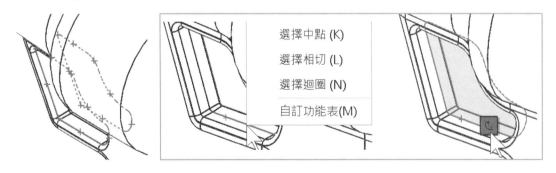

步驟 4

垂直於起模方向=150。

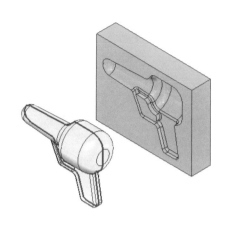

44-4 封閉下邊線

開口下方邊線封閉，自行完成 。

44-4-1 馬達座

這題比較簡單，通常同學可以自行完成。

步驟 1

分模線在模型最下方，共 10 條線。

步驟 2

系統自動選到
下開孔 4 條邊線，
下圖左。

步驟 3

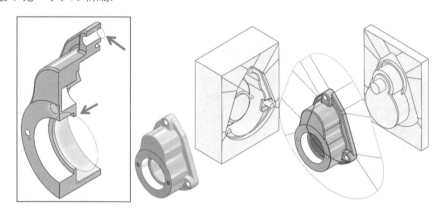

44-4-2 滑鼠蓋

看起來弧度很大的滑鼠蓋，其實只要多了 ，剩下都有辦法完成。

步驟 1

分模線在底部，7 條線（箭頭所示）。

步驟 2

15 條線，填補類型=相切。

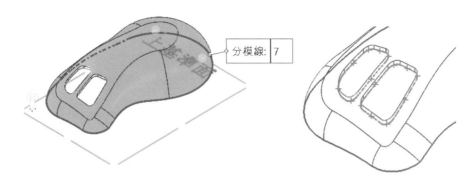

分模線: 7

步驟 3 ✒

垂直於起模方向=40、目前分模面經■有過多的皺褶，☑手動模式，立即獲得大幅改善。

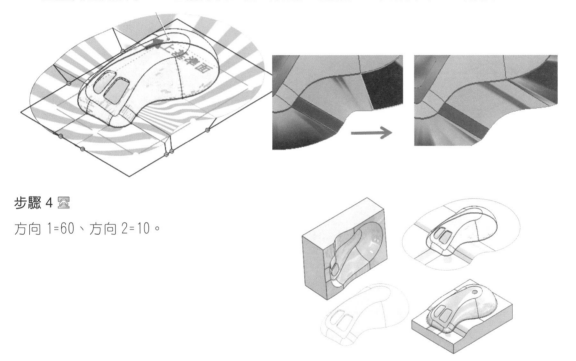

步驟 4 ▨

方向 1=60、方向 2=10。

44-4-3 導航上蓋

本節**封閉曲面**在開口下方。

步驟 1 ✒

分模線在底部，8 條線。

步驟 2 ✒**特徵管理員**

開口底部是平面，所以填補類型=接觸，12 條線。

步驟 3 ✒、▨

垂直於起模方向=40。方向 1=20、方向 2=10，下圖左。

44-4-4 練習：電話上蓋

本節**封閉曲面**在開口下方。

步驟 1 ⬡

分模線在底部，8 條線。

步驟 2 ⬡

開口底部是是曲面，所以填補類型=相切，6 條線。

步驟 3 ⬡、⬡

垂直於起模方向=40。自行完成方向 1=50、方向 2=10，下圖右。

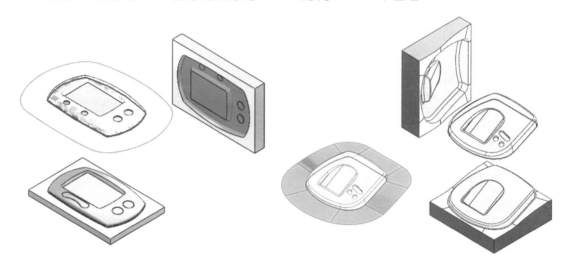

44-4-5 聽筒：過濾迴圈

這題孔很多，顯卡要好一點，本節說明過濾迴圈。

步驟 1 ⬡

分模線在底部，8 條線（箭頭所示）。

步驟 2 ⬡

垂直於起模方向=50，下圖左。

步驟 3 ⬡，☑**過濾迴圈**

需要封閉 62 孔，預設會同時抓孔的上下邊，形成重覆迴圈。☑過濾迴圈=62 邊線、口過濾迴圈=124。如果這項目一直試不出來關閉檔案或關閉 SW 重新開一次就可以了。

步驟 4 □**顯示標註**

標註太多電腦會受不了，難看出填補類型，這時可以體會了吧，下圖右。大郎希望所有指令都有口**顯示標註**，讓我們靈活運用。

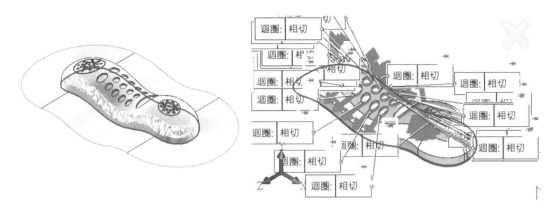

步驟 5 填補類型=接觸

更換**相切**曲面品質好一點,但嚴重影響電腦效能,下圖左。這時要☑顯示標註,由小方塊分別切換接觸→相切,留意紅色箭頭控制相鄰面的相切,否則曲面會過切,下圖右。

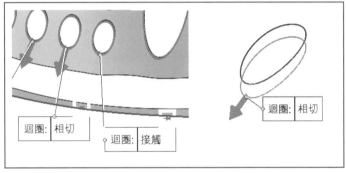

步驟 6 🗻

自行完成方向 1=50、方向 2=10。

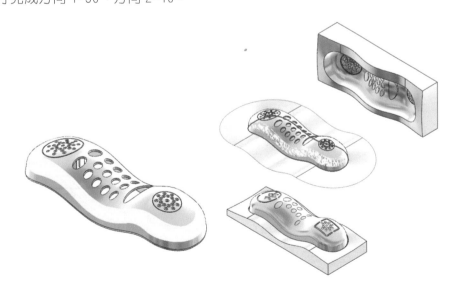

筆記頁

CHAPTER

45

手法 4 側滑塊

　　側滑塊（Slide）📦又稱滑塊，分割公母模部分區域產生不同方向的本體，避免模具分離過程撞件（干涉），若公母模=主角，側滑塊=配角。滑塊用來製作頂針、斜銷、第 3 模塊...等作業，利用機構順勢退模，模具設計中產生滑塊成本會增加。

Ａ 滑塊指令特性

　　滑塊也是多本體作業，繪製草圖定義大小，由指令定義深度的同時將模塊切割為新本體，功能很像📄＋📄（□合併結果）綜合體，也類似**分割特徵**📄。

Ｂ 作業程序

　　終於學習到模具指令的最後一道，📦通常在📦之後作業也是後處理，例如：
1. 📦→2. 📦→3. 📦→4. 📦→5. 📦，本章節不說明前 4 項作業，除非有議題介紹。

　　📦和📦一樣不能在草圖環境下執行。📦為多本體作業，不一定只能在📦上產生。

45-1 側滑塊指令介面與先睹為快

　　說明側滑塊指令環境並直接操作，指令包含：1. 選擇、2. 參數。

　　由顯示窗格設定上模本體為透明，利於判斷製作滑塊草圖大小的參考。

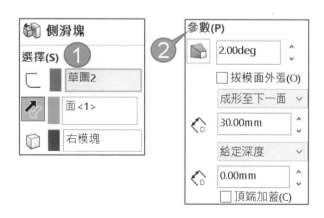

45-1-1 分模線 ◈、封閉曲面 ◈

◈在相機底部，8 條線。◈系統自動選到開孔下方 6 處，共 32 條下邊線，下圖左。

45-1-2 分模面 ◈與模具分割 ☎

垂直於起模方向=20。自行完成方向 1=30、方向 2=10。

45-1-3 繪製滑塊草圖

在前模塊上方繪製矩形，涵蓋圓孔和長孔→退出草圖，下圖右。

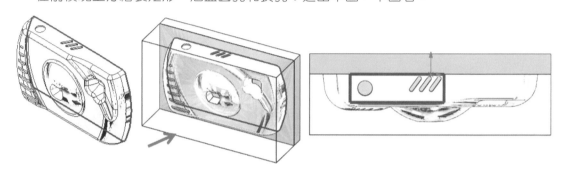

45-1-4 先睹為快：側滑塊 ◈

會發現只要查看方向 1 的成形深度即可，深度不超過相機另一側都可以，例如：深度 30 或 2. **成形至下一面**也可以，下圖左。

Ａ 查看側滑塊本體資料夾

在實體資料夾下方，產生側滑塊本體資料夾並顯示數量，下圖右。

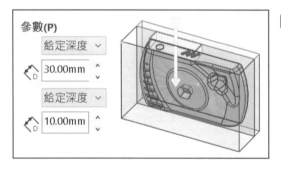

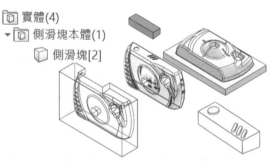

45-2 單一滑塊

本節算是側滑塊重點，完整說明側滑塊指令用法和便利性作業的配套措施，很多議題是邏輯思考，例如：決定要用哪個指令來解，會異想不到這些指令可以這樣用。

45-2-1 握把

重點在封閉曲面🫖的孔邊線位置，該位置就是拆模邏輯，否則滑塊無法拆。

A 🫖的前置作業

步驟 1 分模線🝗

☐分模面，否則分模線分析有誤。分模線在底部，18 條線。

步驟 2 封閉曲面🫖，4 組迴圈

左邊開口為滑塊位置，封閉在內迴圈且為相切，下圖左。

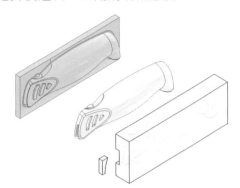

步驟 3 分模面🝗

垂直於起模方向=30、☑手動模式，下圖右。

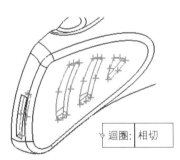

迴圈：相切

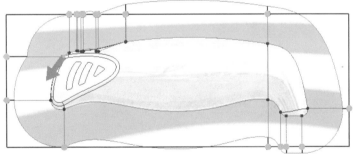

步驟 4 模具分割🖾

方向 1=40、方向 2=30。

步驟 5 隱藏分模面🖋

曲面會干擾接下來作業，點選分模面→隱藏🖋，下圖左。

步驟 6 顯示隱藏線或透明度

在**顯示窗格**設定右滑塊=🏠（箭頭所示），可以看到裡面的模型，下圖右。

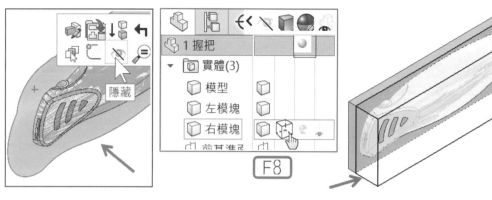

B 側滑塊：選擇

在右模塊上繪製矩形=切割範圍→退出草圖→🔧。🔧的 1. 草圖、2. 方向、3. 模塊，系統自動套用這些條件，下圖左。

步驟 1 邊界草圖⊏

就是剛才畫的草圖名稱，例如：草圖 2。

步驟 2 抽出方向⤴

以草圖面為基準定義成形方向，方向 1 或方向 2，和🔧觀念相同。

步驟 3 公母模本體◻

指定要製作滑塊的本體進行切割。

C 側滑塊：參數

定義拔模角、給定深度、頂端加蓋，下圖右。

步驟 1 拔模角◻

滑塊通常要給拔模角，本節設定 1 度，以後不贅述。

步驟 2 沿抽出方向的深度（方向 1）◻

成形至下一面，也可以深度=20，只要到超過模穴位置即可，方向 1 不能=0

步驟 3 遠離抽出方向的深度（方向 2）◻

這裡無意義就設定 0，方向 2 可以=0。

步驟 4 頂端加蓋（Cap End）

是否自動定義滑塊終止面與模型之間參考成形，本節無論設定為何皆不影響結果。

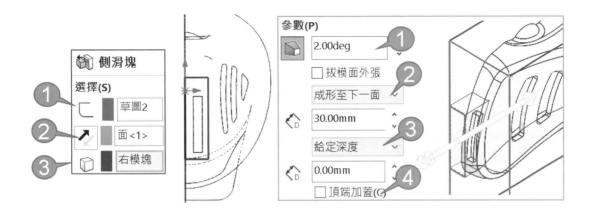

45-2-2 杯子

　　看起來很普通的杯子，其實學問很大，本節分階段完
成前置和後製作業。

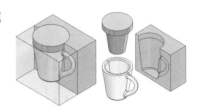

A 分割線🔲

　　由於🔲無法跨杯口也無法使用**分割圖元**，這部分可以自行測試看看。🔲將模型面類似美
工刀 1 分為 2（不是把模型分割成 2 個本體）。

　　就是想辦法把模型面分割為 2 就對了，🔲只是相對有效率方法。早期沒有🔲，**分模線**就
是用🔲完成。由於🔲使用率很高，我們會🔲增加到🔲左邊 🔲 🔲 🔲 🔲 🔲。

步驟 1 分割類型：相交

步驟 2 分模參考：點選前基準面

步驟 3 分模面/本體

　　點選分模面/本體欄位，CTRL＋A 全選杯子所有面→↵。見到杯子中間被分割且模型面
為獨立狀態，下圖右。

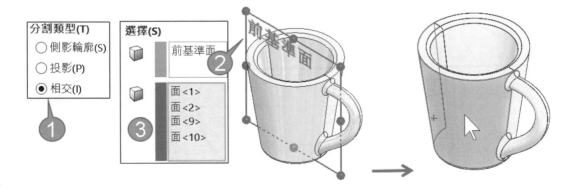

B 模具前置作業

完成 1.◐→2.◉→3.◐→4.☎。

步驟 1 ◐

分模線在杯子中間，18 條線，利用 Y、N 定義分模線位置。

步驟 2 ◉

系統自動將把手內部封閉，4 條邊線，下圖左。

步驟 3 ◐、☎

垂直於曲面距離 10 曲面會撞到，距離加長=25 曲面就連接了，下圖右。方向 1=20、方向 2=20。

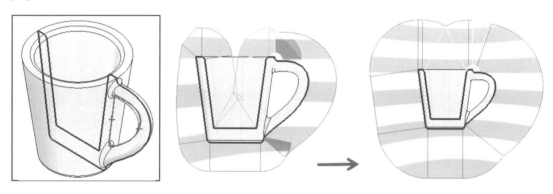

步驟 4 隱藏分模面

目前分模面礙眼，所以會隱藏他，點選分模面→隱藏◈。

步驟 5 模塊透明度

於實體資料夾點選前模→變更透明度◈，方便看到裡面模型，下圖左。

C 側滑塊◈

本節進入◈應用，會發現有部分限制，只能說 SW 對多本體還沒有很彈性。

步驟 1 滑塊草圖

前模塊上面進入草圖→點選杯口外圍邊線→◈，投影為弧不是圓，因為先前杯子有分割→拖曳圓弧端點為圓→退出草圖，下圖右。

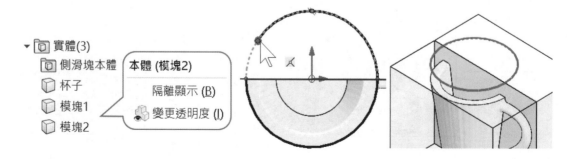

步驟 2 🔧，深度 10，☐頂端加蓋

本節深度類似**成型至下一面**，但深度不能太深或完全貫穿，這部分無法想像（無邏輯）。目前得到一半滑塊，雖然是全圓，但只能指定 1 個本體🔧，下圖左（箭頭所示）。

步驟 3 自行完成另一🔧，用參考圖元或導出草圖會比較快

步驟 4 🗐

由於🔧沒有**合併實體**功能，只能額外使用🗐，將 2 滑塊成為一滑塊。

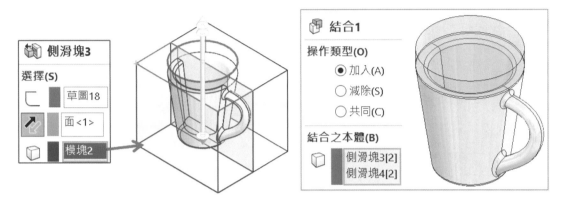

45-3 多滑塊

多滑塊只是🔧比較多而已。

45-3-1 滑鼠蓋

2 側和上面孔，共 3 滑塊。

Ⓐ 🔧前置作業

步驟 1 🔩、🍶

分模線在下方，8 條線。將 6 處下方封閉，29 條邊線，下圖左。

步驟 2 🔩、🖾

垂直於起模方向=10。方向 1=20、方向 2=20。

步驟 3 隱藏分模面、透明度

設定上模=透明度（箭頭所示），方便看到裡面模型，下圖中。

Ⓑ 側滑塊

步驟 1 繪製滑塊草圖

在上模塊繪製矩形涵蓋孔→退出草圖，下圖右。

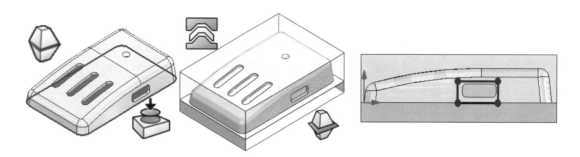

步驟 2 左⚙

自行完成另一邊滑塊，成形至下一面，口頂端加蓋，下圖左。

步驟 3 上⚙

上模塊繪製圓涵蓋孔草圖→⚙，方向 1=40、方向 2=0，下圖右。

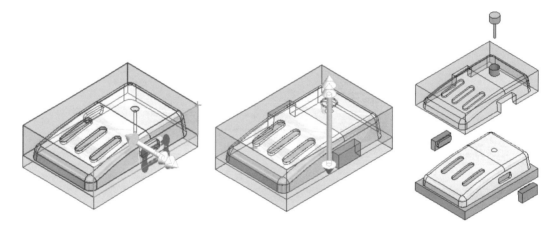

45-3-2 練習：水壺

水壺作法觀念和杯子相同。

A ⚙前置作業

利用草圖完成分割，常用在轉檔的模型不在 3 大基準面中間。

步驟 1 繪製草圖

在側邊繪製大於或剛好杯子高度的直線。

步驟 2 分割線 ⬡

分割類型=投影，可見杯子中間被分割，下圖左。

步驟 3 ⬭

分模線在杯子中間，42 條線。由於杯子很多高低邊，分割過程快速鍵 Y、N 判斷哪條線比較合理，加入會比較快。

步驟 4 📧

將左右 2 把手內部封閉，善用**衍生**會比較快，不要介意箭頭，下圖右。

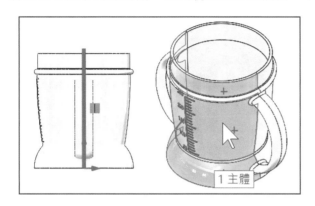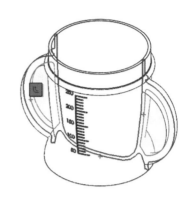

步驟 5 🔩

垂直於起模方向=40。距離 20 曲面會重疊，不要擔心，只要加大距離就好了。

步驟 6 📧

自行完成方向 1=50、方向 2=50，下圖右。

步驟 7 隱藏分模面、設定模塊，透明度

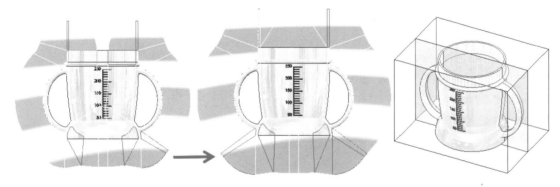

B 側滑塊

分別完成上下 2 滑塊。

步驟 1 自行完成 2 個上滑塊📧

步驟 2 將上滑塊成為 1 滑塊📧

步驟 3 自行完成 2 個下滑塊 📧

步驟 4 將上滑塊成為 1 滑塊📧

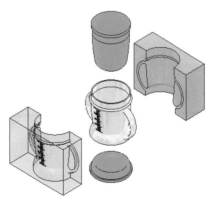

45-4 卡溝與定位

說明卡溝的定位滑塊如何拆。

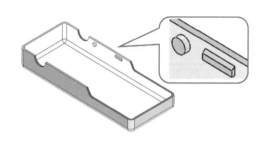

45-4-1 模具分割

簡易說明 1. 分模線 ➡ 2. 分模面 ➡ 3. 模具分割 ，甚至可以自行完成。

步驟 1 、

在模型上方，18 條線。垂直於起模方向=20，下圖左。

步驟 2

自行完成方向 1=40、方向 2=10。

步驟 3 隱藏分模面、顯示隱藏線

方便看到模型裡面的卡溝與定位。

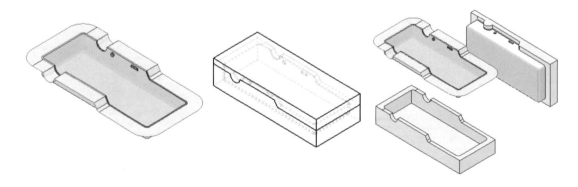

45-4-2 側滑塊

滑塊位於 2 側共 2 個，草圖剛好不在模型和基準面上，要自行建立。

步驟 1 基準面草圖

在上基準面繪製 2 條直線，與模型邊線標註 20，該尺寸就是滑塊深度，下圖左。

步驟 2 完成基準面

伸長曲面 ，深度 50 超過模塊，50 只是比較好看這是什麼，下圖右。

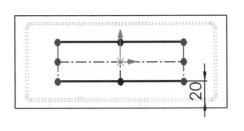

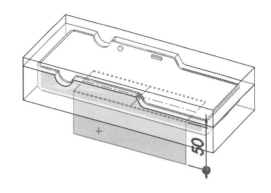

步驟 3 滑塊草圖

點選剛才的基準面繪製矩形，就算矩形超過下模，系統只認得所選本體，所以沒差，快速驗證模具可行性可節省很多時間，下圖左。

步驟 4 ⬁（反轉方向）↗

方向 1 深度 40、方向 2=0，☑頂端加蓋，習慣第一方向為模型深度。

步驟 5 ⬁，自行完成另一邊滑塊

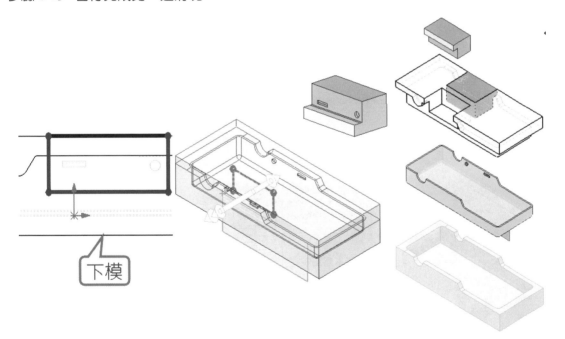

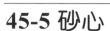

45-5 砂心

練習翻砂模的砂心拆法，算是複習。模塊、結合 (模穴)、透明度可以自行完成。

只要留意深度方向箭頭，調整深度由預覽就能看出結果。

至於頂端加蓋就試著☑口頂端加蓋，先這樣學就好。

步驟 1 產生模塊

步驟 2 模穴

先完成整體模穴，並將模塊透明度。

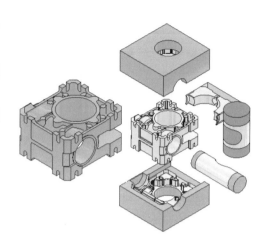

步驟 3 上滑塊

在模塊上完成草圖圓→，方向 2=完全貫穿。

步驟 4 右滑塊

在模型面上完成草圖圓→。

步驟 5 後滑塊

在模型面上完成草圖圓→，下圖左。

步驟 6 分割上下模塊

1. 點選上基準面→2. ☑所選本體→3. 指定上下 2 本體→↵，下圖右。

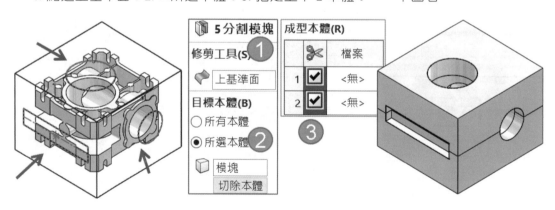

手法 5 凹陷法

　　凹陷（Indent）🗿利用外型本體將模型重疊壓凹，類似黏土拓印，可加入偏移參數（模型與模座間隙），且模型可以保留（這是和🗿比較的感受）。

A 新增指令到工具列

　　很多人用🗿進行模具設計，由於🗿使用率很高，將🗿增加到🗿左邊🗿🗿🗿。由於🗿功能和🗿類似，這 2 指令合併就不用學這麼辛苦了。

46-1 凹陷指令介面

　　指令位置：插入→特徵→🗿，進入指令可見：1. 選擇、2. 參數，第一次看感覺很難，因為不懂專有名詞，仔細看其實只有 A. **目標本體**＋B. **工具本體區域**要認識而已。

　　點選 A **目標本體**和 B **工具本體區域**，查看 C. **保持/移除選擇**、D. **除料**設定後變化即可，常用🗿查看：厚度、間隙尺寸或結果。

46-1-1 選擇

A 目標本體（Target Body）🗿

　　選擇要被凹陷的本體，點選滑鼠蓋，這部分比較好理解。

B 選擇：工具本體區域（Tool Body Region）🗿

　　選擇凹陷的本體（造型）來改變滑鼠蓋。

C 保持選擇/移除選擇（Keep/Remove Selections）

　　將目標本體**保持選擇**=加蓋（指令特色）、**選擇移除**=不加蓋。

D 除料（不適用保持選擇/移除選擇）

是否挖除與**目標本體的區域**接觸的範圍，它會影響到下方參數的厚度。除料=移除選擇，所以不需要設定上方的 1. **保持/移除選擇**，以及下方的 2. **厚度**。

為了示意除料功能將上方的目標本體模塊隱藏，下圖右。

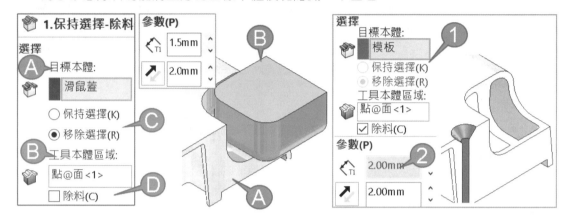

46-1-2 參數

以**工具本體區域**定義**目標本體**的**厚度**和**間隙**。

A 厚度

增加**目標本體**（滑鼠蓋）的厚度，例如：向下凹陷厚度 1.5，下圖左。

B 間隙

定義**目標本體**與**工具本體**之間的間隙，例如：2，也可以**反轉尺寸**或 0。

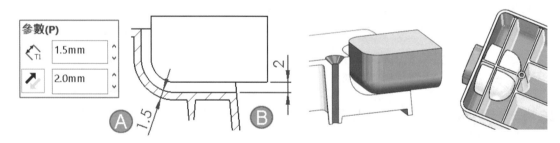

46-1-3 保持選擇、移除選擇與除料關聯

有交叉組合實在不容易理解，本節以 1. 滑鼠蓋+2. 模塊→，進行 1. 保持選擇、2. 移除選擇→除料關聯，為了簡化說明，下方的參數不設定或設定極小的尺寸。

A 保持選擇-□除料

產生一個與模塊一樣大小的特徵，可以利用指令厚度來加大。

B 移除選擇-□除料

移除一個與模塊一樣大小的特徵且包含厚度（類似◈的減除），如果要更大就定義厚度，此項使用率最高，也是指令特色

C 保持選擇、移除選擇-☑除料

以模塊大小進行除料，可以進行偏移設定，類似除料作業。最大特色：1. 保持/移除選擇、2.厚度無法設定。

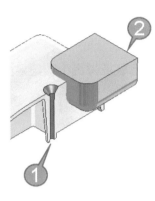
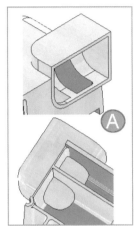
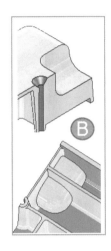
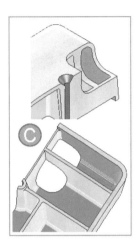

46-2 原理強化

以吹風機模型分別製作模穴和載盤（業界稱 Tray 盤），來加強◈認知。運用薄殼法來突破盲點。

46-2-1 吹風機模穴製作

以◈進行吹風機模穴，體會另一種作法。

步驟 1 目標本體：模板

模板產生模穴，點選的本體會產生變化。

步驟 2 工具本體區域：吹風機

點選產生模穴的模型參考，點選的本體不會產生變化。

步驟 3 ☑除料

移除模板與吹風機的區域=產生模穴，其實到這就可以結束了。

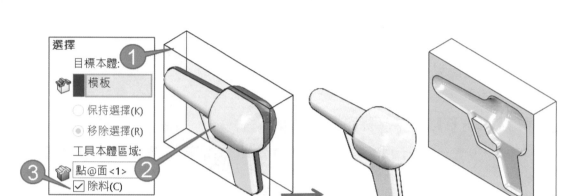

步驟 5 參數：餘隙

設定吹風機與模塊偏移值可以=0。偏移距離和圓角大小有關，若吹風機最小圓角半徑=2，最好不要偏移 2，會形成最小曲率錯誤。由檢查圖元⬡→☑最小曲率半徑得知。

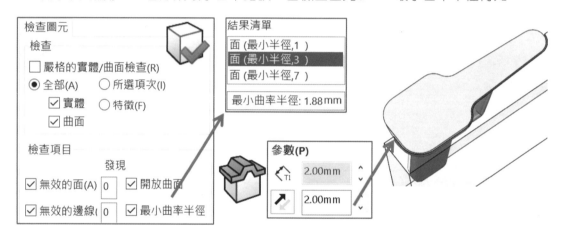

46-2-2 載盤製作

製作薄板模穴，重點在薄件模塊，本節設定厚度=2。

步驟 1 目標本體：載盤

步驟 2 ☑ 移除選擇

步驟 3 工具本體區域：吹風機

步驟 4 ☐ 除料

移除模板與吹風機的區域=產生模穴，其實到這結束指令也可以。

步驟 5 參數：厚度

通常定義與載盤相同厚度=2。若厚度=1，類似鈑金沖壓變薄，下圖左。

步驟 6 參數：餘隙

設定偏移距離，可以為 0。若設定餘隙出現錯誤，通常和圓角半徑、厚度有關有連動關係。

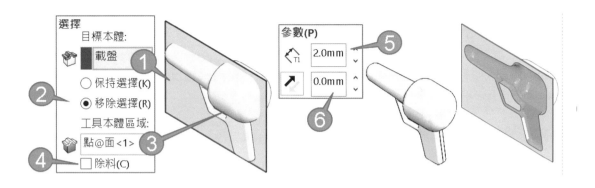

46-2-3 薄殼法

利用🔲把有模穴的模塊變成載盤，速度最快也最簡單，例如：點選模塊外側 5 個面（所選面為挖除面）。

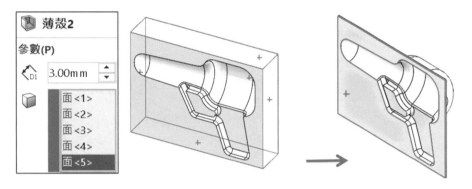

46-2-4 組態+布林

利用模型組態改變模型大小→🔲產生模穴也常用作法，

例如：製作 2 組態：1. 原稿、2. 大 1.5 倍，利用組態切換完成模穴。

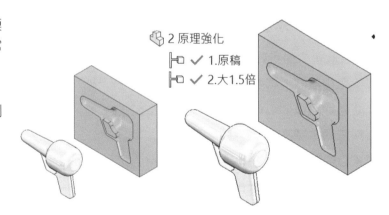

46-3 裕度手法

說明檢具和 TRY 盤常用的裕度（餘隙）手法。業界常將模型尺寸裕度利用組態控制，而👜擁有直接留裕度功能，不必改變模型尺寸。

46-3-1 導管檢具

完成導管模穴餘隙 2。

步驟 1 目標本體：模塊

步驟 2 工具本體區域：導管

步驟 3 ☑除料

移除模板與導管區域=產生模穴。

步驟 4 參數：餘隙=2

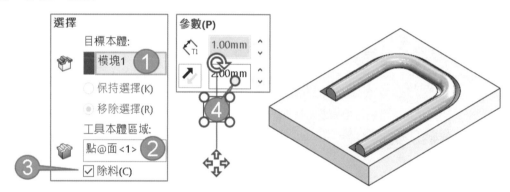

46-3-2 起子載盤

完成起子載盤定義厚度和餘隙，凹陷多為公模上，頂出銷才可頂出來。

步驟 1 目標本體：載盤

步驟 2 移除選擇

步驟 3 工具本體區域：起子

步驟 4 □除料

步驟 5 厚度（殼厚）=0.5

步驟 6 餘隙=1，也可以 0

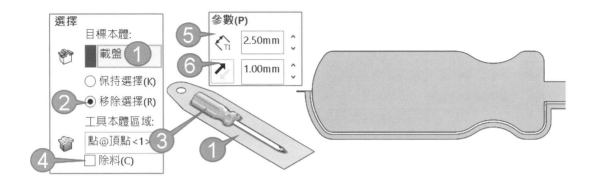

46-3-3 加厚護具

護套與把手之間重疊，利用護套本體凹陷把手產生縫隙，縫隙多少就自行設計。

步驟 1 目標本體=把手

步驟 2 工具本體區域=護套

萬一護套選不進來，是因為本體重疊的關係，利用🔲會比較好選。

步驟 3 ☑ 除料

步驟 4 餘隙=1

可見護套壓凹把手並產生 1mm 縫隙。

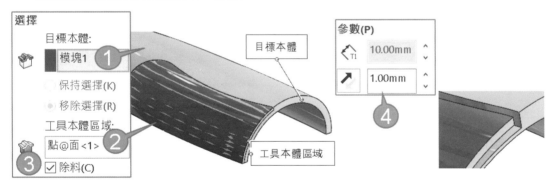

Ａ 殼厚與縫隙關係

由於把手殼厚=2.5，縫隙若超過 2.5，把手模型會破掉，下圖右。

筆記頁

手法 6 放射曲面法

　　透過放射曲面（Radiate Surface）◔建立模具，◔自 2000 年推出，直接得到分模線和分模面。以現在來說◔為傳統做法，◔類似把◔和◔整合，現在比較少人使用，是另一種模具解決方案算趣味題，本節可以加深對模具的用法。

47-1 放射曲面指令介面

　　指令很陽春只要設定：1. 方向參考、2. 分模線、3. 分模線距離，要完成分模必須配合 1.◔和 2.◔。

47-1-1 先睹為快：放射曲面◔

　　一次完成分模線和分模面。

步驟 1 放射方向的參考面

　　點選模型面或基準面作為分模面參考，這裡點模型面。

步驟 2 放射邊線◔

　　點選模型邊線作為分模線，☑沿相切面進行，共 6 條線。

步驟 3 放射距離=60

　　設定分模面長度。製作過程看不到預覽，完成後才看得出。

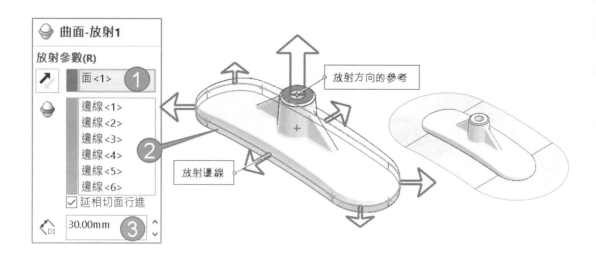

47-1-2 縫織曲面 ✂

認識厲害地方，製作公模或母模曲面殼。

步驟 1 縫織的曲面和面✂

點選分模面。

步驟 2 種子面 ▣

點選模型上方某 1 面，讓模型上面與放射曲面縫織起來，僅適用▣。

步驟 3 查看曲面殼

隱藏托架實體，可見上模曲面殼。

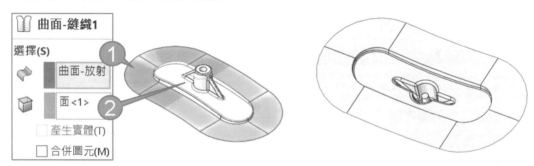

47-1-3 建立上模模塊

利用▣的**來自**與**方向** 1 的方向改變，完成模塊成形位置。

步驟 1 於上基準面建立草圖

步驟 2 ▣，來自：平移 30

步驟 3 成形至某一面（或成形至本體）

點選曲面殼、☐合併結果。

步驟 4 隱藏托架，查看上模

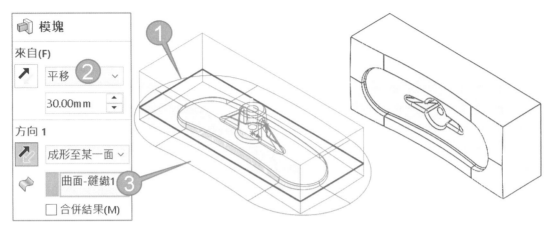

47-1-4 建立下模塊

承上節，試著不要看步驟自行完成下模，進階者用修改完成下模，就能融會貫通指令，本節由🗒開始。

步驟 1 編輯🗒

步驟 2 種子面 📦

點選模型下方某 1 面，讓模型下面與放射曲面縫織。

步驟 3 查看曲面殼

隱藏托架實體，可以看到下模曲面殼。

步驟 4 於上基準面建立草圖

步驟 5 🗒

來自：平移 40、成形至某一面，點選曲面殼、□ 合併結果。

步驟 6 隱藏托架，查看下模

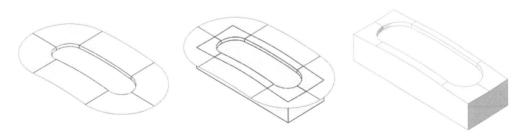

47-2 練習：放射曲面

說明按鍵和鈑金如何完成分模，重點🗒可以同時完成上模和模板。

47-2-1 按鍵

步驟 1 ☺，長度 30。

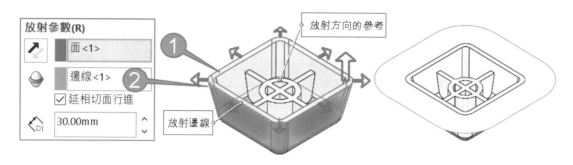

步驟 2 ☺ 上模

步驟 3 ☺

來自：平移 10、成形至某一面，點選曲面殼、□ 合併結果。

步驟 4 查看上模

會見到平移 10=模板。

步驟 5 自行完成下模

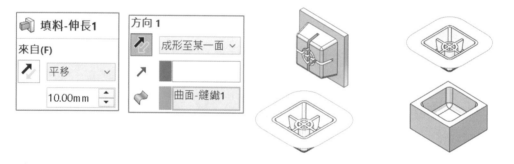

47-2-2 練習：鈑金

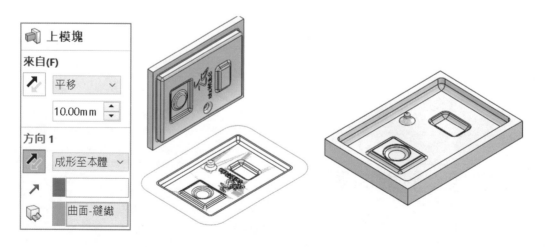

手法 7 曲面法

深入了解拆模所需 3 大曲面：1. 公模曲面殼、2. 母模曲面殼、3. 分模曲面，對難以應付的拆模或過程出現無法製作的訊息，都是靠原理解決。

A 想辦法完成曲面殼

1. ⚙、2. ⚙會自動產生曲面殼，⚙自動套上曲面殼，對於複雜的模型遇到無法使用前面 2 項時，就能體會拆模苦心。運用靈活手法完成模穴、模座，這招不行就用另一招，將時間花在手法思考，讓拆模得心應手。

48-1 曲面本體基本原理

本節利用人工的方式完成 1. 分模線、2. 分模面，對難處理模具，雖然方法比較繁瑣，但是一定做得出來，更能體會原理奧義。

48-1-1 手動分模線

分模線利用分割線⚙將模型面真實分割為 2，不贅述，下圖左。

48-1-2 封閉曲面

利用 1. **填補曲面**⚙或 2. **平坦曲面**⚙封閉把手，建議使用⚙，下圖中。特徵雖然陽春，但計算量比較少，由**效能評估**⚙得知⚙=0.02、⚙0.13 秒，下圖右。

48-1-3 公模殼（前面）

模具為公母模的名稱定義，先製作公模曲面殼，因為前面比較好識別。

步驟 1 縫織曲面🖑

點選前面＋手指孔，共 11 個面，完成後會見到模型與曲面重疊狀態，下圖左。

步驟 2 查看曲面殼

隱藏其他本體或💀，看曲面殼（空心）是否正確，下圖右。

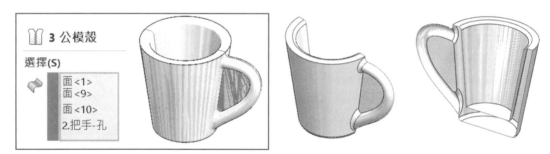

48-1-4 鏡射曲面，母模

杯子是對稱體，鏡射公模殼成為母模殼，產生第 2 曲面，下圖左。

步驟 1 鏡射特徵 ▶

點選前基準面、公模殼、□縫織曲面、□合併實體。

步驟 2 確認本體

於曲面本體資料夾確認是否為 2 曲面本體，。

48-1-5 分模面

將公母模殼→修剪為中空曲面（分模面）。

步驟 1 基礎面

前基準面繪製矩形→▰，下圖右。

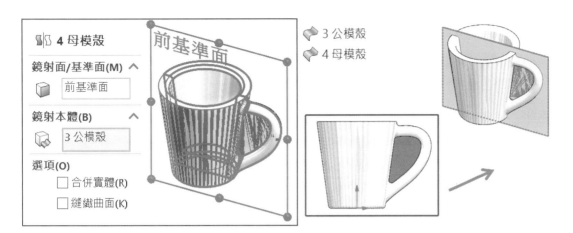

步驟 2 修剪曲面 ✍

　　1. 互相、2. 點選平坦面和公模殼、3. ☑ 保持選擇、4. 點選基礎曲面，下圖左。

步驟 3 查看曲面

　　是否中空曲面、查看曲面本體，共 3 曲面，下圖右。

48-1-6 模具分割

　　人工將：1. 公模曲面、2. 母模曲面、3. 分模面，加入指令中。

步驟 1 完成模塊草圖

　　1. 點選前基準面進入草圖→2. 點選平坦曲面的草圖→3. ◫→4. 退出草圖

步驟 2 ▨

　　模塊尺寸=20，自行將 1. 公模曲面、2. 母模曲面、3. 分模面，加入指令中，下圖左。

48-1-7 模具展示

　　將模塊分離，會發現好像黏住了，因為公母模位置相反了，我們認為公模在前面，但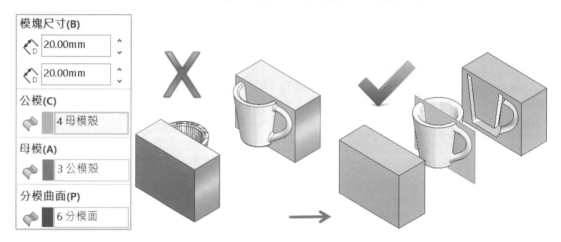不這麼認為。編輯，將公母模本體對調放置→查看結果，已經正常了。

48-1-8 曲面本體資料夾

　　沒使用就不會產生曲面本體資料夾，但可使用，使用過程要用人工點選曲面本體。

A 插入模具資料夾

　　比較正式操作，將曲面本體放置在專屬資料夾，比較好識別外，會自動抓取了。

步驟 1

　　會自動產生 1. 母模、2. 公模、3. 分模曲面本體。

步驟 2 分別拖曳本體到相對資料夾

48-2 原理應用

用人工完成公、母模殼和分模面，會發現拆模重點在分模面。

48-2-1 護把

本節不用分模面⊌，體驗利用**規則曲面**⌇製作分模面。萬一分模面製作不順暢，就要改順序，例如：先分模面⌇→再分模線⊌，這是彈性思考，很重要呦。

步驟 1 分模線⊌

在模型上方，10 條線，下圖左。

步驟 2 分模面⌇

1. ☑垂直於曲面，2. 距離=20，選擇邊線過程若會發現轉角處無法成形圓角，下圖左（箭頭所示），這時可以在邊線上右鍵→選擇開放迴圈。

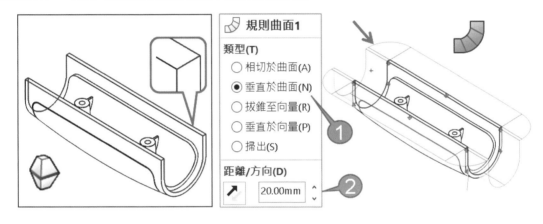

步驟 3 ☒

方向 1=10、方向 2=40。

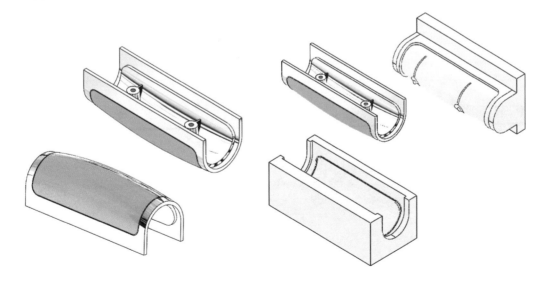

48-2-2 槍機蓋

這題比較難，要自行製作封閉曲面和立體分模面。

步驟1 🔵

模型有很多高低段落，利用 YN 快速加速選擇，18 條線，下圖左。

步驟2 🖌

將吹風口封閉，得到公母模曲面殼，下圖中（箭頭所示）。

步驟3 分模面前置作業

模型側邊有 3 處開口，分別使用草圖→🔲完成，下圖右。

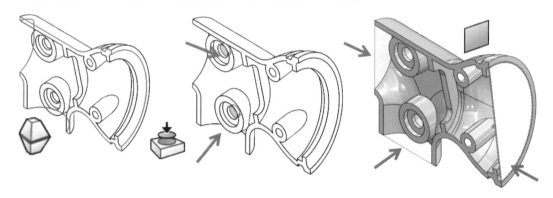

步驟4 分模面🖌

本節刻意用🖌完成 2 迴圈草圖計算成型，其實內圈草圖有縫隙，讓同學理解🖌有**修正邊界**的強大功能，理論還是會以平坦曲面完成🔲。

1. 前基準面繪製外矩形→2. 🔲內部線段→3. 🖌，完成後可見中空面，下圖左。

步驟5 分模面完成

👝 將步驟 3 和步驟 4，共 4 個平面合併，成為看似立體的分模面，下圖中。

步驟6 🔲

自行完成方向 1=10、方向 2=30，下圖右。

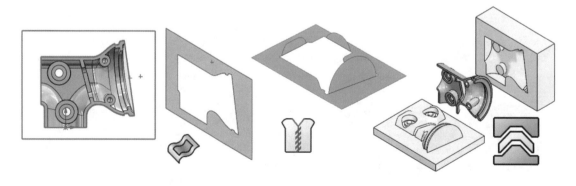

48-2-3 吹風機

本節分模面不容易完成，驗證公母模曲面正確性。

步驟 1 👽，20 條線

步驟 2 分模面📄

利用 2 個草圖完成中空，1. 繪製模塊矩形→2. 吹風機外圍草圖→🔲→📄，下圖左。

步驟 3 吹風口曲面

繪製封閉草圖→📄。

步驟 4 分模面 👕

利用👕將 1. ✒、2. 吹風口=分模面，只能說感覺不太習慣對吧，下圖右。

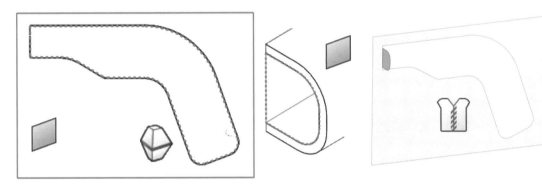

步驟 5 📚

自行完成方向 1=40、方向 2=10。

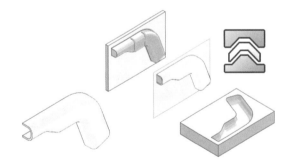

48-2-4 分割線-草圖

本節進行指令比對並以**分割線**🔲來分模。

A 比對分模線的差異

分別利用🔲和👽將管子建立分模線進行比對，會發現 1. 👽在管子轉角處位置偏差，🔲產生的分模線位置才是正確的，下圖左。

B 分割線🔲完成模具

利用草圖將管子完成🔲，還是會使用👽進行分模線，換句話說🔲為分模線前置作業。

步驟 1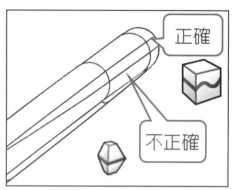

分割類型：投影、利用 L 草圖，管子完整分割一半，共 11 條線，下圖右。

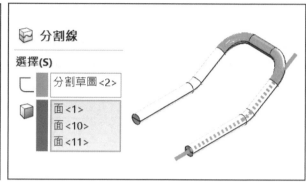

步驟 2

利用⚊完成連續邊線選擇，已經完成分模線外，更產生公母模曲面殼。

步驟 3

垂直於曲面=10。製作過程 10 發現面沒連接，20 就連接了，不過 20 的管子中間面會凸起，不適合實際作業。基於本節只是討論，先完成模具，後面章節會說明更好的解法。

步驟 4

上基準面建立矩形，模塊尺寸 1=30、尺寸 2=10。

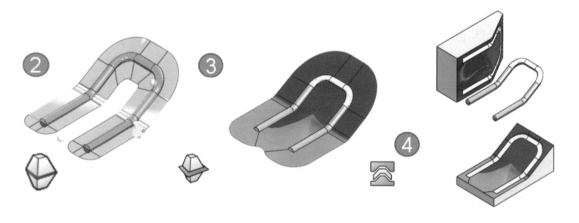

48-3 伸長模穴＋模板

跳過分模面，直接用 製作公母模具殼→ 完成模塊。分別完成上模穴＋上模板，這過程只是 應用，重點在下模做法和上模有些不同，很多人在這轉不過來，保證學到不同風貌，細節就在 過程是否**合併結果**。

48-3-1 鈑金

完成沖壓的鈑金模具。

A 上模穴

製作🔲完成上模穴。

步驟 1 上模模穴草圖

上基準面繪製模塊矩形草圖，草圖大於鈑金=模塊大小。

步驟 2 成形至本體🔲

點選模型，□合併結果，避免模穴與模型結合。可見模穴不超過鈑金模型，這是**成形至本體**特性。

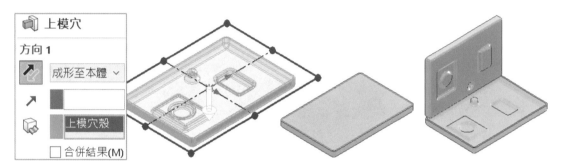

B 上模板

引用上模穴草圖進行🔲，讓上模板和模穴本體合併，成為上模塊。

步驟 1 方向 1=10

步驟 2 ☑合併結果

模板與模穴結合。

步驟 3 特徵加工範圍

☑所選本體=上模穴。

步驟 4 查看結果

見到模穴和模板成型，很有成就感吧。

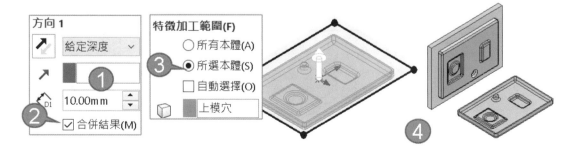

C 下模穴

有了上模穴的經驗，接下來會比較好理解，不過因為指令特性，作法無法和上模一模一樣。

步驟1 下模模穴草圖

在模型上面進入草圖→⬚，完成和鈑金外部相同大小的矩形草圖，這時會發現草圖不能比鈑金大，因為草圖位置不在下模的區域，成形不出來。

步驟2 來自：平移

因為草圖在上方，平移20=模塊深度。

步驟3 成形至本體

點選模型，☐合併結果，完成和鈑金一樣大小的模塊，接下來要增大。

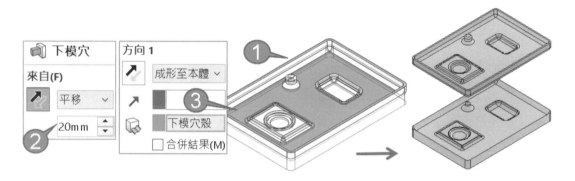

D 下模板

完成比鈑金模型還要大的草圖，讓下模板和模穴本體合併，成為下模塊。

步驟1 模板草圖

在下模穴模型面進入草圖→參考模穴草圖⬚+繪製比鈑金還大的外矩形。

步驟2 方向1，成形至某一面

點選鈑金上面=下模深度。

步驟3 ☑合併結果、特徵加工範圍

☑所選本體=下模穴。

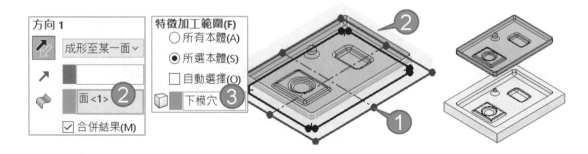

48-3-2 碗

看起來很簡單的碗，製作也有另一種風貌。

Ａ 上模

感覺上模比較容易完成。

步驟 1 模塊草圖

點選上基準面，繪製比碗還大的上模塊矩形草圖

步驟 2 🗐 完成上模穴

成形至本體，點選碗，完成和碗一樣的模塊。

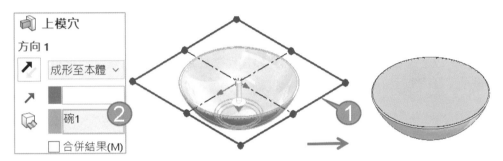

步驟 3 🗐 完成上模板

點選上模穴草圖，方向 1=10、☑合併結果、特徵加工範圍：☑所選本體=上模穴。

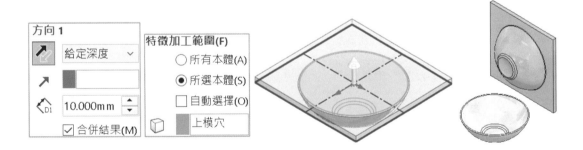

Ｂ 下模

感覺碗的下模比鈑金還容易。

步驟 1 點選上模穴草圖

步驟 2 🗐

來自：平移=50、方向 1 成形至下一面、☐合併結果

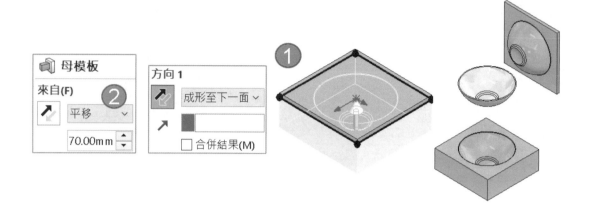

48-3-3 遙控器

本節已完成上、下模曲面殼、分模面，模擬無法使用 🔲 情形下，🖱完成模具。進階同學在同一個遙控器完成上下模。

A 上模

步驟 1 👒

將分模面和上模曲面殼 👒，成為單一曲面（上模曲面），讓 🖱 作業進行。

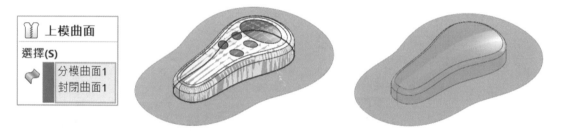

步驟 2 上模模穴草圖

上基準面繪製模塊矩形草圖。

步驟 3 🖱 **完成上模塊**

來自：平移=60、方向 1=反轉方向、成形至某一面=點選上模面、☐合併結果。

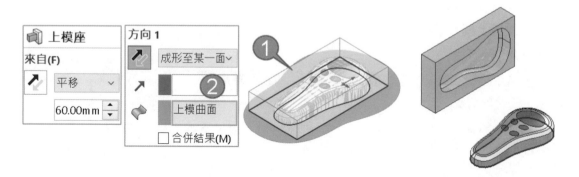

B 下模

步驟 1 🎁

將分模面和下模曲面殼🎁，成為單一曲面（下模曲面）。

步驟 2 下模模穴草圖

點選上基準面，繪製模塊矩形草圖。

步驟 3 下模塊 🗐

來自：平移=50、方向 1 成形至本體=點選下模面、□合併結果。

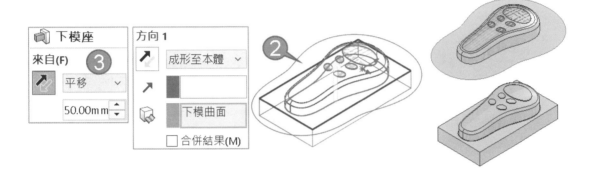

48-3-4 按鍵

先前是一個模型完成一個模塊，本節挑戰同一模型完成上下模。

步驟 1 上模穴草圖

模型面上繪製大於按鍵的模塊草圖。

步驟 2 完成上模穴 🗐

成形至本體、□合併結果。完成和按鍵一樣大小的模塊，接下來要增大。

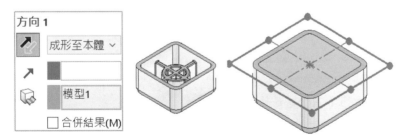

步驟 3 點選上模穴草圖→完成上模板🗐

方向 1=10、☑合併結果、特徵加工範圍：☑所選本體=上模穴。

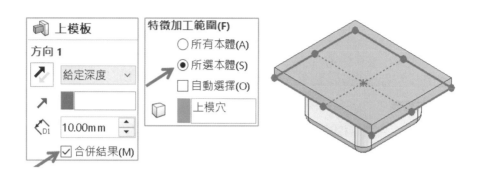

步驟 4 點選上模穴草圖→完成下模

來自：平移=50、方向 1=成形至下一面、□合併結果。

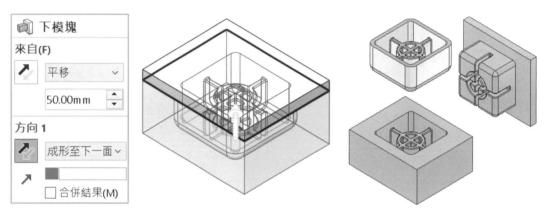

48-4 伸長模塊＋曲面除料

曲面除料完成模穴，加強曲面本體認知。會發現不需額外完成模板，使用模塊直接產生模穴。本節已經將、、...等前置作業完成，只要學習重點即可。

48-4-1 先睹為快

本節是對稱模型，只要完成 1 個模塊即可。

步驟 1 刪除吹風機實體（非必要步驟）

於實體資料夾中，點選本體→刪除，讓本體暫時不存在，可節省特徵加工範圍判斷時間，這手法實務很常用。

步驟 2 前模曲面殼

分模面＋前面曲面殼→縫織，成為模穴參考，下圖左。

步驟 3 產生模座（不含模穴）

前基準面繪製模塊草圖→，方向 1，兩側對稱=250，不需□**合併結果**，已經把吹風機本體刪除了，下圖右。

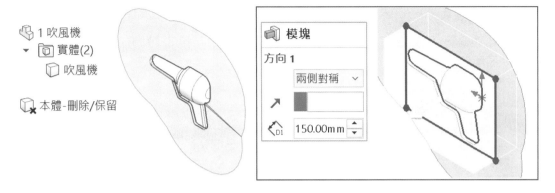

步驟 5 曲面除料 📚

點選前模曲面殼，留意除料方向產生模塊。更能體會為何要**兩側對稱**，因為📚會將一邊模塊完全除料。

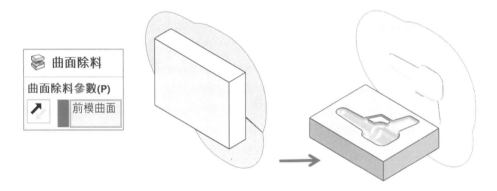

48-4-2 碗

本節算是練習。

A 上模

步驟 1 🛠

分模面與上面曲面殼縫織，下圖左。

步驟 2 產生模座 🗿

上基準面繪製模塊草圖。方向 1=50、方向 2=10、口合併結果，下圖右。

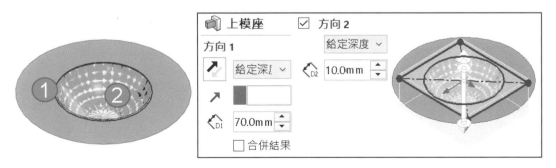

步驟4 曲面除料 📚

1. 曲面除料參數=步驟1完成的曲面，2. 留意除料方向和3. 特徵加工範圍，只要除料模座（箭頭所示）。

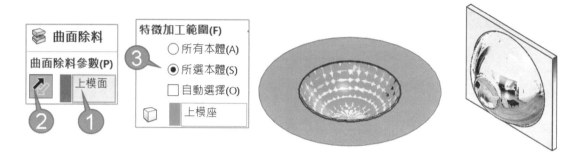

B 下模

自行將上模用修改的方式完成下模，感覺會更不一樣，很愜意更融會貫通。

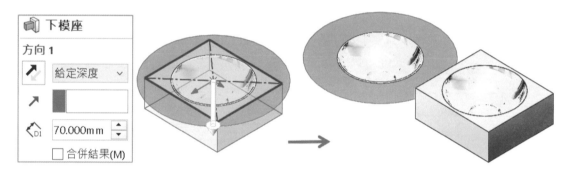

48-4-3 練習：鈑金和遙控器的上下模

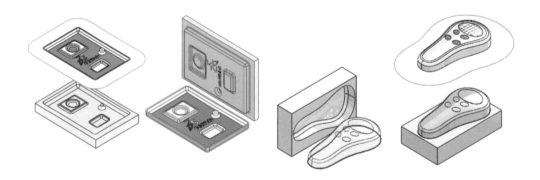

48-5 規則曲面之分模面

以**規則曲面**📐為主＋其他曲面完成**分模面**，這手法常用在卡溝，以及💧產生面交錯，必須使用人工作業時，改以📐完成分模面為大宗，本節自行完成**模具分割**⬚與展示。

48-5-1 段差管

段差和弧形轉角模型的分模面，不容易達到規則狀態，所以用 2 個📐＋💧完成。

步驟 1 分模面 1 📐

相切於曲面=20，學到點選順序。由右下角點選，會得到順接面，共 5 條線。

步驟 2 分模面 2 📐

相切於曲面=60，共 2 條線。

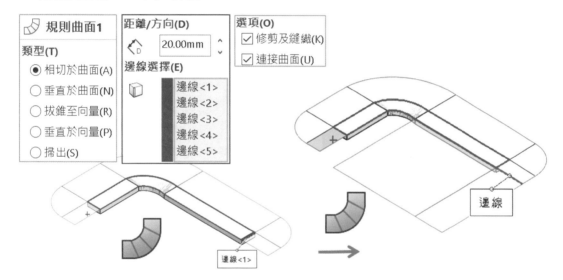

步驟 3 分模面 3，跨接製作 💧

很多分模面會利用💧連成面連接。1.邊線=曲率至面、2.Selection Manager 將 3 條線成為開放群組=相切至面。都是亂設定面的連續，總之先求有再求好。

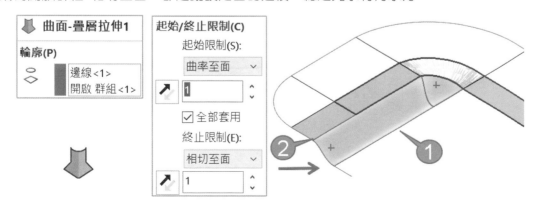

步驟 4 分模面完成 🎁

將上方 3 組面縫織為一個曲面本體。

步驟 5 ☏與展示

自行完成模具分割與展示。

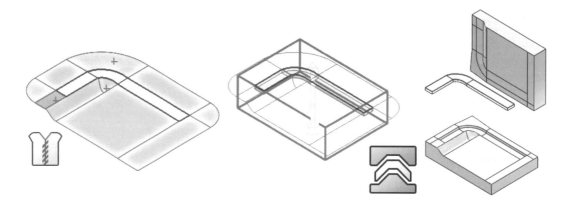

48-5-2 吸塵器握把

本節說明卡溝的分模面作法。

步驟 1 ◐、♨

前基準面在模型外圍，28 條線。在曲面上方貼補類型=相切。

步驟 2 ◈

垂直於曲面=50，距離加大，面會產生連接，特別在卡溝得以解決，下圖左。

步驟 3 ☏與展示

自行完成模具分割與展示。

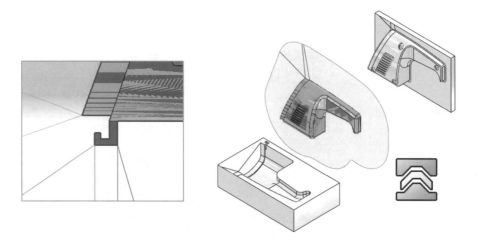

48-5-3 電池蓋

嵌角又稱倒鉤、死角，要製作滑塊。本節重點在分模面，體會鋪面很花時間，必須分別完成 2 個 🖌，先由簡單完成的邊線開始，會比較踏實。

步驟 1 🖰

上基準面在模型外圍，22 條線，重點在卡勾斜面位置，下圖左。

步驟 2 分模面 1，ㄇ形 🖌

垂直於曲面=10，右下角開始點選，會得到順接的面，共 13 條線，下圖中。

步驟 3 分模面 2 🖌

將外圍比較簡單的先作，相切於曲面=10，共 2 條。口修剪與縫織，因為這 2 面是分離狀態無法被縫織，下圖右。

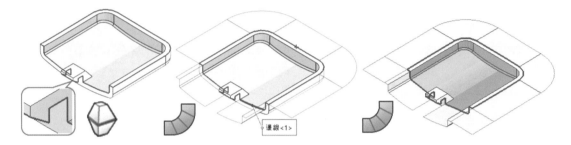

步驟 4 分模面 3 🖌

與分模面 1 貼齊：1. 點選卡勾邊線，2. 垂直於向量、3. 上基準面=6。

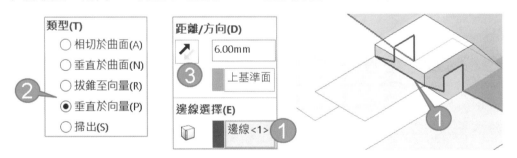

步驟 5 分模面 4， 🖎

利用填補曲面跨接完成跨接。

步驟 6 分模面 5，鏡射跨接面 ▣

目前曲面之間有縫隙，口縫織曲面，下圖左（箭頭所示）。

步驟 7 分模面完成 🖋

將 8 組面縫織為一個曲面本體。

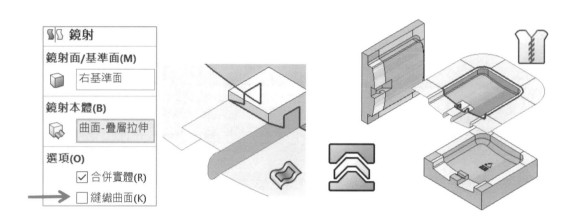

48-6 曲面混合法

現在流行油電混合，本節就是曲面混合法，運用曲面指令想辦法完成分模面。

48-6-1 分模線 ⦿與封閉曲面 ⛟

模型外邊緣產生 6 條線。加入左右開口內部邊線，共 13 條線，完成後會產生曲面資料夾。左邊曲面有隆起，實務不可能在這種情形製造，這部分曲面議題有教怎麼修補。

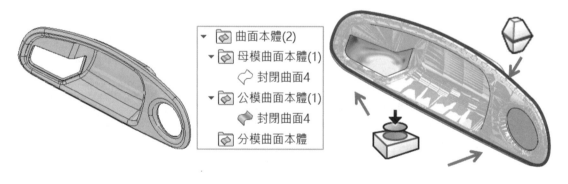

48-6-2 分模面

這模型無法用分模去面完成，因為分出來的曲面都很奇怪。製作指令之前把母模曲面殼隱藏，只有公模才可以完成，實務很多情況沒時間考究為何，下圖左。

步驟 1 分模面：恢復修剪曲面⛟

這指令很神奇可以把曲面外圍延伸：1. 點選外邊線、2. 距離 20%、3. ☑延伸邊線、4. □與原始合併（這 2 曲面不能合併），下圖右。

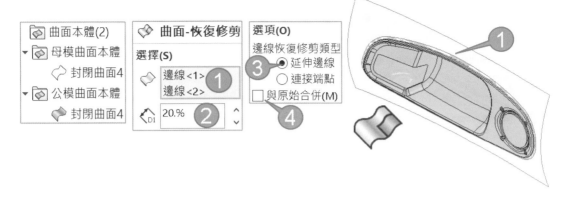

步驟 2 修剪重疊面 ✦

　　完成後會發現和母模殼重疊，利用**修剪曲面**✦去除多餘部分，利用 2 曲面之間的參考就能完成，相當便利。

　　1. 修剪類型=標準、2. 修剪工具=母模殼、3. ☑保持選擇、4. 分模面。

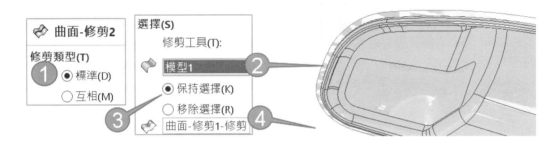

48-6-3 模具分割⬚

　　由於分模面是自行完成的，分模面要自行移到**分模曲面資料夾**中，未來設變也比較好識別，也讓⬚過程中自動讀取。

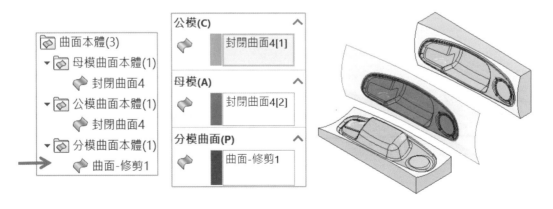

筆記頁

CHAPTER

49

手法 8 互鎖曲面法

在模具分割☒中有個項目：互鎖曲面（Interlock Surface，俗稱基準），特點：1. 引導模具定位、2. 注模過程防止液體滲漏、3. 不平整的模型下方有了定位基準。

製作定位有：1. 自動：互鎖曲面、2. 手動：人工製作。

49-1 先睹為快互鎖曲面

段差管利用☒完成☑互鎖曲面，模具重點：1. 模塊草圖在分模面外，2. 先前教學草圖要在分模線內。

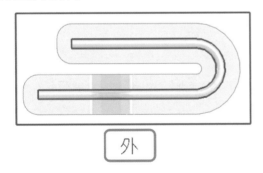
外

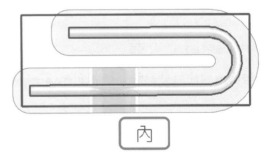
內

49-1-1 分模線 ⬡

上基準面在外邊緣產生 14 條線＋分割之圖元的 2 直線，下圖左（箭頭所示）。

49-1-2 分模面 ⬡

垂直於起模方向，距離=10，分模面不能太大，面之間會相撞扭曲，下圖右。

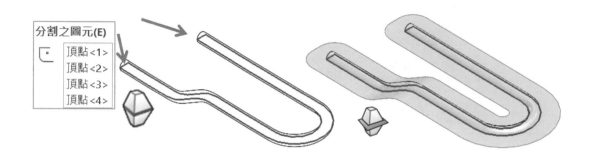

分割之圖元(E)
頂點 <1>
頂點 <2>
頂點 <3>
頂點 <4>

49-1-3 模具分割 ⛰

矩形無法涵蓋分模面，且分模面中間是空的，理論上無法產生⛰。互鎖曲面專解這種的，有互鎖的凹凸，加工成本很高，後面會教其他方法讓製造合理性。

步驟 1 上基準面繪製矩形

矩形要大於分模面，否則模塊會有很多段差。

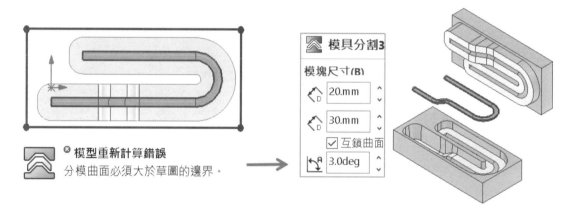

⛰ 模型重新計算錯誤
分模曲面必須大於草圖的邊界。

模具分割3
模塊尺寸(B)
20.mm
30.mm
☑ 互鎖曲面
3.0deg

49-1-4 練習：下蓋

自行練習模具分割的互鎖曲面，萬一遇到做不出來，刪除舊的⛰特徵，重新製作。

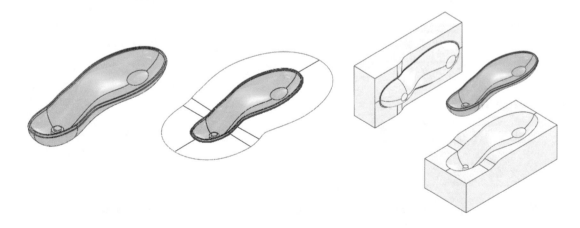

49-1-5 練習：聽筒

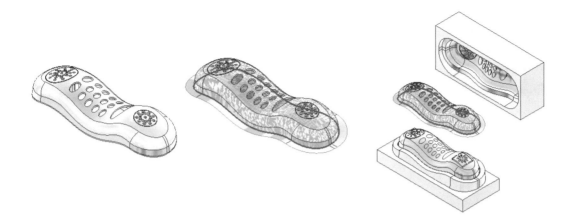

49-2 人工製作互鎖曲面

常遇到無法完成互鎖，就用人工完成，自行完成分模線◎、分模面◎。

49-2-1 分模線◎、分模面◎

垂直於起模方向，距離=10。

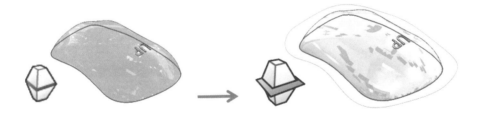

49-2-2 島曲面 ◎

以分模面為基準向下製作互鎖曲面。深度一定要超過圓弧高度，1. ☑推拔至向量、2. 距離=20、3. 上基準面、4. 1度、5. 點選分模面外側邊線。

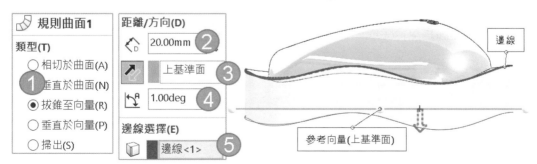

49-2-3 島下方多餘刪除 ✎

分模面浪形，裙帶也是浪形，將下方修齊成為基準。1. 修剪類：標準、2. 修剪工具：上基準面、3. ☑移除選擇、4. 點選下方要被剪除的曲面。

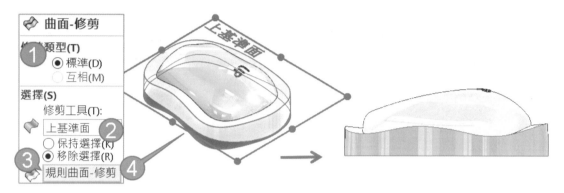

49-2-4 分模面

✎完成中空曲面（分模面），他要為獨立狀態，上基準面繪製矩形草圖→✎，點選 1. 草圖和 2. 島的邊線、口合併結果。

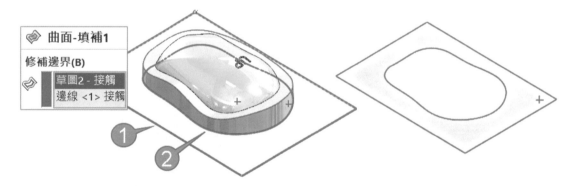

49-2-5 製作模具分割之分模面 💉

將 1. 分模面、2. 島曲面、3. 互鎖基準面，縫織給🐭的分模面用，下圖左。

49-2-6 模具分割 🐭

本節互鎖曲面是自行完成，所以口**互鎖曲面，下圖右**。

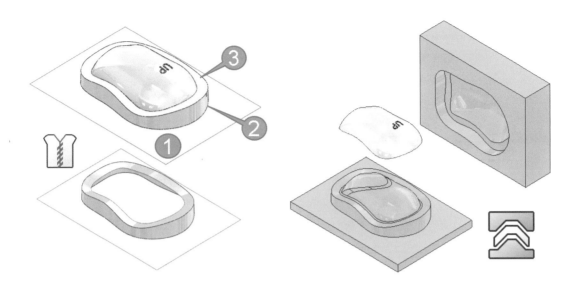

49-2-7 練習：吹風機、聽筒

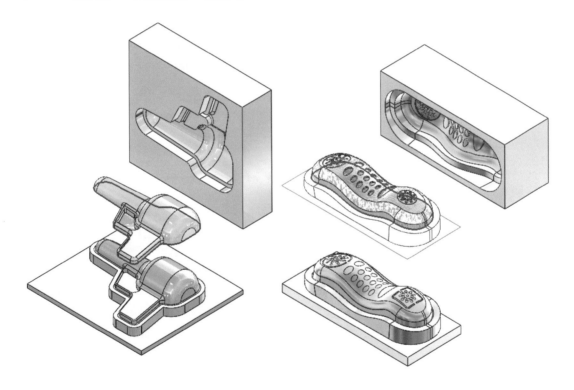

筆記頁

手法 9 關聯法

進行模具與模型關聯=插入原稿進行擴充改變,很多人問模型設變後,模具要重新來過? 會這樣問就是在有特徵的模型之下進行拆模,本章依常用順序說明這些關聯性作業:1. 插入新零件✍、2. 儲存本體、3. 分割特徵◎、4. 產生組合件✍、5. 模塑◎。

A 零件插入零件

本章絕大部分在零件把零件加進來,就像開新組合件→把零件加進來觀念一樣,有些主題也會說:1. 零件組裝零件、2. 零件產生 BOM、3. 零件做爆炸圖,以上都是多本體作業。

B 關聯性的特殊環境

第一次遇到零件下方只有 1 個特徵,類似模型轉檔只有實體或曲面,這些模型無法直接變更,未來看到這類模型就知道該怎麼辦了,例如:1. 插入零件、2. 分割,下圖左。

C 模型和拆模作業分開(分層計算)

模型和拆模作業分開(2 個檔案),系統運算會比較有效率,這議題不只用在模具,屬於由下而上共同專業,例如:車座原稿插入零件後進行拆模,下圖右。

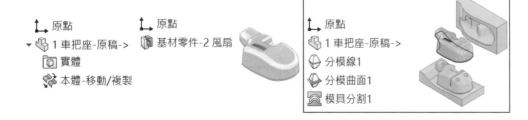

D 多元性

關聯性最大好處:1. 多元性、2. 分層計算。例如:USB 2.0 隨身碟接頭都相同=原稿,製作不同的外型讓產品多元性,當 USB 接頭改變為 3.0 後,USB 產品立即更新。

50-1 插入零件（Insert Part）

在零件中把零件加進來並形成關聯，依難易度說明3大手法：1. 檔案總館拖曳零件到零件中、2. 插入零件、3. 插入至新零件，會發現指令名稱不同，其實都是一樣的。

本節重點在 1. 拖曳零件到零件中，他是使用率最高的作業，因為不用指令。

A 名稱不統一

名稱不同造成學習認知錯亂，SW原廠不應該把**指令行為**當作**指令名稱**。

50-1-1 拖曳零件到零件中

本節算先睹為快關聯性作業，算是同學的新體驗。

步驟1 在新零件中，於檔案總管(工作窗格)拖曳模型到繪圖區域

過程中出現訊息：要嘗試建立一個導出的零件訊息→是。

1 車把座-原稿

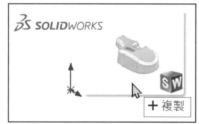

步驟2 插入零件屬性

插入過程由屬性管理員看出：平移、複製、定位零件...等作業，這裡不管他。點選原點放置模型→↵，完成放置，有沒有覺得這招和組合件組裝作業一樣。

步驟3 查看特徵管理員

特徵管理員見到車把座零件關聯圖示→（外部參考），展開可見部分資訊，這樣的結構也是第一次見到，下圖右。

步驟4 編輯關聯零組件（類似：開啟舊檔）

在車把座進行拆模作業，下圖左。在模型圖示上右鍵→編輯關聯零組件（A），回到模型原稿。進階者右鍵→A，**編輯關聯零組件**不是**編輯特徵**，類似開啟舊檔。

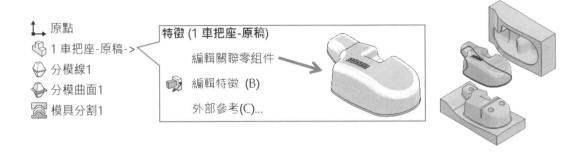

50-1-2 插入零件（插入→零件）

　　在空白的零件中，使用**插入零件**，以開啟舊檔找要插入的零件，下圖左。本節和上一節過程和結果一樣，差別在 1. 拖曳檔案到零件、2. 使用。

步驟 1 插入零件指令屬性

　　插入過程由屬性管理員看出：平移、複製、定位零件... 等作業，下圖中。

步驟 2 完成

　　在特徵管理員見到零件圖示，其餘說明與上一節相同，下圖右。

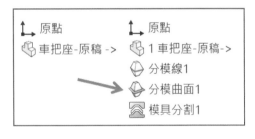

50-1-3 插入至新零件

　　將多本體的中的其中一本體 1. 儲存起來→2. 自動插入新零件，類似**插入零件**作業。本節就是 1. 儲存本體+2. 插入零件，也類似**分割特徵**，指令名稱不統一容易亂。

步驟 1 指令位置

　　實體資料夾右鍵→插入至新零件，下圖左。進入指令視窗→↵，下圖右。

步驟 2 另存新檔

將檔案儲存：車把座-模具，下圖左。這作業是傳統作法，產生新文件要先存檔，例如：零件產生工程圖，要先儲存工程圖。

步驟 3 基材零件

檔案自行開啟，特徵管理員見到以分割特徵呈現：**基材零件-車把座-原稿**，進行模具作業關聯，下圖右。

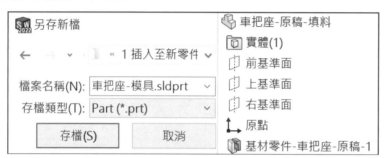

步驟 4 編輯關聯零組件（開啟舊檔）

到時模型設變，只要回到模型原稿即可，於圖示上右鍵➔編輯關聯零組件，下圖左。

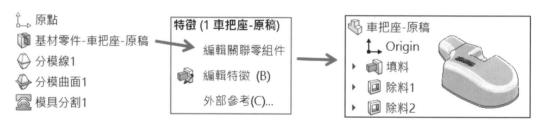

50-2 多本體分割並儲存本體

本節和上節觀念相同，重點在儲存本體並產生關聯：分割特徵、儲存本體➔產生組合件，你會發現都有連貫性，也希望 SW 能統一指令，就不用學這麼累了。

50-2-1 分割特徵

分割特徵（插入➔特徵➔分割）將多本體儲存為實際檔案並維持與原稿的關聯性。

A 風扇

風扇零件利用曲面作為分割參考，將葉片、馬達、底座分離，產生多本體。

步驟 1 修剪工具

於特徵管理員點選 2 填補曲面。

步驟 2 目標本體：☑所有本體

步驟 3 切除本體

系統計算被分割的本體。

步驟 4 自動指定標題（名稱）

由系統自動零件檔案名稱，例如：本體 1、本體 2。通常自動指定名稱就算了，等到真的要量產或比較重要時，再自行修改檔名。

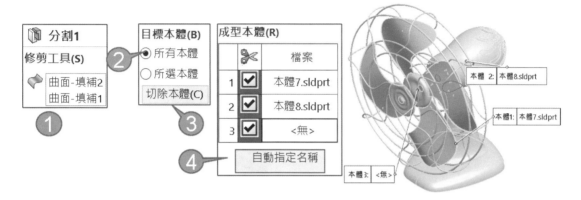

步驟 5 查看特徵管理員結果

於特徵管理員可見分割特徵，以後開啟這類的模型不用懷疑這模型怎麼只有一個特徵，也知道要如何更改：**編輯關聯零組件**，下圖左。

步驟 6 查看已儲存本體

於檔案總管可見被儲存的本體：本體 1、本體 2、本體 3，下圖中。

步驟 7 開啟已儲存本體

開啟其中零件，特徵管理員可見到分割特徵並產生關聯性->，下圖右。

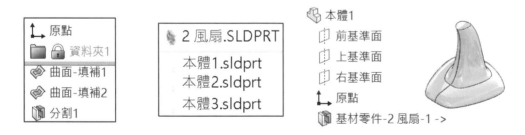

B 練習：U 管模具

利用 L 草圖，將單一體分為上、下模，並儲存本體。

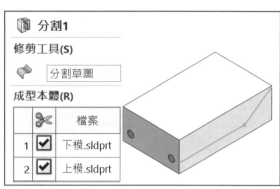

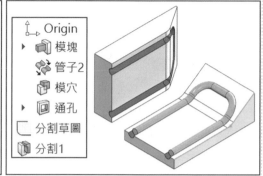

C 練習：滑鼠

利用草圖完成分割，並儲存本體，於本體上進行薄殼。

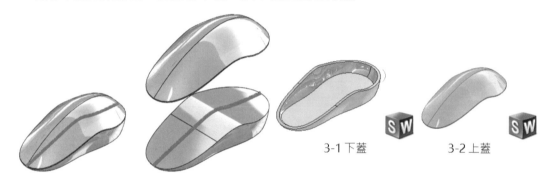

3-1 下蓋   3-2 上蓋

D 多本體：耳溫槍

本身就是多本體，無法使用修剪工具，自然不需 🖐 來儲存本體。

50-2-2 多本體儲存：儲存本體

有 3 種方式執行**儲存本體**：1. 實體資料夾 🗀 右鍵➔儲存本體、2. 插入➔特徵➔儲存本體、3. 點選本體右鍵➔另存新檔，本節說明第 1 種。希望 SW 能統一指令名稱，否則很多人不知道其實他是一樣的。

模具完成分模後，實體資料夾 🗀 有多本體顯示，點選實體資料夾 🗀 右鍵➔儲存本體，會見到和**分割特徵** 🖐 一樣的畫面，節省學習時間，不贅述。

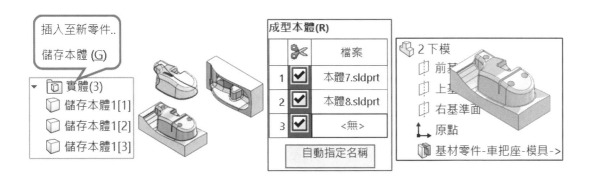

50-2-3 儲存本體→產生組合件（自動組裝）

在資料夾上右鍵→儲存本體，除了將多本體儲存，還可以自動產生組合件，稱為自動組裝。這部分常用在模型轉檔，例如：下載的馬達為多本體零件，儲存後並產生組合件。

A 作業方式

1. 點選瀏覽→2. 指定組合件檔案位置並命名→3. 存檔→4. 系統自動組裝並開啟組合件，模型以固定放置。

B 練習：耳溫槍產生組合件

多本題直接產生組合件。

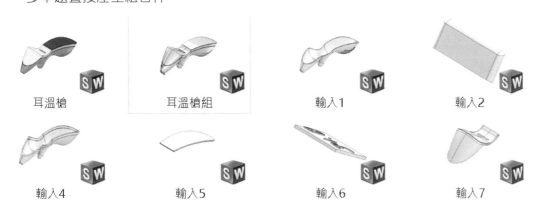

| 耳溫槍 | 耳溫槍組 | 輸入1 | 輸入2 |
| 輸入4 | 輸入5 | 輸入6 | 輸入7 |

50-3 模塑（Cavity）

　　組合件使用 （插入→模具→ ）產生模穴，為零件產生外部參考（關聯性），也是由上而下的設計。 擁有**縮放比例** 和**結合** 集合， 適用進階者，這指令沒在模具工具列。

A 組合件下的零件指令

　　SW有極少指令只能在組合件才能使用的零件指令，換句話說，在零件見到這指令，總是灰階無法執行。

B 外部參考設定

　　執行本章之前，要先確認選項的外部參考設定是否具備。系統選項→外部參考資料，☑當編輯組合件時，允許多種不同關聯零組件，下圖左。

C 編輯零件

　　使用 前必須 ，因為 是零件下指令，例如：點選吹風機模塊→ ，下圖右。

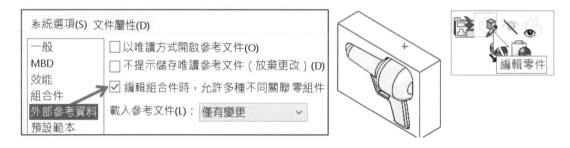

50-3-1 設計零組件

　　點選吹風機零件。

50-3-2 縮放參數

　　這是縮放比例的介面 ，詳細說明後面章節有說，5%=放大→↵，模穴產生。在模塊特徵管理員見到模塑外部參考，可開啟零件看看樣貌，下圖右。

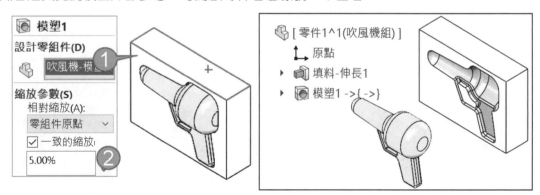

50-4 由下而上關聯作業（Down to Top）

下=零件、上=組合件，由零件到組合件設計，在零件進行多本體，拆件形成獨立零件。

50-4-1 棘輪把手蓋

直接在把手上方製作蓋子。

步驟 1 點選把手凹面進入草圖

步驟 2 蓋子外圍

目前為模型面點選狀態➔ㄈ=1，完成蓋子外圍。

步驟 3 蓋子孔

分別點選模型圓邊線➔ㄈ=1，共 2 圓，下圖左。

步驟 4 蓋子成形

至某面平移處=1，點選模型上面，□合併結果，不必理會板厚多少，下圖右。

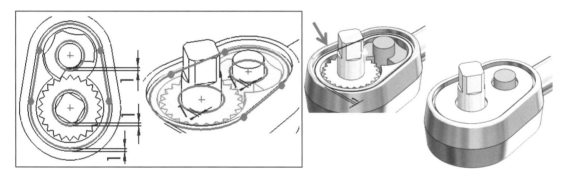

50-4-2 手機外殼製作

參考手機外型並開孔，將手機外殼設計出來，設計參數 1。

步驟 1 手機下方進入草圖

點選面➔ㄈ，向外偏移=1，下圖左。

步驟 2 外殼成形

方向 1：成形至某一面，點選手機上面，□合併結果。

方向 2：給定深度 1，這是底部厚度。

步驟 3 殼厚

點選伸長的本體，厚度=1，下圖右。

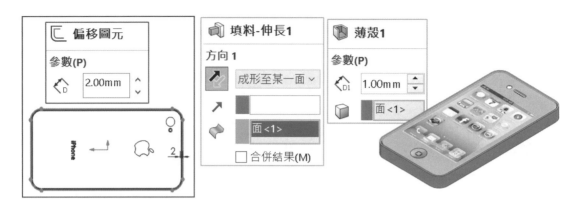

步驟 4 顯示隱藏線 ⬡

穿透查看另一個特徵位置，下圖左。

步驟 5 製作開孔 ▦

分別製作機構開口，共 3 處，下圖右。

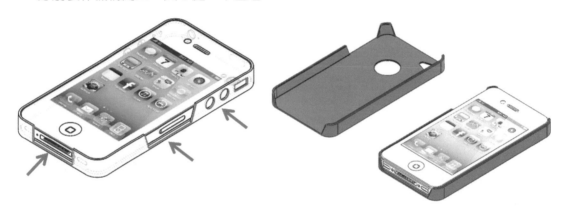

50-4-3 引擎治具設計

將引擎定好位置成為基準，設計 1. 底板、2. 支撐柱、3. 連接板。利用先前傳授的技術予以延伸，除了順便複習外，更可以學到其他技巧。

A 定位 🖌

利用移動複製特徵🖌將歪斜模型定位才可以上工。

步驟 1 同軸心 ◎

1. 點選原點＋2. 模型圓→3. 同軸心→4. 新增，下圖右。

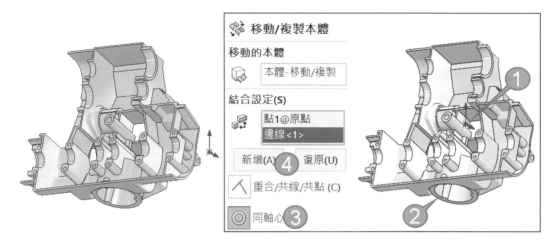

步驟 2 平行 ＼

　　上基準面＋模型面→平行→新增。

步驟 3 重合 ＜

　　前基準面＋模型面→重合→新增。

步驟 4 查看結合條件

　　完成後展開 ＊ 特徵可見結合條件，編輯特徵還是可以修改它們，下圖右。

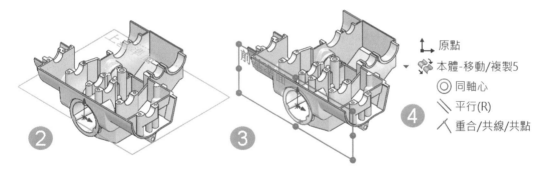

B 產生底板 🖟

　　上基準面繪製 ⊐ 超過引擎外型，🖟，平移草圖 100，板厚 20，要架高引擎並設計支撐板，下圖右。

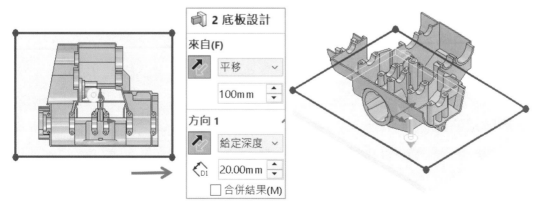

C 支撐板

於底板進入草圖，設計支撐柱。

步驟 1 繪製 3 個矩形

步驟 2 ➡️→成形至下一面

可見特徵會包住模型外型，這樣比較簡單，不用側邊參考圖元。

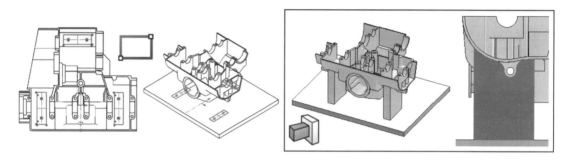

D 連接板 ✏️

由熔接的✏️將支撐板強化。如此認知，熔接不一定是骨架，萬一用肋🔧或🔧完成作業，要建構很多基準面，再加上✏️不支援多本體。

E 熔接（焊接）

透過**圓角熔珠**🔧或**熔珠**🔧完成。

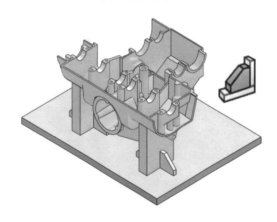

50-4-4 油箱檢具

對油箱斜面進行鑽孔檢具設計，學會如何最快完成，例如：設計過程不加尺寸，以求更迅速調整以保留設變彈性。

A 底板與定位銷

繪製矩形進行對稱式設計，對油箱的小孔**參考圖元**🔧→🔧，深度 30。

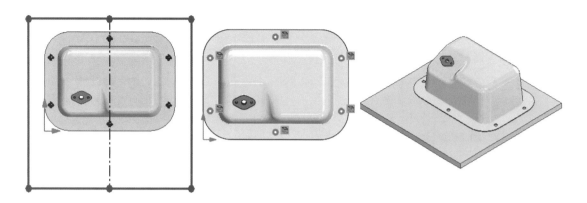

B 定位銷

引用草圖 1 完成定位銷。

步驟 1 點選草圖 1→🗐

步驟 2 來自：面

定位銷基準在底板下方，所以點選底板下面。

步驟 3 方向 1

深度 40＝PIN 長度規格。

步驟 4 所選輪廓

點選 6 小孔。

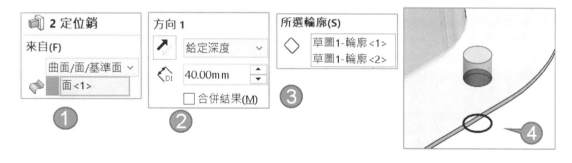

C L 檢孔柱

利用油箱斜面的參考完成檢孔柱。

步驟 1 製作支撐柱草圖

在底板左邊平面繪製 L 草圖→草圖直線＋油箱邊線→＼＼，下圖左。

步驟 2 支撐柱 🗐

直覺設計深度、厚度。平移＝240→方向 1：兩側對稱＝200→☑薄件特徵＝100，下圖中。

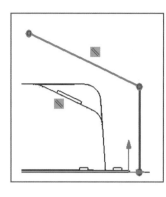
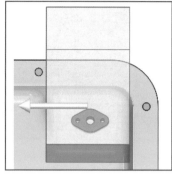
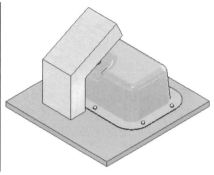

D 檢柱孔

進行檢孔棒草圖配置，讓該特徵引用配置草圖，先除後填更迅速設計。

步驟1 顯示隱藏線

穿透看到後面的特徵。

步驟2 草圖配置

於支撐柱上繪製2同心圓＋3檢孔，下圖左

步驟3

選擇內圓草圖除料，完成內柱孔，下圖中。

步驟4 內柱

點選內圓草圖輪廓→，深度120，下圖右。

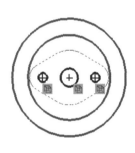
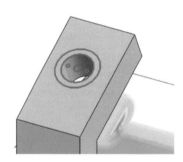

步驟5 把手

顯示外圓草圖輪廓→，深度=60，下圖左

步驟6 檢孔柱特徵

點選3小圓草圖→，深度穿透油桶，下圖右。

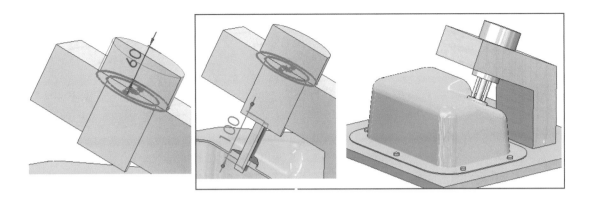

50-5 由上而下關聯作業（Top to Down）

下=零件、上=組合件，由組合件產生新零件進行關聯，先睹為快常見的產生新零件作業，再說明業界常犯的關聯性特徵無法控制的錯誤，誤以為關聯性不好的迷失。

50-5-1 棘輪保護蓋

在棘輪把手上透過關聯性設計一個保護蓋。

步驟 1 新零件

為組合件產生新零件🐾。

步驟 2 放置設計零件 ⬚

點選蓋子位置作為設計基準，不會出現訊息，很多人不習慣，下圖左。

步驟 3 編輯草圖

於特徵管理員產生新零件，目前為編輯零件與草圖狀態，該零件為虛擬件，零件為藍色狀態，下圖右。

步驟 4 設計蓋子📄

自行完成蓋子與這部分先前已說明，不贅述。

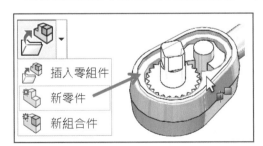

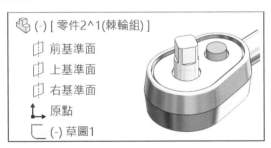

步驟5 查看模型

開啟該零件會發現草圖沒尺寸，到時工程圖要尺寸，反正都要標，就在草圖標。

步驟6 儲存零件

將虛擬零件儲存成實際檔案，特徵管理員點選該模型右鍵→儲存零件，下圖右。

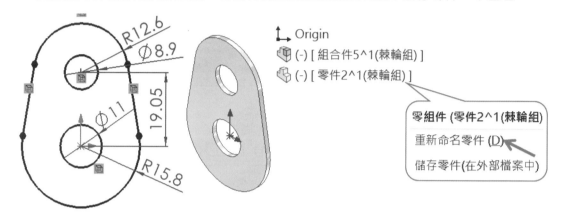

50-5-2 組合件特徵-除料▣

直接在組合件除料，可見**特徵加工範圍**，它和零件多本體操作與觀念一樣，唯一不同☑**傳遞衍生特徵至零件**。

A 製作▣

會發現特徵的盲點，以及組合件產生特徵後沒注意到的現象。

步驟1 除料

在模型面上矩形→▣。1. 插入→組合件特徵→除料→▣、2. 組合件特徵工具列，下圖左。

步驟2 特徵加工範圍，傳遞衍生特徵至零件（預設關閉）

將矩形加工到哪些零件，☑所有零組件、☐**傳遞衍生特徵至零件**。查看特徵管理員，可見▣在最下方被組合件所管理，可以編輯▣。

步驟3 查看特徵的傳遞

明明組合件模型有看到▣，開啟零件發現沒有除料特徵，這是業界失去江山主因。

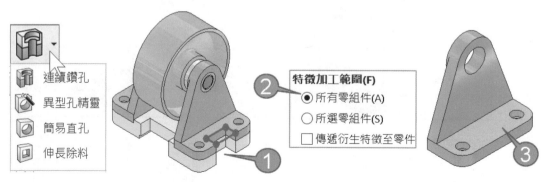

B 傳遞衍生特徵至零件

決定是否將該特徵**傳遞到零件特徵中**，理解這項功能的特性。

步驟 1 編輯除料特徵⬚

回到組合件編輯⬚，☑傳遞衍生特徵至零件

步驟 2 確認特徵傳遞至零件

開啟零件後可以看到除料特徵->有出現且為外部參考，下圖中。

步驟 3 無法刪除外部參考特徵

該特徵由組合件產生並關聯，無法刪除該特徵或編輯草圖，這是第一次面對到的議題。

步驟 4 編輯關聯零組件

這部分先前有說明過，也可以用在組合件特徵中，這是關聯性作業的指令。

步驟 5 全部斷開、全部鎖定

將外部參考斷開或鎖定。於特徵或草圖右鍵→顯示外部參考→全部斷開。

外部參考: 除料-伸長2

組合件: C:\11 模具\第70章 關聯法\70-7 由上而下關聯設計\2 加工特徵

全部鎖定(L)	全部斷開(B)

步驟 6 使為獨立

於零件中在讓該特徵上右鍵→使為獨立，斷開特徵關聯可以獨立使用。

⬚⬚ 結合條件群組1
⬚⬚🎓 鏡射零組件
⬚ 除料-伸長1

1

⬚⬚ 鏡射1
⬚ 除料-伸長2 ->{ ->}

2

特徵 (除料-伸長2)

使為獨立 (A)   4

編輯關聯零組件 (B)

外部參考(C)...

筆記頁

51

拔模角

拔模角（Draft）讓模型內外部產生錐度，否則脫模會產生磨擦阻力或類似真空甚至無法脫模。

拔模 3 大類：1. 拔模基準、2. 拔模角、3. 拔模面。

A 模型外型

模型加入拔模角會有 3 種變化：1. 增加材料（體積增加）、2. 減少材料（體積減少）、3. 增加和漸少材料（體積不變，例如：100x100x100 的體積）。

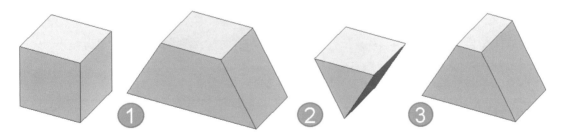

B 拔模不見得是拔模特徵

很多指令內建拔模角，具備初級（每面角度相等）且常用的外型斜度（不見得用在模具），例如：伸長、肋材、掃出...等，下圖左。

C 拔模特徵順序：先拔模→後導角

拔模指令要點選模型面，不點選圓角面，因為圓角面通常很多，在複雜特徵不容易修改，所以會先拔模後導圓角，例如：肋材特徵先拔模角→再圓角。

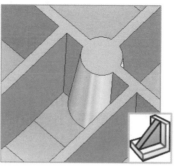
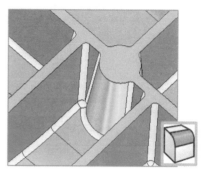

D 拔模特徵順序：先導角🔲→後🔲

通常圓角面不加拔模，例如：點選拔模面過程會計算到圓角面，造成拔模錯誤。

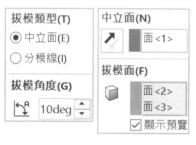

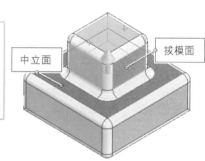

換個順序就可以成功。

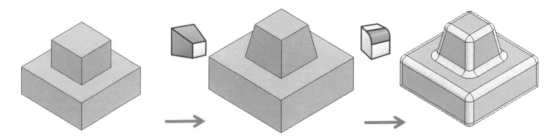

51-0 拔模角指令介面

不同拔模類型要求項目不同，它們有共通性都有拔模角且每個指令只能一個角度，列表協助各位清楚判斷差異，就不覺得亂。

A 中立面（預設）

最常用也最簡單：1. 拔模角、2. 中立面、3. 拔模面，點選要拔模的模型面。

B 分模線

利用分模線或模型邊線：1. 拔模角、2. 起模方向、3. 分模線。

C 階段拔模

利用分模線或模型邊線進行錐形/垂直階段拔模：1. 拔模角、2. 起模方向、3. 分模線。

 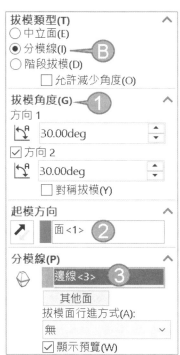 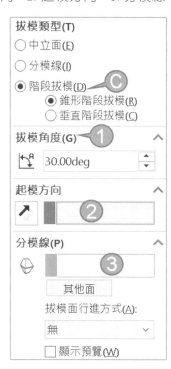

51-0-1 先睹為快：加入拔模角

模型加入拔模角，並體會先拔模後導角的用法。

步驟 1 拔模類型：中立面　　　　步驟 4 拔模面：點選方形 4 面

步驟 2 拔模角度：10 度　　　　步驟 5 ☑顯示預覽

步驟 3 中立面：點選上面　　　　步驟 6 在模型上加入圓角特徵

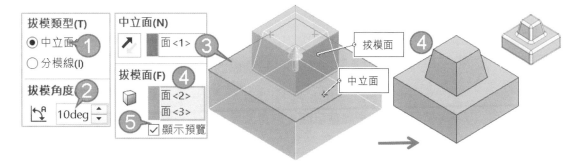

51-0-2 細部預覽（類似指令結果）👁

顯示拔模預覽，確定拔模方向和角度夠不夠。進入👁出現 2 項設定，通常亂壓看差異。使用完成後再按👁或 ESC 回到屬性管理員，但很多人按 X 造成結束指令，就要重新選擇📄。

早期因為效能沒有**顯示預覽**功能，後來推出👁，自 2021 以後就有**顯示預覽，所以不太用👁了**，本節針對圓柱面進行拔模設定。

A 強調顯示新的或經修改的面

顯示新的拔模特徵，看起來比較具體，下圖左。

B 僅顯示新的或經修改的本體（適用多本體）

僅顯示新的或經修改的本體，其他本體會被隱藏，下圖右。

C 顯示預覽和細部預覽👁

顯示預覽會見到先前拔模前和拔模後的差異，👁只有結果，下圖右。

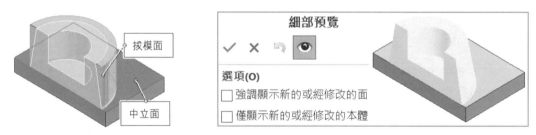

51-0-3 手動/DraftXpert

第一次使用📄，上方會出現**手動/DraftXpert** 標籤，完成指令後編輯📄不會出現這 2 大標籤，下圖左。

51-1 DraftXpert 拔模專家

DraftXpert 就是中立拔模功能（操作一樣），採用 2007 年推出的 SolidWorks Intelligent Feature Technology（SWIFT，智慧型特徵系統），以現在的角度稱 AI，未來 CAD AI 會更具體與成熟，我們拭目以待。

A 新增與變更介面

進入 DraftXpert 有 2 大標籤：1. 新增與 2. 變更，新增或變更拔模角，介面 90%很像，別擔心學不會，下圖右。

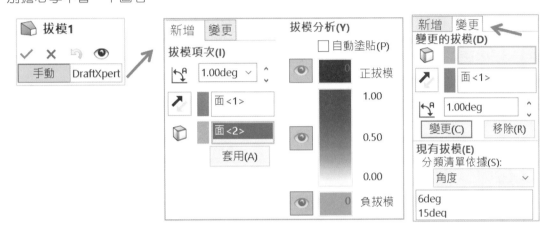

51-1-1 拔模項次

在已經有了圓角特徵進行拔模角與拔模面的給定，先前操作過程是失敗的，這次會讓同學意想不到會成功呦。

1. 拔模角 10 度→2. 中立面→3. 拔模面→4. 套用，於特徵管理員可見拔模特徵自動在圓角特徵之上，這技術會協助各位改變特徵順序，類似回溯。

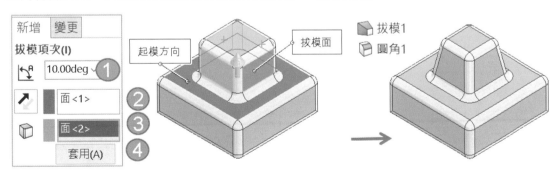

51-1-2 拔模分析

☑自動塗貼來啟用**拔模分析**，透過 2 種顏色呈現正拔模（藍色）、負拔模（橙色）。

游標移到模型面會顯示拔模角度作為確認。

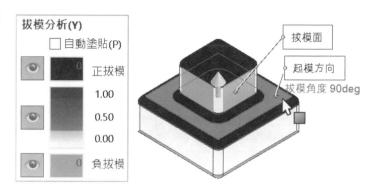

51-1-3 變更

將先前產生的拔模角進行改變。1. 點選 📄→2. DraftXpert→3. 變更→4. 點選下方的角度上方出現拔模面→5. 改變角度 1 度→6. 變更，立即可見模型變化→7. 可以按復原 ↩。

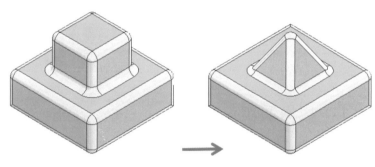

51-2 拔模角度

以垂直於中立面進行角度控制，有幾項原則：

1. 角度是單邊角度。

2. 外型考量常用 1 度，斜度小脫模困難，斜度過大會影響產品尺寸或精度。

3. 若拔模角太小初期為了明顯看出斜度或角度方向會設定大角度，例如：15 度。

4. 產品越深拔模角會相對變大。

51-2-1 標準角度±30 度

　　拔模角標準定義在±30 度，以前 SW 只能在範圍輸入，後來拔模角不見得用在模具，可以用在產品外型，後來才將範圍擴大 0.018～89.9 度。

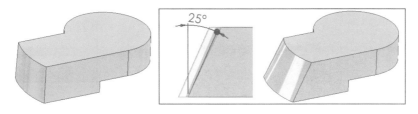

51-3 中立面（Neutral，中立面拔模）

　　　　選擇拔模基準面，可選擇模型面或基準面，這裡點選上基準面。極端的例子，使用模型面或基準面結果會不同或是完成不能的任務。

51-3-1 反轉方向

　　改變拔模方向（從模具中被頂出的方向），就是正拔模（形狀 A）、負（形狀 V）拔模。

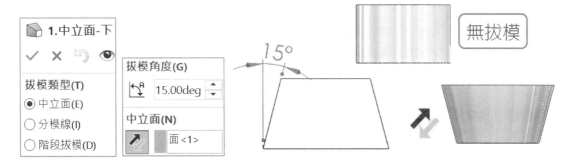

51-4 拔模面（適用中立面）

　　選擇要拔模的模型面，可以選擇 2 面或多面，例如：1. 外面、2. 孔，下圖左。

51-4-1 拔模技巧

　　拔模角很小看不出來，利用：1. ☑顯示預覽、2. 細部預覽☀、3. 增加角度（10 度）、3. 剖面視角🗐。

A 細部預覽 ◉

指令上方臨時看拔模方向或過程，不須結束指令。再按一次◉或 ESC，下圖右。

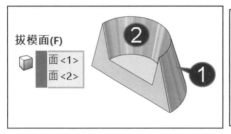

B 剖面視角 ▨

剖切模型看內部拔模型態，例如：外型是否拔模正確並符合△▽。

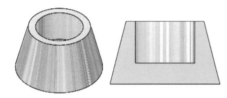

51-4-2 練習：內外拔模

進行內外拔模 10 度，8 面（箭頭所示），重點在中立面的位置會影響拔模角的起算位置，造成不如預期的斜度。資料來源 TQC，SolidWorks 2010 專業級，210（曲柄模具）。

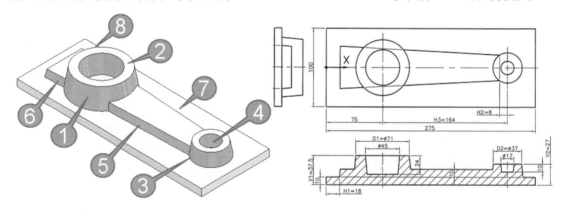

51-5 拔模類型：分模線

點選模型邊線進行相鄰面的拔模，不同於上一節為模型面拔模。

51-5-1 拔模角

本節拔模角有 2 方向適合分模線為共線，例如：方向 1=30、方向 2=10。

A 對稱拔模

☑ 方向 2 時，可以讓方向 1 和方向 2 為相同角度。

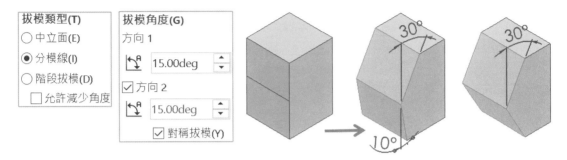

51-5-2 起模方向

與上節說明相同，不贅述，**起模方向**會與**其他面**搭配完成要拔模的方向，例如：A、V。

51-5-3 分模線

點選要拔模的模型邊線，例如：方形上方 2 條線。

A 其他面

以分模線為基準，切換拔模面，於分模線會見到小箭頭=拔模面。

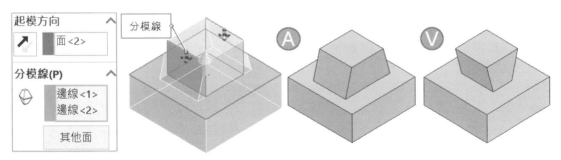

51-5-4 拔模面行進方式（Face Propagation）

以 2 種設定方式進行拔模面的選擇。

A 無

所選的分模線相鄰的一個面進行拔模。

B 沿相切面

將拔模面沿相切面選擇，可以不必點選過多的分模線，節省時間。如果相切面沒有被系統完全選擇，自行加選分模線。

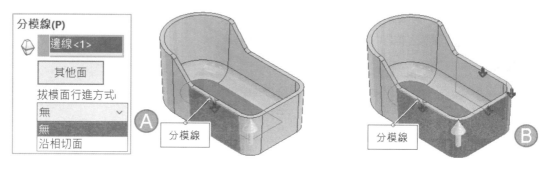

51-5-5 允許減少角度

由於點選的是邊線進行拔模面設定，一樣的角度會有角度的位置判斷，例如：對頂角。當無法產生拔模時選擇這項試試，此項目應該在分模線下方會比較理想。

步驟 1 拔模角 20 度

步驟 2 起模方向=上基準面

步驟 3 分模線=圓弧

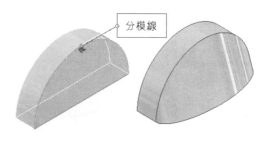

51-5-6 拔模面不可垂直於起模方向

製作拔模角過程經常遇到這畫面，只要分別切換：1. 起模方向、2. 其他面，看能不能成功。

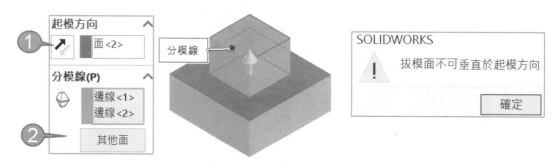

51-6 拔模類型：階段拔模（Step Draft）

本節是重頭戲，因為這部分不好研究。階段拔模可以讓分模線相鄰面保留錐形或垂直面的呈現。而分模線拔模只是進行相鄰面產生拔模角，下圖左。

本節拔模 30 度，起模方向在模型下面。

51-6-1 錐形階段拔模（Tapered step，預設）

產生拔錐原始面的拔模角，下圖 B。

51-6-2 垂直階段拔模（Perpendicular）

產生垂直於原始主面的拔模角，下圖 C。

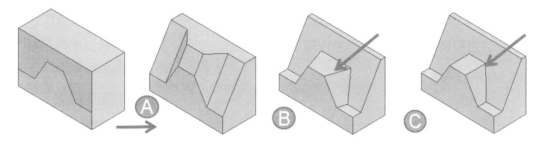

51-7 拔摸分析

判斷拔模角是否符合需求或查看哪面要加入拔模角，技巧：看黃色面就好。實際拔模 1 度就夠，但無法肉眼看 1 度和無拔模差別，由色彩協助判斷，本節簡易說明。

本節左邊模型無拔模，右邊模型拔模 10 度，分別查看模型外面和肋特徵。

A 拔模分析可以一直開著

拔模會改變外型，避免做特徵過程沒發現要拔模卻沒拔到，到時加拔模會很困難。

51-7-1 分析參數

步驟 1 起模方向

指定模型面或基準面作為分模面，例如：點選模型上面。

步驟 2 輸入拔模角 3 度

模型顏色可見：需要拔模（黃）。左邊模型外面和肋、右邊模型只有肋要拔模。

步驟 3 回到步驟 2 調整拔模角 15 度

發現右邊模型為黃色不須拔模。

51-7-2 色彩設定

A 正拔模（Positive，綠色）

相對於起模方向之面角度小於參考角度。

B 無拔模（黃色）

與起模方向垂直，沒有拔模角。

C 負拔模（Negative，紅色）

相對於起模方向之面角度大於參考角度。

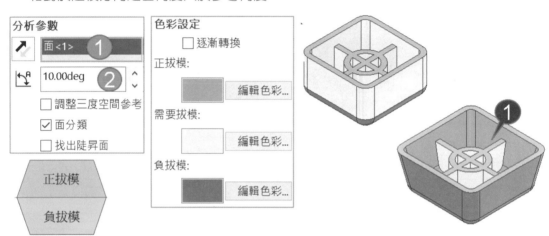

52

相交

相交（Intersect）🔧為🔧的進階版，圖示可見實體+曲面。最大特色：1. 實體和曲面的交互計算產生新實體、2. 進行填充、3. 移除材料產生模穴。

A 心理建設

第一次遇到他會感到好像很難，沒錯感覺蠻難的，靜下心理解將邏輯打通，先進行常態用法，例如：填充。其實🔧功能相當強，邏輯通了以後，很多情境就會想到可以用🔧來解。

要比較快學會可以用🔧的思維來使用🔧，換句話說，剛開始學🔧也是感覺到未來怎麼知道要用這指令🔧，當你習慣了以後，不知不覺就拿這🔧來用了，🔧也是如此。

B 相交🔧VS 結合🔧

下表進行比較，快速體會差異性，特別是結果選擇性，希望這 2 指令合併。

	功能	運算	結果	曲面+實體	難易度
相交🔧	多	慢	可選擇	可混和	難
結合🔧	少	快	無	只能實體	簡單

52-0 指令介面

插入→特徵→相交🔧，進入指令可見：1. 選擇、2. 要排除的區域、3. 選項。利用上曲面、下實體進行先睹為快。

52-0-1 先睹為快

1. 點選要產生交互計算的實體、曲面或平面→2. ☑兩種都產生→3. 相交→4. 查看結果，通常會按🔲查看內部情形。

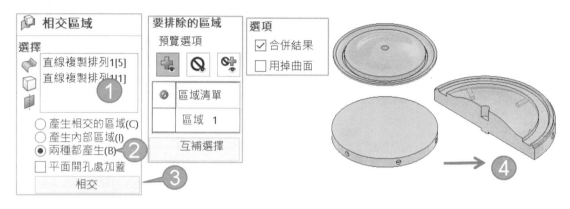

52-1 選擇

點選曲面✦、實體🔲或基準面🔲進行以下計算，由圖示可以見到這 3 項條件，部分設定配合下方**要排除的區域**。

52-1-1 產生相交區域（Creat intersceting region，簡稱相交）

本節特別以曲面+實體計算共同的區域，例如：上方曲面與下方圓盤產生 1. 中間孔和 2. 溝槽，沒碰觸到的部分不進行處理。

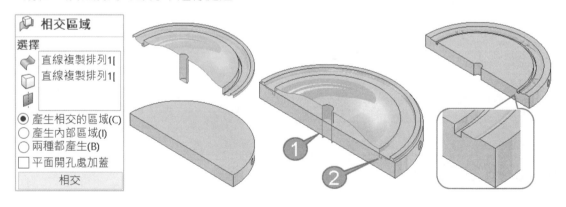

A 油路塊

利用方形模塊將油路塊內的體積計算出來。先前課題 屬於減除思考（完整模塊-油路塊=剩下的）。

的相交邏輯是減除共同區域（完整模塊+油路塊，共同區域不見），配合下方**要排除的區域**完成油路塊內部體積。

步驟 1 方形模塊

在油路塊建立包覆油路的方形體，這部分和 觀念一樣，建立 1 個多本體讓系統計算。

步驟 2 選擇

點選 2 本體。

步驟 3 相交

步驟 4 要排除的區域

☑區域 3，留下油路的體積，顧名思義排除油路塊。

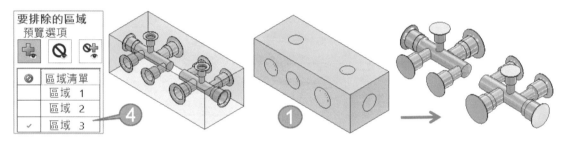

52-1-2 內部相交區域（internal region，簡稱內部）

產生內部的中空體積填充，或是有液位高度要計算瓶中體積，常讓同學感到神奇這就是我要的，例如：上下模澆鑄回成品的膠輪或齒輪箱，進行模穴加工之前可以了解實際澆鑄產品是最好不過的了。

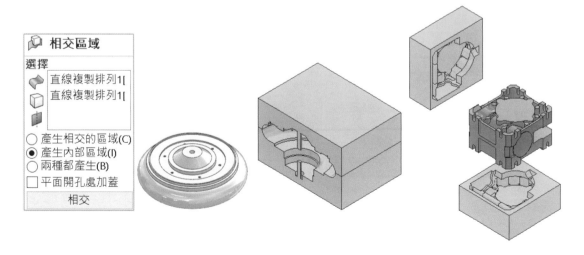

A 油路塊

內部區域邏輯算是填充，會覺得更容易理解。

步驟 1 平坦曲面

將 10 處開口封閉，成為封閉模型。

步驟 2 選擇

點選 10 曲面+油路塊本體。

步驟 3 相交

由下方**要排除的區域**中看出計算結果為 2 油路本體。

步驟 4 用人工方式隱藏油路塊本體

本節的邏輯屬於填充，所以先前的油路塊還會在。

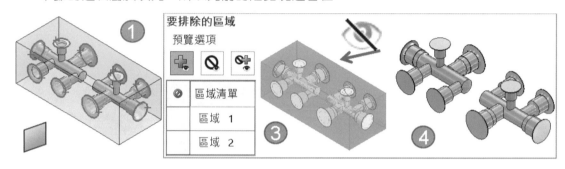

B 瓶裝內容物

1. 點選瓶子＋基準面、2. ☑產生內部區域→3. 相交→4. 產生新的水本體，自行利用查詢內容物體積。

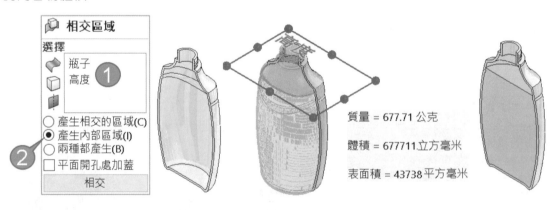

C 伸長瓶裝內容物

承上節，🔲也可以完成內容物的體積，只是差在要不要畫草圖。

步驟 1 繪製矩形

在瓶口繪製比瓶子大的矩形。

步驟 2 🔲

1. 平移 50→2. 成形至本體→3. 點選瓶子→4. 口合併結果。

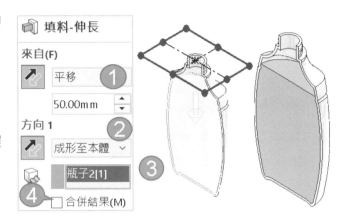

52-1-3 兩者都產生（Both，簡稱兩者）

兩本體產生相交區域並進行分割，由要排除的區域設定來得到要的本體，本節也可以用在產生模穴，下圖右。

A 刀叉

本節重點在**要排除的區域**。

步驟 1 選擇

CTRL+A 全選 2 本體。

步驟 2 ☑兩者都產生

步驟 3 相交

步驟 4 要排除的區域

游標在模型上可以見到它們為分割狀態，點選的本體=移除。

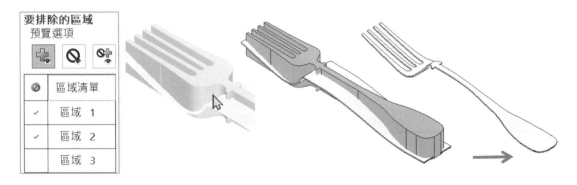

B 模穴

點選吹風機＋模塊，**要排除的區域**判斷要移除的吹風機，由於模穴與吹風機重疊不好選擇，建議用🔲協助判斷。

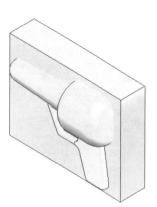 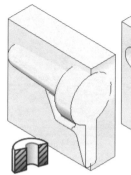  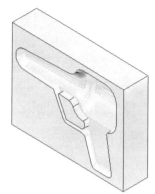

C 活用：兩者+內部

將兩重疊的本體進行 1. 兩者（上切除）→2. 內部（裝水）

D 基準面

利用封閉的方形 6 基準面來產生實體，這呼應選擇支援基準面。

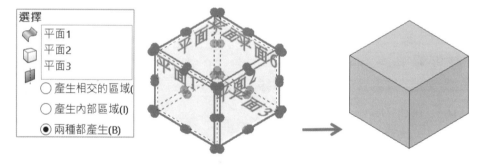

E 相交曲面

將多個曲面形成封閉區域來產生實體，這呼應選擇支援曲面，完成後自行隱藏曲面。

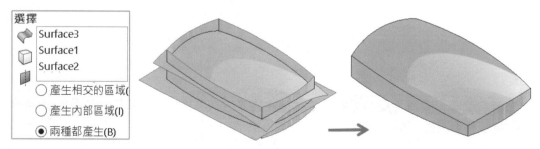

F 方型體開口

1. 空心管+2. 方型體，利用空心管的特性分割計算，完成方型體開孔。由**要排除的區域**中看出被分割的本體相當多，耐心點選不要的本體，就能完成開口的方型體。

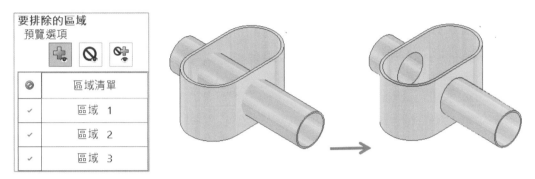

52-1-4 平面開孔處加蓋（Cap planar opening on surface）

是否將開孔的曲面封閉，適用曲面，例如：1. 空心曲面圓棒+2. 方形實體進行☑兩者都產生，完成後曲面圓柱要自行隱藏。

A ☑平面開孔處加蓋

模擬成為實心棒與方形計算形成 3 節（箭頭所示），自行完成方形孔。

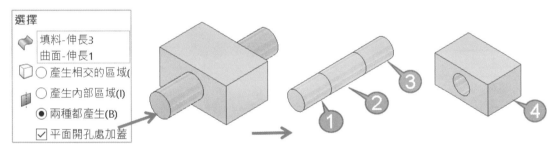

B □平面開孔處加蓋

空心曲面與方形計算形成 1 節，會得到這 2 種結果，下圖右。

52-1-5 相交（Intersecting）

設定以上的項目或進行變更都要重新使用**相交**按鈕。如果相交有快速鍵，並稱為**計算**會比較好用與理解。

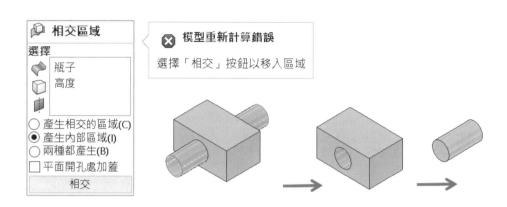

52-2 要排除的區域（Region to Exclude）

選擇的本體經過相交計算後產生封閉體，可以在要排除區域中排除一或多個區域。本節類似**分割**🔲的成型本體，📄=不要、🔲=要。

52-2-1 預覽選項

這三項互補選擇，塗彩預覽不容易識別，通常採用預設➕，除非有必要才來回按看差異。

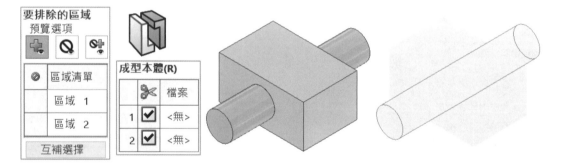

Ⓐ 顯示包括的區域（Show included region，預設）➕

顯示最終的結果，也是比較直覺的作業，例如：點選區域 1，後面的本體會不見，結果也是如此。

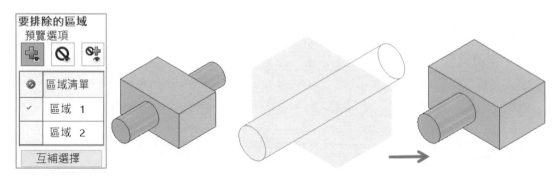

B 顯示排除的區域（Show excluded region）🔾

承上節，顯示排除的區域，下圖 B。

C 顯示包括與排除的區域（Both）🔾

顯示包括與排除區域，排除的區域為透明，下圖 C。

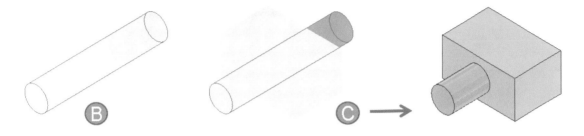

52-2-2 區域清單

點選相交後，顯示分割的多本體。

52-2-3 選擇全部🔾、互補選擇

選擇所有區域。互補選擇被選擇的區域，下圖右。

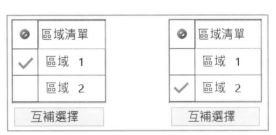

52-3 選項

定義 2 種設定。

52-3-1 合併結果（Merge result）

是否合併多本體，本節的觀念和先前認識的合併本體不同，僅適用內部交錯成型的本體。瓶裝水就不是內部交錯成型的本體，就無法合併，下圖左。

52-3-2 用掉曲面（Consume Surface）

將曲面刪除，可以不必事後隱藏或刪除曲面，這部分希望能擴展到所有指令。

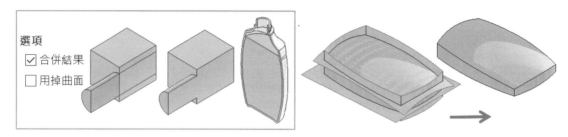

53

前置與後製特徵作業

　　說明模具前置和後製作業，例如：縮放、補料、厚度分析...等，這些是高階應用可以加速對 SW 熟練，甚至有些主題讓你意想原來可以這樣解。

A 融會貫通境界

　　指令本身不足之處，可以請別的指令幫忙，未來操作指令就會想到好像別的指令也可以，這代表你除了擁有邏輯思維以外，已經到下一個融會貫通的境界。

53-1 縮放比例（Scale）

　　縮放比例對零件放大或縮小，但不會縮放模型尺寸，例如：方塊縮小 0.5 倍，尺寸還是保留原來狀態，下圖左。

　　以前沒什麼人聽，現在流行 3D 列印，模型太大對 3D 列印來說不可能，就會將模型縮小列印，很可惜沒預覽功能。

A 縮放係數計算方式

　　1 為基準，<1=縮小、>1=放大。NxS，N=尺寸、S=比例係數，例如：10x0.5=5，10 縮小 0.5 倍=5。

B 無百分比%

　　指令沒有清單可以切換縮放的計算方式，所以也只能自行換算，例如：縮小 3%要輸入 0.97（1-0.03=0.97）。

53-1-1 縮放的本體

點選要縮放的實體或曲面本體，由圖示可以知道實體和曲面都可以。

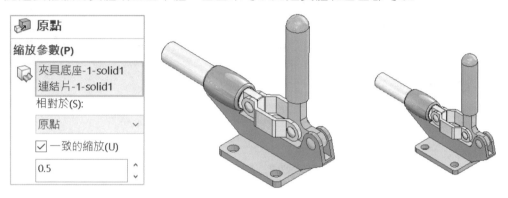

53-1-2 相對於（Scale about，預設質心）

由清單切換相對縮放的定義：1. 質心、2. 原點、3. 座標系統，特別是**質心**和**原點**的差異，以零件和多本體進行比較，就能體會為何進行 ，模型位置會跑掉。

A 質心（Centroid）=重心

簡單的說模型中間為基準計算縮放大小，下圖A。若每個本體質心不同就會個別縮放，結果會類似爆炸圖的樣子，顯得不適合，下圖B。

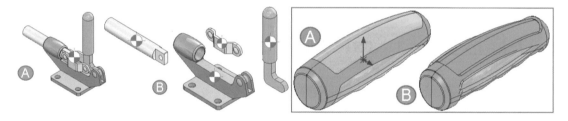

B 原點（Origin）=模型原點

以零件原點為基準進行縮放。每個零件的原點只有一個，無論零件或多本體的縮放位置不會跑掉，下圖左。

C 座標系統（Coordinate System）

特別是原點離模型很遠的時候，自行指定座標系統為基準進行縮放位置，下圖右。

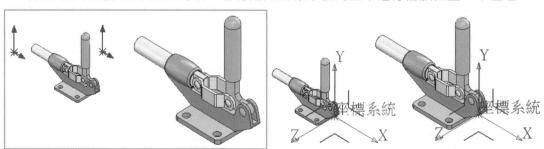

53-1-3 一致的縮放（Uniform Scaling）

是否針對 XYZ 軸輸入不同收縮率。

A ☑ 一致的縮放（預設）

比較常用的是原點，讓模型放大或縮小。

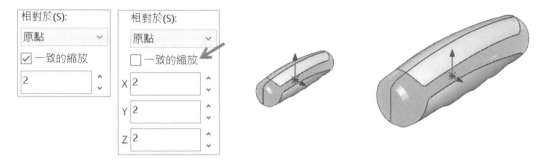

B ☐ 一致的縮放

常用在曲面造型，彈簧 X=1、Y=0.5、Z=1，可見圓形 Y 型壓扁→橢圓彈簧。

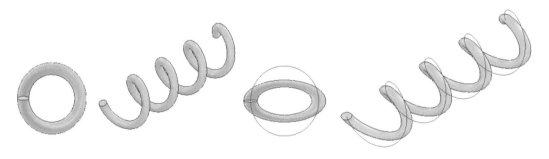

53-1-4 一致的縮放實務

本節說明多項比例縮放應用，更能體會奧義，本節技巧：配合座標系統。

A 長度

將原本尺寸 X=100、Y=40、Z=10，設定軸向比例，例如：X100→X75，就 100/75=0.75。

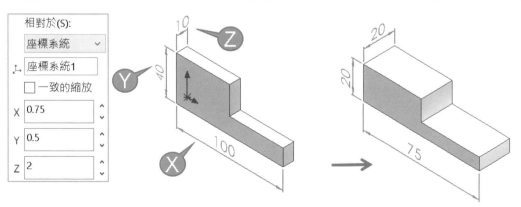

B 質心縮放

利用質心與軸向比例配合產生多項造型。

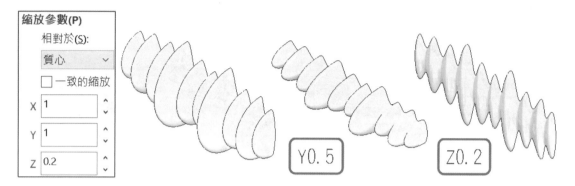

C 變形

錐形體，質心縮放 Z0.2，又成為扁尖形體，下圖左。

D 縮水率 5%

自行完成縮水率 5%（0.95）的模具分割。

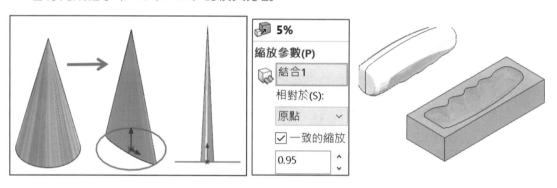

53-1-5 模型切半手法

不見得整個模型才可以進行拆模，甚至會拆不出來，把模型切一半或切割為一部分完成拆模後，事後進行鏡射或複製排列。

步驟 1 比例

潛水艇縮小 10 倍，就要輸入 0.1，下圖左。

步驟 2 曲面除料

上基準面將潛水艇剖半，就能進行潛水艇拆模，到時鏡射模塊就好，下圖右。

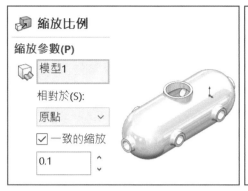

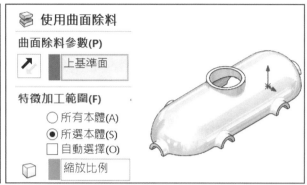

步驟 3 📐

模型外圍建立分模線，留意開口線位置，52 條線，下圖左。

步驟 4 📐

☑垂直於起模方向=350。原本曲面交錯，加大距離得到比較完整曲面，下圖右。

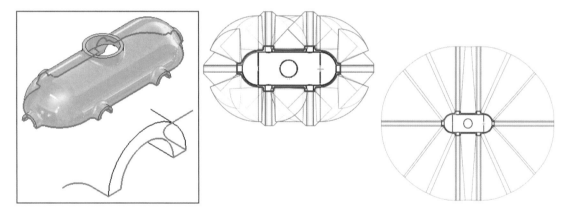

步驟 5 封閉曲面 📥

將上方開口封起來。

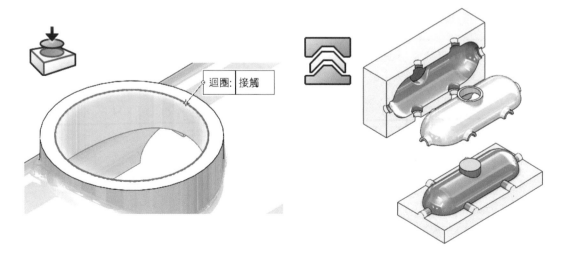

53-2 一模多穴

將模型複製排列，讓 1 個模塊產生多個模穴，提高生產效率。本節觀念對了，**一模多穴**做法會很多元。

53-2-1 複製排列模型

將 ░░多個模型，例如：4 個，就是 1 模 4 穴。

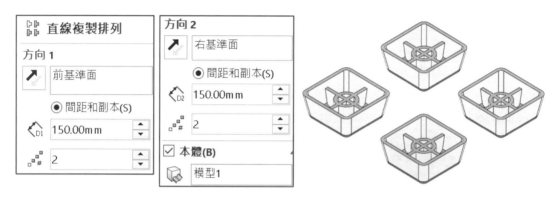

A 分模線 ⊕

分別在本體產生分模線。由於要做很 4 次，這樣比較快：1. 選上基準面→2. ⊕→3. 點選模型本體→↵。試想，⊕若有保持顯示就可以連續完成相同指令，速度更快。

B 分模面 ▨

平坦曲面 ▨完成分模面，很神奇 ▨可以使用 ⊕作為計算。

步驟 1 在第一模型面上進入草圖繪製矩形

步驟 2 ▨

矩形＋點選 4 個分模線，可以完成中空的分模面。

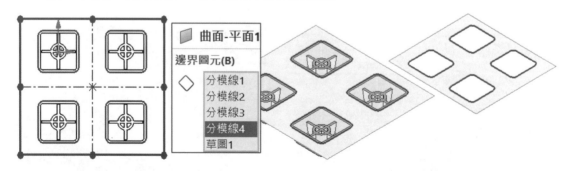

C 模具分割🔼

1. 引用上節的矩形草圖完成→2. 🔼。

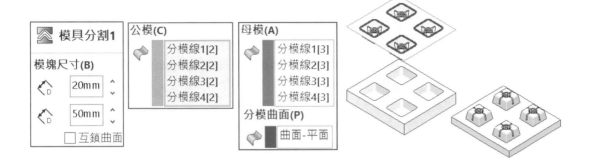

53-2-2 複製排列模具

承上節,也可以先完成一個模具工具→鏡射⬟或複製排列⬡,好像比較快對吧。

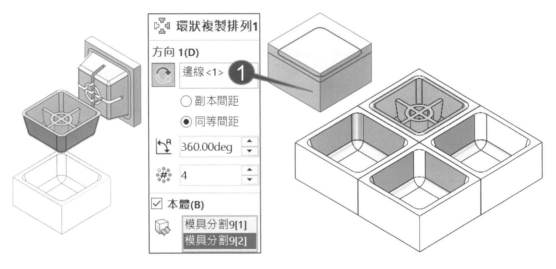

53-3 補模型料

將不需要開模特徵暫時補起來,於生產完成後再進行次加工,常用**抑制特徵**⬟、⬟、刪除面⬟... 等,完成填補作業。

53-3-1 棘輪把手

步驟 1 刪除面 ⬟

點選頭部凹穴的面,☑刪除及修補,共 10 面。

步驟 2 🔵、🔵

模型外圍建立分模線，14 條線。垂直於起模方向，距離=20。

步驟 3 🔲與展示

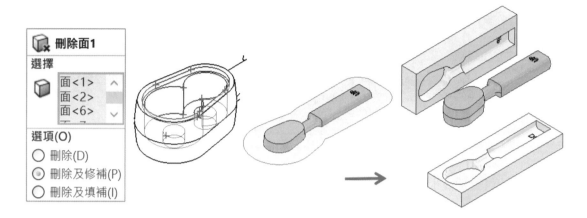

53-3-2 握把

進行刪除鑽孔面與新增基準面，分模線位置第一次說明。

步驟 1 🔳

將 2 個 M8 柱孔面刪除，☑刪除及修補，共 8 個面，有些面要仔細看，下圖左。

步驟 2 🔵

上方圓角交界處建立分模線，共 8 條線和 2 條分割之圖元，下圖右（箭頭所示）。

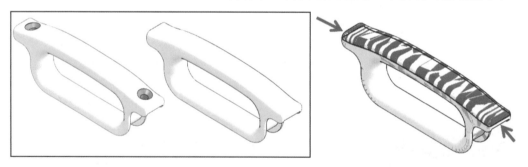

步驟 3 🔵

垂直於起模方向，距離=30，下圖左。

步驟 4 新基準面

上基準面在模型下方，🔲只能產生上方模穴，必須製作新基準面在模型中，才可以完成 2 方向的模穴，下圖右。

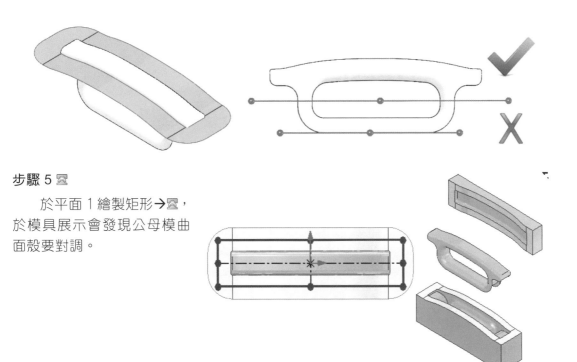

步驟 5 ⊠

於平面 1 繪製矩形→⊠，於模具展示會發現公母模曲面殼要對調。

53-4 修復與延伸分模面

修復邊線讓指令**點選**作業簡便，**分模面延伸**讓指令成功進行。

53-4-1 分模面延伸

分模面距離不夠怎麼辦，加大距離分模面會壞掉或不能用，利用**延伸曲面**處理。

步驟 1 ◈、♨

在模型外圍建立分模線，13 條線。將上方螺絲口封起來，共 7 個。

步驟 2 ◈

垂直於起模方向，距離=15，15 是最理想參數，再大分模面會壞掉，下圖左。

步驟 3 延伸曲面

將分模面＋30，讓模塊草圖可以在曲面中，下圖中。

步驟 4 🏔與展示

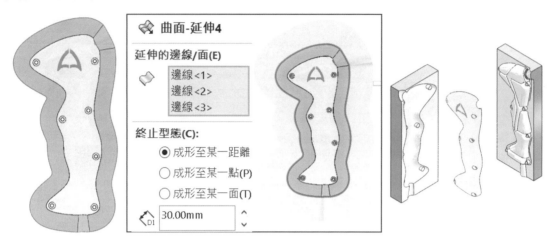

53-4-2 修復邊線作法 ✐

分模線過程，短邊線不容易加入，利用✐將短線數量合併，減少點選邊線數量。

步驟 1 修復邊線（插入→面）✐

1. 點選要產生分模線相關 4 個模型面（前、後、下）→2. 修復邊線→3. 邊線資訊之前
134，之後 124。

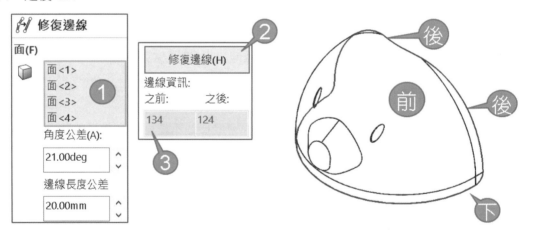

步驟 2 ☝、☝

前基準面，在模型外圍建立分模線，12 條線。垂直於起模方向，距離=30，下圖左。

步驟 3 🏔與展示

前基準面繪製模塊草圖→🏔。

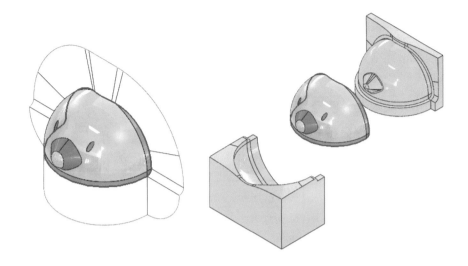

53-4-3 修復邊線與分模面延伸

本節算是 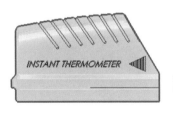 與分模面延伸綜合題型。

步驟 1

上基準面建立模型外圍分模線，36 條線，下圖左。

步驟 2

垂直於起模方向，距離=3。很懷疑是 3 對吧，這已經是理想狀態，因為上方溝槽讓分模面不理想，下圖中。

步驟 3 修復邊線

點選分模面（5 面）→修復邊線。下方見到之前 84，之後 42，很有成就感，下圖右。

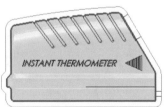

修復邊線(H)	
邊線資訊：	
之前：	之後：
84	42

步驟 4 延伸曲面

延伸的邊線共 11 條，延伸 20，☑直線性，下圖左。

步驟 5 與展示

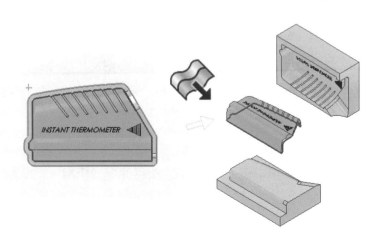

53-4-4 鏡射分模面

手動分模面畢竟很麻煩，對稱模型用鏡射完成分模面，不用做 2 遍的感覺。

步驟 1 ⌾、⛭

在模型上方外圍建立分模線，22 條線。將左下口封起來，有 4 個邊線，下圖左。

步驟 2 利用規則曲面完成分模面 ⌇

相切於曲面，距離=30，完成一半分模面，共 11 條線，下圖右。

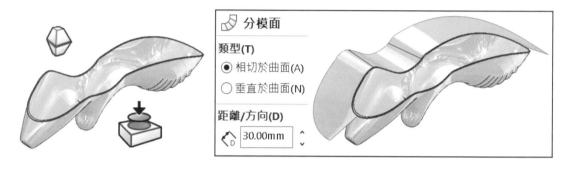

步驟 3 鏡射分薄面 ◫

右基準面、鏡射本體、☑縫織曲面，下圖左。

53-4-5 修補分模面

將分模面利用曲面特徵修補，本節模擬複雜的模具作業。實務模具搭配曲面用得很兇，本節只是小 CASE。

A 分模線製作

步驟 1 分割線 ⬡

分模線要在中央，利用⬡到時得到完整分模線，☑投影，管子上下分割，下圖左。

步驟 2 修復邊線 ⚙

目前分模線位置很多零碎邊線,到時分模線會很難選擇,進行⚙減少零碎邊線。點選要產生分模線的 18 個模型面(也就是全選)→修復邊線,下方邊線資訊會見到之前 48,之後 40,下圖右。

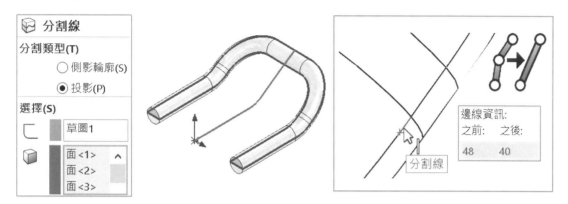

B 公母模殼與分模面製作

利用偏移曲面◎製作上下模殼。

步驟 1 上模殼 ◎、下模殼 ◎

點選模型上方面,人工製作上模殼,共 11 面。自行完成下模殼。

步驟 2 分模面 ⤵

垂直於曲面,距離 5,18 條線。距離太大面交錯與扭曲,剩下用曲面補,下圖右。

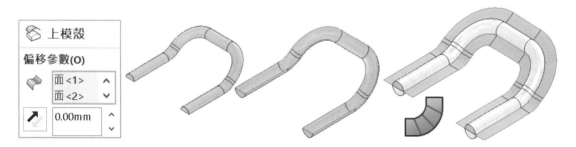

步驟 3 下方中空填補 ▣

先完成簡單的面填補,點選 2 邊線先完成簡單的平坦面。

步驟 4 上方中空填補 ◈

點選 8 條線,接觸。

步驟 5 前方填補 ▣

上基準面繪製矩形→▣,完成封閉。

步驟 6 分模面完成 ⬚

將先前製作 5 個曲面縫織為一個本體,下圖左。

C 模具分割🔧

本節重點模塊用描的。

步驟 1 繪製模具分割草圖

草圖不能超過分模面，2 邊導角是新體驗，沒想到可以這樣對吧。

步驟 2 🔧

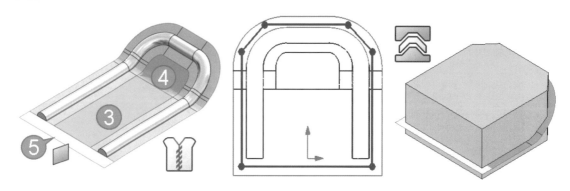

步驟 3 補上模塊 🔧

☑刪除及修補，點選上模塊 2 個導角面。

步驟 4 補下模塊 🔧

自行體會🔧沒有支援多本體，有支援了話速度會更快，下圖左。

步驟 5 刪除多餘的模塊與管子 🔧

希望管子露出，先前參考圓形管子直徑→除料，這樣太慢，下圖右。

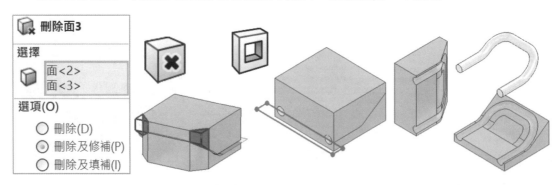

53-5 模塊處理

將不合理模塊外型修整為正常大小，常發生在分模面距離太大造成面扭曲，解決方法：
1. 分模面距離縮小→2. 將草圖依模型外型繪製→3. 完成模具→4. 把模塊進行後處理。

53-5-1 補導角模塊

將模塊草圖以切角方式完成，事後修補 2 導角面。

步驟 1、

上基準面完成模型外圍的分模線，14 線。垂直於曲面=10。

步驟 2

草圖下方切角在分模面中→。

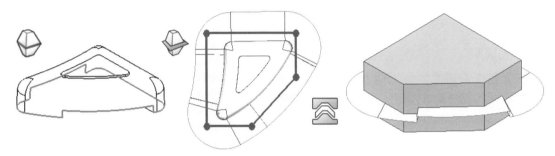

步驟 3 補上模

刪除及修補 2 導角面。

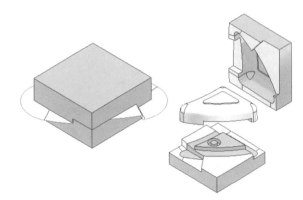

53-5-2 長模板

草圖描繪模型外觀完成初步模塊，完成模塊修補。

A 上模塊成型

利用完成上模穴與模塊，更加深指令認知更希望指令功能如你所願。

步驟 1 繪製上模草圖

上基準面進入草圖→參考圖元完成模型外形

步驟 2 上模穴

1. 來自：平移 10→2. 方向 1：成形至下一面→3. 口合併結果。

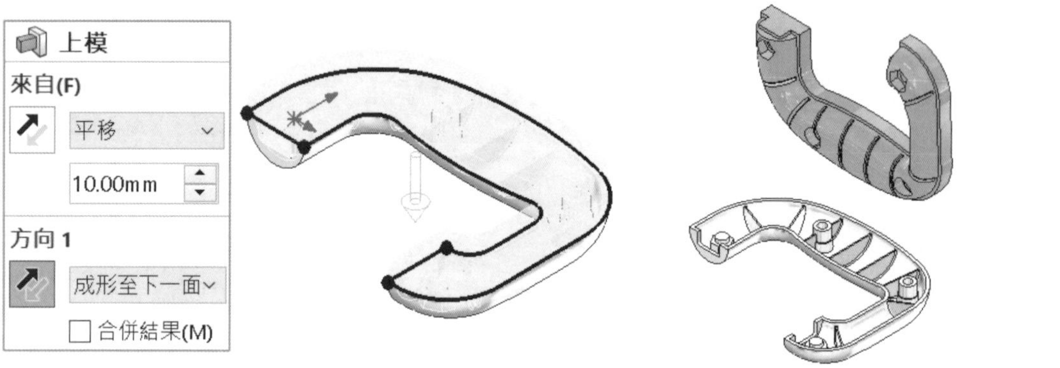

步驟 3 上模板

在上基準面繪製矩形，補上模塊。1. 成形至某一面、2. ☑合併結果、3. 特徵加工範圍：☑所選本體→4. 點選上模穴本體，下圖右。

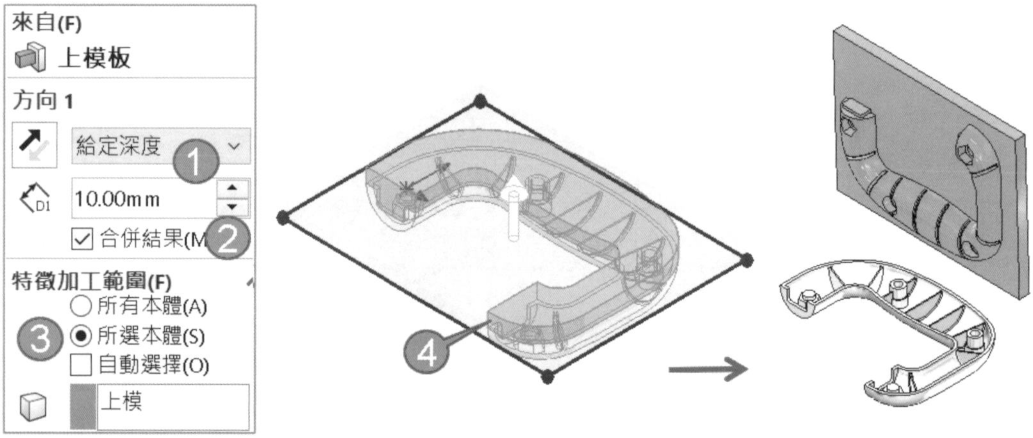

B 下模塊成型

承上節，做法類似更加深指令認知。

步驟 1 下模穴

1. 點選步驟 1 的草圖→2. →3. 來自：平移 30→4. 成形至本體：點選模型、5. ☐合併結果。

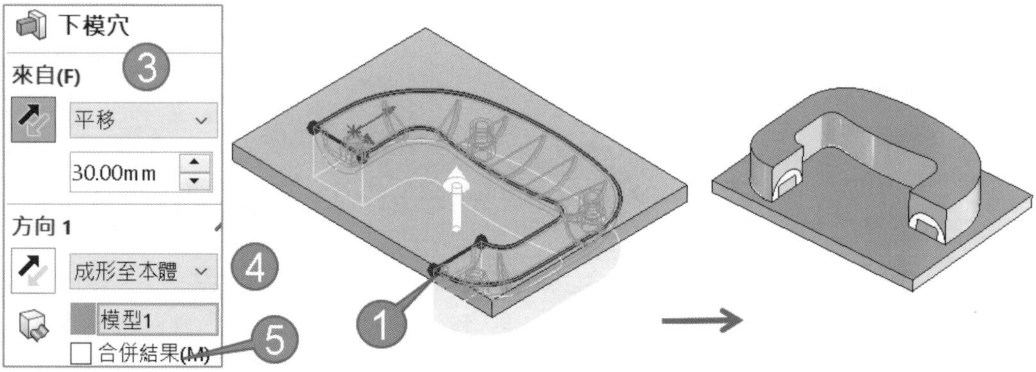

步驟 2 下模板 🗐

下模塊的模型面上參考**上模穴**和**上模板**的草圖。1. 成形至下一面、2. ☑合併結果、3. 特徵加工範圍：☑所選本體→4. 點選下模穴本體。

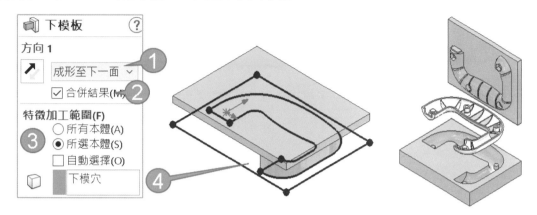

53-5-3 補多邊形模塊

將草圖盡量不超過分模面，完成模具分割，事後再填補模塊。

A 模塊成型

完成模具分割的常態性拆模。

步驟 1 🖉、🖎

上基準面完成模型外圍的分模線，16 條線。垂直於起模方向=17，盡量完成分模面。

步驟 2 模具分割草圖

草圖不是規則線段，而是想辦法擠在分模面中，下圖左。

步驟 3 🖾

先完成模塊，下圖右。

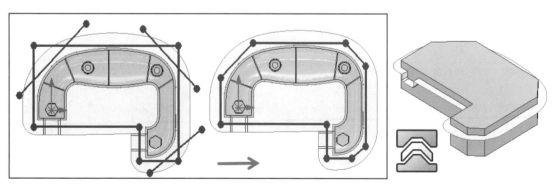

B 模塊整型

比較特殊利用草圖→⬚，補模塊。

步驟 1 補上模 ⬚

1. 矩形草圖完成大部模塊、2. 成形至頂點、3. □合併結果、4. 特徵加工範圍：☑所選本體，點選上模穴本體，下圖左。

步驟 2 補上模導角 ⬚

☑刪除及修補 2 導角面，下圖左。

步驟 3 自行完成下模修補

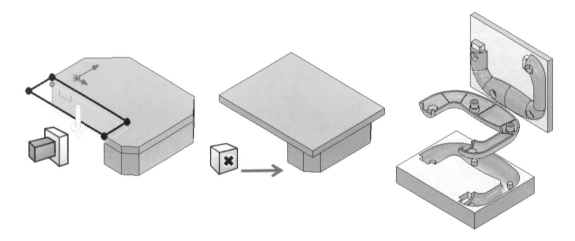

53-5-4 去角-補塊-增大

本節將先前段差管進行下模塊處理，上模塊自行練習。

A 模塊成型

更能體會不糾結分模面的距離。

步驟 1 分模線、分模面自行完成

步驟 2 模具分割

草圖想辦法擠在分模面中，下圖右。

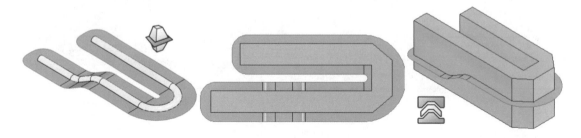

B 模塊整型

利用⬛和⬛將模塊整理，更能體會目前⬛不支援多本體，未來支援拆模速度會更快。

步驟 1 補模導角 ⬛

☑刪除及修補上下模的 2 導角面。

步驟 2 補腳邊模塊 ⬛

☑平移、點選模型面、成形至某一面，下圖右。

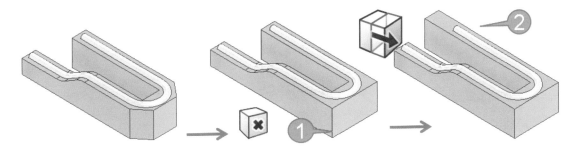

步驟 3 補模塊中間

平移、成形至某一面，更能體會**保持顯示**➤的重要性了吧。

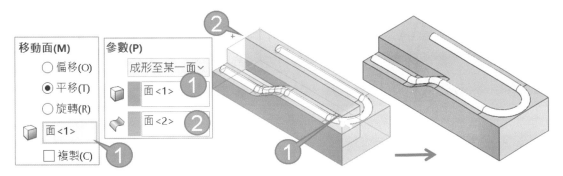

步驟 4 模塊增大 ⬛

目前模塊離管子太近，分別將模塊 3 面增大平移=10。

步驟 5 自行完成上模處理

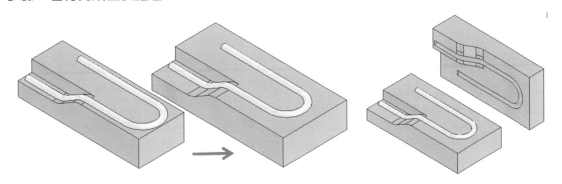

53-6 進階處理手法

進階說明　1. 模型前置作業（簡化模型）、2. 手工製作分模面、3. 公母模曲面殼、4. 模塊處理。

53-6-1 簡化模型

將外部細節利用◎的**刪除修補**將模型細節簡化。因為：1. 分模面太複雜、2. 先驗證開模可行性評估。

分別完成：1. 上方圓角、2. 前方圓角、3. 前方下側圓角、4. 側邊美工線、5. 下方握把。

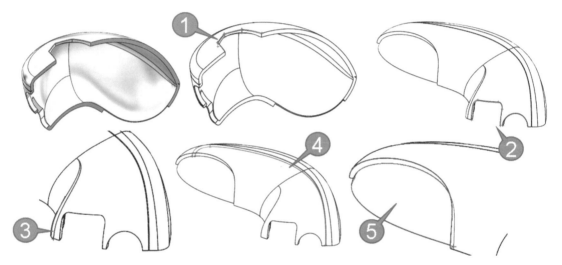

53-6-2 分模面 ✎

直接做分模面，因為分模線不容易完成。相切於曲面=20，共19條線曲面距離無法過多，下圖左。

53-6-3 左模曲面殼 🎁

在模型面上右鍵→選擇相切，共6面。

53-6-4 右模曲面殼 🎁

承上節，自行完成，共20面。

53-6-5 模具分割

依分模面內部以直線繪製封閉草圖。

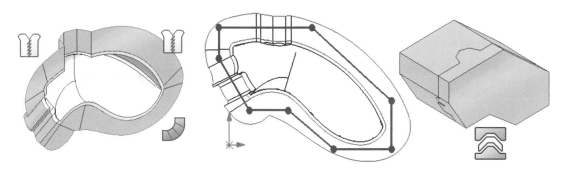

53-6-6 模具展示

先將模具分離比較好作業,也順便完成展示,下圖左。

53-6-7 補模塊導角面。

分別利用補模塊導角面,完成後能看出大部分模為方體。

53-6-8 平移模塊

同時點選 2 模塊的模型面平移 50,會發現模塊超出矩型很多,算是補正,下圖右。

步驟 1 移動面,☑平移

步驟 2 點選 2 斜面

步驟 3 方向參考+距離

點選左邊開口直線,距離=50。

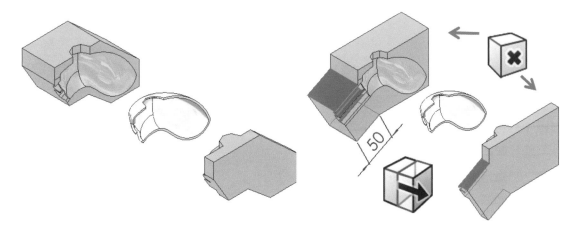

53-6-9 整型

草圖定義要的模塊大小，進行除料作業，也可事後增大，下圖左。

步驟 1 繪製草圖

在模塊上繪製草圖並定義尺寸。

步驟 2 ▣

反轉材料邊、完全貫穿。

53-6-10 增大

自行完成增大模塊 20，下圖右。

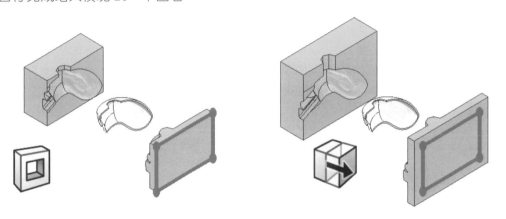

53-7 厚度分析（Thickness Analysis）

動態查看模型厚薄區域，透過色彩和滑鼠游標可看出厚度等級並顯示在零件中，避免重覆使用量測指令並突破肉眼檢查厚度的盲點，厚度不均影響液體流動、溫差收縮造成變形。

53-7-1 分析參數

輸入厚度，並進行顯示薄的（厚的）區域。

步驟 1 目標厚度（厚度基準值）=3

經計算後顯示大於或小於厚度範圍區域。

步驟 2 ☑顯示厚的區域（Show thick regions）

色彩顯示>3mm 以上的厚度。

步驟 3 計算

見到厚度顏色分佈並對照厚度等級，游標在模型上顯示所在厚度。

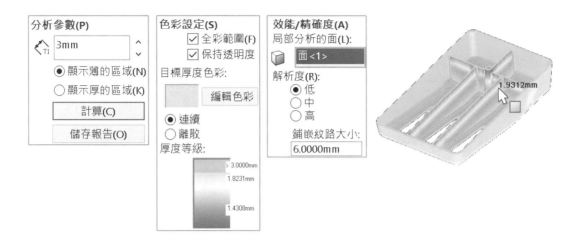

53-7-2 色彩設定

設定色彩顯示的等級或範圍。

A 全彩範圍

是否以下方的**厚度等級**的色彩來顯示零件。

B 保持透明度

當模型有設定透明度時,是否要保持透明度的顯示。

C 目標厚度色彩(適用全彩範圍)

當口全彩範圍,可以指定厚度色彩的呈現,常用在避開模型色彩。

D 連續/☑離散

是否要定義定義厚度等級(區間),例如:輸入 4,可以見到 1~4 顏色分佈。

53-7-3 效能/精確度

針對指定的面或本體進行計算,並設定解析度與鋪嵌紋路大小,解析度越高計算越久。

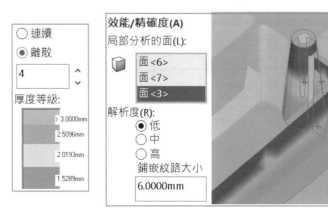

53-7-4 儲存報告

產生厚度分析的報告，於視窗中指定資料夾名稱和儲存路徑。

標題	摘要	
使用選項	經分析的全部曲面區域	23704.1271mm^2
摘要	臨界曲面區域(經分析區域之 %)	20576.5898mm^2 (86.81%)
分析細節	從目標厚度的最大誤差	1.9615mm
• 物質特性	臨界區域上的平均加重厚度	1.6229mm
	分析區域上的平均加重厚度	2.7603mm
模型視角	臨界面數量	139 面
	臨界特徵數量	8
	在經分析區域上的最小厚度	1.0385mm
	在經分析區域上的最大厚度	71.1856mm

分析細節

厚度範圍	面的數量	表面積	經分析區域之 %
3mm 至 2.5096mm	0	1204.3399mm^2	5.08%
2.5096mm 至 2.0193mm	2	1145.3475mm^2	4.83%
2.0193mm 至 1.5289mm	54	2144.2948mm^2	9.05%
1.5289mm 至 1.0385mm	83	16082.6077mm^2	67.85%

CHAPTER

54

曲面原理

將投影片內容以文字說明：1. 曲面（Surface）原理、2. 製作手法、3. 學習方向、4. 曲面設計探討、5. 曲面品質與檢查實務，為課程注入準備。

A 內建模組

曲面為標準版（Standard）內建模組，1997 年達梭併購 SolidWorks，將 CATIA 曲面移植 SolidWorks，經多年演進 SolidWorks 曲面操作簡便且功能強大。

B 曲面學習

曲面經常為實體建模的搭配，並提供建模另一個考量甚至成為建模解決方案，曲面要配合理論支撐，才有辦法學起來。曲面指令很多類似，必須了解指令特性克服，對初學者來說一開始不知差異性、我們希望有些指令能合併。

C 曲面特性

1. 零厚度幾何、2. 曲面建模比實體靈活、3. 建構方式顛覆想像，可說是魔術。曲面是顯學，別人看你感覺就不一樣，甚至高於熔接、鈑金、模具，這是普世觀感。

SOLIDWORKS 曲面認知與演進

NEW!

MOTOCYSI

2019/2/12
1/47

68-90-2 SolidWorks 曲面認知與演進

54-0 天高地厚

分 3 階段學習曲面和曲面極限，要 2-3 遍才看得懂，因為要適應和理解指令特性，好處是不會有久了沒用而忘了操作，這就是邏輯。

坊間把曲面無限上綱，對不了解曲面的人會對曲面自卑，也極少管道可以進修，我們協助你把曲面任督 2 脈打通。

54-0-1 第 1 階段 曲面原理

認識曲面原理、曲面工具列每個指令。

54-0-2 第 2 階段 指令特性

很多指令很像，例如：填補曲面◈或邊界曲面◈，用指令非他不可的特性來理解。

54-0-3 第 3 階段 指令實務

實務解說製作方式，會發現原來如此。

54-0-4 任督二脈

學通曲面有 2 項：1. 指令（修剪◈和邊界曲面◈）、2. 模型庫，拿來參考畫法。

54-0-5 曲面效益

曲面為高階普世價值，可為你帶來思路變靈活，重點在邏輯判斷。

■ 認識曲面原理，多了學習方向，學會曲面操作 80%以上

■ 多了建模思考方向，突破傳統特徵功能限制、加強建模能力

■ 破除畫不出來的模型必須由曲面完成

■ 實體建構無法滿足時，由曲面輔助達到模型設計需求

■ 破除曲面一定很難或很高階印象

54-1 曲面原理

業界把曲面當 Know How，就像魔術一樣看穿就不值錢，好不容易 Try 出來的造型就是那一**點訣**。本節說明曲面觀念，協助大家突破對曲面的認知。

54-1-1 如何取得曲面

很多人不知內建曲面，就算知道也沒用，多半沒基礎擔心畫不出來，不敢嘗試而自信心不足，終究以實體完成，因為實體比較可以掌握。

曲面 2 個地方取得：1. 工具列標籤上右鍵→曲面、2. 插入→曲面，下圖左。

54-1-2 特徵對照

曲面是零件下的多本體技術，由對照表得知，指令用法和基本特徵一樣，有些是兄弟指令，對照下來只有 8 個指令不會，下圖右。

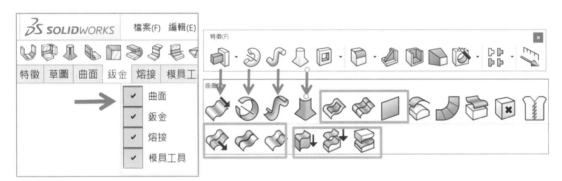

54-1-3 曲面沒厚度≠0

曲面沒厚度，日常生活不可見屬於電腦圖形，沒有體積無法算質量。

物質特性
計算模型的質量、體積、面積等

54-1-4 外觀和造型

一想到曲面就是外觀和造型，外觀=整體，造型=部分，下圖左，曲面就像是魔術，通常不太給人家看特徵如何建構，下圖右。

 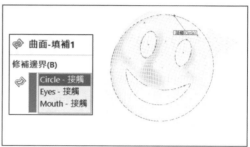

54-1-5 避免 2D 矛盾現象

初學很容易看到什麼就畫什麼，照著模型輪廓畫出 2D 投影線和標尺寸。但照著 3 視圖逆向畫 3D 會發生尺寸或線條矛盾現象，因為 3D 模型的線條為連續性。

54-1-6 有曲線才有曲面、曲面有邊界

是否很少聽到曲線，曲線也是重要課題，曲面 4 周就是邊界。

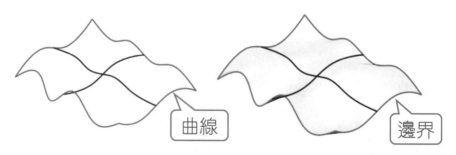

54-1-7 實體為主，曲面為輔

曲面不是實體所以很多指令不能用，例如：重量、導角、肋、干涉檢查、鑽孔對正...等，工程圖的區域深度剖視圖也不行。

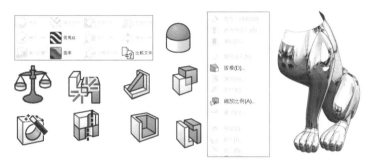

54-1-8 進階實體特徵

進階實體特徵 4 大天王：1. 變形、2. 凹陷、3. 彎曲、4. 自由型態，由圖看出指令推擠、扭轉成形，不是看到什麼畫什麼，曲面建模不一定只有曲面工具列。

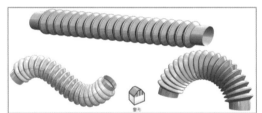
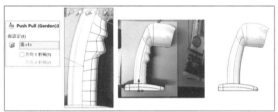

54-1-9 模型轉檔處理

曲面和常聽到模型會發生破面，需要曲面指令來補，下圖左。不要給對方太明確特徵結構，要了保護機密性會用曲面破壞，甚至破會到讓對方放棄逆向，下圖右。

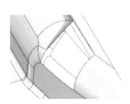
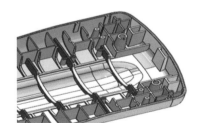

54-1-10 曲面成為實體驗證可製造性

產生實體驗證可製造性，常利用以下幾種指令：1. 加厚、2. 縫織曲面、3. 填補曲面。若無法產生厚度或實心體，要回過頭修改曲面，避免成為藝術品。

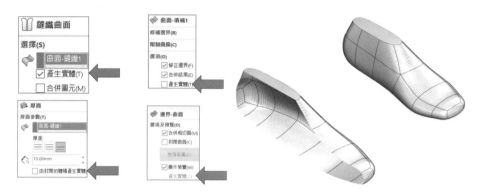

54-1-11 不會畫或外型就認為是曲面

看到不會畫或外型曲面就認為是曲面特徵建構，此模型為實體特徵建模，下圖肋是 2 分離主體後連接起來，實體建模不會這樣想吧，這是多本體技術。

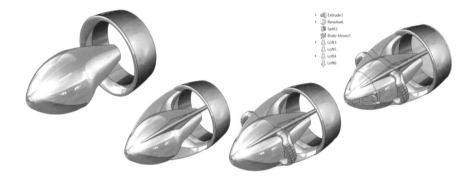

54-1-12 CAID 與 CAD 整合

產品設計師（CAID）用曲面建立模型，由工程師拆件將曲面轉換實體，還要維持曲面穩定相當辛苦，例如：模具分模必須完成分模面。

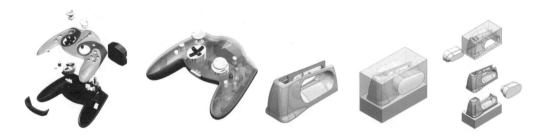

54-2 曲面製作方式

曲面比其他天王還要多術語、更多的建模邏輯，這些建模邏輯先前沒遇過，這些邏輯皆通用加強對曲面認知。

54-2-1 曲面絕招：曲面製作五部曲

這是曲面最常用手法，核心在相交曲面，會了就接近打通任督一脈。仔細看只有前 4 項和曲面有關，最後是實體建模。

步驟 1 創造曲面

從無到有。

步驟 2 相交曲面

重點來了，製作參考曲面產生重疊，讓接下來的特徵計算。

步驟 3 修剪曲面

使用率極高，就是除料作業或布林運算交集。

步驟 4 形成實體

曲面最終目的就是形成實體，方便進行後續作業。

步驟 5 模型後處理

進行導角，薄殼...等。

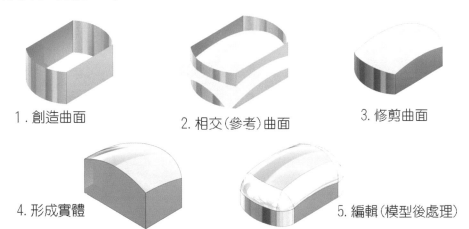

1. 創造曲面　　　2. 相交(參考)曲面　　　3. 修剪曲面

4. 形成實體　　　5. 編輯(模型後處理)

54-2-2 曲面輔助

有些造型非得靠曲面鋪陳，否則無法做出來，例如：第 1 特徵沒有外圍 3 曲面當輔助，無法完成這樣的飽和度。

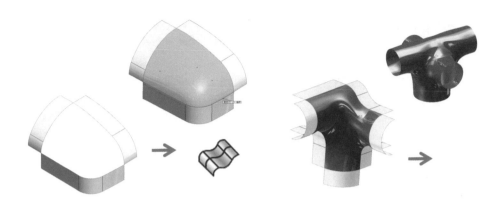

54-2-3 曲面靈活度-投影法

花瓶比較難的是上方浪花，不可能用 3D 草圖直接畫，因為沒有相對位置。先製作上弧面，由下方平面花浪草圖投影到弧面，就完成 3D 曲線花邊，利用草圖平面投影最穩定。

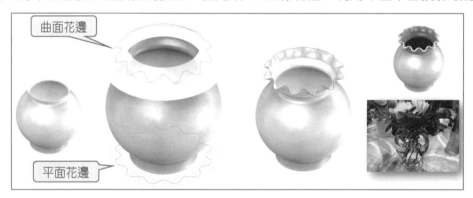

54-2-4 曲面過程

很多特徵沒有專門指令就要靠曲面配合，例如：利用相交曲線產生花瓶表面的螺旋線，接下來大家都會的 4. 🐍→5. 複製排列 ❖。

1. 螺旋曲線　　2. 相交曲線　　3. 掃出路徑　　4. 完成掃出　　5. 複製排列

54-2-5 曲面靈活度-先球

這題習慣先畫握把，其實要先畫 1. 球端→2. 疊層拉伸才會漂亮。

54-2-6 拔模可執行曲面技術

水龍頭外型多半會用掃出或疊層拉伸吧，其實只是拔模 特徵將 2 側擠壓，下圖右。

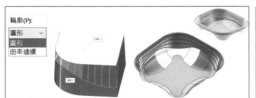
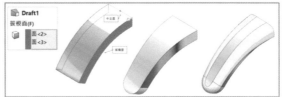

54-2-7 圓角曲面技術

支援實體或曲面，圓角不再導 R 這麼單純了，除了外型還可調整曲面品質，早期不會認為下圖是 做出來的，這是軟體技術提升，下圖左。

54-2-8 任督第 2 脈：收集主題

這已經到尾聲，把主題分類後成為你的王牌，以後要畫哪種類型忘記沒關係，找出來參考就可以。你會發現主題不外乎：帽子、椅子、葉片、車子、滑鼠、皺褶、收斂面...等。

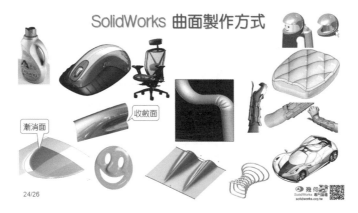

54-3 曲面優點

本節說明曲面幾何、學曲面好處、學習認知、指令特性、選項設定...等，很多行為必須以系統面解釋。

曲面好處多多：1. 滿足客戶需求、2. 提升自我專業、3. 曲面與機構同步設計、4. 模型轉檔的修復、5. 有國際認證、6. 履歷表要寫上曲面...等。

54-3-1 曲面拓樸

一定聽過曲面比實體建模更彈性、速度比較快、沒過多限制，因為實體必須定義厚度和顧慮拓樸限制。拓樸解說在模型轉檔與修復策略書中介紹。

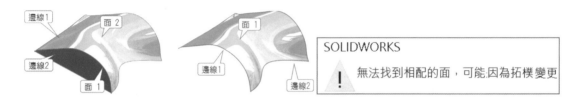

54-3-2 增加建模靈活度

實體建模比較單純，曲面有很多活性思維，例如：管件通常為掃出或旋轉建模，竟然可以利用🗐+🗊。時鐘數字應該是🗐吧，有沒有想過用🗐。

當你會曲面，就擁有上述的思考模式並以簡單就是王道思考。

54-3-3 曲面是普世價值

曲面對鈑金、複雜模型、工程圖、大型組件，第 1 眼看的一定是曲面。手機、平板、螢幕、你看的是哪個廠牌，掌握社會觀感，你會曲面就得到別人對你的觀感。

曲面是普世價值，會發現很多專業感受和曲面比起來會矮上一節，無法扭轉這現象。

54-4 學習認知

　　曲面是高階課程，不適合初學，這是對的。因為曲面觀念靈活和傳統建模手法不同，很容易一時轉不過來。實體建模=直通想法，曲面建模很多來自 U 形法則很像智力測驗。本節說明曲面應具備條件和心理建設，剛開始會覺得曲面很難。

54-4-1 曲面指令選項

　　指令認識只是基本，有很多解決方案在選項，除非很熟的人，否則很難達到每個設定很熟，靠這本字典幫你，還有 SW 論壇呀，下圖左。

54-4-2 曲線控制

　　曲線可以被控制和品質有關，包含：1. 屬性設定、2. 控制器調整、不規則曲線工具。

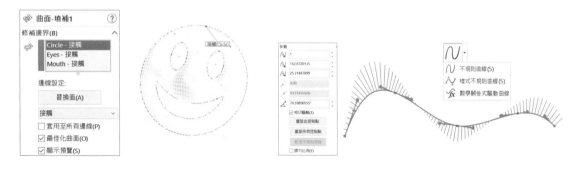

54-4-3 開放輪廓

　　你會發現曲面為開放草圖輪廓，因為無厚度呀，下圖左。

54-4-4 草圖空間與邏輯（曲面指令）

　　複雜曲線無法用平面建構，以投影方式完成，例如：多面體利用幾何原理產生新基準面的條件，原理可以參考高中數學，下圖右。

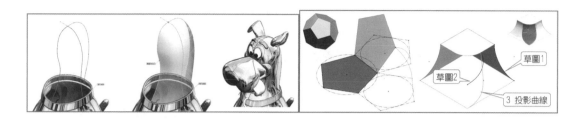

54-4-5 曲面品質

曲面除了要畫得出來，下一階段就要製作出來或品質要求=面連續性。品質要求可以靠草圖、指令選項，品質查看靠斑馬紋、曲率梳形...等。

54-4-6 曲面修復

轉檔破面、模型修改造成的特徵錯誤都算修復，尤其曲面修復最難，說穿了都是草圖關係，沒有草圖更難修復，這句話很奧妙吧，很多破面畸形怪狀，要靠很深功力。

補破面分手動和自動，曲面指令=人工修復，也是本書教你的技術，修復不僅於將面補齊這麼簡單，還牽涉曲面重建議題，下圖左。建模過程不要用補釘應付，轉檔容易破面→補破面，落得無限循環，下圖右。

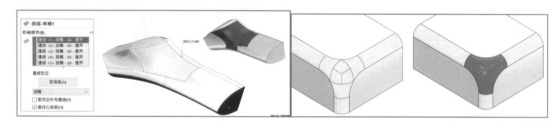

54-4-7 認識模具

模型要能製作出來，應該聽過模具業曲面很強，沒錯!這是真的。為何要認識模具呢?因為模具需要完成分模面，會了曲面再會模具，感覺會更上一層樓。

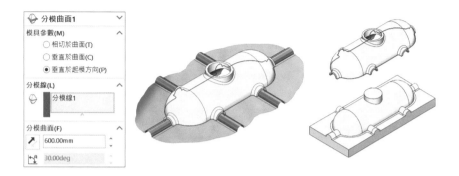

54-4-8 實務經驗

2 雨傘外觀不仔細看還真不知差在哪，例如：線段要為直線非弧線，由比較指令🔍靠電腦協助判斷。剛才只是協助看出問題所在，要如何修正?1 片確定是直線→🔧，代表全部皆為直線。若用🖐，勢必繪製 8 條導引曲線要求每邊為直線，太耗時了，下圖左。

54-4-9 看別人的模型

看別人畫的模型領悟建模方式，從頭到尾畫過一遍可以了解更細膩。

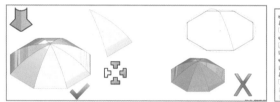 

54-4-10 不同建模技術

市面上專門處理曲面軟體，例如：Rhino、3D MAX、ALIAS... 等，擁有不同建模技術，SW 以草圖構成，有些軟體以捏塑成形。

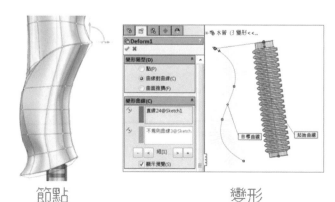 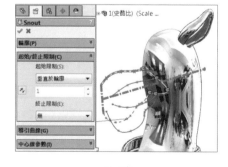

節點　　　　　　　變形　　　　　　　曲線

54-5 曲面指令特性

很多指令很像，不歸納整理還真不知如何學起。1. 先由原理學起→2. 理解用看就會方法→3. 再進一步訓練曲面建構邏輯。

草圖是曲面過程，草圖要越快完成越好，將時間花在指令應用，真正賺錢是按鈕操作。要會曲面所有指令，這樣別人教你才會被點醒，例如：用恢復修剪◇就好啦。

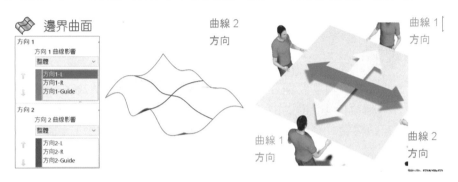

54-5-1 指令訊息=原理

游標放到 ICON 上方出現指令原理，不必背忘記就看訊息即可，歸納出 4 種：1. 曲面與實體搭配、2. 只能用在實體、3. 只能用在曲面、4. 實體曲面皆可。

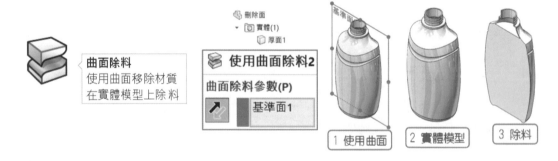

A 僅支援實體

加厚除料、曲面除料。

B 實體/曲面皆可

圓角、刪除面、取代面、展平、縫織、相交、延伸。

C 僅支援曲面

平坦、規則、填補、邊界、修剪、恢復修剪、加厚。

1 僅支援實體

2 實體/曲面皆可

3 僅支援曲面

54-5-2 指令分類

應該說建模分 4 大類也是廣義觀念：1. 創造、2. 參考、3. 修改、4. 編輯。

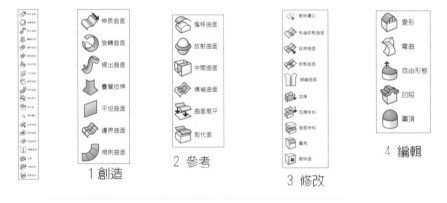

54-5-3 指令共同

曲面和實體特徵相同，例如：◎＝旋轉曲面◎、♤＝疊層拉伸曲面♧。

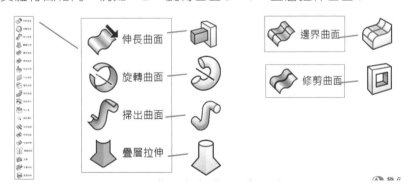

54-5-4 轉換圖示

鏡射特徵指令圖示一樣，但使用曲面本體鏡射後，就會改變。

54-5-5 指令差異

指令差異其實說不完，邊界曲面❤與規則曲面❤差別?最好有比較表來對照認識。

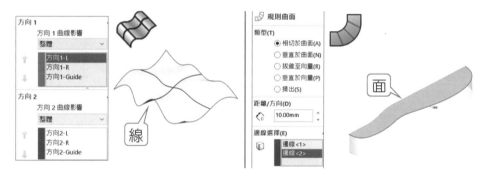

54-5-6 兄弟指令

希望 SW 合併為一個，例如：鈑金的展開❤與摺疊❤一樣道理。以曲面來說：1. 延伸❤與修剪❤，下圖左。2. 加厚除料❤、曲面除料❤，下圖右。

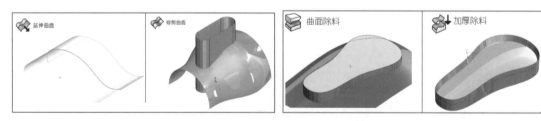

54-5-7 條件不足

本體不存在，要自行創造曲面本體或實體，但不能點選模型面作為本體。例如：曲面加厚除料，就要有曲面本體在實體上除料。

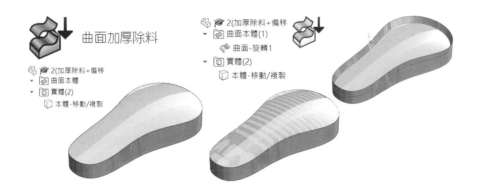

54-5-8 指令色彩

可以為第一特徵或依定要為第 2 特徵,第 2 特徵一定有基礎色彩。

A 黃底橘生

黃色基礎,橘色產生,適用第 2 特徵,例如:填補✏、延伸✐、恢復修剪✎。

B 黃底綠修

黃色基礎,綠色修改,適用第 2 特徵,例如:加厚✐、加厚除料✐、圓角✐。

C 單產灰刪

單色=第一特徵、灰色=刪除特徵,例如:疊層拉伸✐、規則✐、修剪✏、刪除曲面✐。

54-5-9 指令突破

可以說是技巧,✏的合併結果,理論將多曲面本體合併,卻能產生除料效果。

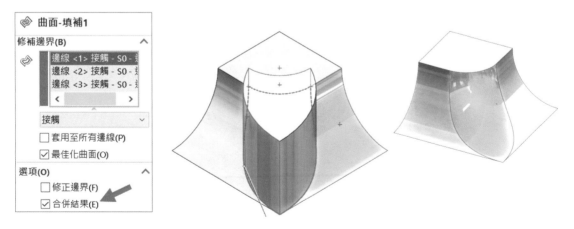

筆記頁

55

曲面-伸長

　　曲面-伸長（Extrued Surface）◈，俗稱伸長曲面，唸起來比較順口。◈觀念與做法和◈相同，例如：草圖直線、矩形、圓、曲線...等產生的曲面。

A 由指令訊息得知

　　產生一個伸長曲面。訊息應該為：由草圖產生曲面，下圖左。◈常用在基礎打底、建構簡單曲面，特別項目：1. 頂端加蓋、2. 刪除原始面、3. 縫織結果，下圖右。

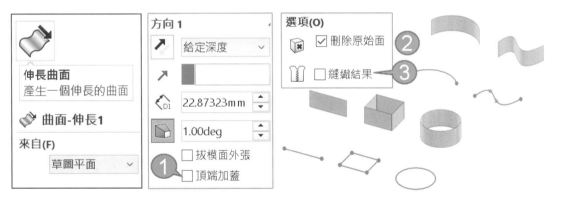

55-1 頂端加蓋（Cap end）

　　將成形方向面加蓋，適用封閉輪廓，下圖左。

55-1-1 自動形成實體

　　2 邊加蓋會形成實體，應該稱為☑**嘗試形成實體**，很多指令有這項目，下圖右。

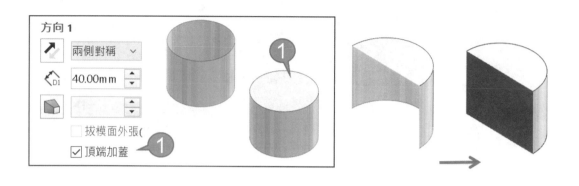

55-2 曲面伸長與刪除原始面

所選面伸長並刪除原始面，會遇到隱藏版項目，讓同學大開眼界可以點選曲面→◈。本節3項特點，例如：BC是⬚沒有的。

A 伸長方向

曲面或3D草圖的成形必須指定平面為基準，讓系統垂直於的方項成形，萬一沒有點選基準面會出現訊息：為3D草圖和面指定伸長方向。

B 刪除原始面⬚

是否刪除所點選的成形參考面，就不必事後使用**刪除面**⬚。

C 縫織結果（合併結果）⬚

是否將產生的曲面本體合併，本節設定與**合併結果**相同。

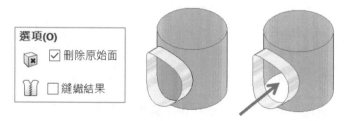

55-2-1 3 通

完成所選曲面伸長並刪除，並體會與 🖖 差異。

步驟 1 來自

點選模型上曲面。

步驟 2 方向 1：伸長方向

點選伸長方向欄位→前基準面，以前基準面垂直方向成形。

步驟 3 深度 20

步驟 4 刪除原始面 🗔

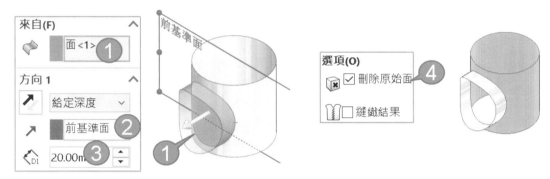

55-2-2 練習：鋼彈眼睛

自行練習鋼彈眼睛製作，分別為：1. 伸長、2. 刪除面、3. 頂端加蓋。

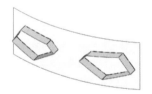 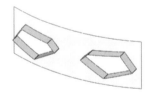 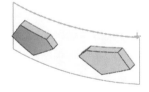

筆記頁

56

平坦曲面

平坦曲面（Planar Surface）◪，利用草圖或模型邊線產生平面。新平面經常會想到基準面，但基準面屬於參考，不具幾何資訊。◪很常沒想到用他，多半用**填補曲面**◈進行，這樣就大材小用了。

A 由指令訊息得知

使用非相交草圖或一組邊線....，所有邊線必須在相同的平面上。

B 穩定度

指令蠻陽春的，最大好處特徵資料量小，希望未來有**保持顯示**與**合併曲面**功能，可以省去事後製作◫。

C 輔助曲面

◪常用在曲面建構過程的輔助性質。常問同學，如何製作平面，很多人沒想到可以這樣。

56-1 邊界圖元

點選草圖或模型邊線完成◪，理論上要封閉迴圈，比較特殊可選擇上下 2 迴圈。

56-1-1 封閉草圖

特徵管理員點選草圖或點選繪圖區域其中 1 條邊線完成 1 片面，下圖右。

平坦曲面
使用非相交草圖或一組封閉邊線，或多個共平面的分模線來產生平坦的曲面。所有邊線必須位在相同的平面上。

平坦的曲面

邊界圖元(B)

◇ 草圖2

56-1-2 模型邊線

直接在模型上完成◢：在模型邊上右鍵➜選擇開放迴圈，得到 6 邊線。

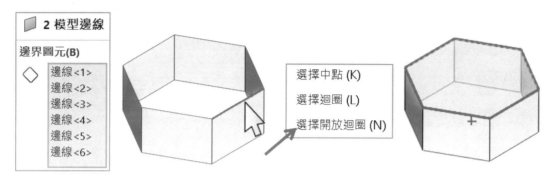

56-1-3 點選 2 模型邊線

分別點選 2 模型邊線➜↵，完成 3 角形平坦面，共 4 個◢特徵完成封閉，下圖左。以曲面品質來說不要零碎面，就能理解選擇的方式不同，造成不同面向，下圖右。

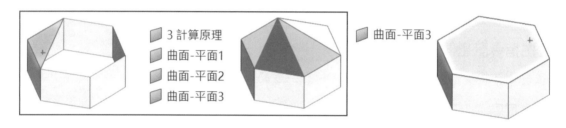

56-1-4 平坦曲面計算原理

點選 3 條線無法產生相交區域，或點選非平面邊線會出現錯誤訊息，下圖左。

A 計算原理

由邊線向量(垂直)向外延伸：2 條邊線向外形成共同區域，三角面形成，下圖右。

56-2 平坦曲面練習

選擇邊線將模型封閉,學會邊線對應和封閉區域觀念,提升建構靈活性。

56-2-1 U 形槽

將 U 槽用封閉形成蓋子。

步驟 1 前面

選擇前面 U 形 3 邊線,無法完成平坦曲面,因為沒封閉,下圖 A。不過點選左右 2 條邊線(屬於光柵),沒想到可以完成,下圖 B。

步驟 2 上面

選擇上方 2 條線形成封閉,下圖 C。換句話說不需要畫矩形,下圖 D。

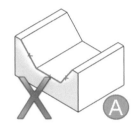 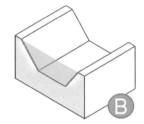 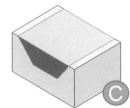 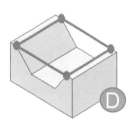

56-2-2 引擎破面修復

前方有類似月形破面,點選 2 邊線完成破面修復,下圖左(箭頭所示)。沒想到看起來這麼專業的模型,這麼簡單修復成功。

56-2-3 曲面無法使用

先前強調◣無法建立曲面,由此可見對指令認知會更強烈,下圖右。

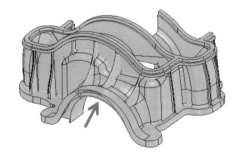 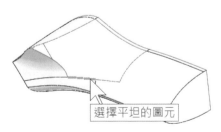

選擇平坦的圖元

筆記頁

縫織曲面

縫織曲面（Knit Surface）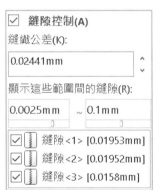，將多個相鄰曲面合併成單一本體，類似合併結果，甚至可以產生實體。

A 由指令訊息得知

將兩個或多個相鄰但非相交曲面合併，重點：相鄰、非相交。

B 單一本體

很多指令僅支援 1 個本體，若指令可以選擇多本體就不必使用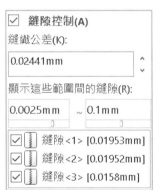，可以少 1 個步驟。

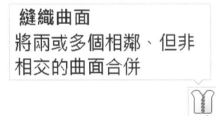

縫織曲面
將兩或多個相鄰、但非相交的曲面合併

🧵 曲面-縫織2

選擇(S)

   曲面-輸入2
   曲面-輸入7
   曲面-輸入5

☐ 產生實體(T)
☐ 合併圖元(M)

☑ 縫隙控制(A)

縫織公差(K):

0.02441mm

顯示這些範圍間的縫隙(R):

0.0025mm ~ 0.1mm

☑ 🧵 縫隙 <1> [0.01953mm]
☑ 🧵 縫隙 <2> [0.01952mm]
☑ 🧵 縫隙 <3> [0.0158mm]

57-1 選擇

點選多個要縫織的曲面進行合併，或點選面進行複製。

A 多曲面縫製為單一曲面

展開曲面本體資料夾（Surface Bodies），可見獨立曲面本體，點選曲面本體繪圖區域會亮顯位置。1. Ctrl＋A→2. ↵，將多曲面合併為單一曲面，由 可見單一曲面。

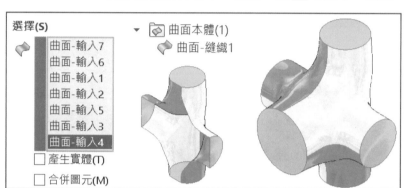

B 無法縫織：曲面連續

曲面之間要連續，否則無法縫織，例如：1+2 不連續就無法被縫織。

C 無法縫織：單一曲面本體

本身就是一個曲面本體就無縫織的必要，會出現：無法縫織曲面本身。

57-1-1 產成實體

曲面合併過程順便形成實體，曲面轉實體必須要縫織為單一曲面，完成後有 2 種方式確認是否成功。

1. 實體資料夾確認單一實體⬠、2. 利用🗇確認曲面是否被填實，🗇常用在很難由資料夾判斷哪些模型為實體、哪些為曲面。

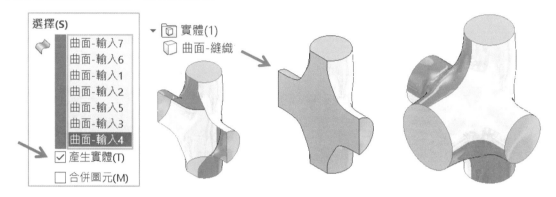

57-1-2 合併圖元

是否合併具有相同幾何類型的面，讓曲面更穩定。

常用在曲面品質和模型轉檔避免破面，例如：被上下分割的圓柱合併為單一圓柱。

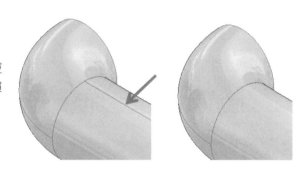

57-2 縫隙控制（Gap Control）

2 邊線距離超過公差時被視為開放。在縫隙控制欄位中，可以根據所產生的縫隙來修改公差，以改進曲面連接的品質。

57-2-1 縫織公差（控制縫織/開放）

根據縫隙大小調整縫織公差（範圍 0.0001～0.1mm）提高縫織品質，根據下方結果調整演算法，調整過程下方清單有變化：大於 0.0085=縫織⬠，小於 0.0085 為開放⩊。

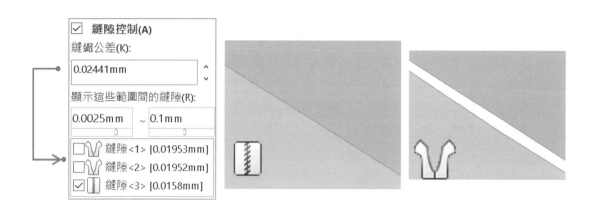

57-2-2 顯示這些範圍間的縫隙（縫隙項目）

只顯示範圍內的縫隙。拖曳滑動桿可變更最小和最大縫隙範圍，最小與最大縫隙範圍來自上方的**縫隙公差**，例如：調整最小縫隙，可見下方的縫隙項目有變化，下圖左。

57-2-3 縫織所有大於/小於所選縫隙值的所有縫隙

人工點選方塊，控制縫隙封閉⬛或開放⋁。

57-2-4 放大選取範圍

在列出的縫隙上右鍵，會放大模型位置，因為縫隙不容易識別。

57-2-5 增加/減少公差至所選縫隙值

在列出的縫隙上右鍵：增加/減少公差，系統調整最佳縫隙公差，下圖右（箭頭所示）。

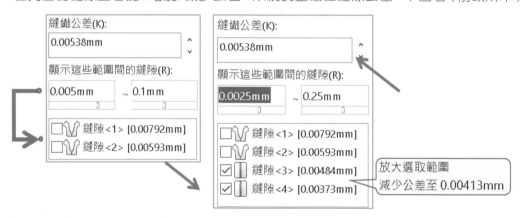

57-3 縫織實務

指令中有很多經驗取得的技術,因為🗐並沒有完整說明可以如此,除非 1. 無意間發現、2. 指令之間的比較、3. 互相交流才可以得知原來可以這樣。

57-3-1 引擎破面產生實體

將先前做過的引擎破面,🗐補好後→🗐,引擎為實體了,下圖左。更能體會🗐有內建☑**合併曲面**和☑**產生實體**,就可以少 1 個指令與步驟。

57-3-2 滑鼠殼產生實體

體會要完全封閉曲面才可以填充為實體,1. 下方用🗐補起來後→2. 🗐→3. ☑產生實體,下圖右。

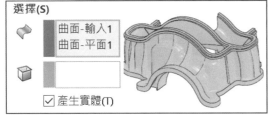

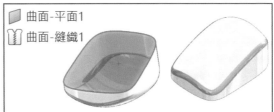

筆記頁

修剪曲面

修剪曲面（Trim Surface）就是曲面除料，如同一樣使用率很高，本章感覺開始進入曲面課題。不支援實體切除，原理和很像，用在曲面、用在實體。

A 由指令訊息得知

在曲面與另一曲面或草圖相交處修剪曲面，下圖左。

B 指令圖示很像

很多人選錯指令，黃色基底、橙色產生，只要面對一下就不會看錯了。有人教比較快，否則很難靜下心理解用意。

C 兄弟指令與

僅支援實體，曲面無法使用（灰階），由訊息得知：切除實體模型，下圖左。

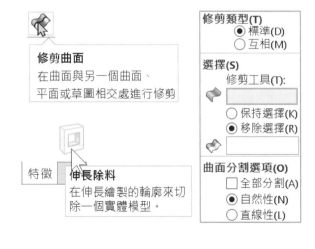

修剪曲面
在曲面與另一個曲面、平面或草圖相交處進行修剪

特徵　**伸長除料**
在伸長繪製的輪廓來切除一個實體模型。

修剪類型(T)
- ● 標準(D)
- ○ 互相(M)

選擇(S)
修剪工具(T):
- ○ 保持選擇(K)
- ● 移除選擇(R)

曲面分割選項(O)
- ☐ 全部分割(A)
- ● 自然性(N)
- ○ 直線性(L)

修剪類型(T)
- ○ 標準(D)
- ● 互相(M)

選擇(S)
曲面(U):
曲面-輸入3
- ○ 保持選擇(K)
- ● 移除選擇(R)

預覽選項

曲面分割選項(O)
- ☐ 全部分割(A)
- ○ 自然性(N)
- ● 直線性(L)
- ☑ 產生實體(C)

58-1 標準（Standard）

指令一開始要決定何種作業：1. 標準或 2. 互相。**標準**使用率最高，修剪參考：曲面、草圖圖元、曲線、基準面…等。

58-1-1 圓切除

使用草圖圓在曲面挖洞，就像使用◎的想法相同。

步驟 1 修剪類型：標準

步驟 2 修剪工具

點選草圖圓做為修剪參考。

步驟 3 ☑移除選擇（移除=修剪）

游標移到模型面上可見被分割的圓輪廓，點選面就會被刪除，更能體分割作業。

步驟 4 查看結果

可見到曲面上有洞。試想，點選草圖圓→◎不讓你用對吧，換句話說◈沒有深度。

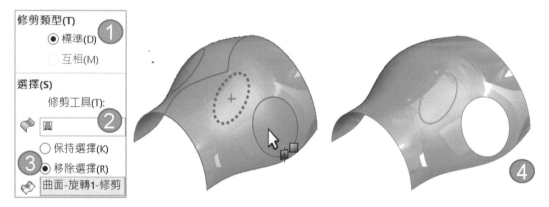

A 練習：狹槽和波浪切除

使用草圖在曲面挖洞和右邊不見，下圖左。

B 練習：鏡片

有弧度的鏡片，利用草圖橢圓剪下。

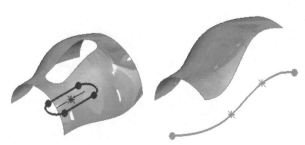
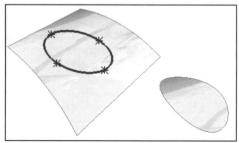

58-2 互相（**Mutual**）

使用 2 個或多個重疊曲面作為相互修剪計算。

58-2-1 波浪面切除

使用波浪曲面做為參考，將曲面切割為波浪狀。

步驟 1 修剪類型：互相

2 個以上的相交曲面進行計算。

步驟 2 選擇曲面

點選 2 相交的曲面。

步驟 3 ☑移除選擇

點選面會被刪除，點選波浪右邊曲面。

步驟 4 查看結果

曲面被切成波浪狀，但波浪曲面還在。因為參考曲面不能完全被移除，希望以後可以。

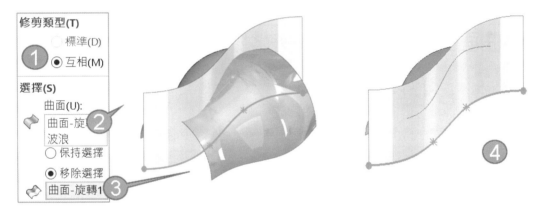

步驟 5 隱藏本體

點選波浪曲面→將曲面隱藏或刪除本體，來個眼不見為淨。

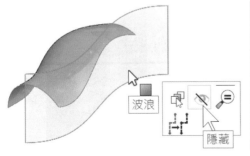

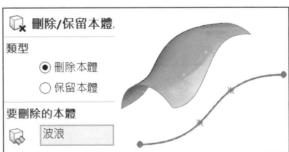

58-2-2 預覽選項

互補顯示**保持或移除選擇**的項目，通常採用預設，除非有必要才來回按看差異，本節模具已經說明，不贅述。

預覽選項

58-2-3 練習：修剪後圓角

自行練習雙曲面修剪，並導 R10 圓角。

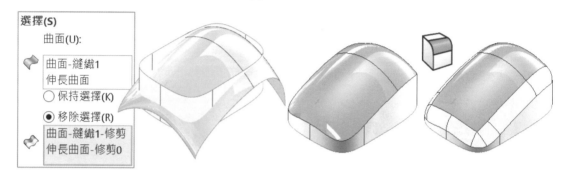

58-3 曲面分割選項

選項協助不必多花時間建構草圖，早期的邏輯，草圖一定要超出範圍。現在不必畫好畫滿，只要畫一部份草圖由系統計算有可能的結果。

切換項目所見即所得，可完全看出之間差異，比較特殊☑**產生實體**。

58-3-1 全部分割（Split All）

無論選擇**自然性**或**直線性**都可以將曲面全部被分割，由分割預覽可見被分割的曲面。

A ☑ 全部分割

將草圖線段以外，將有可能的多項分割結果顯示出來。

自然性　　　　　　　　　　　直線性

B □ 全部分割

僅呈現上下 2 種分割可供選擇。

自然性　　　　　　　　　　　　　　　　　　　　　直線性

58-3-2 自然性（Natual）

以曲線相切延伸切割，下圖左。

58-3-3 直線性（Linear）

曲線端點結束切割，應該稱為線性，下圖右。

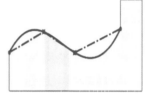

58-3-4 產生實體、頂端加蓋

修剪後的曲面為封閉狀態，可使用☑**產生實體**，不需要使用**縫織曲面**🖐了，例如：滑鼠主體利用✏，下方☑**頂端加蓋**，就不必使用◪，下圖右（箭頭所示）。

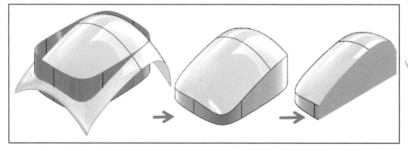
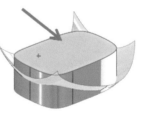

58-3-5 練習-產生實體

提示：移除選擇 10 個本體，有些細節面留意一下就好。

58-4 實務演練-煙囪

深度學會🔧順序性，修剪後將模型**封閉形成實體**，會得到**先修再補**的技術，例如：先將多餘曲面修剪→修補，畢竟相交曲面很礙眼。

58-4-1 修剪類型：了解標準/互相差異與限制

標準要用 2 個🔧，互相只要 1 個🔧。

步驟 1 修剪類型：互相

步驟 2 選擇曲面

點選 2 相交的曲面，系統算出 2 面可供切割範圍

步驟 3 移除選擇

點選不要的 2 面，讓曲面形成空殼，這樣是否比較直覺。

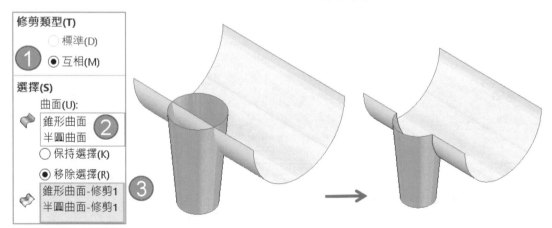

58-4-2 面製作

說明圓弧與開放邊線關係。圓弧未封閉無法使用◀，必須製作圓弧的封閉線段，用點選的方式不斷增加上方平面比較容易，算應付做法，缺點會有零碎面。

模型轉檔或設計變更，容易造成模型不穩定、曲面品質不佳。業界常討論如何把零碎面消除或不要面上多餘線段。

步驟 1 上方面 ◀

點選模型 2 邊線，完成第 1 面。

步驟 2 上方面 ◀

有了曲面邊線，就能完成第 2 面。

步驟 3 上方面 ◀

完成第 3 面，下圖左。

步驟 4 圓弧＋煙囪 ◀

同時完成圓弧 2 面＋下方煙囪，下圖右（箭頭所示）。

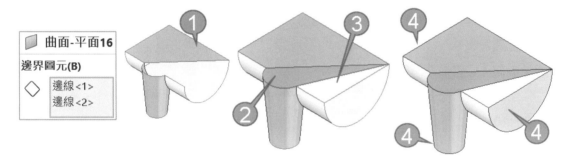

58-4-3 形成實體

使用◀，1. 框選將 5 個面選起縫織→2. ☑產生實體→3. ↵，可以驗證是否將所有曲面本體選到或沒被封閉，下圖左。

58-4-4 補充：上面-完整面

說明完整面做法，正規比較麻煩、嚴謹，要做到正規與應付都會=專業，下圖右。

步驟 1 製作半圓邊界

上基準面繪製矩形，矩形和模型有限制條件。

步驟 2 ◀

這裡更能體會用封閉草圖成為指令條件，而非點選模型邊界這麼容易完成指令。

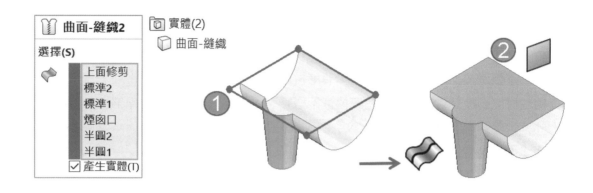

58-5 實務演練-面圓角

曲面常用⬚中的面圓角，體驗**自動**和**手動**作業，加深圓角認知與邏輯。

58-5-1 自動修剪

圓柱與波浪曲面相交的模型，**面圓角**可以修剪曲面並完成圓角。

步驟 1 面圓角⬚

步驟 2 面組 1、面組 2

分別選擇 2 曲面，無選擇順序。

步驟 3 R10

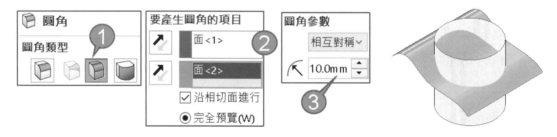

步驟 4 反轉垂直面 ↗

預覽可見反轉垂直面得到 4 種不同結果。

58-5-2 手動修剪後導角

　　利用 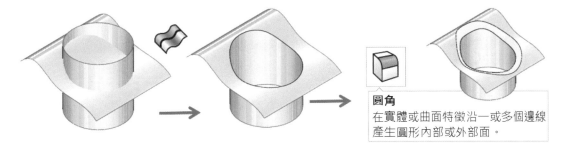 的 **相互→**，導角做法和上節一樣，加深邏輯性。由導角指令訊息得知：可進行實體或曲面導角，很多人以為曲面不能導角。

圓角
在實體或曲面特徵沿一或多個邊線產生圓形內部或外部面。

筆記頁

59

邊界曲面

邊界曲面（Boundary-Surface）◈，進行單方向或 2 方向成形，可產生高品質且精確曲面，有些設定👇才會見到的結果，曲率顯示不贅述。

A 👇進階版

◈和👇操作和觀念一樣，比👇更高品質且功能又多，又稱👇進階版。

B 由指令訊息得知

在 2 方向輪廓間產生邊界曲面，下圖左。

C 兄弟指令

◈和**填補曲面**◈是兄弟指令，希望將 2 指令合併，提升易用性。

59-0 先睹為快：邊界曲面

說明 2 條草圖邊線、網格預覽...等，絕大部分和🔔相同，學習起來比較輕鬆。

59-0-1 方向 1、方向 2

點選過程讓綠色對應點成形位置相同，由小方塊色彩可判斷所選線為方向 1 或方向 2。☑顯示預覽，即時看出成形狀態，很可惜無法關閉顯示標註，**封閉曲面**🔔就有這功能。

步驟 1 方向 1（紅色，又稱輪廓）

由左到右點選水平 2 草圖邊線。

步驟 2 點選方向 2 欄位（紫色，又稱導引曲線）

由前到後點選垂直 2 草圖邊線，看到面成形就有成就感，類似🔔的導引曲線。

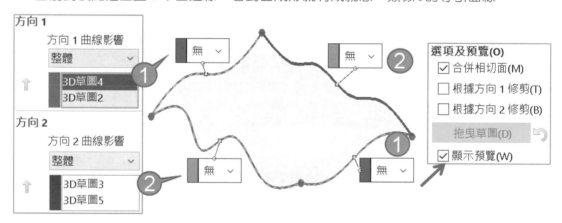

59-0-2 網格預覽

調整密度體產生面分佈（起伏），更有成就感，**網格預覽**要配合☑**顯示預覽**，下圖左。指令過程黃色預覽不清楚，很難看出曲面是否成功，看到網格心中踏實剩下就是細節。

59-0-3 3 條草圖邊線

分別在**方向 1** 和**方向 2** 加選第 3 條中間線，體會點選草圖手感並看出變化。中間線是需求，用來更精細控制曲面位置，例如：希望中間高度要隆起。

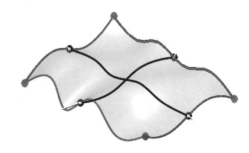

59-0-4 ◈是◈的進階版

◈僅支援 1 個方向，◈可以 2 個方向，所以◈是◈進階版，下圖右。

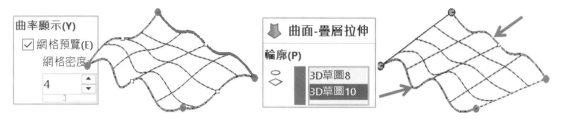

59-0-5 實體的邊界曲面◈

其實實體也有邊界曲面（插入→填料/基材→◈），操作和功能◈一樣，他是實體特徵。

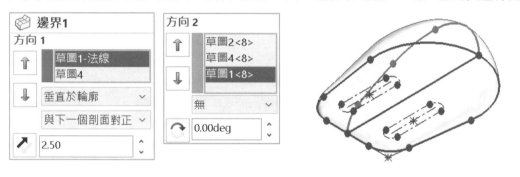

59-1 曲線影響（Curve influence）

本節說明 2 大類：1. 曲線清單、2. 曲面影響。由於介面設計不洽當，應該 1. 先點選條件→2. 再切換模型影響，所以本節自行將介面位置調整說明。

59-1-1 曲線清單

由清單看出點選項目與點選的輪廓順序，可用：模型邊線、草圖、曲面作為條件。

A 模型邊線

點選 2 模型邊線成為指令條件，不需要額外產生 2 個草圖。

B 曲面或模型面之間

點選 2 曲面或 2 模型面進行連接。

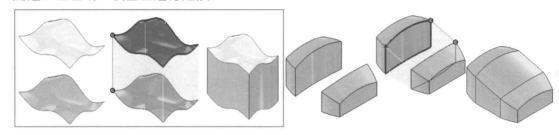

C 右鍵選擇：反轉連接點（Flip Connector）

點選會有方位的順序，例如：集中往左邊點選，不要一左一右。萬一得到交錯連接，右鍵→反轉連接點，就不必人工拖曳綠色**對應點**。

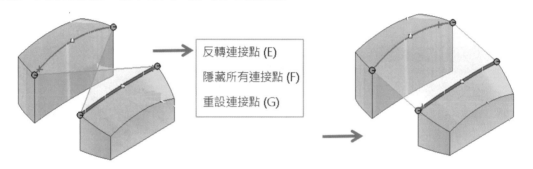

59-1-2 曲線影響類型

清單切換：整體、至下一尖處、至下一曲線、線性...等（須執行方向 2 的條件）。

本項目和🐾的**導引曲線影響類型**相同，僅簡略說明不贅述，本節特別說明🐾沒有的**線性**。

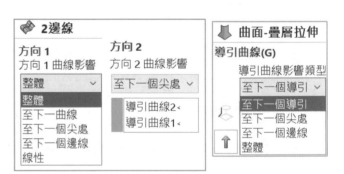

A 整體（Global）

將方向 2 的曲線影響力均勻分佈到模型中，例如：只有方向 2 加入導引曲線，（箭頭A），另一方的輪廓與上方溝槽被影響（箭頭B）。

B 至下一曲線（To next curve，適用 2 條導引曲線）

系統以第 2 條曲線 A 來影響另一側的外型 B，下圖左。

C 至下一尖處（To next sharp）

方向 2 的 2 條側邊曲線僅影響外型，上方溝槽尖點維持直溝，下圖中（箭頭所示）。

D 至下一邊線（To next edge，適用方向 2，1 條曲線）

方向 2 的 1 條側邊曲線僅影響該側外型，例如：右邊加導引曲線，只有右邊產生變化，左邊和上方溝槽沒影響，下圖右（箭頭所示）。

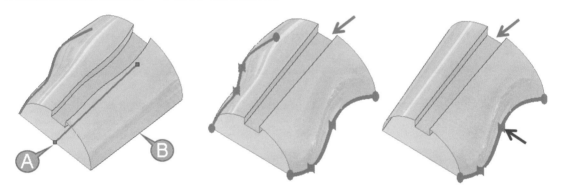

E 線性（Linear）

將曲線的影響均勻地延伸到整個邊界中，協助特徵不受高度內縮的過度凹陷影響，以下分別整體和線性差別（箭頭所示）。

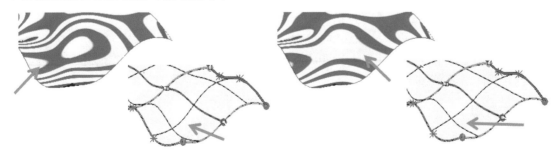

59-1-3 曲線影響類型全模組

方向 1：2 輪廓，方向 2：上下 2 導引曲線，下圖左，進行上述類型計算成形的差異，例如：只有上下 2 導引曲線，查看其他連接點的變化。

A 整體 VS 下一曲線

右下方得知**下一曲線**更能貼近模型外觀（箭頭所示）。

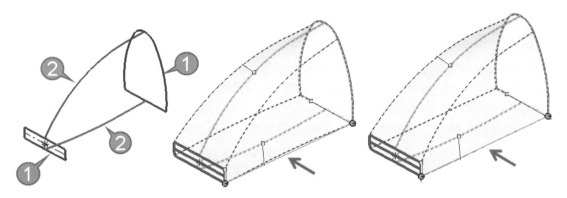

B 下一尖處 VS 下一邊線

上方曲線接到方形成直線，使用**下一尖處**會得到較好的外型與曲面品質（箭頭所示）。

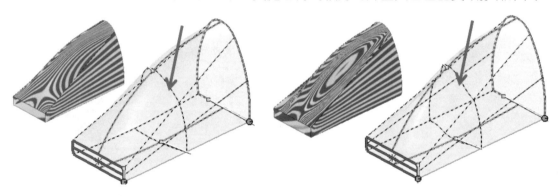

59-2 相切類型（Tangent Type）

清單切換 2 曲面之間相切以上的連續品質，本節單元看起來很多，本節和🗨**起始/終止限制**說明相同，不贅述，下圖左。

A 曲線清單

選其中 1 條曲線➜定義相切類型，於曲線清單得知定義的類型，例如：邊線 1-向量、邊線 2-相切。

B 對正（適用單一方向）

相切類型與對正搭配，相切類型不同對正也會不同，這部分會衍生多種組合。只有單一方向才可以使用，例如：方向 1 點選 2 邊線成形。

C 第 2 特徵

要有豐富的相切類型，適用第 2 特徵，讓第 2 特徵與第 1 模型產生面的連續，否則只有 1. 無、2. 方向向量，下圖右。

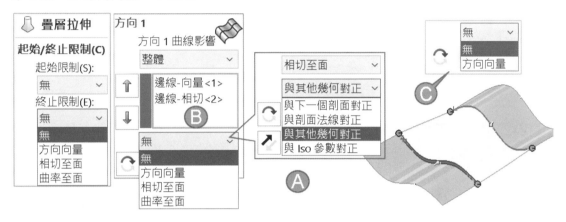

59-2-1 相切類型環境

說明 1. 小方塊切換相切類型、2. 為何有時會見到相切類型項目的多寡。

A 方向 1：2 模型邊線

點選模型前後 2 邊線，產生的第 2 曲面可控制類型很多，因為面的連續。

B 方向 2：類似導引曲線

點選左右 2 草圖，會發現控制類型有限，因為草圖旁邊沒有曲面可供連續參考。

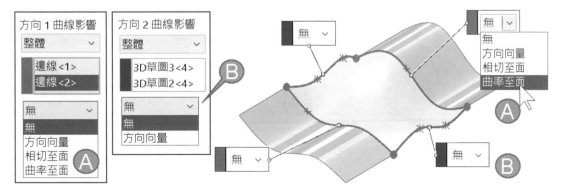

C 方向 2：相切類型增多

左邊的草圖加入相切限制，就能增加相切類型項目。

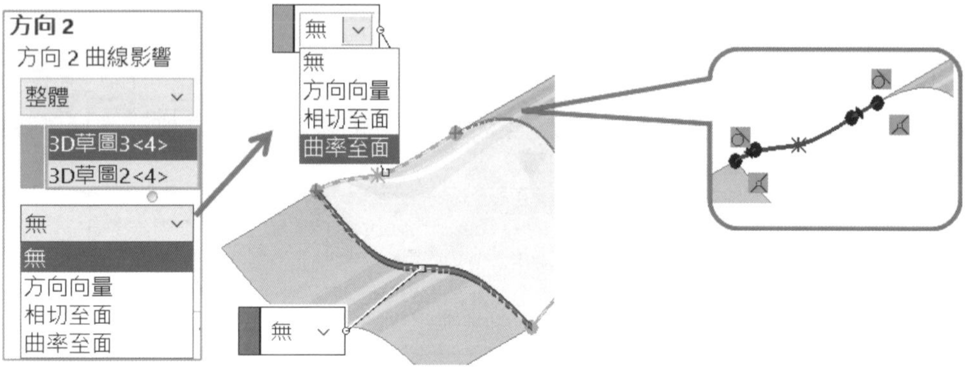

59-2-2 進階選擇：中心線、導引曲線

本節說明 2 種常見的認知盲點，完成以後會有另一種意境。

A 方向 2：中心線

方向 2 點選中間的路徑，雖然只有 1 個草圖也是可以的，就能體會指令的彈性。

B 方向 2：導引曲線

這是 iPhone 手機邊緣曲面，點選過程有另一種體驗。

方向 1：點選上下邊線，類似輪廓

方向 2：左右邊線，類似導引曲線，下圖右。

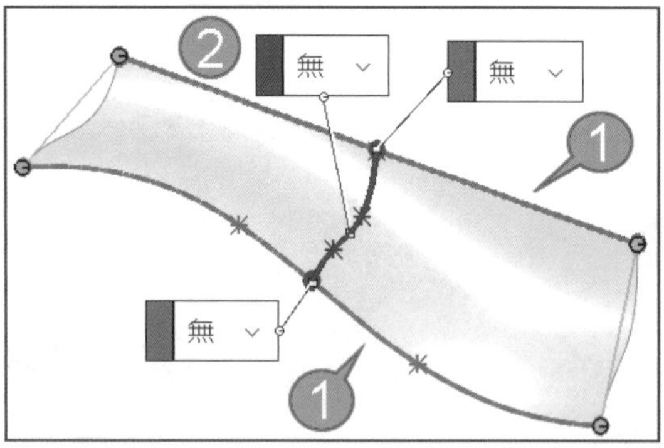

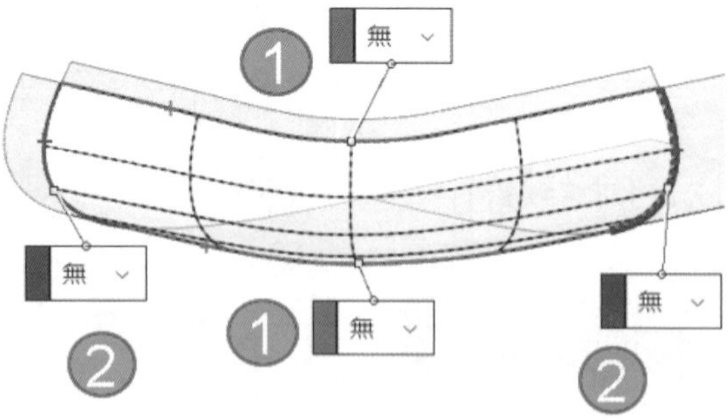

C 掃出

理論上應該可以，但掃出無法完成。

D 疊層拉伸

中間線必須要為導引曲線，否則結果怪怪的，下圖右。

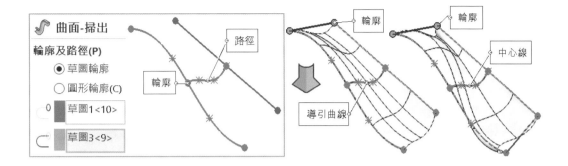

59-2-3 拔模角度（適用單一方向）

在方向 1 中，設定起始和終止輪廓後，就可以定義拔模角度，不過使用**無**，調整拔模角看不出效果。

59-2-4 無（None，G0）

不套用相切限制，起始和終止連接為直線（箭頭所示）。

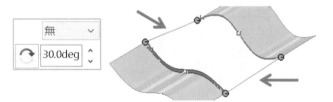

59-2-5 方向向量（Direction Vector，G1）

一定要指定方向作為**相切**的判斷，可以為面或邊線。

A 指定邊線或面作為成形相切參考

點選面，系統會以面的垂直方向進行，例如：前基準面，本節點選模型邊線。

B 拔模角↻

調整角度可見仰角變化，必要時可以反轉。

C 相切長度（Tange Lengh，範圍 0.1～10）

調整長度進行相切擁有量化控制，相切長度效果僅限**與下一個剖面對正**。

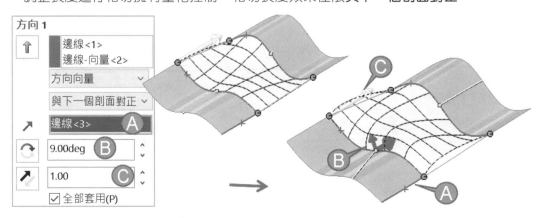

59-2-6 預設（適用疊層拉伸，最少 3 條曲線）

本節使用↓才看得出 1. **無**和 2. **預設**曲面有些微變化。

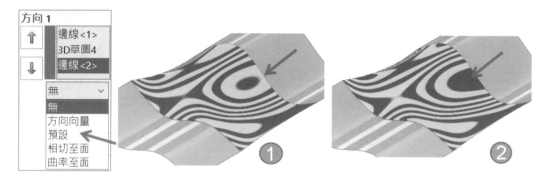

59-2-7 垂直於輪廓（Normal to Profile，適用封閉輪廓）

將上下 2 封閉輪廓 A. **側邊弧相切**+B. **輪廓垂直**。

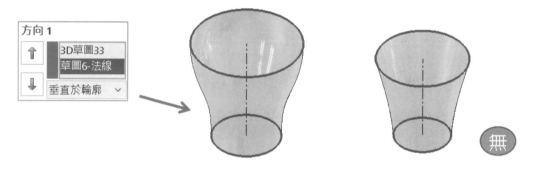

59-2-8 相切至面（Tangency to Face，G1 品質）

目前曲面與另一模型面相切，讓曲面比較順暢，適用第 2 特徵並進行對正項目。

對正清單切換 4 種類型,定義邊界曲面的網格與所選邊線對正的關係，搭配**網格**和**斑馬紋**效果更好。

1.邊界曲面特徵

網格顯示邊界曲面的 iso 參數。

2.開始曲面、結束曲面

邊界曲面與曲面的對正，本節特別在這 2 曲面加上網格線來對照。

3.所選曲線

將右邊線定義**相切至面**。

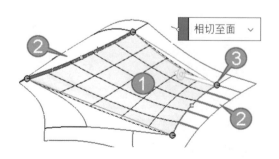

A 對正：與下一個剖面對正（Align with next section，預設）

1. 邊界曲面 iso 參數（網格）與 2. 開始及結束曲面的 iso 參數對正。

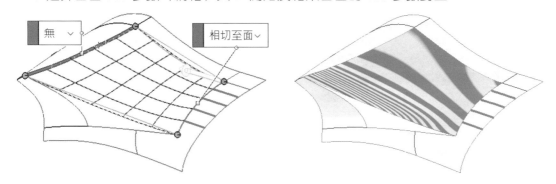

B 對正：與剖面法線對正（Align with section Normal）

邊界曲面 iso 參數垂直對正所選曲線，類似方向向量（標示 1），最大變化（標示 2）。

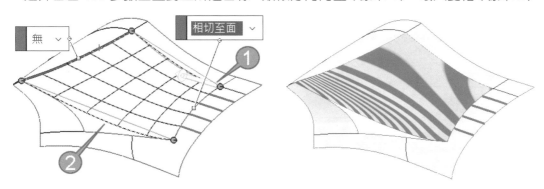

C 對正：與其他幾何對正（Align with other geometry）

　　將邊界曲面 iso 參數與所選曲線結束點對正，本節和上節很像，斑馬紋比較看得出差異，開始覺得對正的項目都很類似，不容易區分。

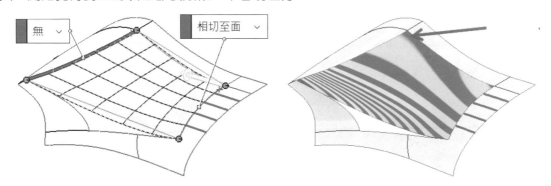

D 對正：與 ISO 參數對正（Align with iso parameter）

邊界曲面 iso 參數與開始曲面的 iso 參數相符，最大差別左下角邊線（箭頭所示）。

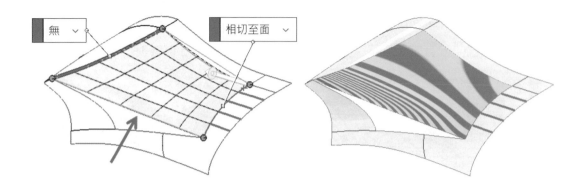

59-2-9 曲率至面（Curface to Face）

使相鄰面達到 G2 曲面連續品質，由▨比較看得出 1. **相切至面**或 2. **曲率至面**差異。

A 相切影響%

延伸曲線影響到下一條曲線，較高的值會延伸相切距離。常用在圓角，適用**整體**或**至下一個尖處**，且兩個方向成形時可用。

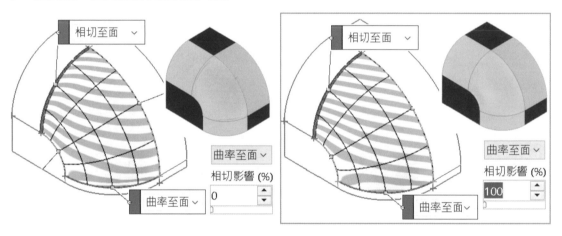

59-2-10 全部套用（適用單一方向）

是否將相切長度控制統一。

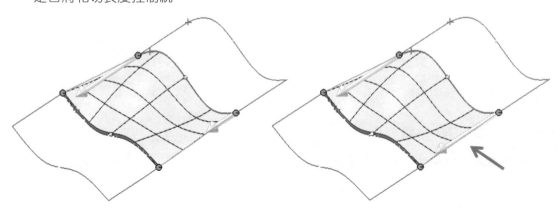

59-3 選項及預覽

定義邊界曲面的進階設定，有很多是隱藏版項目，要條件滿足才會出現，這部分就很難為工程師了，本節不說明**顯示預覽**。

59-3-1 合併相切面（Merge Tangent face）

輪廓具有相切線段時，完成特徵後是否要合併相切面，不合併。

59-3-2 根據方向 1 修剪（Trim by direction）

依未形成封閉邊界的方向進行修剪曲面，例如：方向 1 有一邊為開放（箭頭所示）。

A ☑**根據方向 1 修剪**

特徵成形只到完整的輪廓。

B ☐**根據方向 1 修剪**

特徵自動演算至封閉。

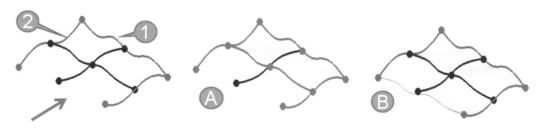

59-3-3 根據方向 2 修剪

承上節，方向 2 有一邊為開放（箭頭所示）。

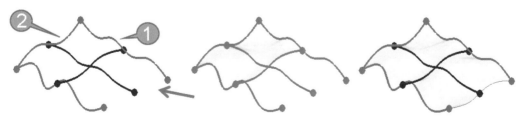

59-3-4 拖曳草圖（Drag Sketch）

按下**拖曳草圖**按鈕，可拖曳 3D 草圖或更改尺寸看到變化效果。

要離開拖曳模式，再按一下**拖曳草圖**或其他欄位。

A 復原（Redo）↩

被拖曳的草圖和尺寸依次回復先前狀態，適用尺寸標註的修改。

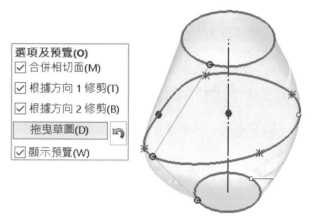

選項及預覽(O)
- ☑ 合併相切面(M)
- ☑ 根據方向 1 修剪(T)
- ☑ 根據方向 2 修剪(B)
- 拖曳草圖(D) ↩
- ☑ 顯示預覽(W)

59-3-5 封閉曲面

同一方向產生封閉本體，最後一個連接第一個草圖，觀念和封閉疊層拉伸相同。

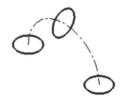  

59-4 靈活思考

本節說明✎靈活處與曲面邏輯，可以套用到絕大部分的曲面。有些是意想不到的靈活作業，會偏頭並思考好像也對。

59-4-1 雙曲面成形

1. 前基準面的弧＋2. 右基準面的弧，2 相交形成雙曲面弧，是常見曲面技術，只有✎特徵允許相交草圖，更證明曲面比實體靈活。

A 伸長曲面 ✎

由底座草圖執行✎，方向 1 深度超過上方相交曲線，下圖左。實務中曲面過程尺寸不拘，讓建模速度加快也是靈活度之一，例如：曲面只要超過邊界，並由其他特徵定型。

B 邊界曲面 🎏

分別於方向 1、方向 2 點選 1 弧線，完成雙曲面，下圖中。常忘記點選方向 2 欄位啟用，造成方向 1 加入 2 個草圖。

沒想到 1 個方向只要 1 曲線對吧，這 2 曲線不會交錯游標所選位置很重要，和🦢一樣不能亂點。

C 修剪曲面 🎏

透過**移除選擇**將額外面刪除，由預覽看出最適合的移除選擇，下圖右。

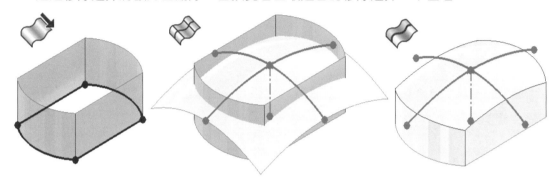

D 曲面圓角 R10 🗂

將上曲面＋4 邊導角 R10，證明曲面可以導圓角。

E 底部封閉 ▱

▱將底部封閉，在模型邊線上右鍵➔選擇相切，共 8 條線。

F 產生實體 👕

自行完成，將 2 曲面縫織並產生實體，更能體會▱擁有縫織和產生實體該有多好。

59-4-2 雙曲面上蓋

分別將 2 分開的 🎏 完成上蓋。分別 3 個草圖，由顏色可以看出來。

步驟 1 上方前端 🎏

方向 1=弧、方向 2=左前方曲線，很向掃出。

步驟 2 上方後端 🎏

方向 1=弧、方向 2=右方曲線。

步驟 3 底部曲面 🎏

點選底部草圖→🎏，深度超過上方曲面，更證明深度只是過程。

步驟 4 修剪成形 🎏

步驟 5 🧊 R15

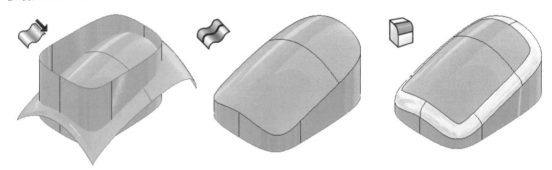

59-4-3 單方向非平行雙曲線

2 模型邊線非平行，由方向 1 點選 2 邊線完成補面。

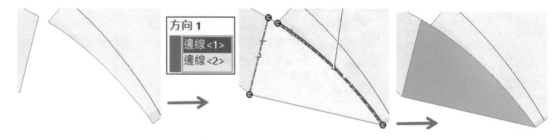

59-4-4 方向 2=導引曲線

方向 1：點選左右 2 邊線，方向 2：就像導引曲線。

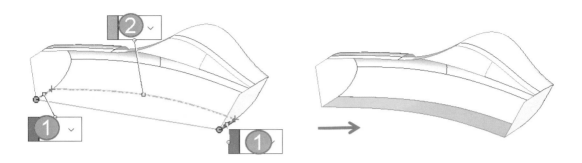

59-4-5 分段邊線選擇

模型擁有 4 個草圖：1. 底部迴圈、2. 上方頂點、3. Z 軸 2 曲線、4. X 軸 2 曲線，配合 Selection Manager 完成部分線段的選擇。

步驟 1 方向 1

選底部草圖和上方草圖點，沒想到草圖點也可以成為條件對吧，下圖左。

步驟 2 點選方向 2 欄位

繪圖區域右鍵 Selection Manager（選擇管理員），**選擇群組**🖱、**保持顯示**📌。

步驟 3 加入 4 條線段

分別點選一段弧右鍵→🖱，共 4 段，下圖右。

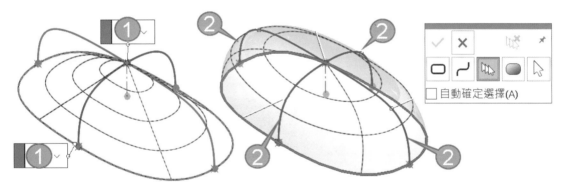

步驟 4 查看

點選完成後方向 2 欄位以開放群組呈現。

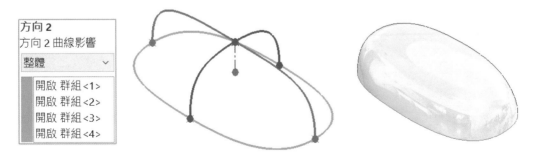

方向 2
方向 2 曲線影響
整體 ⌄
開啟 群組 <1>
開啟 群組 <2>
開啟 群組 <3>
開啟 群組 <4>

59-4-6 補圓角

模型共 4 角破面，分別完成不同方向圓角修補，過程有些會利用 Selection Manager 協助方向 1 來選擇邊線群組。補圓角模擬補破面手法，先點選比較容易選的邊線。

A 左到右、上到下

步驟 1 方向 1

左到右，先點選比較好選的模型邊線，下圖左。

步驟 2 方向 2

由上到下的圓角修補，用 SM 選擇下方 2 邊線，下圖中。

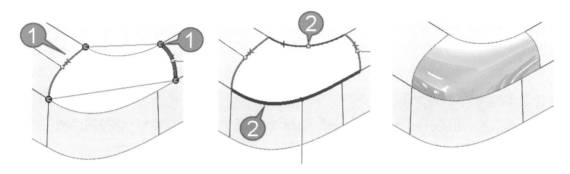

60

填補曲面

填補曲面（Fill Surface）◈將封閉的邊界完成填補也就補破面，使用率極高。指令點選上很容易成形，重點在曲面品質設定，更能體會**邊界曲面**◈=學習原理，◈=實際應用。

A 指令學習

選項交互變化很多元，進行豐富開啟會有反效果。實務不是把面補好就好，會連同曲面品質一起查看。

B 由指令訊息得知

由模型邊線、草圖、曲線的邊界內修補曲面，下圖右下。

C 邊界曲面◈和填補曲面◈是兄弟指令

這 2 指令差不多，學習上可以得心應手，也希望將 2 指令合併，提升易用性。

D 指令項目

1. 修補邊界、2. 限制曲線、3. 選項、4. 曲率顯示。

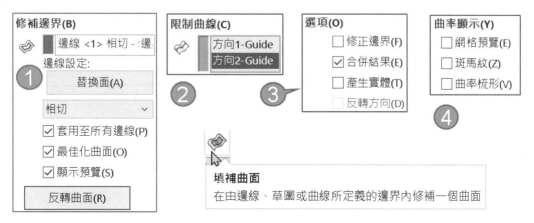

60-1 先睹為快：填補曲面

本節進行◆重點操作，選擇 4 條模型邊線或 4 個草圖皆可完成曲面，指令過程會依需求進行☑**網格預覽**、☑**斑馬紋**。

60-1-1 修補邊界（Path Boundary）

紀錄所選邊線，在項目後方敘述連續性，例如：1. 草圖-接觸、2. 邊線-相切、3. 邊線-曲率。點選 4 條封閉邊線可見面補起來，由網格看出中間品質怪怪的，有皺褶。

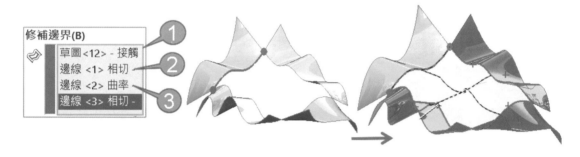

A 置換面（Altermate Face）

切換另一個成形面的計算，例如：點選內圓邊線-相切，會出現 1. 平面或 2. 橢圓。

60-1-2 邊線設定：曲率控制

由清單切換面連續類型：1. 接觸（G0）、2. 相切（G1）、3. 曲率（G2），得到曲面連續性，預覽得知些微變化。2. 相切最常見，3. 曲率難度較高，波浪太多會做不出來。

A 先求有再求好

不是曲面品質越高越好，秉持先前求有再求好，把面先鋪出來（接觸），再求品質（相切或曲率）。設定完成後，在上方邊線清單旁邊目視邊線設定，例如：邊線<1>相切。

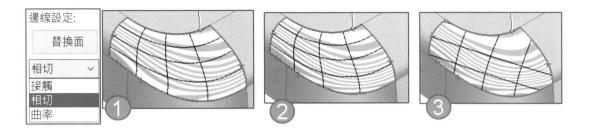

60-1-3 套用至所有邊線（Apply to all Edges）

將所有邊線套用相同曲率控制，減少單獨設定的時間，例如：邊線<1>相切，下圖左。

60-1-4 最佳化曲面（Optimize Surface）

提高曲面成形精度，由預覽網格得知，曲面溢出漏斗狀。要控制 2 個地方來平衡設定：
1. **曲率控制**、2. **最佳化曲面**，不熟悉就亂壓看預覽是不是要的曲面。

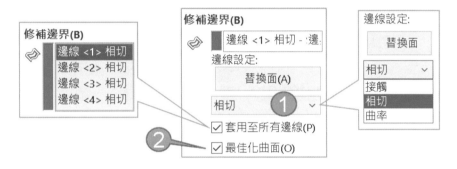

A 練習：破面修補

自行完成 6 條邊線的面修補。

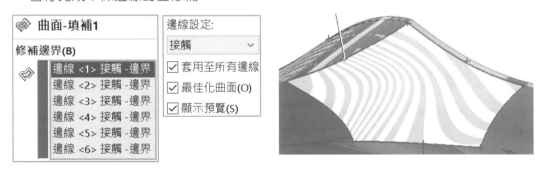

60-1-5 顯示預覽

判斷是否有成形，常遇到指令過程越來越慢，關閉可加快預覽速度。

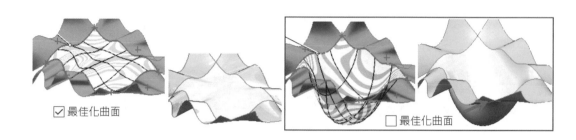

☑ 最佳化曲面　　　　　　　　　　☐ 最佳化曲面

60-1-6 斑馬紋與曲率查看

洋芋片外觀看不出**最佳化曲面**差異，由斑馬紋和曲率▣可看出差別。

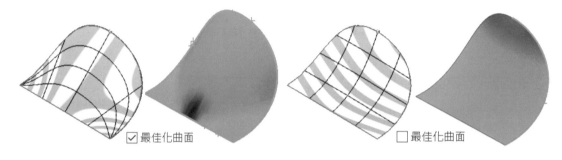

☑ 最佳化曲面　　　　　　　　　　☐ 最佳化曲面

60-1-7 限制曲線（Constraint Curve）

曲面加入控制線（類似支架），要求面中間大小或位置，可以來自草圖點或曲線，功能和◈方向 1 的第 3 條草圖相同，透過網格或▣查看**限制曲線**差異。

60-1-8 反轉曲面（適用）

更改曲面方向，屬於隱藏版選項，要有這項目必須：1. 所有的邊界曲線共平面、2. 沒有限制點存在、3. 沒有內部的限制、4. 填補曲面是非平坦的、5. 曲率控制相切或曲率。

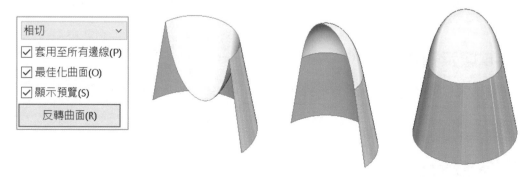

60-1-9 解析度控制（適用□最佳化曲面）

這是由 2 條模型邊界+2 條草圖，滑動桿改善曲面品質，由斑馬紋看出差異，此項目為隱藏版，希望未來不要這樣，免得不記得要怎樣的條件下才可以得到此控制。

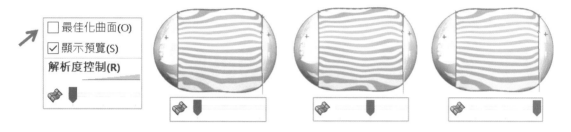

60-2 選項

說明**修正邊界**和**合併結果**，這部分算通識，比較特殊為**修正邊界**。

60-2-1 修正邊界（Fix up boundary）

理論上開放區域無法使用◈，**修正邊界**可以將遺失片段模擬有效邊界，形成封閉迴圈，就不用人工將開放邊界建構草圖補起來，本節依序說明 3 個區塊面填補。

A 即時運算

☑**修剪邊界**如同☑**顯示預覽**，點選模型邊線過程會即時運算，點選越後面的邊線會越來越慢，建議先把邊界選完→☑**修剪邊界**。

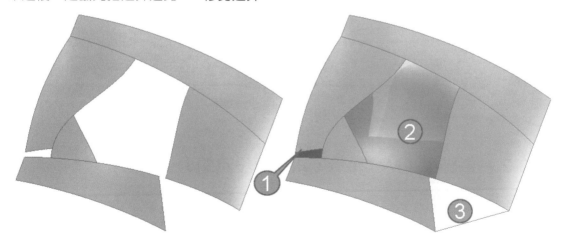

B 3 條邊線

點選 3 條模型邊線→☑**修正邊界**就可以了，下圖左。

C 多條邊線

只是邊線比較多，共 10 條線，☑**網格預覽**會比較容易看出是否成功，下圖右。

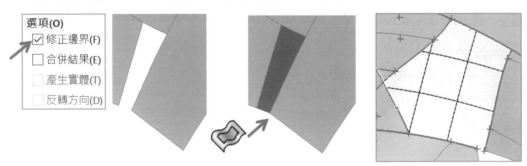

D 2 條邊線

承上節，先完成上方面填補（產生邊界），否則靠 2 條線即便☑**修正邊界**做不出來。

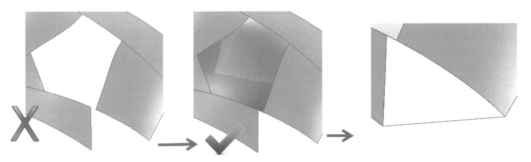

E 練習：補車門

這是開方車門，體會填補曲面修正邊界的威力。

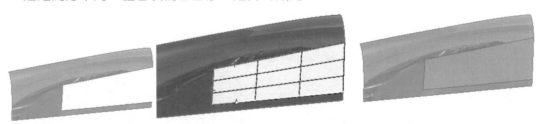

60-2-2 合併結果（Merge result，預設關閉）

相鄰曲面與目前完成的◈合併，可省略製作鰍節省建模時間。

60-2-3 形成實體（Creat solid）

補破面過程，曲面為封閉狀態，可以填充為實體（箭頭所示），不必透過🗑️，下圖左。

☑**合併結果**才可以使用**形成實體**。

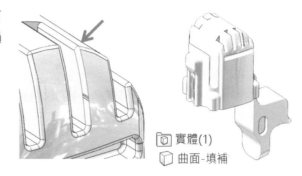

🔲 實體(1)
🔲 曲面-填補

Ａ 技巧：移除實體

利用🖱完成類似杏仁片的曲面，☑**合併結果**可移除杏仁片上方實體，算技巧。要完成此效果，效能→□**模型重算確認**。

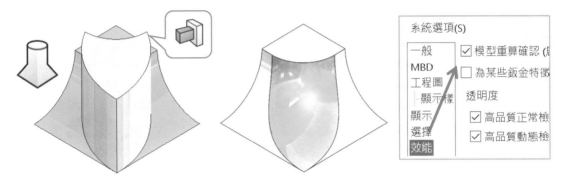

60-2-4 反轉方向（適用☑合併結果）

這是實體模型，使用🖱過程中無法產生實體，會出現嘗試反轉方向的訊息（箭頭所示）。

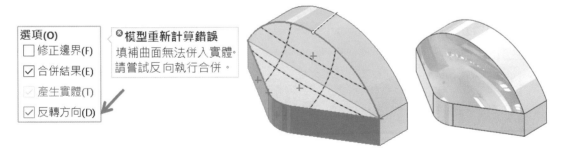

60-3 實務演練

學到做法類似，又很多設定無法使用，因為條件不適當，例如：曲率控制、☑套用至所有邊線、☑最佳化曲面、限制曲線、☑修正邊界。

60-3-0 根據邊數選擇特徵：衰退點

2個或多個共同頂點為衰退點，由網格得知曲面 UV 線匯集一點，**衰退點**會影響後續特徵的面品質，只要先知道**衰退點**觀念，再由指令過程判斷是否有**衰退點**即可。

A 基數邊

對於3邊、5邊或多邊，建議使用✎，指令特性屬於連續的封閉運算，下圖左。

B 偶數邊

2邊、4邊建議使用✎或✐，指令特性屬於方向性的區間運算，下圖右。

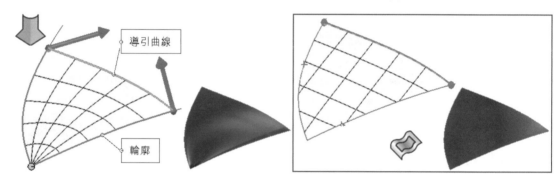

60-3-1 把手

學習未封閉輪廓的填補法，並查看曲面品質。

步驟1 修補邊界，共7條線

步驟2 ☑修正邊界

步驟3 曲率控制

只有一條線為接觸（箭頭所示），其餘為相切。

60-3-2 耳機

修復過程並設定曲率控制：相切，製作過程查看斑馬紋。

步驟 1 修補邊界，共 5 條線

步驟 2 曲率控制：相切或接觸

步驟 3 ☑斑馬紋

會發現針對修補面顯示斑馬紋，看不出效果對吧。於模型斑馬紋看出修補面與其他面連續情形，相切連續，接觸有斷掉，下圖右。

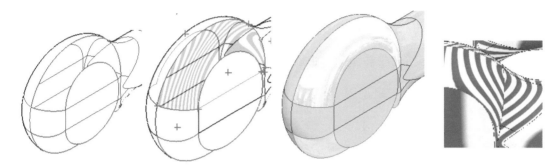

60-3-3 輪廓與點

看起來很難的面具，由 3 個草圖（臉、眼、嘴）成為修補邊界，由上方點完成隆起，就形成面具了。

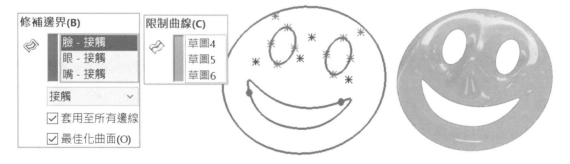

60-3-4 限制曲線

很像疊層拉伸作法，最下層草圖為底，限制曲線作為層。

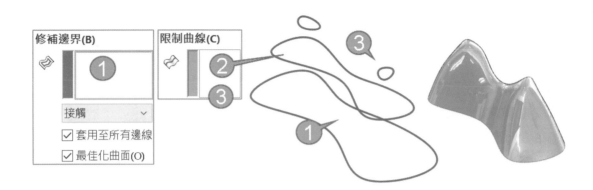

60-3-5 車門把

這題其實是模具的封閉曲面作業，由於▲產生面過度隆起，由曲面指令自行完成。

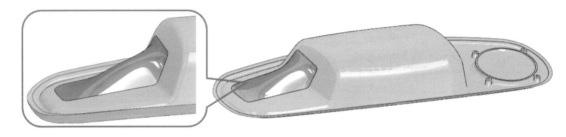

步驟1 右封閉圓孔 ◢

封閉簡單的右邊圓孔，下圖左。

步驟2 左大面積修補 ◢

先大範圍補面，感覺快完成，點選2邊線。

步驟3 左前小面積修補 ◢

左下角4條邊線。

步驟4 上大面積修補 ◢，2條邊線

步驟5 上小面積修補 ◢，4條邊線

步驟6 中間小面積填補 ◈

中間圓角是曲面，不能用◢，必須使用◈，下圖右。

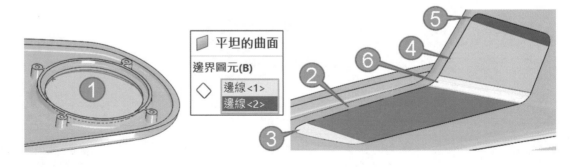

加厚

加厚（Thicken），將曲面增加厚度形成實體，有些翻譯厚面、厚度。

A 由指令訊息得知

加厚 1 個或多個相鄰曲面，並產生實體特徵。換句話說，
必須在曲面本體進行加厚。

> 厚面
> 加厚一個或多個相鄰的曲面
> 來產生一個實體特徵

B 加厚特性

常用來判斷模型可製造性，物體一定有厚度，甚至驗證最多可以長到多厚。加厚介
面類似，用在實體除料，用在曲面填料。

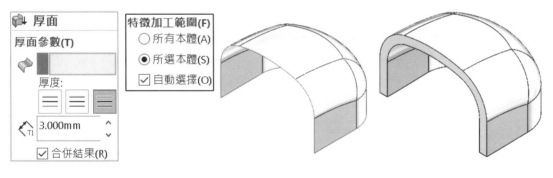

61-1 厚面參數（Thicken Parameter）

體驗加厚會發現和肋材🐟、🐟很像。

61-1-1 加厚的曲面與厚度

將肥皂盒加厚並設定體會加厚方向。

步驟 1 加厚的曲面

點選模型。

步驟 2 設定厚度方向與厚度

厚度=3 並查看厚度方向，可見預覽。

步驟 3 查看結果🐟

由斷面可見厚度心裡會比較踏實，下圖左。

步驟 4 曲面本體

原本的曲面本體經🐟以後會消失，這部分很像🐟，下圖右。

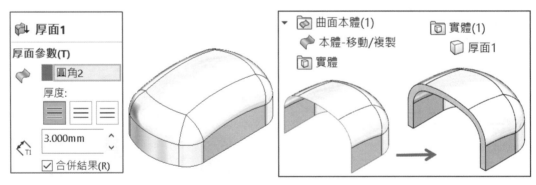

A 練習：滑鼠蓋

厚度 5 會發現有一方向不讓你長並見到瑕疵，指令可以用來驗證產品可靠度。

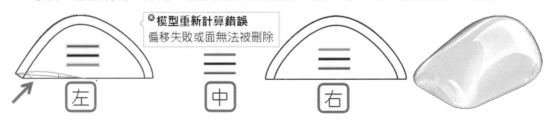

⊗ 模型重新計算錯誤
偏移失敗或面無法被刪除

左　中　右

B 導風罩，厚度 3

體會曲面品質不佳的形況下，💨加厚只
會讓情況更糟，且零碎面越多運算越久。

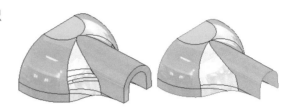

61-1-2 由封閉的體積產生實體

讓曲面封閉成為實體。要成為實體，曲面必須為封閉狀態並可見此隱藏版項目，例如：
下方以🔲封閉。

A 封閉曲面：🔲VS💨

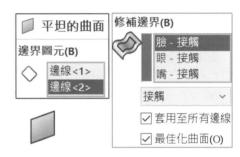

雖然也可用💨，這之間差在模型資料量，🔲比
較陽春、💨功能多資料量就大。

步驟 1 下面加蓋 🔲

在邊線上右鍵→選擇相切，共 8 條線，下圖
左。會發現沒有☑**合併本體**，希望以後有。

步驟 2 單一曲面 👜

將滑鼠蓋＋底部平面→👜，成為 1 個曲面，選擇曲面過程可以用框的。

步驟 3 產生實體 💨

會發現隱藏版指令，☑**由封閉的體積產生實體**，就無法使用厚度，下圖右。

步驟 4 查看結果與討論

👜可以形成有厚度嗎?不可以，但可以☑**產生實體**。希望💨擁有☑**曲面縫織**，順便形成
實體，就不必多 1 個👜特徵，也少 1 個步驟。

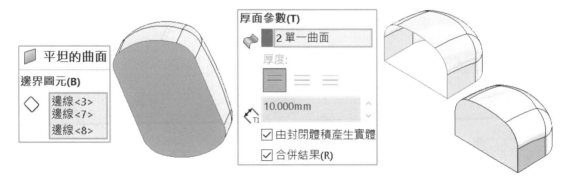

B 練習：產生實體

這是模型轉檔的空殼模型，自行完成🔧和🔩產生實體，下圖左。

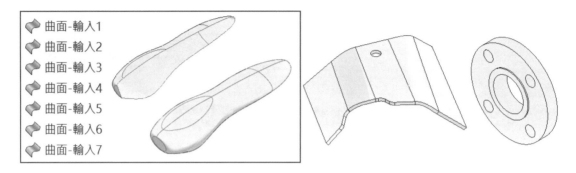

曲面-輸入1
曲面-輸入2
曲面-輸入3
曲面-輸入4
曲面-輸入5
曲面-輸入6
曲面-輸入7

61-1-3 合併結果

產生的厚度一定為實體，是否與相鄰實體結合，查看合併結果差異。本節和🔩的**合併結果**功能相同，1. 內圈厚度 5，產生第 1 本體。2. 中圈厚度 15，產生第 2 本體。

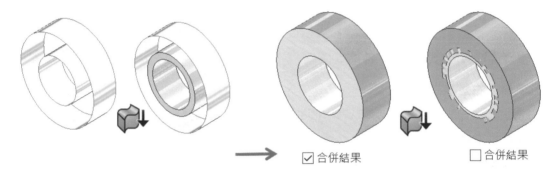

☑ 合併結果　　　　　　　□ 合併結果

61-2 厚度驗證可製造性

厚度可用來驗證模型可製造性，利用面具說明無法加厚原因。

61-2-1 厚度驗證

面具向外偏移 10 可成形，內偏移發生錯誤。厚度與半徑有相對關係，例如：R10 最多偏移 10，10-10=0，偏移 20mm 會擠壓曲面，由鼻頭下方可見擠壓，模型無法製造。

61-2-2 厚度偏移參考-曲率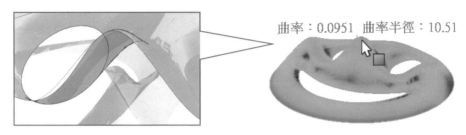

將游標放在面上,曲率半徑為偏移距離參考,例如:游標在鼻頭上得到曲率半徑:9.2,換句話說偏移最多到 9。

曲率:0.0951　曲率半徑:10.51

61-2-3 最小曲率半徑(評估→檢查圖元◎)

承上節,總不能一直游標找半徑對吧,應該用電腦找出來。滑鼠外觀要向內側加厚,但不確定最多能加厚多少。

步驟 1 ☑所選項次

點選要檢查的滑鼠。

步驟 2 ☑最小曲率半徑→檢查

由下方清單得到最小曲率半徑 R1.5。

步驟 3 點選結果清單,於箭頭可見模型位置

步驟 4 ◈

設定加厚方向與厚度=1.5,增加厚度到 2 厚度就會失敗。

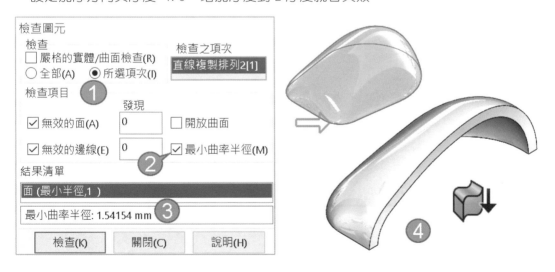

61-2-4 以面向量（垂直）產生厚度狀態

仔細看面具厚度邊緣是斜的，系統以面向量（垂直）產生厚度狀態。2020 新增功能，可指定成型方向加厚曲面，類似的伸長方向，下圖右（箭頭所示）。

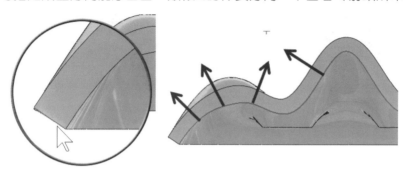

A 作法

點選上基準面作為面向量參考，可見厚度邊緣是平的。

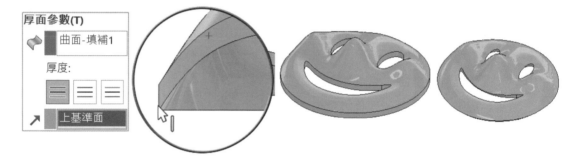

62

偏移/中間與加厚除料

將現有的模型面增加偏移🍥、中間的曲面🍥，並利用曲面本體來加厚並除料🍥，本章開始體會指令訊息的重要性，並發覺 SW 訊息說明得相當貼切。

Ⓐ 對照表

這些指令很像也有關聯性，本章合併說明比較不會亂：1. 偏移曲面🍥、2. 加厚除料🍥、3. 中間曲面🍥，它們功能陽春也是輔助指令，希望可以合併。

	偏移曲面🍥	加厚🍥	加厚除料🍥	曲面除料🍥
指令特性	模型面皆可進行偏移	曲面本體進行加厚產生實體	由曲面本體加厚進行實體除料作業	使用任何面進行實體除料

62-1 偏移曲面（Offset）🍥

偏移曲面又稱複製曲面🍥，類似偏移圖元（產生新的圖元）。將所選模型面額外產生偏移的曲面本體，讓後續指令進行，例如：加厚除料🍥比需使用曲面本體。

🍥原理和🍥一樣，功能比🍥陽春。

Ⓐ 由指令訊息得知

可以在 1 個或多個面進行曲面偏移。應該說可以產生新偏移的曲面。

偏移曲面
使用一個或多個鄰接的面讓曲面偏移

B 驗證模型可靠度

常利用👐確認模型可增加厚度的範圍，因為計算比較快，效率好，例如：面具偏移 10，使用👐或👐明顯感受到時間不同。👐雖然可驗證製造性，加厚實體速度一定比較慢，換句話說以👐確認增加的厚度最大值→再使用👐產生厚度。

62-1-1 反轉方向

面具內側無法成形 10，證明👐可用來驗證可製造性，下圖右。

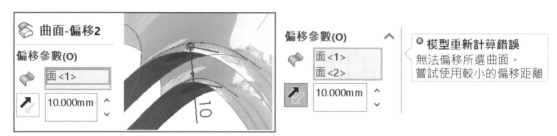

62-2 加厚除料（Thickened Cut）👐

以曲面本體為基準，在實體模型上除料。指令特性：1. 曲面本體、2. 僅支援實體除料。

A 由指令訊息得知

加厚 1 個或多個相鄰曲面，在實體模型上除料。換句話說，必須在曲面本體進行加厚除料，不能直接點選模型面進行加厚除料。

要直接在模型面上除料，其實可以使用**移動面**👐。

B 曲面本體的認知

普式觀感就是要很任性要在曲面上除料，但要有前置作業，例如：在模型面上製作👐曲面作為除料參考，就是不行以模型面做為參考，希望未來不要這麼麻煩。

62-2-1 製作圓柱面本體

將 ⌀100 圓柱面和平面除 20mm，更能體會不用草圖的特徵。

步驟 1 點選圓柱面＋上平面

步驟 2 偏移距離=0

藉此產生曲面本體。沒想到 0 對吧，0 是中位數，不是最小值呦。很神奇=0，標題會變成**複製曲面**，下圖左（箭頭所示）。

62-2-2 查看本體

於特徵管理員可見到多一個曲面本體,更能證明偏移曲面好處。

62-2-3 加厚除料

希望圓柱比目前小 20,點選圓柱面往內除料 20,可見圓柱縮小為 Ø60,下圖右。

A 反轉方向

🐝不能除空氣,除非另一方向有本體可以計算。

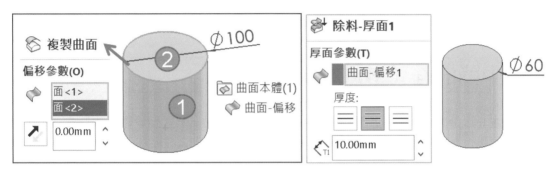

62-2-4 加厚

回想一下,要在圓柱加厚怎麼辦,目前🐝和🖐灰階狀態無法點選,更能體會這 2 指令需要曲面本體,不能點選模型面使用🐝🖐。

步驟 1 產生曲面本體 🖐

點選圓柱面,偏移距離 0,很神奇可同時點選分離的 2 圓柱面。回想一下🪡不行對吧,因為🪡目前不支援**多本體縫織**,就不能將分離本體產生曲面,下圖右。

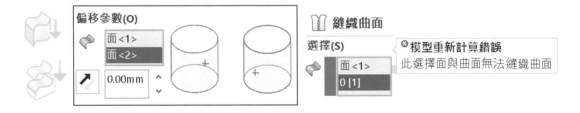

步驟 2 偏移外 10 🖐

☑合併結果,圓柱變成 Ø110。

步驟 3 偏移內 10 🖐

合併結果,圓柱變成 Ø90。☑**合併結果**看不出變化,因為實體融合一起,下圖左。

62-2-5 肥皂盒表面除料

在肥皂盒上方，向下除料5，下圖右。

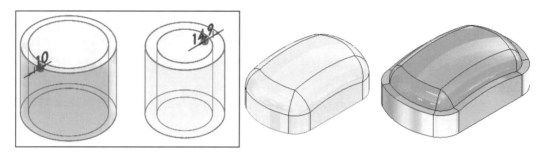

62-3 中間曲面（Mid Surface）

中間曲面又稱中間面（適用實體），以手動或自動找出**配對面**以產生中間曲面。

A 由指令訊息得知

在實體中的偏移面組之間產生中間曲面，下圖左。

62-3-1 面1、面2（手動）

自行點選中空的圓柱為配對面→↵，系統會自行產生中間面，不支援預覽，下圖右。

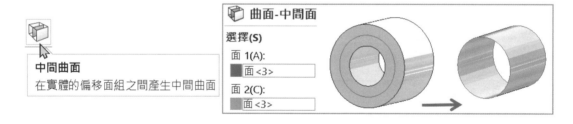

62-3-2 找出配對面（Pair，自動）

當模型有多重厚度時，按下找出配對面→↵，會自動產生中間面。

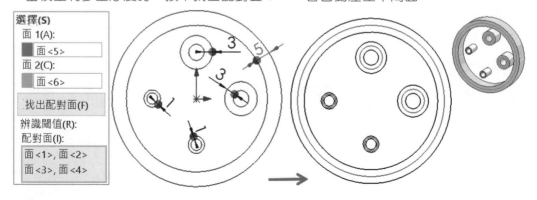

62-3-3 辨識閾值（Recognition Threshold）

指定閾值運算函數（=等於、<小於、<=小於等於、>大於、>=大於等於），並指定閾值厚度（模型厚度）來過濾結果，例如：辨識所有壁厚度小於等於<=3 的配對面，下圖左。

62-3-4 配對面

清單顯示配對成功的面，點選其中一個項目，繪圖區域會亮顯面 1、面 2，下圖中。

62-3-5 位置

預設 50%，在面 1 及面 2 中面之間的距離，從面 1 開始計算。

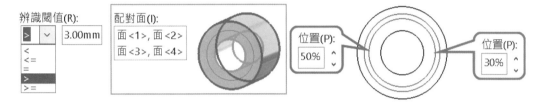

62-3-6 選項：縫織曲面

是否要縫織曲面或保持個別曲面。

62-4 實務：加厚護具

以現有曲面外型，直覺完成分割握把，常見握把為矽膠材質，深刻體會指令特性與搭配順序。

本作業是由下而上設計，口訣：先除→後填。

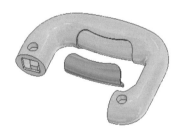

62-4-1 產生握把區域

本節提供完成的草圖→使用**分割線**將握把區域產生出來。1. ☑投影→2. 點選草圖→3. 點選模型面→4. 完成指令後可見模型被分割 2 面，下圖左。

62-4-2 偏移曲面

他還不是曲面本體，利用點選剛切割的面，產生新曲面本體，下圖右。

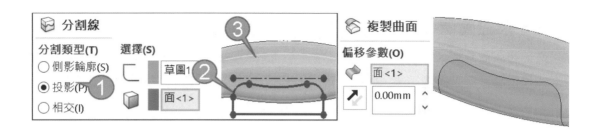

62-4-3 加厚除料🔩

點選剛完成曲面本體，以本體方向除料 2mm，更能體會和🔩一樣，差別在除料和填料，更能證明實體才可以除料厚度。

62-4-4 製作加厚護具

依觀念完成護具，這時要反過來想，用加厚方式完成。

步驟 1 🔩=0

點選被除料的面，偏移=0，產生新曲面本體。

步驟 2 🔩

厚度=2，□合併結果，否則護具不會出現。

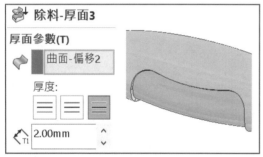

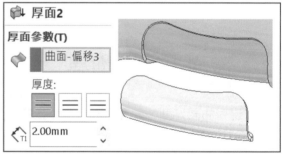

A 實務：遊戲把手練習

自行完成厚度 2 的握把護套製作。

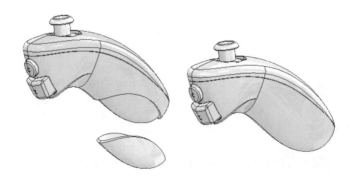

旋轉曲面與曲面除料

統一說明 2 種指令：1. 旋轉曲面（Revolved Surface）⊘、2. 曲面除料（Surface cut）📚，它們功能陽春，合併說明會比較多題型介紹，由於這 2 指令很像，希望合併。

63-1 旋轉曲面⊘

⊘做法和⊘相同，已經有橢圓底座實體，利用⊘→📚完成雙曲面造型。旋轉在曲面有很強的特性，可以完成雙曲面：1. 中心線一定是圓弧、2. 草圖輪廓也可以為圓弧。

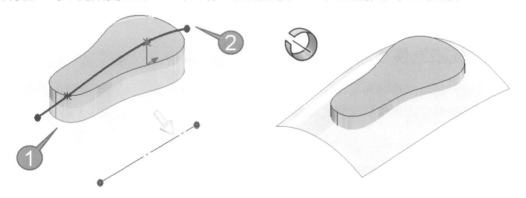

63-1-1 旋轉角度

曲面參考要大於除料本體，兩側對稱=60（夠用就好）。角度不要 360 度，模型太小會浪費時間⊘，滑鼠中鍵 1 格捲動=0.25 秒。

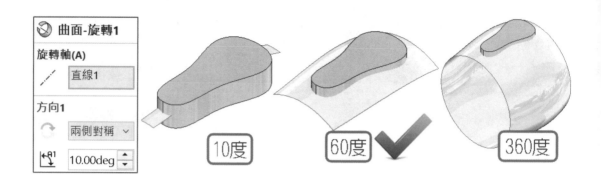

63-2 曲面除料

利用面進行完全貫穿除料，由此可知也是不須草圖的特徵，應該稱為**面除料**。當確定特徵要完全貫穿，未來不會再更改，這指令速度比較快，只是歸類在曲面工具列中，很少人知道。

A 由指令訊息得知

曲面除料
使用曲面或平面移除材質在實體模型上除料

由指令訊息得知：1. 使用曲面或平面、2. 在實體模型上除料。面的選擇就多了，可以為模型面、基準面、曲面本體。

B 和是兄弟指令

這 2 指令差別在曲面除料沒有給定深度，屬於完全貫穿，希望這 2 指令合併。

63-2-1 先睹為快：曲面除料

指令過程選擇旋轉的曲面本體，指定方向完全貫穿，下圖左。點選旋轉曲面本體→隱藏，可不被旋轉面影響模型視覺（重疊）。

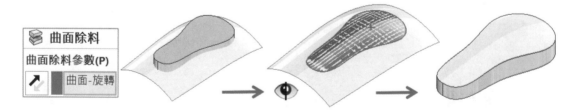

A 特徵加工範圍

只能在曲面有接觸的本體上進行作業，這觀念適用所有特徵，例如：只接觸到第 1 本體，即便特徵加工範圍點選 2 本體也只能除料第 1 本體。

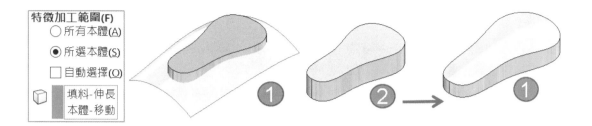

63-2-2 加厚除料

利用已經完成的，執行業界常說的，老闆想要在曲面往下除 2mm 說完人就走了，說起來很快，其實做起來也很容易：1. 點選旋轉曲面→2. 輸入 2→↵。

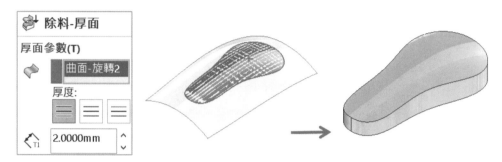

63-2-3 練習：曲面除料

常被問到，有什麼最快方法將模型切一半、切出造型，切齊...等，類似一刀下去效果，絕對不是要畫個草圖→。也因為有不用草圖的特性，講解上相當吸引人。

A 波浪除料

將波浪曲面作為輔助，完成上方曲面造型，也許也可以，只是資料量太大，下圖左。

B 杏仁曲面

在杏仁下方 3 條邊線建立，由該曲面進行，下圖右。

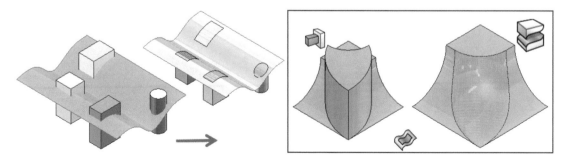

C 內容物

一半的除料形體希望呈現內容物，繼續使用特徵。🔩屬於臨時視覺效果，目前無法對剖切面增加特徵、參考幾何邊線、加入外觀...等。

只能用特徵將模型實際切除，例如：在剖半模型上增加狹槽特徵，下圖左。

D 表面切齊

利用基準面將毛刷面進行切齊，下圖右。

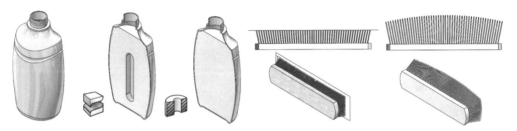

E 瓶蓋收邊

將下方多餘除料，作為收邊之用。

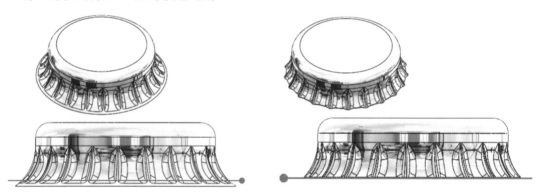

F 先切一半再鏡射

一開始將特徵切一半，完成所有特徵後→鏡射🔲。

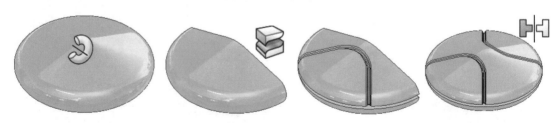

延伸曲面

延伸曲面（Extend）以現有曲面或曲面邊線進行面長度延伸，算第 2 特徵，也是不需草圖的指令，常用在加長或加大目前曲面，讓後續指令進行。

A 由指令訊息得知

延伸曲面上的 1 個或多個邊線和面。看不懂對吧，因為文字很簡短，不過字字打動在心裡呦。

延伸曲面
根據終止型態及延伸類型，
延伸曲面上的一或多個邊線或面

B 指令特性與兄弟指令

延伸過程會參考面曲率，自動合併原始面消除曲面間隙。和看起來很像，但觀念不同，最大差異：＝第 1 特徵、＝第 2 特徵。

64-1 先睹為快

認識指令 3 大欄位：1. 延伸邊線/面、2. 終止型態、3. 延伸類型。點選模型面或邊線，進行終止型態。會發現只能向外延伸，不能向內縮也沒有☑合併結果，希望改進。

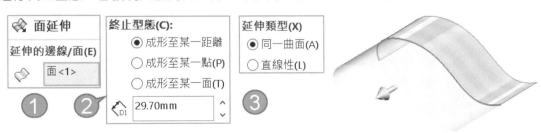

64-1-1 延伸的邊線/面

點選模型邊線或面，設定下方終止型態。點選面，自動追蹤模型邊界（外圍），就不必選擇面外圍每條邊線。

64-1-2 終止型態

設定成形至某一距離、某一點、某一面，例如：距離 20。中止型態和🔩觀念相同，不贅述，有沒有發現終止型態是項目呈現，不是清單。

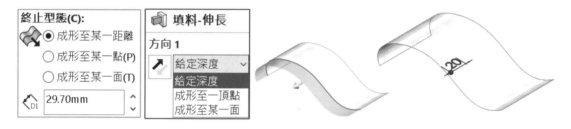

64-1-3 延伸類型

增加指令靈活性，計算延伸曲面與原始面連續情形，不必刻意利用草圖進行限制條件，很多指令有這類設定。

A 同一曲面（Same Surface）

沿延伸曲面幾何，類似弧相切。**同一曲面=自然性**（Natural）術語沒統一。

B 直線性（Linear）

相切於原始曲面邊線，類似直線相切。

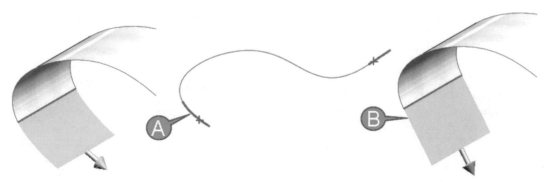

64-2 實務：延伸面補正

常聽到我要把這面向下除料 10mm 人就跑了，如何用最短時間完成普世的直觀想法。

64-2-1 裙帶議題

裙帶（業界的俗稱，以外型稱呼）特徵產生後多餘的型態，如何移除或不要產生。

步驟 1 偏移曲面📎

製作曲面上的曲面本體，偏移=0。

步驟 2 曲面除料📎

點選曲面本體向下除料 20，完成後無法除到邊緣，由剖視圖看出，除料沿曲面垂直方向形成裙帶。

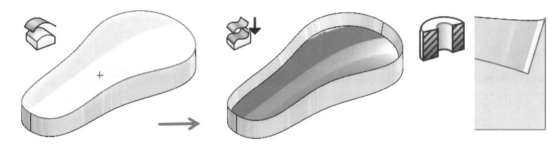

64-2-2 曲面補正（補正=加工術語）

承上節，將先前做的曲面本體→📎，往外延伸超過橢圓體，補正無法除料的區域。

步驟 1 延伸曲面📎

點選偏移曲面本體，往外延伸距離 40。

步驟 2 曲面除料📎

點選曲面本體向下除料 20，看不到裙帶。

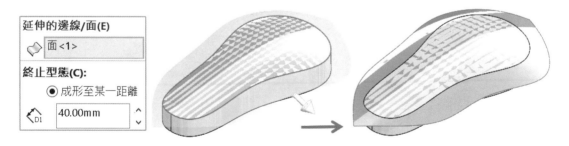

64-2-3 直覺補料和除料

其實還有更簡單的，利用🔲平移，不必製作🔲與🔲，更能滿足任性想法。常聽到在面上減少或增加肉厚，其實用🔲偏移＋距離，超級直覺和好用，又是一個不用草圖的特徵。

A 製作加工預留量

承上節，製作向上延伸的加工預留材料作業，這是工廠常見的加工製程。

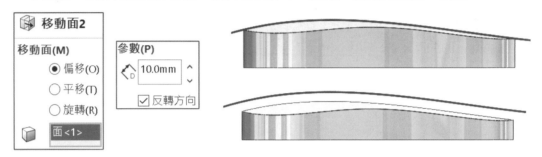

B 底部除料

往下除料改變高度是另一種角度，我們不必執著一定要在表面增加/減少距離，這是同學反應的手法，實在讓大郎感到汗顏也學到簡單為原則。

64-2-4 實務：延伸面修復

🔲可用來破面修復，不過不太支援多邊線和曲線修復。

A 可修復範圍

可進行圓孔、不規則圓孔、封閉三角修復，會自動合併面，下圖左。

B 不可修復

開放邊線、不規則連續邊線（會扭曲），下圖右。

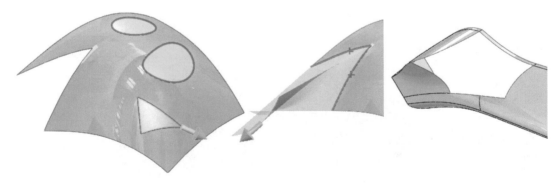

65

恢復修剪曲面

恢復修剪曲面(Untrim)◈，顧名思義復原曲面至未修剪狀態，例如：點選曲面上的圓、三角形、不規則圓，都可恢復未修剪狀態，類似**填補曲面**◈。

A 由指令訊息得知

沿著邊界延伸現有曲面來填補孔洞或外部邊線，甚至可填補開放邊線。

> **恢復修剪曲面**
> 沿著邊界延伸現有曲面
> 來填補曲面孔洞或外部邊線

B 指令使用時機

常聽到建模過程無法想到用這指令和使用時機，就和初學這面臨到不知何時使用結合🔲一樣的情形，只要多嘗試看可不可以成功，習慣以後建模會形成內化反應。

65-1 選擇

點選面或邊線並調整曲面延伸量，此設定會與選項同時進行。

65-1-1 調整距離◈

點選 2 條開放邊界，由距離百分比(0-100)進行延伸調整可見曲面變化，下圖左。點選封閉邊線會把面補起來，沒有調整距離必要性，更能體會指令奧義，下圖右。

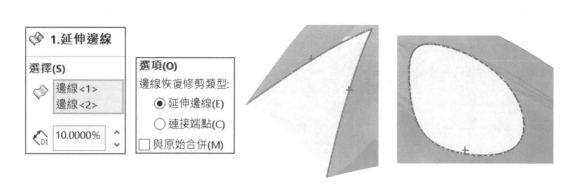

65-2 選項

選項主要設定，**邊線恢復修剪類型**，選擇邊線（2 條比較看得出來），依下方項目調整距離，視覺判斷你要的結果。

65-2-1 邊線恢復修剪類型

設定 2 種類型，本項目是第一次遇到會覺得神奇。

A 延伸邊線（Extend edges 預設）

將所選邊線與相鄰邊延伸，並調整上方距離，例如：0%和 20%的計算延伸量，20%完整地把曲面計算為邊界弧度相接，無須再加距離。如果不是你要的，就要自己畫。

B 連接端點(Connect endpoint，適用於 2 條邊線)

將所選 2 條邊線端點以直線連接，設定上方距離會顯得無變化。

若為封閉輪廓☑**延伸邊線**或☑**連接端點**會顯得無意義，結果相同。

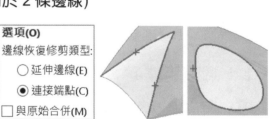

65-2-2 與原始合併

是否合併曲面本體。

A ☑與原始合併

把曲面成為一片面成為最理想狀態，◣看起來面平順。

B □與原始合併

曲面為獨立面，◣看起來面抖動。在面上加顏色看出來像貼藥布，下圖右。

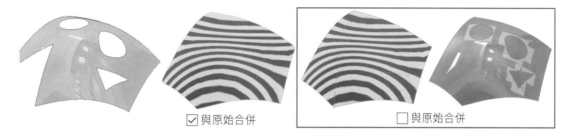

☑ 與原始合併　　　　　　　　　　□ 與原始合併

C 看到縫隙

承上節，□合併，讓面獨立看起來沒什麼，不過利用◎可見到面之間縫隙加大，更能體會曲面品質對模型重要性，例如：模型轉檔會破面，下圖左。

D 與填補曲面的差異

填補曲面資料量大，即便合併結果也會產生縫隙，3 個孔要 3 個特徵，下圖右。

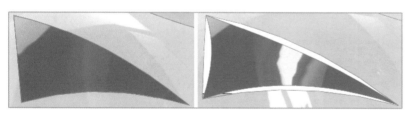 

65-2-3 面恢復修剪類型（隱藏版）

點選面出現隱藏版項目：面恢復修剪類型。該項目可以節省點選時間，特別在內部有邊線時，不必分別點選邊線。

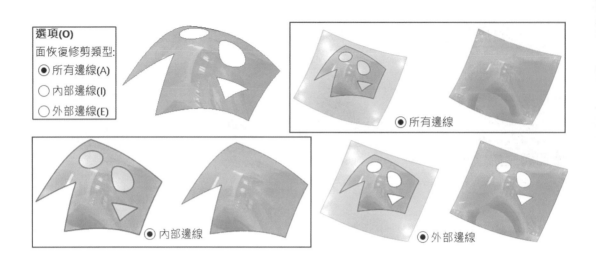

65-3 實務：車門把手

車門把手擁有雙曲面，不需要繁雜曲面指令就能完成分模面。

步驟 1 製作曲面本體 📖

點選模型背面產生本體，因為◈需要曲面本體。

步驟 2 產生分模面 ◈

迅速完成分模曲面，◈讓系統以為環形曲面的前身外型。由曲率看出面分佈，得知這些面分佈是均勻的。

66

刪除面與刪除鑽孔

統一說明 2 種刪除指令，1. 刪除面🞨：刪除所選面並協助修復。2. 刪除孔面🞨：刪除所選邊線並修復。

▲ 兄弟指令

🞨支援面，🞨支援邊線，功能陽春且 2 指令很像，也不需要草圖，希望可以合併。

66-1 刪除面（Delete Face）🞨

刪除其 1 個或多個面，完整認識選項差異。其中：1. 刪除及修補、2. 刪除及填補，自文字來看起來很像，憑印象切換功能就好。

🞨實用性相當高，課程滿意度極高的指令，也是同學最有印象也很有成就感回憶。

▲ 由指令訊息得知

在實體或曲面本體中進行刪除。換句話說刪除實體模型上的面後，會形成破面的模型=曲面。

刪除面
從實體本體中刪除面來產生曲面
或從曲面本體中刪除面。

66-1-1 刪除

將所選面刪除，常用在重新建立曲面特徵，例如：☑**刪除及填補**雖然會自動填補，但曲面不如所願，就自行用曲面指令完成補破面作業。

▲ 實體面刪除

在實體刪除所選面，就變成曲面殼了，也可以在破壞模型完整性。

B 曲面刪除

直接刪除所選的曲面，常用在面重鋪或是刪除不要的雜面，例如：選擇零碎 6 面→↵。

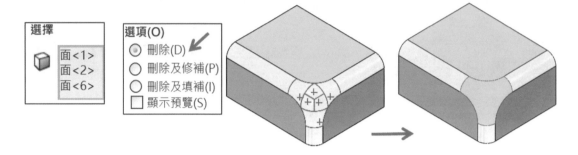

C 刪除本體

所選的曲面如果是本體，也可以被刪除，功能類似**刪除本體**。

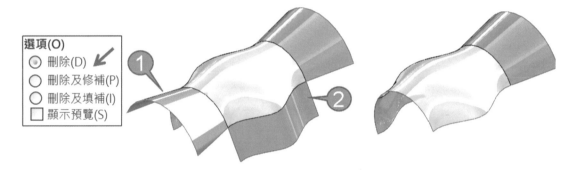

D 不能刪除所有面

刪除所有面會讓模型為空的，必須使用刪除本體指令。就像不能用，將模型完全除料到無特徵的狀態。

> **✕ Rebuild Errors**
> 無法使用刪除面指令來刪除單一面曲面本體。請使用刪除本體指令來刪除此曲面本體。

66-1-2 刪除及修補（恢復原狀）

將所選面刪除並自動修剪本體。點選圓角 9 面→↵，圓角面刪除形成未導角。通常用在重新導角或優化外型，例如：原本 R10，客戶說要改為 R15。

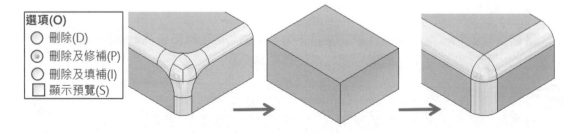

66-1-3 刪除及填補（優化）

刪除並自動執行◈的接觸填補，適合零碎面處理，例如：點選 6 個圓角→↵，由▧看出 G0 面連續。

A 相切填補

承上節，填補面後並進行相切連續，由▧看出 G1 面連續。

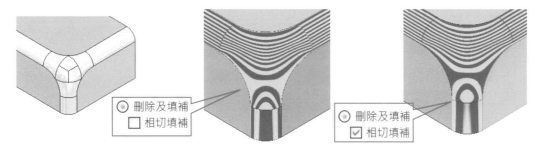

66-1-4 零碎面

外觀有多餘線條產生零碎面，這不符合加工期待和產品外觀。分別完成：1. 刪除及修補、2. 刪除及填補，下圖右。

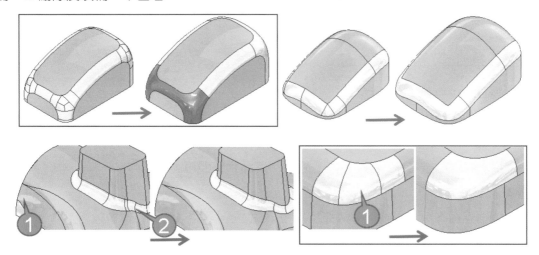

66-1-5 滑鼠蓋

這是實體模型，☑**刪除及填補**很神奇可以一個指令把狹槽和孔特徵刪除，不必很辛苦繪製草圖→🗐。

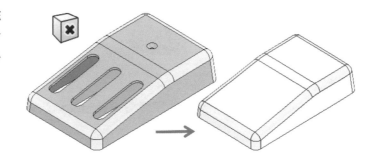

A 螺柱與肋圓角

刪除螺柱和孔，或是刪除圓柱周圍的圓角。

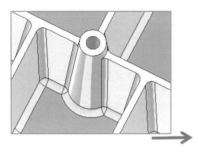
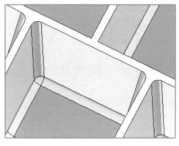

66-1-6 遙控器圓角

完成遙控器圓角變更 R25。刪除面＋圓角更快，下圖左。

步驟 1 ▣

將圓角面刪除，共三面，下圖右。

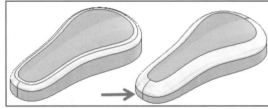
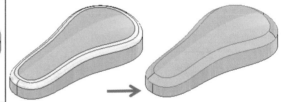

步驟 2 底面 ◈

選擇下方面→◈，讓曲面延伸與上方曲面相交，下圖左。

步驟 3 上方 ◈

選擇上方弧面進行◈，距離不拘，只要和底面相交即可，下圖中。

步驟 4 ◈

選擇面互相修剪，得到無導角遙控器，下圖右。

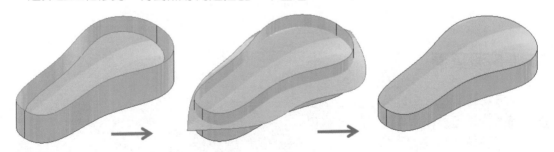

步驟 5 ▤

圓角參數**不對稱** R20、R25，曲率連續可看出圓角效果與品質。

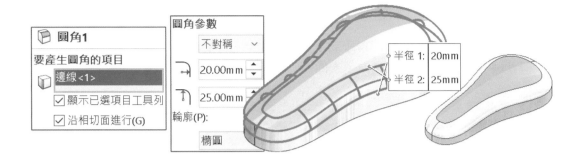

66-2 刪除鑽孔（Delete Hole）

刪除曲面上的孔並修補，很少人知道這麼好用，都用補面方式完成，僅適用曲面模型。2019 加入指令圖示，該指令就浮出檯面。

A 由指令訊息得知

由指令訊息得知：刪除曲面上的封閉輪廓。

刪除鑽孔
刪除曲面上封閉輪廓副本

B 指令選法

指令選法有 2 種：1. 指令法、2. 隱藏法。

66-2-1 指令法：刪除孔

1. 點選模型邊線→2. 可見孔 G1 連續填補，並在特徵管理員留下**刪除鑽孔**特徵。

66-2-2 無指令選法：刪除破孔

1. 點選面具眼睛→2. DEL 也會出現視窗→3. ☑刪除破孔，在特徵管理員留下**刪除鑽孔**特徵。

66-2-3 無指令選法：刪除特徵（刪除本體）

1. 點選面具眼睛→2. DEL 出現視窗→3. ☑刪除特徵，將所選本體直接刪除，本節不會在特徵管理員留下記錄，這也是很多人問的，**如何不留紀錄刪除本體**，下圖左。

A 刪除本體留下紀錄

記得熔接說過刪除本體◎吧，她會留下紀錄，在曲面本體資料夾→點選要刪除的曲面本體→DEL，在特徵管理員會留下本體刪除的紀錄◎，下圖中。

B 編輯特徵

編輯鑽孔特徵只會出現邊線欄位，無法更改，下圖右。

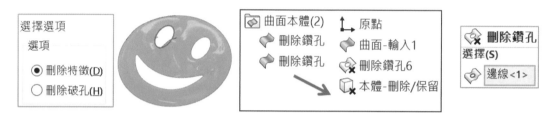

66-2-4 二次加工的特徵

本指令也支援事後用特徵產生的輪廓，例如：用**刪除曲面**◈在曲面上挖洞，進行 1. 刪除特徵或 2. 刪除破孔。

A 刪除破孔

1. 點選上圓孔 DEL→2. ☑刪除破孔→3. 在特徵管理員留下**刪除鑽孔**特徵。

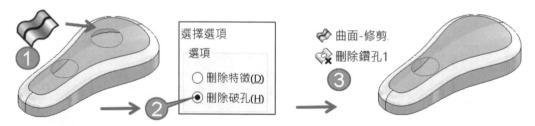

B 刪除特徵

1. 點選下圓孔 DEL→2. ☑刪除特徵→3. 會把◈特徵刪除，特徵管理員不會留下**刪除鑽孔**特徵。

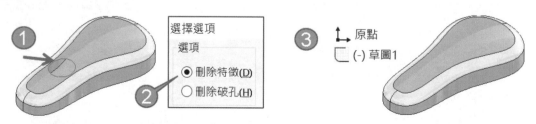

67

取代面與移動面

統一說明 2 種指令，1. 取代面（又稱置換面）📦，以曲面本體變換所實體面。2. 移動面📦，進行所選面 1. 偏移、2. 移動、3. 旋轉。

67-1 取代面（Replace Face）📦

取代面📦有點像📦的**成形至下一面**，口訣：從哪到哪，指令有預覽會更棒。

🅐 由指令訊息得知

用新曲面本體來取代曲面或實體的面。

置換面
用新的曲面本體來取代曲面或實體本體中的面

67-1-1 置換參數（Replace Parameter）

指令過程由上到下看圖示來辨認，重點在藍色面，本節將導角特徵改成平面，下圖左。

步驟 1 置換的相切面（Target faces for Replacement）📦

點選來源面，例如：圓弧＋平面，應該稱為置換的目標。

步驟 2 置換的平面（Replacement surfaces）📦

點選目標面，例如：自行製作的平面。

步驟 3 查看模型

完成後特徵管理員看出名稱為**置換面**。

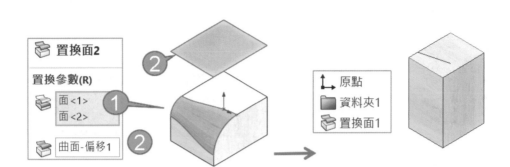

A 練習：遙控器曲面

將上方平面替換為曲面。

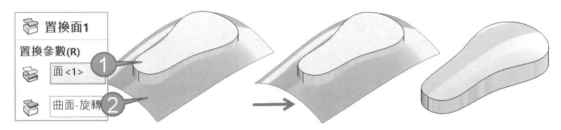

B 練習：法蘭

將2端面為平面置換為曲面，類似伸長的成型至某一面，希望伸長可以不必草圖，以及、疊層拉伸也可以直接點選2面完成。

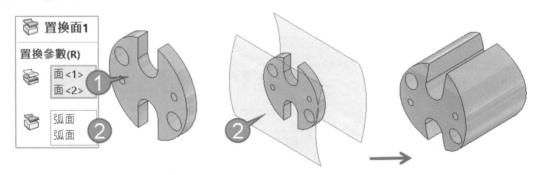

C 練習：曲線瓶

將平板置換為曲面，下圖左。

D 練習：旋轉弧面1

將平板置換為旋轉曲面，下圖中

E 練習：海浪

將1種曲面波浪置換另一波浪曲面，讓2波浪變得更傳神，下圖右。

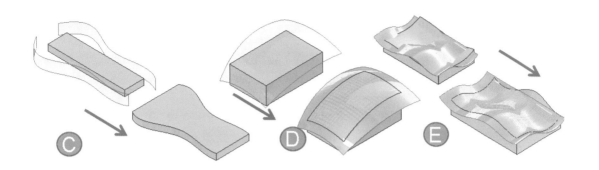

67-2 移動面（Move）

選擇模型面，進行 1. 偏移、2. 平移、3. 旋轉，過程可輸入深度也可由 3 度空間球拖曳控制。實務常說把孔加大 2mm、把孔移過來 10mm、把孔轉向 90 度，都是很直覺講法，用滿足對方需求，超越別人對你的期待。

🄐 由指令訊息得知

用新曲面本體來取代曲面或實體的面。

> **移動面**
> 偏移、平移或旋轉實體或曲面模型上的面或特徵

🄑 指令位置與特色：插入→面→移動面

最大好處進行無草圖的變更，常用在臨時或模型轉檔（無特徵修改）。

67-2-1 偏移（預設縮小）

設定所選面偏移距離，類似偏移圖元，常用在加工預留料，例如：脫蠟件為 Ø8 孔，事後加工至 Ø10，會直接畫 Ø10 利用偏移 2，不要在畫圖過程畫 Ø8。

1. ☑偏移→2. 點選 Ø10 圓孔→3. 參數 2（留 2MM 預留量），下圖左。

🄐 顯示已選項目工具列

選擇模型面時，是否顯示快顯項目工具列來加速選擇多個面🐪 📦 📚 📚。

🄑 練習

增加圓柱平面的加工預留量 10，很好達成對吧，下圖右。

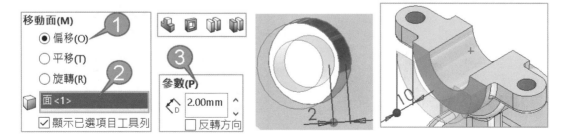

67-2-2 平移（移動）

將所選面移動，1. 用關聯性參考平移位置、2. 深度也可用相對位置△X、△Y、△Z。

A ☑複製

把原來孔留下，產生第2個孔，下圖右。

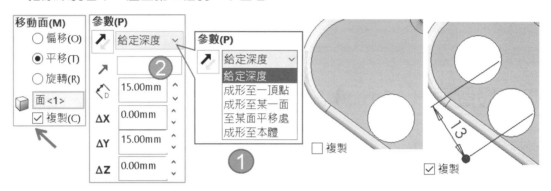

B 參考邊線

點選模型邊線或草圖指定進行方向移動，下圖左。

C 3D 參考球（適用平移或旋轉）

點選模型面可以直接拖曳箭頭或環，進行移動/旋轉面，下圖右。

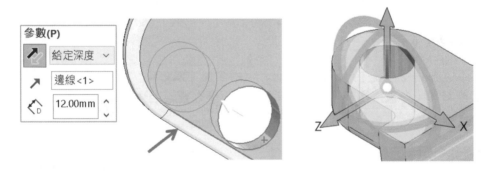

D 平移耳朵（孔＋圓角）

平移過程要加入圓角面，例如：1. 側邊圓角：2. 下方圓角、3. 圓柱孔。

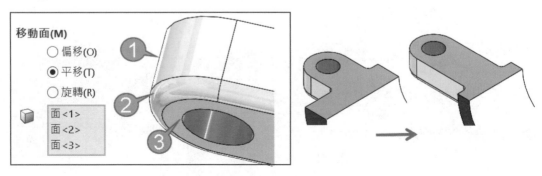

67-2-3 旋轉

將所選面旋轉移位，適合改角度。1. 點選要旋轉的面→2. 指定旋轉軸（暫存軸）→3. 角度進行所選面的旋轉位移。也可以不選旋轉軸，3D 的環協助轉角度。

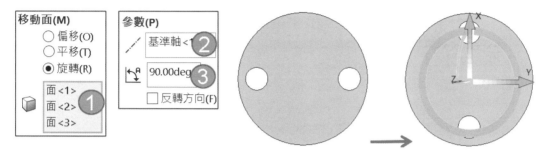

67-2-4 練習：偏移

點選 R5 圓角面偏移 5，可以把圓角 1. 看起來像鈕扣或 2. 移除，下圖左。

67-2-5 練習：平移

常用在增加或縮小長度，至少不用草圖＋填料或除料進行，例如：齒輪長短，下圖右。

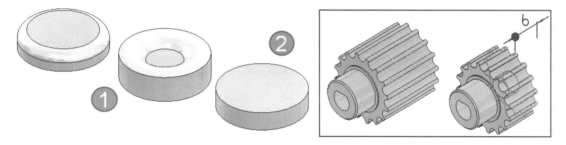

A 鈑金的彎折

鈑金彎折面的移動是常見的用法，1. 點選面→2. 成形至頂點，把彎折面補起來。

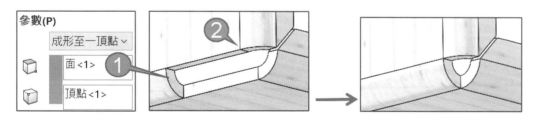

筆記頁

掃出曲面

掃出曲面（Sweep Face）🌀原理和實體掃出🌀相同，都是輪廓＋路徑，差別在曲面輪廓為開放狀態，由於指令內容與🌀相同，學習起來相當輕鬆。

68-1 先睹為快：曲面掃出

本節說明幾個簡單案例，使用輪廓、路徑、導引曲線。

68-1-1 輪廓＋路徑

弧和輪廓 2 草圖皆開放界為曲線，形成雙曲面，1. 路徑=弧、2. 輪廓=曲線，下圖左。

68-1-2 路徑＋輪廓，雙向

相反選擇，1. 路徑=曲線、2. 輪廓=弧。☑雙向，都可以完成掃出，造型不同罷了。

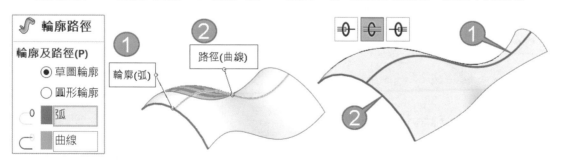

68-1-3 掃出至頂點

兩個相同弧，成為路徑和上導引曲線，讓曲面掃出至頂點，常見的技術。

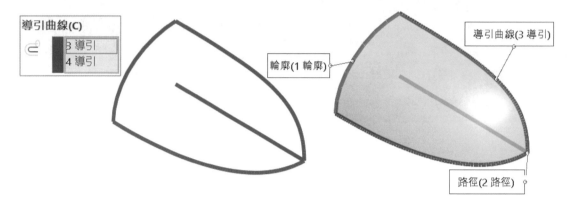

68-1-4 練習：雙向掃出

本節輪廓和路徑有點反過來想，並完成修剪和導角，本節先前邊界曲面◆有練習過。

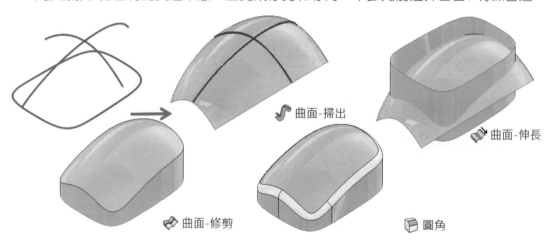

68-2 螺旋掃出

和螺旋有關的掃出，可以學到過程。

68-2-1 螺旋葉片-沿路徑扭轉

靠 2 條直線成為輪廓與路徑，指定扭轉值，360 度（箭頭所示）完成螺旋。

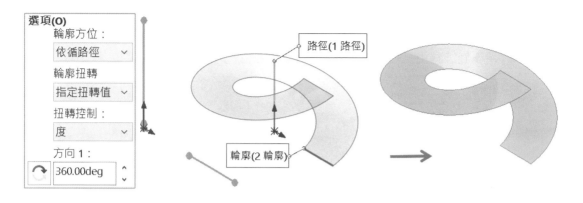

68-2-2 螺旋葉片-螺旋曲線

承上節，要精確螺旋要靠**螺旋線**❽完成。1. 路徑=直線、2. 輪廓=螺旋線。

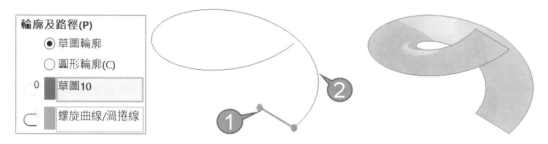

68-2-3 L 電纜線

完成曲面螺旋成為實體掃出路徑。

步驟 1 ✐：指定扭轉值、圈數=10、☑合併相切面。

1. 直線＋2. 弧線，合併才有連續一片面，更能體會**螺旋曲線**❽無法完成，下圖左。

步驟 2 ✐：圓形輪廓，直徑 1.5。

步驟 3 隱藏掃出曲面：就不會曲面和實體重疊，下圖右。

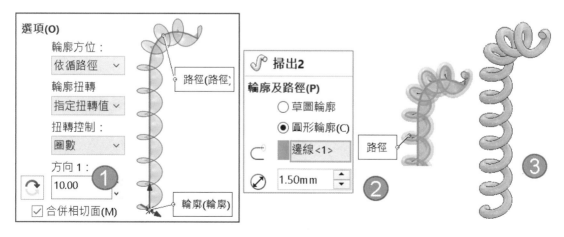

68-2-4 雙螺旋貝殼

自行練習螺旋線套用路徑和導引曲線，重點在外螺旋形成變化。

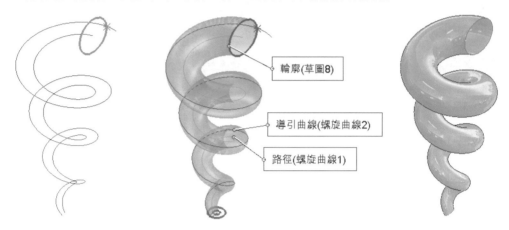

輪廓(草圖8)

導引曲線(螺旋曲線2)

路徑(螺旋曲線1)

68-3 造型螺旋

認識 🖋 和**相交曲線** 🐚 觀念與建模邏輯思考性，達到造形彈簧繪製。

68-3-1 橢圓彈簧

會發現 🖋 是過程，🐚 一定是圓所構成，無法使用橢圓產生螺旋線。前面 3 個步驟算是複習，後面步驟就是螺旋曲面＋橢圓曲面→3D 草圖的螺旋線=路徑。

步驟 1 Ø10圓

步驟 2 🐚

螺距=10、圈數=3、起始角度=0，下圖左。

步驟 3 曲面掃出螺旋面 🖋

輪廓=直線、路徑=螺旋線，下圖右。

🐚 **螺旋曲線**

參數(P)
- ⦿ 固定螺距(C)
- ○ 變化螺距(L)

螺距(I):
10.00mm

圈數(R):
3

起始角度(S):
0.00deg

步驟 4 重點 1 前基準面畫橢圓

橢圓要比曲面掃出小，才可進行下一步驟相交，該草圖就是未來螺旋曲線造型。

步驟 5 ✎

成形要超過曲面範圍，這樣才可到曲線相交，最好方向 1 和方向 2 都給深度。

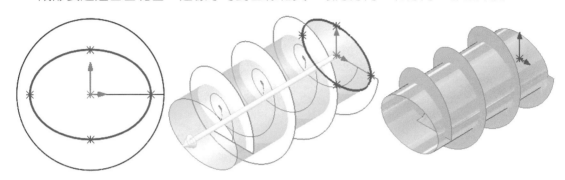

步驟 6 進入 3D 草圖

步驟 7 重點 2 3D 螺旋曲線=掃出路徑

相交曲線（插入→草圖工具）◈→點選橢圓和螺旋面，完成橢圓螺旋曲線。

步驟 8 實體掃出

☑圓形輪廓、路徑=3D 螺旋曲線、圓直徑 2。

步驟 9 隱藏螺旋面

68-3-2 練習：花瓶螺旋

將螺旋紋路貼附在花瓶→複製排列螺旋。

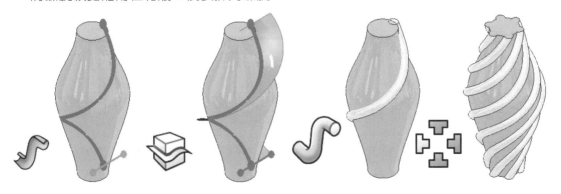

筆記頁

疊層拉伸曲面

　　疊層拉伸曲面（Loft）🔔原理和實體🔔相同，都是 2 個以上輪廓成形，不同是**輪廓為開放狀態**。🔔應用範圍會比掃出廣，學會建模深度與廣度，更是通往進階之路，指令內容與🔔相學起來相當輕鬆。

69-1 先睹為快：疊層拉伸

　　本節說明幾個簡單案例，使用輪廓、導引曲線，快速把🔔完成。

69-1-1 輪廓輪廓成形

輪廓 2 草圖皆開放，點選成形。

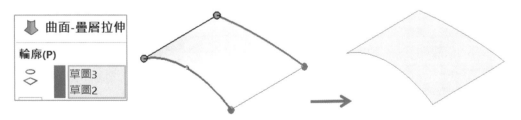

69-1-2 皺褶（窗簾）應用

　　1 分鐘學會窗簾造型曲面，重點在下方線段**調整連接點**。曲面過程於繪圖區域右鍵→顯示所有連接點，拖曳直線上方的連接點改變漸縮造型，相信這階段不會想畫草圖。

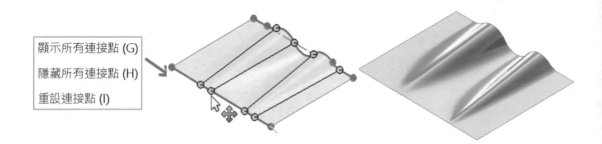

69-1-3 疊層拉伸至頂點

這和先前🎵題目相同，一樣的草圖利用👇完成，進行輪廓＋導線，很像智力測驗對吧。

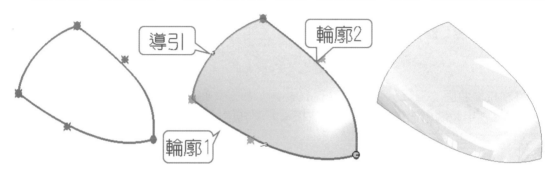

A 練習：3輪廓＋3導線

進行3輪廓＋3導線，很像邊界曲面📄對吧。

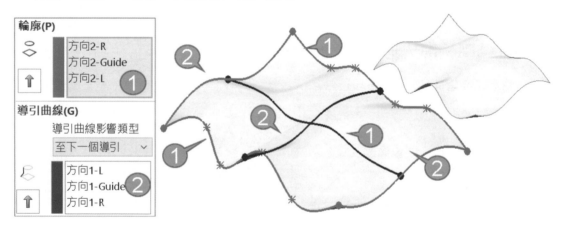

69-1-4 2輪廓＋1導線

比較特殊是導線在中間。

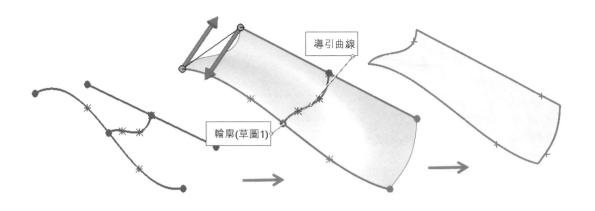

69-2 基礎實務

本節說明應用，多半單點應用，應證為何曲面不容易學原因。

69-2-1 鏡片

不能只想把外型投影看到什麼就畫什麼，例如：2D 投影波浪曲線大小與位置無法定義，跨視圖線段易誤判且錯誤。利用 3D 將感覺很難的波浪，沒想到這麼容易完成。

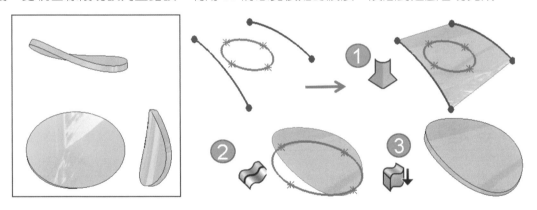

69-2-2 補圓角

分別完成 2 輪廓和 2 導引曲線，☑網格比較看得出來預覽有沒有成功。雖然**導引曲線**可以由模型邊線作為條件，不過無法選擇非連續線段。

A 輪廓左到右

步驟 1 輪廓

由左到右點選模型邊線。

步驟 2 導引曲線

點選模型邊線上到下，尤其下方 2 線段，藉由 SelectionManager 的✓完成選擇。

B 練習：由上到下

承上節，將輪廓和導引曲線顛倒來選。

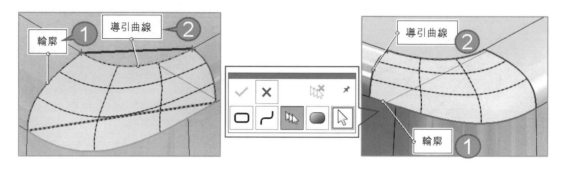

69-2-3 螺旋葉片

分別用 2 個 3D 草圖將👆投影（使用參考圖元🗊）出來成為 2 輪廓，目前還不支援曲線作為👆輪廓，對系統而言曲線不是圖元。👆點選 2 成形，沒想到可以這樣對吧。

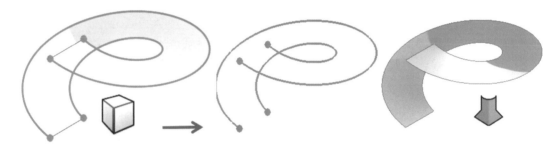

69-3 進階實務：車架

之前很流行自行車，最難就是車架繪製：先求有再挖除，例如：先交錯完成架構➜將方管切除以利補面。再來多段邊界製作技巧 3 處修補：1. 上方➜2. 中間➜3. 下方。

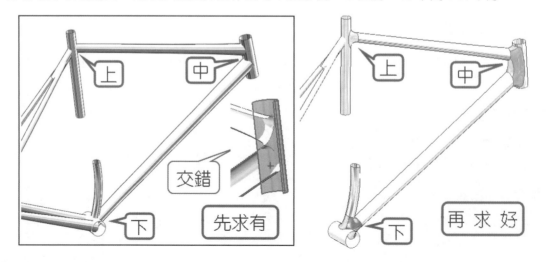

69-3-1 上段

本段比較簡單理解，完成喇叭狀曲面。

步驟 1 繪製修剪的外形草圖→

將多餘不要的本體面移除，下圖左。

步驟 2

分別點選 2 輪廓成形，要好的曲面品質，設定曲率至面，下圖右。

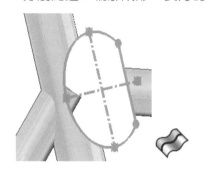
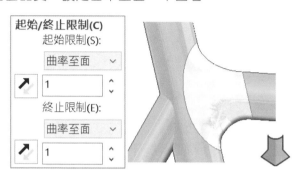

69-3-2 中段

本節學到草圖分段技巧。

步驟 1 繪製修剪的外形草圖 3 點定弧

步驟 2 草圖上中下 3 段，分割圖元

完成 3 點定弧→→點選弧上 3 點，線段被分割為 3 段，就是造型核心，下圖左。

步驟 3

修剪後點選管子不是完整圓，被草圖分割成 3 段，例如：原本點選為一圓邊線，現在變成 3 段圓邊線，下圖右。

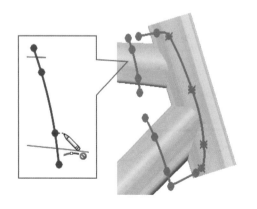
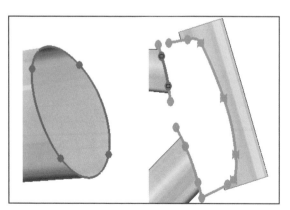

步驟 4 上方修補

點選 2 條邊線，相切至面（G1），更能體會分割圓就是輪廓，下圖左。

步驟 5 中間修補、下方修補

相切至面（G1）即可，下圖中。

步驟 6 側邊修補 ✎

點選模型共 6 邊線，曲率至面（G2），口合併結果，否則無法鏡射，下圖右。

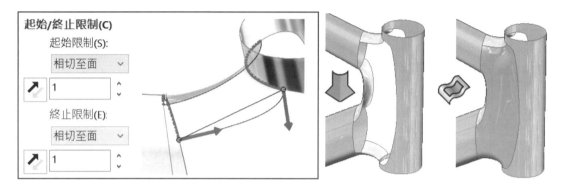

步驟 7 鏡射側邊本體 ⊪

鏡射曲面本體，完成後特徵管理員會見到轉換圖示 ▍▍ 鏡射 ，下圖左。

69-3-3 下段

本節有分割✎有包覆☐算蠻進階的題型，修剪的技術和先前相同，下圖右。

步驟 1 ✎

繪製修剪的外形草圖，修剪後點選管子不是完整圓，這技術先前說明過，下圖左。

步驟 2 繪製圓柱修剪的草圖圓

該圓就是重點了，由尺寸控制圓位置，做為包覆的分割調整，下圖右。

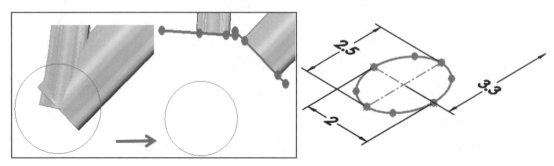

步驟 3 包覆分割圓管

使用刻畫,讓圓柱分割圓,草圖位置因為太遠,下圖為示意,下圖左。

步驟 4 刪除面 ⬚

將圓管上的分割圓刪除,圓管有一個洞,下圖右。

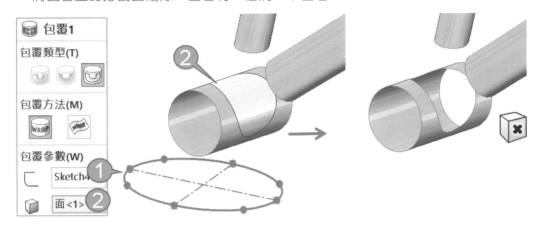

步驟 5 分別完成 3 個 ⬚

步驟 6 側邊修補 ⬚

步驟 7 鏡射側邊 ⬚

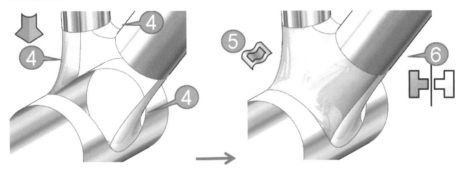

69-4 進階實務:漸消面

2 相接有高度差並產生面逐漸消失美觀效果,常用在局部裝飾造型。漸消面分 2 大類:1. 凸起、2. 凹陷。⬚和⬚最大差異,⬚可在點、線、面間成型。

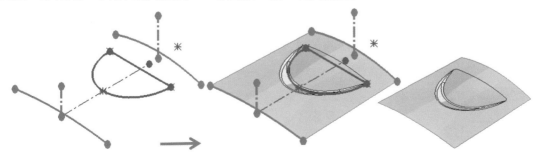

69-4-1 基礎表面

利用草圖1與草圖2，完成�，下圖左。

69-4-2 修剪曲面大弧形開口

草圖3完成標準修剪曲面，下圖中。

69-4-3 完成向下弧面

草圖4和模型邊線成為下方🔨，下圖右。很多人這部分做錯，點選模型邊線的大弧。

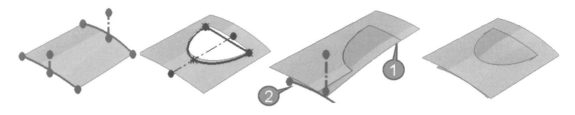

69-4-4 修剪漸消開口

點選草圖6→✏️，完成漸消開口，下圖左。

69-4-5 補月形面

✏️點選2條曲面邊線完成漸消面，記得將草圖隱藏，否則會選到封閉輪廓。將邊線設定接觸，事後用圓角特徵。邊線設定相切，可得到（G1）品質，下圖中。

69-4-6 導圓角

🔨=R10會產生新圓角品質G1，必須✏️曲率控制=接觸，口最佳化曲面，下圖右。

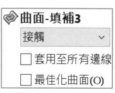

曲面-填補3

接觸

☐套用至所有邊線
☐最佳化曲面(O)

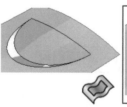
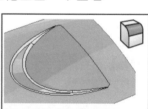

規則曲面

規則曲面（Rule Surface）指定模型邊線產生曲面延伸，此指令屬於第 2 特徵，算是萬用指令，最大優點成形速度快，不需要草圖並彈性調整曲面。

A 由指令訊息得知

從邊線指定方向插入規則曲面。訊息應該為：從模型邊線指定方向，插入規則曲面。

規則曲面
從邊線指定方向插入 規則曲面

B 兄弟指令

類似，算是進階版。常做為**分模面**的救援投手，當指令不足時，以人工方式完成**分模面**。

C 指令介面

進行 5 種類型：1. 相切於曲面、2. 垂直於曲面、3. 推拔至向量、4. 垂直於向量、5. 掃出，都可以自行定義成形方向。

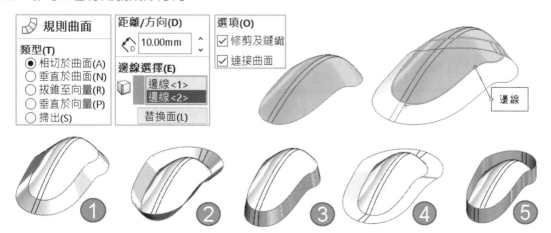

70-1 類型與距離方向

定義 5 種類型，不滿意可直接切換並於下方定義距離與方向。

70-1-1 相切於曲面（Tangent to surface）

產生的曲面與相鄰曲面相切，並定義曲面延伸長度，例如：1. 點選外圍 2 邊線→2. 距離 20，下圖左。如果是平面，相切狀態是攤平，下圖中。

A 替換面（Altermate Face，又稱置換面，適用實體）

以所選邊線為基準切換另一面，常用在成形方向不是自己要的，下圖右。

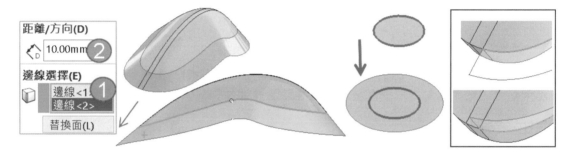

70-1-2 垂直於曲面（Normal to surface）

產生曲面與相鄰曲面垂直，定義曲面延伸長度，常用在斜面，下圖左。產生垂直於平面的圓柱，下圖右。

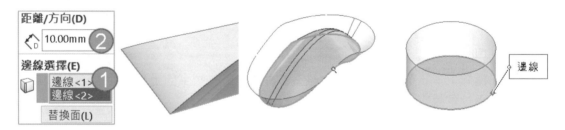

70-1-3 推拔至向量（Tapered to Vector）

產生曲面與指定面＋角度產生拔模角，本節彈性度極佳。定義曲面 1. 延伸長度 20、2. 參考向量＝上基準面、3. 角度 10 度，下圖左。平面產生角度 30 的錐板，下圖右。

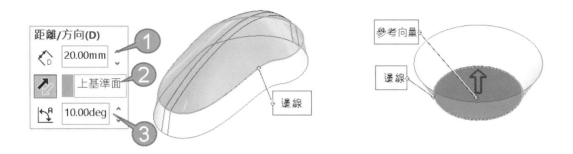

70-1-4 垂直於向量（Perpendicular to Vector）

　　產生的曲面與指定面垂直，常用在斜面，定義曲面 1. 延伸長度、2. 參考向量：上基準面，下圖左。或是右基準面定義同一邊線，產生不同的樣貌，下圖右。

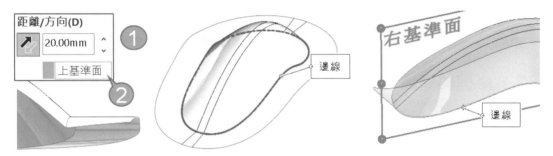

70-1-5 掃出(Sweep)

　　1. 指定的距離=輪廓、2. 指定面垂直=上基準面、3. 指定的邊線=路徑→4. 產生曲面。

A 座標輸入

　　指定路徑的參考方向，例如：X 軸=1=正向，-1=負向，下圖右。

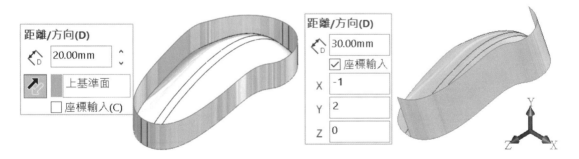

70-1-6 實務解說

　　🖱 建立分模面速度相當快，彈性調整曲面建立方向，例如：曲面與把手相切、垂直、推拔至向量，迅速找出想要的分模面，成為完整解決方案。

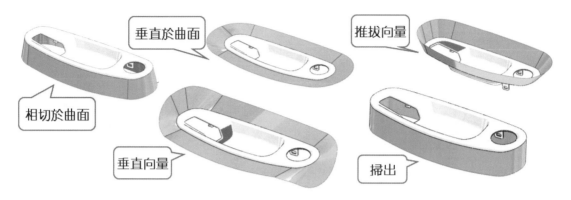

相切於曲面　垂直於曲面　推拔向量　垂直向量　掃出

70-2 選項

選項有 2 項目，看起來很陽春，選項適用 2 條邊線以上才會出現。

70-2-1 修剪與縫織

是否要縫織曲面，關閉了話自行手動修剪及縫織曲面，本節應該稱為縫織曲面。

70-2-2 連接曲面

是否自動將 2 面連接，適用不同方向的曲面成形。

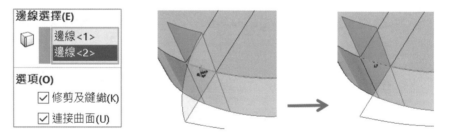

圓頂

圓頂（Dome，插入→特徵）●，在模型面產生凹凸，是第 2 特徵也是不需草圖的特徵，很多人用●完成圓頂，其實不必這麼麻煩。●除了造型常用在多層次，尤其是按鍵。

A 由指令訊息得知

加入一個或多個圓頂至所選面上。

圓頂
加入一或多個圓頂至所選的平坦或非平坦面上

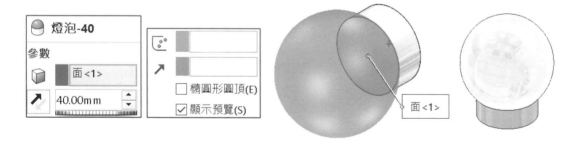

71-1 產生圓頂之面

選擇平面讓系統計算圓頂，所選面的周圍會影響圓頂造形也可說是限制，例如：所選面：圓、矩形、多邊形，所產生圓頂有不同效果。

也可以設定指令選項，讓相同面產生不同效果，例如：圓平面產生燈泡、子彈。

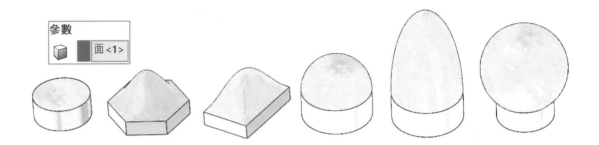

71-1-1 距離

給定所選面大小，預設向上增大，反轉凹陷，距離 40 看起來像燈泡，距離 0=相切圓頂，下圖右。特別是 0 這數值，是大家沒想到可以這樣，其實作業中 0 是常見的議題。

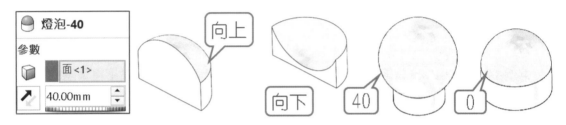

71-1-2 限制點或草圖

由草圖點定義圓頂位置，有點像拉伸成形，無法使用距離和橢圓頂，下圖左。

71-1-3 方向

指定邊線或平面定義圓頂垂直面方向，例如：圓邊線，形成類似錐形，下圖右。

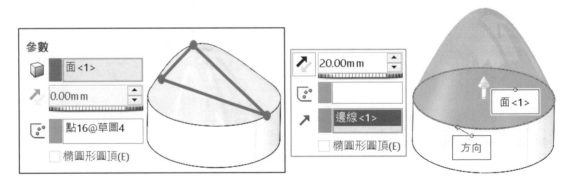

71-1-4 橢圓形圓頂

其高度等於橢圓的一個半徑，類似子彈，無法用於多邊形

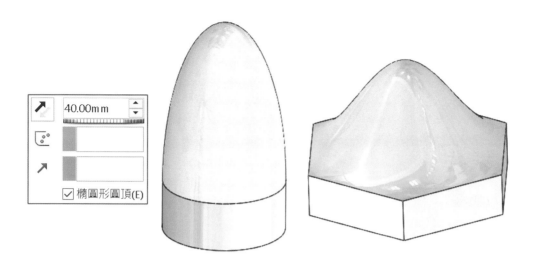

71-1-5 幾何限制技術

由於圓頂特色是選面,利用特徵技術進行控制,例如:圓角或分割面。

A 圓角

將圓柱外圍產生圓角面,點選內面看出常用按鍵畫法,下圖左。

B 面分割

利用🐌把平面分割為橢圓,點選橢圓面形成橢圓造型,下圖右。

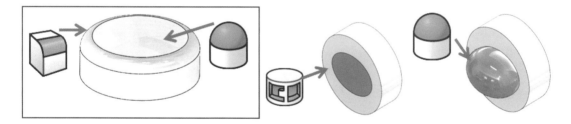

71-1-6 實務解說

說明圓頂常用地方:1. 手電筒、2. 利可帶、3. 斜銷、4. 星星。

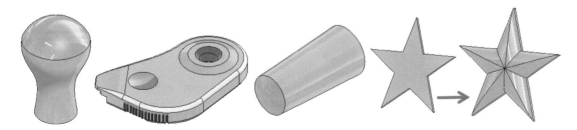

筆記頁

彎曲

彎曲（Flex，插入→特徵→彎曲）對模型局部或整體變形，觀念和變形一樣。利用1. 彎折、2. 扭轉、3. 拔銷、4. 伸展完成造型變更，很多曲面由這手法用改的完成，而非看到什麼畫什麼。

A 由指令訊息得知

運用彎折、扭轉、拔錐或伸展來彎曲實體及曲面本體。

彎曲
運用彎折、扭轉、拔錐或伸展來彎曲實體及曲面本體

B 指令介面與學習 3 大要素

指令介面看起來變多的：1. 角度/半徑、2. 修剪平面（彎曲範圍）、3. 三度空間參考、4. 彎曲選項。學習 3 大要素：3. 基準→2. 範圍→1. 彎折大小（半徑或角度）。

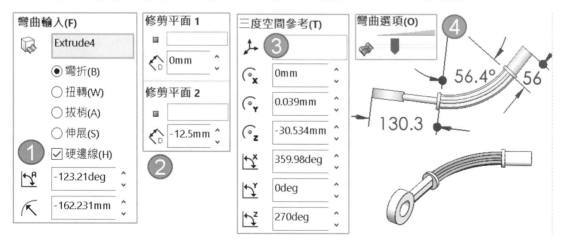

C 彎折類型

彎折 4 大類型：1. 彎折、2. 扭轉、3. 拔銷、4. 伸展。

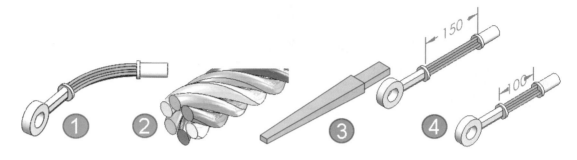

72-1 彎折（Bending）

彎折類似折筷子，但不是把筷子折斷，將模型整體或局部彎曲。彎折是指令中最難的項目，因為包含所有項目要設定，這些會了接下來什麼都會了。

72-1-0 先睹為快：彎折

以學習 3 大要素進行基礎和進階彎折作業

A 基礎彎折作業：角度或半徑

進行角度彎折作業。

步驟 1 彎曲輸入

點選要彎折的模型。

步驟 2 角度

調整 120 度可以見到彎折，-120 度可以變更方向。

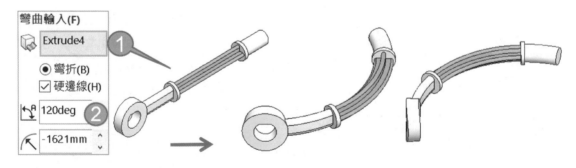

B 中階彎折作業：彎折範圍（又稱區域）

利用**修剪平面**控制彎折範圍。

步驟 1 彎曲輸入和調整角度 120 度

步驟 2 控制彎折的範圍

拖曳**修剪平面** 1、**修剪平面** 2 的箭頭，控制彎折的範圍。

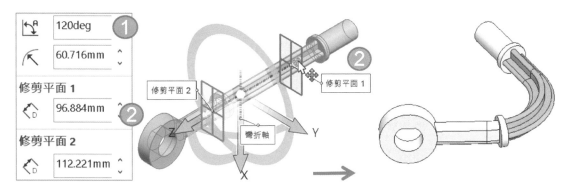

C 進階彎折作業：空間球

控制座標球位置將模型進行彎曲。

步驟 1 拖曳箭頭

移動彎折本體，下圖左。

步驟 2 拖曳環

旋轉彎折本體，下圖中。

步驟 3 拖曳球心

進行更進階的彎折控制，也不容易掌握她的變化，下圖右。

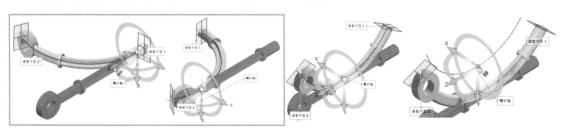

72-1-1 彎折輸入

點選要彎折本體（箭頭所示）並認識下方彎曲共同元素：1. 彎折角度、彎折半徑、2. 修剪平面(藍色線)，3. 空間參考球。

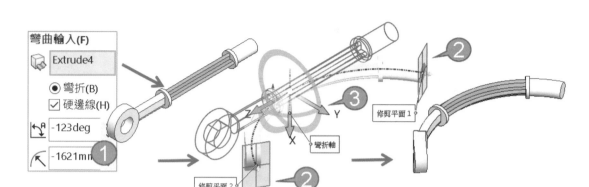

72-1-2 硬邊線（Hard Edge）

是否保留非修剪區域直線，類似相切，硬邊線與**修剪平面**位置 A 配合。

A ☑ 硬邊線（預設開啟）

彎曲與直線相切，重點在保留直線段，會有 2 條邊線：1 直線＋1 曲線，下圖左（箭頭所示）。

B ☐ 硬邊線

彎曲與直線相切為連續線段，點選邊線=1 條線，下圖右（箭頭所示）。

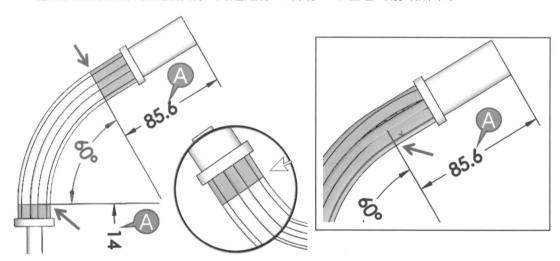

72-1-3 角度和半徑（彎曲的重點）

設定彎曲角度或彎曲半徑，也就是彎曲大小，只能定義其中一項，另一項會自動配合，設定過程可以見到預覽。

例如：半徑 R80，角度自動配合 139.7 度，也可以輸入負值代表方向-R80。

A 重要設定

要設定半徑或角度，否則進行各種彎曲設定，模型不會變化。

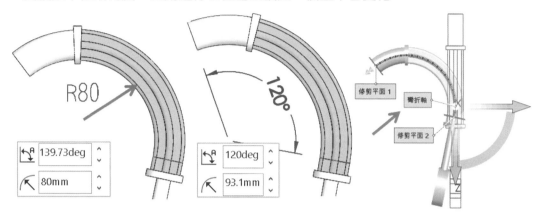

72-1-4 修剪平面 1、修剪平面 2（Trim Surface）

修剪平面定義彎曲區域，預設位置在模型最大範圍（兩旁），下圖左。修剪位置可由**參考點**或**平移距離**來控制。

A 控制範圍

拖曳修剪平面的箭頭控制距離，拖曳過程模型不會變化，距離可以輸入，下圖右。

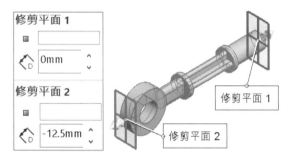

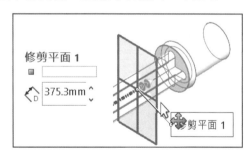

B 輸入數值

以模型最大範圍基準 0，下圖左。輸入 80 或 -80 代表距離與方向，下圖中、右。萬一因為顯示重疊的關係，無法拖曳修剪平面箭頭，可用數值代替。

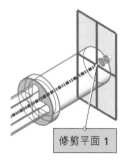

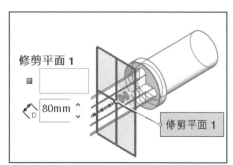

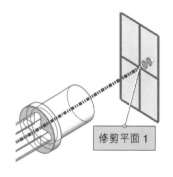

C 定義頂點

模型頂點、原點、草圖點...等位置定義修剪平面，就不用輸入距離了，下圖左。

D 拖曳角度和半徑

拖曳修剪平面的邊線控制彎曲角度，游標會出現旋轉圖示，拖曳過程模型立即變化，下圖右。

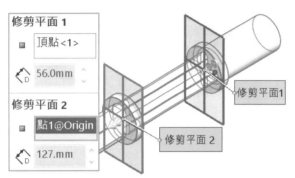
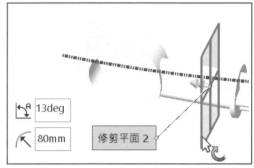

72-1-5 三度空間參考（Triad）

定義 1.座標系統、2.旋轉原點位置、3.旋轉軸角度，定義空間球的位置。要完成以下感受必須配合上方角度/半徑，才可以完整認識。

拖曳球心（白色）離開模型，就能看到以下參考。A.藍色Z軸建構線：顯示修剪平面長度。B.紅色X軸建構線：定義彎折半徑和角度。

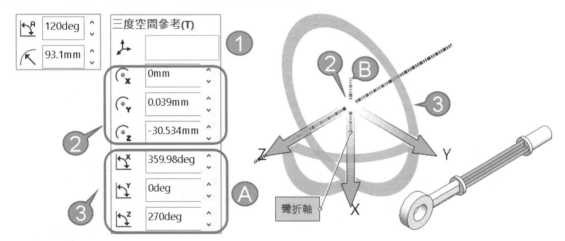

A 座標系統

使用**座標系統**控制座標球的位置算完全定義，這時無法設定座標球的空間設定。

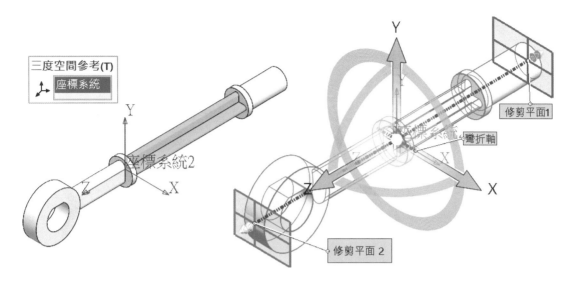

B 彎曲原點位置 ⊙x ⊙y ⊙z

定義 3 度空間白色球心空間位置,可拖曳 1. 球心或 2. 箭頭移動空間球,有設定彎折半徑模型會產生長短變化,下圖右。

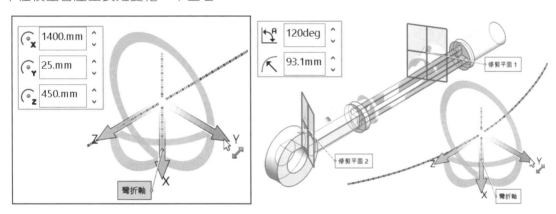

C 旋轉軸角度 ⟲ ⟲ ⟲

定義旋轉角度,也可以拖曳環,下圖左。有設定彎折半徑模型會產生彎折方向變化,例如:彎折向上或向下,下圖右。

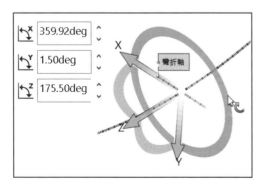
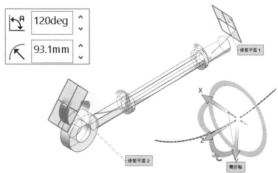

D 萬向變化

拖曳旋轉原點位置＋旋轉軸角度，會出現萬向變化。利用座標系統或謹慎使用參數，否則亂拖曳空間球會顯得指令難用。

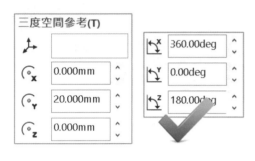

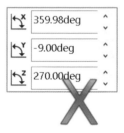

72-1-6 彎曲選項（Flex Option）

控制彎曲曲面的品質，增加彎曲成功率，精度越高運算速度越慢。

72-1-7 右鍵項目：重設彎曲

彎曲過程右鍵→1.清除選項、2.重設彎曲，不必為了重新製作而退出該指令。

72-1-8 進階實務：彎管之座標系統

進行彎曲位置定位，利用參考點＋座標系統做為彎折參考可以壓住不變形。由於3度空間參考不支援模型頂點或邊線定位，必須利用↳克服，希望SW改進。

步驟1 製作座標系統↳

在草圖端點上產生座標系統，下圖左。

步驟2 ☑硬邊線、彎折半徑-80

步驟3 修剪平面1、修剪平面2

點選草圖端點＋參考點。

步驟4 三度空間參考

點選座標系統，下圖右。

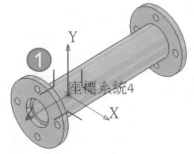

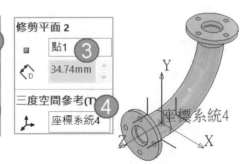

72-2 扭轉（Twisting）

控制模型扭轉角度就像扭毛巾，輸入扭轉角 360 度=1 圈，角度越多運算越久。

72-2-1 全部扭轉

定義扭轉角度 1800（1800*360=5 圈），讓原本直管扭轉為彎曲。

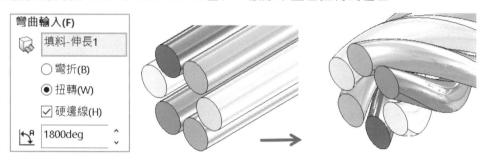

72-2-2 部分扭轉

定義扭轉角度 360，定義修剪平面 1=15、修剪平面 2=10。

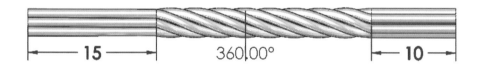

72-2-3 練習：葉片

葉片扭轉 60 度。

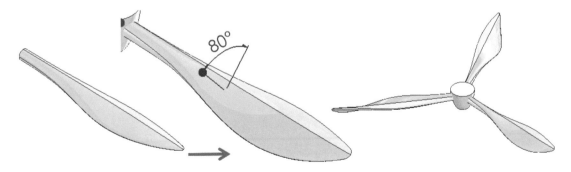

72-2-4 練習：鑽頭

鑽頭扭轉 360 度，定義單邊修剪平面=40。

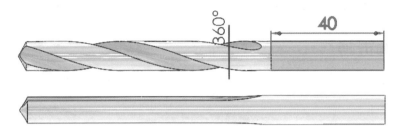

72-2-5 練習：端子

分別使用 2️⃣，將端子頭 60 度，利用座標系統定義修剪位置，避面端子座跟著變形。

由扭轉情形可以看出，有沒有使用座標系統差異。

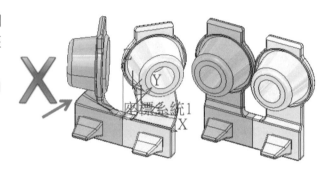

72-3 拔銷（Tapering）

控制 1. 拉伸角度、2. 位置、3. 界限局部變形。

72-3-1 錐度係數

調整錐度變形大小，0 為基準，數字大變形大，負值漸縮。

72-3-2 修剪平面與三度空間參考

定義要拔銷的模型位置。

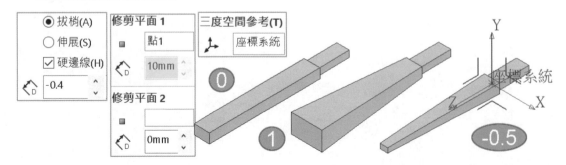

72-4 伸展（Stretching）

控制拉伸長度，利用**修剪平面**和**座標系統**將中央長度由 100 加長 50。

72-4-1 修剪平面

定義 2 點作為修剪範圍。

72-4-2 三度空間參考

指定座標系統 2，作為固定位置，距離就能完整呈現。換句話說，沒有座標系統，拉伸過程模型會移動位置。

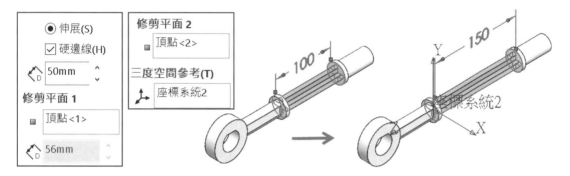

筆記頁

變形

變形（Deform）👋，局部或整體變更形狀，不必考慮特徵限制，對複雜外型很有用，，讓自己建模能力到下一境界，因為傳統草圖或特徵建構這些外形會花太多時間。

變形會計算本體變化很耗效能，CPU 要好一點。

A 由指令訊息得知

修改實體或曲面本體的形狀，可以是局部或整體的。

變形
修改實體或曲面本體的形狀
可以是局部區域或整體

B 指令學習

指令有 3 種共同類型：1. 點、2. 曲線對曲線、3. 曲面推擠，下圖左。項目交叉變化很多元很難完整講解，有些屬於隱藏版選項，也是不容易學習原因，線上說明有動畫教學。

C 3 個共同項目

1. 變形點、2. 變形區域、3. 形狀選項。

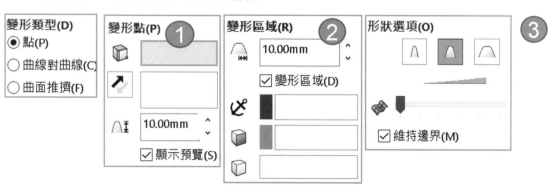

D 指令介面

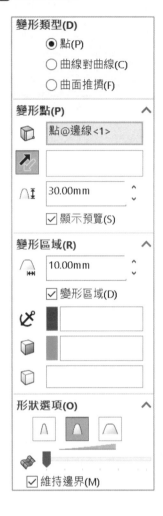

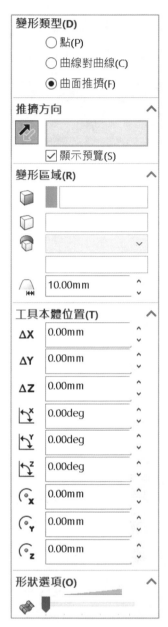

73-1 變形類型-點（Point）

　　游標點選模型上的一點，產生很像被撞擊樣子。本節是變形指令最重要的認知，這些項目了解以後其他2項相當好理解。

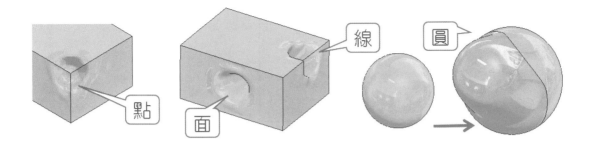

73-1-1 變形點（Deform Point）

點選 A **變形點位置**，設定 B **變形距離**∧Ɩ30 和 C **變形區域**，進行大部控制。

A 變形位置

點選草圖點、模型邊線或模型面，定義變形位置。游標可以任意點選位置查看變形效果，要精確的位置就要設定草圖點。

B 變形距離∧Ɩ

設定變形高度，利用反轉方向產生凹或凸的造型。

73-1-2 變形區域（Deform Region）⌒

設定變形半徑（寬度）20，完成後可見所選面垂直方向拔起內部中空。本節重點在☑**變形區域**（適用進階者），他可以控制變形範圍，並出現**固定面**✍和**要變形的其他面**◗。

如果不須複雜的設定，不要☑**變形區域**，否則運算精度會提高且不容易控制。

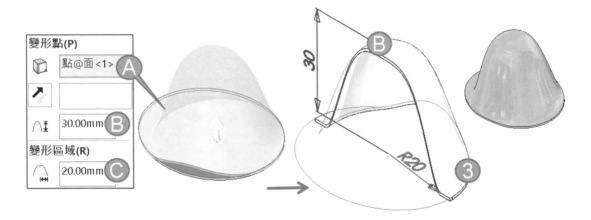

A ☑ 變形區域：實心體

內部為實心體，本節設定 R200，且適用薄件特徵。

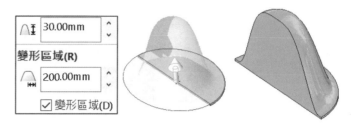

B ☑變形區域：固定曲線/邊線/面↙

將固定面定義後只有該面不被變形影響，1. 原來的點變形、2. 固定面在前面、3. 固定面在前面和下面。

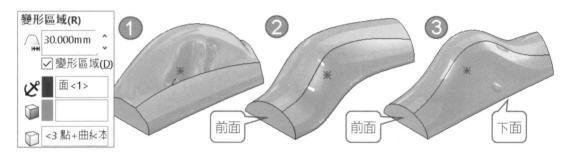

C ☑變形區域：要變形的其他面◉

目前模型面上有 2 個面，控制點僅影響所在面，下圖左。指定要變形的其他面，增加變形區域，下圖右。

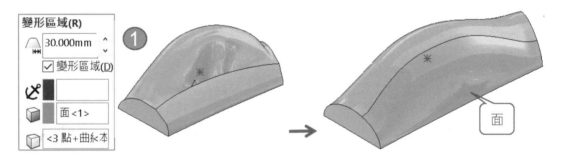

73-1-3 形狀選項

修改勁度（Stiffness）的程度、指定變形軸，及修改形狀精確度來控制點變形的形狀。

A 設定外型

勁度小⋀、中⋀、大⋀，本節草圖點取得中央控制點，讓所選面精準選擇。

B 曲面精度

是否要提高變形的計算準確度，本節說明與彎曲相同，不贅述。

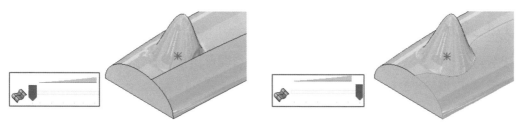

有項技巧☐**變形區域**可以獲得比較快的計算與好控制的外型。

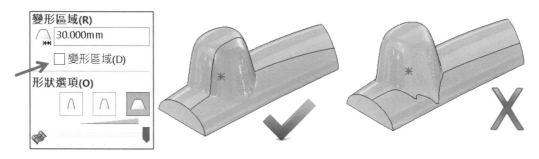

C 變形軸（Deform Axis，適用☐變形區域）

跟隨 2 點或頂點，控制變形的形狀，例如：下方 2 點控制弧形→直線，下圖左（箭頭所示）。

D 維持邊界（Maintain Bounary，適用☑變形區域）

是否維持被變形影響的模型邊界。

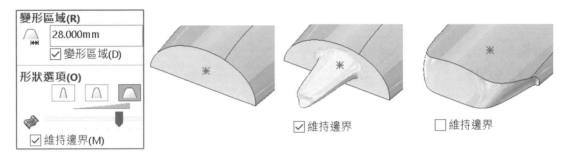

☑維持邊界　　　　□維持邊界

73-1-4 實務：變形加長

沒想到變形可以將模型伸長或縮短，只要留意變形是整體等比例變化。變形距離和半徑要相等，才加長效果。

步驟 1 變形點

點選模型邊線、變形距離△‡=100。

步驟 2 變形區域

△半徑=100。

步驟 3 變形本體

點選 3 個本體：上、中、下。

A 練習：變形縮短

自行練習縮短 50，會發現模型已經變形怪怪的了，下圖右。

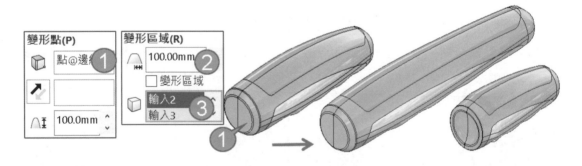

73-2 變形類型-曲線對曲線（Curve to Curve）

可以很直覺把想要的外型畫出，讓系統產生變化，不需死鹹看到什麼就畫什麼。

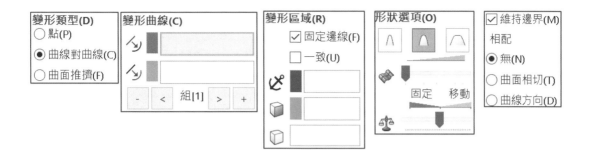

73-2-1 變形曲線（Deform Curve）

指定**起始曲線**／和**目標曲線**／進行模型變化。

步驟 1 起始曲線（Initial）／

點選特徵內部的原始草圖。起始曲線不是指本體而是草圖，這點是新的認知。

步驟 2 目標曲線（Target）／

點選下方草圖，作為變形本體的參考。

步驟 3 變形區域之本體○

□一致、點選要變形的本體。

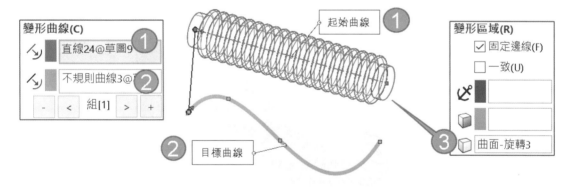

步驟 4 查看變化

可見 1. 直管變曲線管，2. 模型被轉移到目標曲線位置。

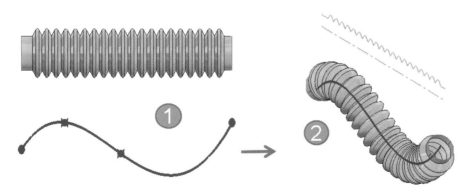

73-2-2 變形區域

設定模型邊線到草圖曲線的握把造型，操作很直覺，由預覽可看變化。

步驟 1 起始曲線 〜

模型直曲線。

步驟 2 目標曲線 〜

草圖來設計你要的造型。

步驟 3 □固定邊線（Fixed Edge）、□一致（Uniform）

可以看出☑固定邊線、□固定邊線差異，下圖右。

步驟 4 固定面/邊線

點選左邊模型面。

步驟 5 點選變形的本體

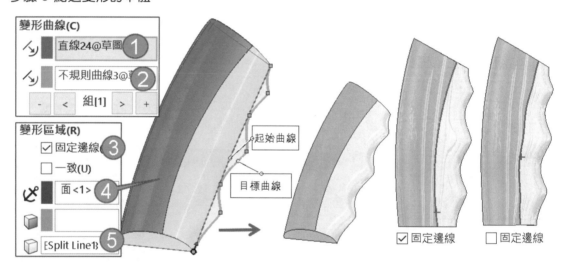

73-2-3 形狀選項：輕重（Weight，適用☑固定邊線、□一致）⚖

控制兩個選項之間影響的程度，這項設定也是同學第一次遇到。

A 固定邊線（Fix）

在固定曲線/邊線/面ペ之下指定的圖元加重變形。

B 移動曲線（Moving）

指定為**初始曲線**〜和**目標曲線**〜的邊線，讓曲線加重變形。

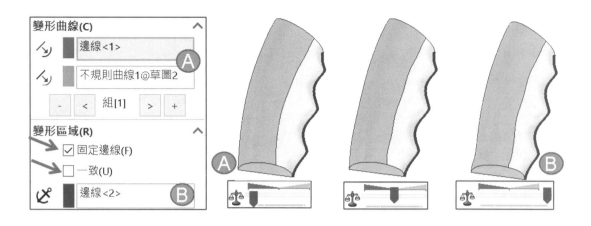

73-2-4 形狀選項：相配

設定：1. 無（None）、2. 曲面相切（Surface Tangent）、3. 曲線方向（Curve Direction）重點在 2 端面變化（箭頭所示），下圖左。

73-1-5 練習：把手彎曲

將把手的邊線變形至下方的草圖曲線，下圖右。

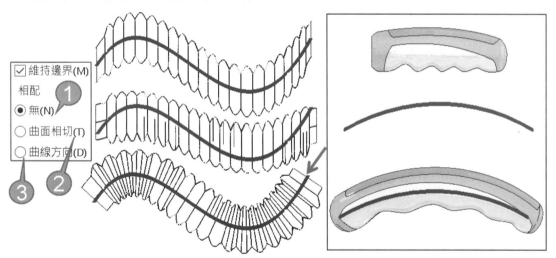

73-1-6 實務：端子

利用變形曲線將端子中間產生出來，這題比較難懂。

步驟 1 起始曲線

外面 2 曲線，分別為一半邊線，共 2 條。

步驟 2 目標曲線

內部橢圓，分別為一半邊線，共 2 條，確認起始和目標曲線對應點要一致位置。

步驟 3 變形區域

☑ 固定邊線、✌點選下方 2 曲線、⬚下方 1 本體。

步驟 4 形狀精度到高 🧽

步驟 5 輕重 ⚖️

定義端子下方高度。

步驟 6 相配：☑曲面相切、☑反轉相切。

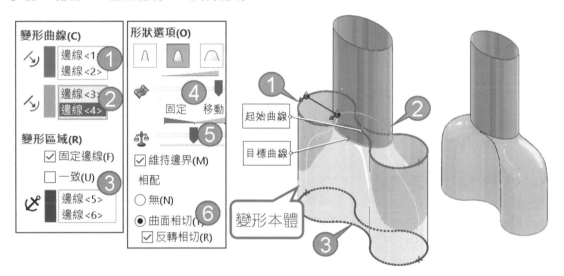

73-3 變形類型-曲面推擠（Curve to Push）

選擇變形距離和球形半徑，最大特色利用內建外型，指令由上到下相當容易完成。

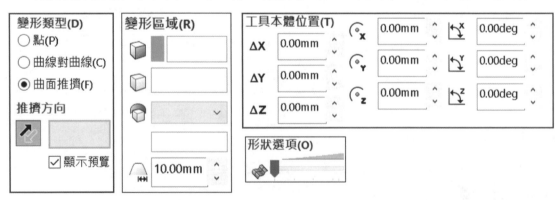

73-3-1 推擠方向（Push Directon）

點選平面做為方向參考，可以來自模型面或基準面，所選面與成形方向為垂直。

73-3-2 變形區域

點選模型面作為邊形位置。

73-3-3 要變形的本體

點選要變形的本體,適用多本體。

73-3-4 工具本體

清單切換幾何形體:1. 多邊形、2. 長圓體、3. 矩形、4. 球形、5. 橢圓,只要設定大小,例如:多邊形由空間球心可見:小方塊定義邊數、半徑與高度,讓圓體擠壓。

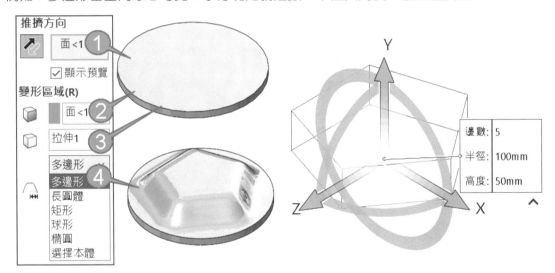

73-3-5 工具本體位置

承上節,定義預設幾何本體位置,就是調整空間球位置。

73-3-6 本體擠壓

6 顆球在矩形下方,擠壓完成隆起。

步驟 1 擠壓方向

點選模型上面。

步驟 2 變型區域

點選模型上、下面,希望上面隆起,下面凹陷。

步驟 3 變形本體:點選方塊

步驟 4 工具本體:由清單選擇本體

步驟 5 擠壓的工具本體:點選下方 6 顆球

步驟 6 變形偏差:1MM

步驟 7 工具本體位置

重點來了 △Y=20，就是隆起的高度。

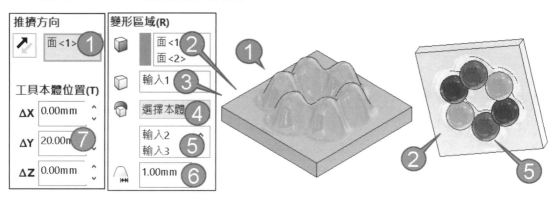

自由形態

自由形態（Freeform，插入→特徵→自由形態）🥄屬於第 2 特徵，對所選面產生曲線和控制點，拖曳控制點拉伸曲面。

A 由指令訊息得知

產生可以拖曳的控制線和控制點，在面上產生變形曲面。

自由形態
產生可推及拉以修改面的控制曲線及控制點
於平坦或非平坦面上加入一個變形的曲面。

B 指令學習

很多人以為 SW 沒有直覺曲面，總是別人月亮比較圓，其實 SW2005 年就有造型特徵，很可惜很少被拿出來討論，🥄本體計算很耗效能，CPU 要好一點。

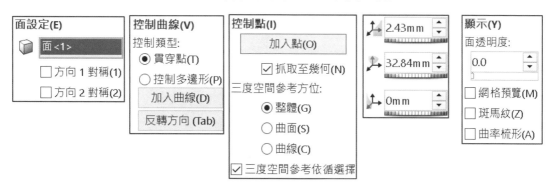

74-0 先睹為快：自由形態

本節說明最常用的在任意面加曲線與控制點→拖曳控制點進行造型控制。

74-0-1 自由形態 4 部曲-平面

步驟 1 點選模型平面

步驟 2 按下加入曲線按鈕

在模型面上放置曲線→ESC。

步驟 3 加入點

在曲線上放置 2 點→ESC。

步驟 4 產生造型曲面

拖曳控制點或 3 度空間箭頭，直覺控制造型面。

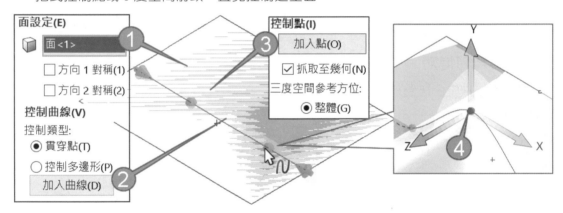

74-0-2 曲面加入中間曲線

在弧面中間加入曲線。

步驟 1 點選模型平面

步驟 2 ☑ 方向 2 對稱

會見到虛擬基準面（灰色）與曲面垂直，下圖左。

步驟 3 按下加入曲線按鈕

在模型面上放置曲線，會發現曲線方向不是我們要的。

步驟 4 按下反轉方向

曲線改為另一方向。

步驟 5 放置曲線

游標在虛擬基準面上點一下，該曲線可以精確在中間。

步驟 6 加入點

在曲線上放置 2 點→ESC。

步驟 7 產生造型曲面

拖曳控制點或 3 度空間箭頭,可以直覺控制造型面。

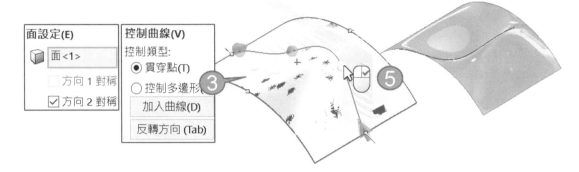

A 練習:畫筆

自行發揮畫筆握把造型。

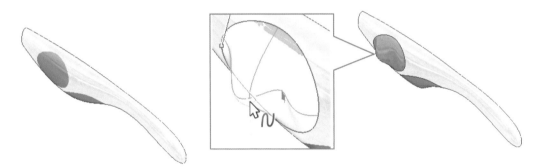

74-0-3 舊版不支援

SW 2010 以後不支援舊版的造型特徵,造型特徵圖示會自動轉換為自由型態 🐚 可以將檔案開啟但無法編輯 🐚,這部分必須刪除特徵重新製作。

74-1 面設定

點選要進行自由型態的模型面,並定義曲線範圍與網格曲線位置。

74-1-1 方向 1 對稱、方向 2 對稱

定義曲線放置位置並為對稱狀態,例如:點選模型面作為控制面,會見到 2 個灰色基準面正交放置在曲面上。

方向 1 對稱=U 曲線(水平曲線)、方向 2 對稱=V 曲線(垂直曲線)。

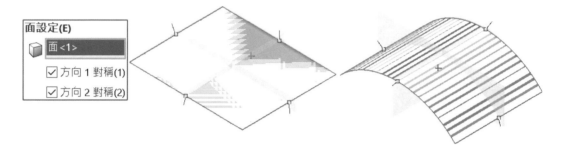

74-2 控制曲線

本節是重點了,將曲線放置在指定的面上,游標先在曲面上點一下,

74-2-1 控制類型(預設貫穿點)

要哪種曲線控制方式:1. 貫穿點=曲線上的點,2. 控制多邊形=曲線外多邊形。

74-2-2 加入曲線

1. 點選加入曲線按鈕,2. 點選曲面放置第 1 條曲線位置→3. ESC→4. 點選剛才放置的曲線,會見到曲線 2 端的箭頭,進行**貫穿點**或**控制多邊形**的項目切換。

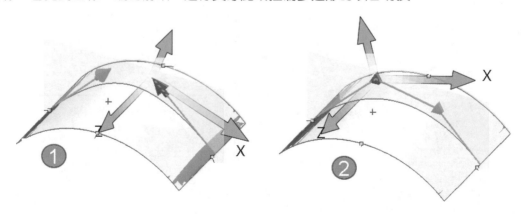

74-2-3 反轉方向（TAB）

按下加入曲面按鈕後→ESC，按 TAB 放置另一方向線段，但不支援斜線。

74-2-4 座標系統（適用 4 邊面）

按下加入曲面按鈕後→ESC，如何設定網格方向。

Ⓐ 自然性（預設）

產生平行於各邊方向的網格，下圖左。

Ⓑ 使用者定義

拖曳箭頭控制加入曲線的控制方向，例如：斜線，也不會看到大大的 3D 空間座標。

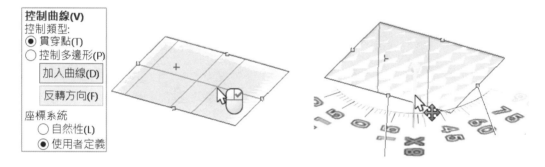

74-3 控制點

在曲線上加入控制點和定義 3 度空間方位，拖曳控制點或空間球進行造型變化。

74-3-1 加入點

在曲線上加入控制點→完成後 ESC 或右鍵→拖曳控制點進行造型變化。按 DEL 或 CTRL+Z 可刪除加入點。

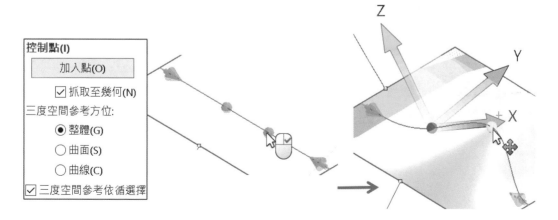

74-3-2 抓取至幾何（Snap to Geometry）

拖曳控制點是否與其他圖元重合，例如：與上方不規則曲線草圖的控制點重合。

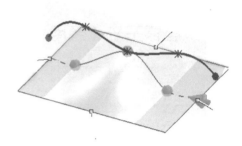

74-3-3 三度空間參考方位

定義空間球相對參考，拖曳空間球原點、箭頭或面進行控制。

A 整體

以預設的 3 度空間符合零件軸。

B 曲面

與曲面垂直的三度空間參考。

C 曲線

由控制曲線上三點垂直線方向平行的三度空間參考。

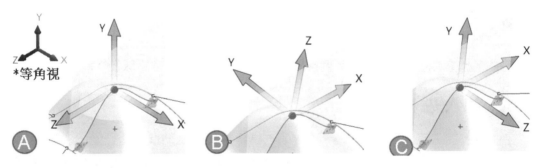

74-3-4 三度空間參考依循選擇

是否將三度空間參考附著在曲線上，可將它移開直接拖曳控制點即可，下圖左。

74-3-5 三度空間參考方向

精確定義所選控制點的 XYZ 空間位置（箭頭所示）。

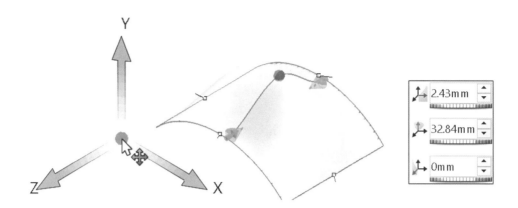

74-4 選項：面透明度

本節以描圖的方式完成進行手電筒把手造型，並說明面透明度。

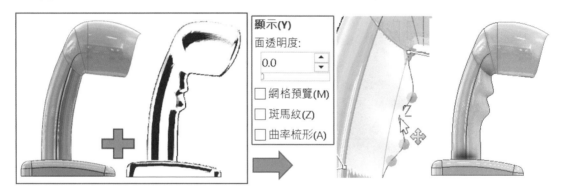

74-4-1 點選把手面

選擇面、☑方向 1 對稱，讓未來曲線可以放置在曲面中間。

74-4-2 控制曲線

1. 按**加入曲線**，將曲線加在把手面中間→2. **加入點**，亮顯代表控制曲線成功被加入。於座標系統中，☑使用者定義，就不會出現不想看到的空間座標系統（箭頭所示）。

74-4-3 加入點

點選加入點→分別在圖片峰頂與峰底曲線上加入 5 個控制點。

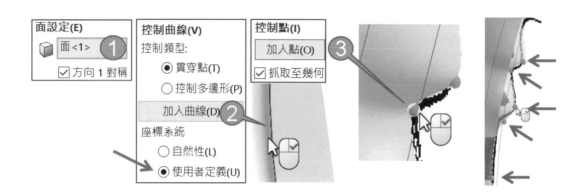

74-4-4 顯示：面透明度

將所選面調整透明度 0.4，穿透查看圖片的線段作為調整控制點依據，下圖左。

74-4-5 顯示：網格

可以利用分度規控制網格的旋轉角度。座標系統，☑使用者定義，下圖右。

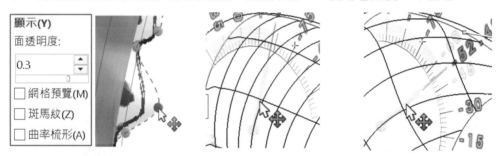

曲線

　　說明多項曲線作業模式：1. 不規則曲線∿、2. 樣式不規則曲線∿、3. 不規則曲線工具列，這些和曲面品質有關，有好曲線就有好曲面。

A 指令學習

　　曲線在教學上比較少，曲面指令比較容易操作和吸引人，曲線調整才是真功夫。先學習曲線控制並訓練手感細緻度。

B 曲線 4 要素

　　點選曲線可見 4 項要素：1. 端點、2. 控制點、3. 權重控制器、4. 曲線屬性，先體驗繪製與控制，再學習權重控制器，下圖左。

C 選項設定

　　顯示圖元點比較好識別，草圖→☑顯示圓弧圓心點、☑顯示圖元點，下圖右。

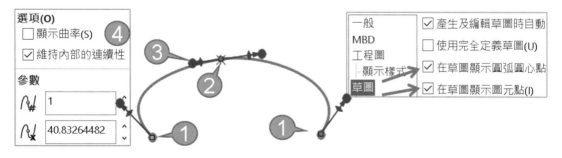

75-1 先睹為快：不規則曲線繪製

不規則曲線（Spline，又稱 B-Spline、雲形線）$\mathcal{N}$，由點和曲線構成，1. 將點聯結起來、2. 平滑地通過每個點。

A 2 大特性

完成曲線後可見它們必定 1. 連續線段、2. 維持相切。滑鼠點選次數=建立幾個控制點，又稱幾點曲線和曲線階層有關，例如：2 點曲線、3 點曲線、多點曲線。

75-1-1 兩點不規則曲線

曲線基本組成 2 個端點，和直線畫法一樣任選 2 點→ESC 結束（不支援↵），完成後看起來曲線與直線相同，下圖 A。很少人知道可以 2 點曲線，該曲線最穩定與好控制。

A 貝斯曲線（Bézier）

點選曲線可見 2 端有箭頭，拖曳箭頭成錐形可取代死鹹圓弧，下圖 B，這是常見的**貝斯曲線**的控制型式，同學都很喜歡這類的控制。

75-1-2 三點不規則曲線（2 端點＋1 控制點）

任選 3 點繪製曲線完成類似弧或圓錐，呈現基礎曲線樣態，下圖左。

A 調整弧方向

拖曳線段上的**控制點**，感覺比 2 點曲線更容易調整弧方向和更明顯錐形。

B 移動和刪除控制點

拖曳**控制點**讓該點在線段移動，刪除**控制點**會成為 2 點曲線，下圖中。

C 2 方向曲線

拖曳權重控制箭頭可以得到 2 方向曲線（不同方向的錐形），下圖右。

D 移動/刪除曲線

拖曳曲線移動曲線。點選曲線可刪除曲線。

75-1-3 典型：4 點不規則曲線

　　自行繪製最典型 4 點曲線，完成 2 方向的曲線，更可任意調整曲面樣式，要維持線段穩定（平衡）會比較難一點，調整過程會曲線維持相切連續。

75-1-4 多點不規則曲線

　　完成多樣性線段，可臨時刪除控制點，回歸單純曲線與控制，下圖左。

75-1-5 調整不規則曲線

　　調整曲線由灰色線段可見先前位置，下圖右。

75-1-6 規則曲線

　　1. 不規則曲線就會有 2. 規則曲線，就是弧或是圓，下圖左。

75-1-7 標註長度

　　可以標註曲線長度，更改尺寸會調整曲線比例，會影響曲率。

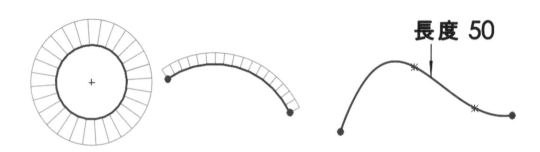

長度 50

75-2 曲線端點和控制點

說明**端點**和**控制點**對曲線變化，拖曳**點**不出現銳角或扭曲，配合梳形會更有感覺。

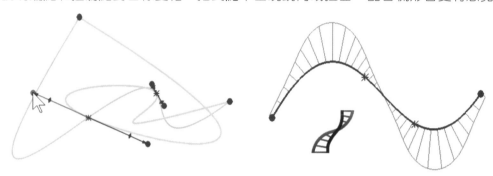

75-2-1 端點（End Point，簡稱 EP）

線段 2 旁為絕對位置，進行中度控制位置與方向。端點不是實際圖元，屬於電腦圖形讓你可以控制他，但無法刪除。

利用 3 點曲線說明會比較明顯，是端點控制基準。

A **左右拖曳，伸長和縮短曲線**

左右拖曳端點，會發現控制點（不動），下圖左（箭頭所示）。

B **上下拖曳，改變曲線方向**

上下拖曳端點，以控制點為基準進行曲線方向控制，下圖右（箭頭所示）。

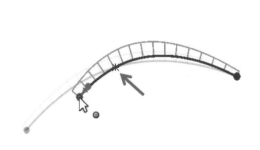
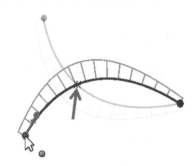

75-2-2 控制點（Control Point，簡稱 CP）

控制點（又稱曲線點）在曲線上為實際圖元點，重度控制位置與方向。業界端點和控制點都叫曲線點（Spline Point），避免混淆還是分開稱**控制點**。

A 左右拖曳

左右拖曳控制點會在線上移動，但不超過端點，下圖左。也不會超過另一控制點，例如：A 不越過 B 點，下圖中。控制點可讓曲線超過端點，會產生極端曲線，下圖右。

B 上下拖曳，改變曲線方向

上下拖曳控制點，會發現 2 旁點不動，進行曲線方向控制，下圖左（箭頭所示）。

C 控制點數量

控制點在曲線上不限數量，對位置有嚴重影響。例如：拖曳曲線 B 大部變化，曲線 A 會乖乖配合並均勻變化，下圖右。

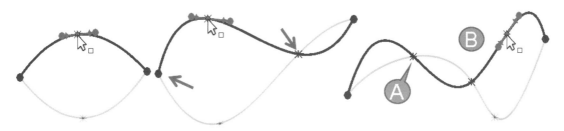

75-2-3 點的重合與限制

拖曳端點或控制點，可以讓 2 曲線重合或尺寸標註...等，其實只是草圖作業。

75-3 權重控制器（Weighting，簡稱權重）

權重控制器附加在**端點**和**控制點**上，進行更細膩的曲線控制，屬於微調作業。本節說明**權重控制器**組成與控制，甚至可以在**權重控制器**上標尺寸與完全定義。

75-3-1 啟用/未啟用權重控制器

點選曲線（全部顯示）或曲線上的點（部分顯示權重控制器）。換句話說，預設不顯示權重，除非你點選曲線或權重已經被調整過。

A 啟用（藍色）

點選**權重控制器**並調整他，會一直顯示在曲線上，以藍色顯示（不足定義），下圖左。

B 未啟用（灰色）

權重未使用=不顯示在曲線上，預設灰色，ESC 或畫面點一下退出點選，不顯示權重。

75-3-2 權重控制器組成

以箭頭和菱形點顯示權重控制器，由左至右：1. 圓點、2. 箭頭、3. 菱形、4. 控制點，下圖左。分別拖曳它們更能體會：1. 端點、2. 控制點、3. 權重控制的不同處。

75-3-3 單向權重控制（1 個箭頭）

端點控制器僅 1 個箭頭，因為端點只有單邊延伸，下圖 A。。

75-3-4 雙向權重控制（2 個箭頭）

曲線點可看出 2 個箭頭，且控制點預設在權重控制器中央，下圖 B。

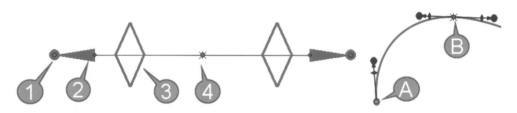

75-3-5 圓點=控制弧方向（萬向操作）

拖曳圓點進行曲線角度與長度，屬於大部調整，拖曳的過程會出現，下圖 A。

A 對稱控制

ALT 拖曳圓點出現，進行對稱控制，適用雙向權重控制，下圖 B。

75-3-6 箭頭↳

拖曳箭頭過程出現↳，進行箭頭方向的相切權重長度，為有限度的控制，例如：只能左右不能上下，下圖 C。權重線段永遠和曲線相切，且不會影響另一箭頭曲線。

A 對稱控制↳

ALT 拖曳箭頭會出現↳，進行對稱控制。

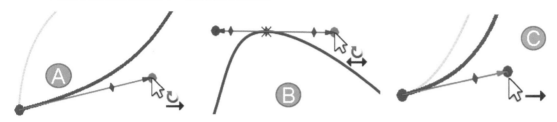

75-3-7 菱形

拖曳菱形以控制點為基準，上下有限度控制並顯示角度，常用在改變曲率方向。

75-3-8 標註權重總長度

使用◇在權重上進行標註，不過權重不得預設狀態，否則無法標註。1. 拖曳權重至非預設狀態→2. ◇→3. 點權重箭頭或圓點，輸入尺寸定義權重總長度，箭頭變黑色，下圖左。

75-3-9 標註權重角度

把權重當直線，建構另一條線就能標註角度，不過 2 權重之間無法標角度。1. 點菱形→2. 選草圖線，標註後菱形為黑色，下圖中。

75-3-10 顯示不規則曲線控制點↻

本節應該稱為**是否顯示權重控制器**，下圖右。3 種方式啟用：1. 曲線右鍵→顯示不規則曲線控制點↻、2. 不規則曲線工具列↻、3. 草圖→☑ 啟用不規則曲線相切與曲率控制點。

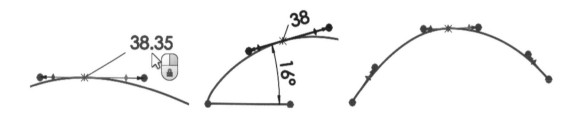

75-4 何謂 NURBS

　　NURBS（Non-Uniform Rational Basis Spline）：1. 非均勻（Non-Uniform）、2. 有理的（Rational）、3. 基礎（Basis）、4. 不規則曲線（Spline）。

　　NURBS 不是繪圖指令，為 Spline 延伸，多了：1. 權重控制、2. 參數變化、3. 向外控制、4. 有理多項式繪製。

75-4-1 NURBS 曲線組成

　　NURBS 以 4 點曲線構成，P=Point；C=Contral。包含 2 端點 P1、P2+2 控制點 C1、C2。P1 起始；P2 結束，曲線會通過 C1、C2 控制點，下圖左。

75-4-2 不規則曲線多邊形✏

　　3 種方式啟用：1. 點選曲線右鍵✏、2. 不規則曲線工具列✏、3. 選項→草圖→☑ 預設顯示不規則曲線多邊形。

75-4-3 多邊形控制

　　顯示切線方向（控制點於 Spline 外）又稱外側控制，與控制點搭配也是幾階曲線。換句話說，4 點曲線會有 3 條多邊形線。

A 手感不同

　　多邊形控制類似磁鐵，可局部影響彎曲區域，曲線會均勻調整，控制幅度比較大，與端點、控制點、權重控制手感不同。

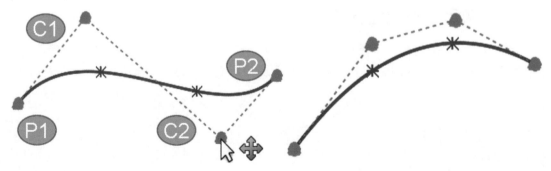

75-5 樣式不規則曲線（**Style Spline**）🎵

　　樣式不規則曲線顯示控制線於曲線外，控制線為實際圖元，可進行尺寸標註、限制條件，以及關聯性控制，會發現沒有權重控制器，用有獨立的屬性控制。

🅐 指令位置

　　1. 曲線快顯工具列、2. 工具→草圖圖元。

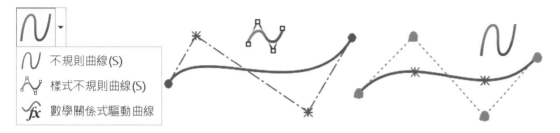

不規則曲線(S)
樣式不規則曲線(S)
數學關係式驅動曲線

75-5-1 先睹為快：樣式不規則曲線

　　畫法和直線相同，由直線定義曲線並均勻產生，可拖曳線段、控制點。點選曲線、控制線、控制點，顯示的屬性不同。剛開始畫覺得不習慣，畫出來會像直線。

🅐 用描的完成不規則曲線

　　以不規則曲線為外型利用🎵完成，更能體會這 2 指令的用法。一樣的曲線用🎵和🎵畫出來感覺就是不一樣，2 者差異在控制線和曲線點功能，但它們可以畫到一樣的曲線。

75-5-2 控制線限制

　　控制線為實際圖元以建構線呈現，可尺寸標註和限制條件，例如：平行和線段長。點選控制線（箭頭所示）看出直線屬性，進行限制條件和尺寸定義。

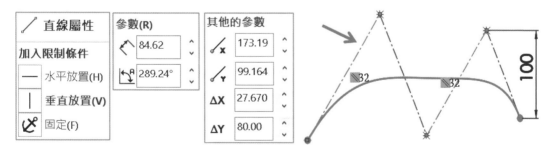

75-5-3 不規則曲線控制頂點

　　點選控制線端點，拖曳和控制該點位置或曲線參數。

A 非有理不規則曲線

無法控制頂點權重，為產生非有理不規則曲線。

B 有理不規則曲線

分別控制頂點權重，為有理不規則曲線，下圖右（箭頭所示）。

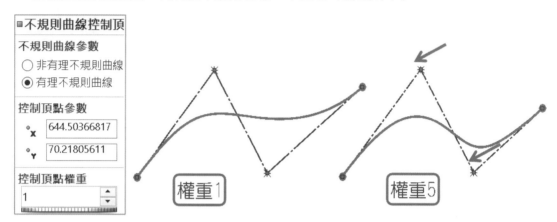

75-5-4 曲線選項：結構項目

點選曲線可見屬性。結構項目=幾何建構線，希望 SW 統一名詞。

75-5-5 曲線選項：局部編輯（Local Edit）

控制多邊型控制時不影響相鄰邊變動。

75-5-6 曲線類型：貝茲曲線（Bézier）

產生貝茲曲線並定義曲線度(階數 Order)，在目前線段增加控制線。曲線階數=幾條控制線，例如：3 階就是 3 條控制線，會有 4 個控制點。

75-5-7 曲線類型： B-Spline 3 度、5 度、7 度

曲線度=8，可設定 B-Spline 3 度、5 度、7 度。

75-6 配合不規則曲線（**Fit Spline**）∟

　　將 2 個以上線段變更為曲線，例如：2 弧→∟成為曲線連續。常用在指令條件限制，例如：✐只能選擇一條路徑，若路徑為多段構成，這時可用∟。

　　Selection Manager 也可達到多段選擇成一條件，長期使用就顯得麻煩。使用指令可見到參數、公差、預覽選項設定。

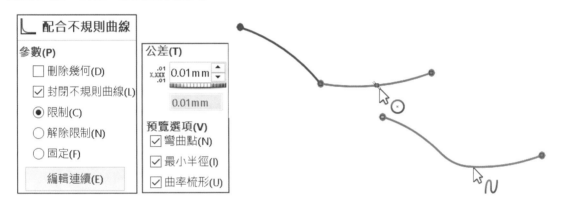

75-6-1 刪除幾何

　　是否刪除轉換前的圖元，建議不刪除，因為系統會以建構線保留，至少未來有需要還可將**建構線**轉換為實線，例如：刪除曲線就能見到下方有建構線，可以把建構線轉換實線。

75-6-2 封閉

　　是否將頭尾 2 端曲線連接成為封閉狀態，就不額外繪製他。

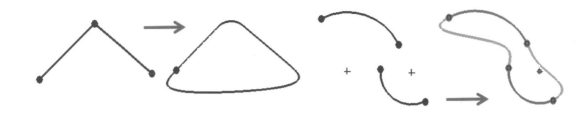

75-6-3 限制/解除限制

是否加入類似固定限制條件，會形成完全定義。☑解除限制，可以移動曲線，下圖右。

75-6-4 復原不規則曲線

上一步設定的結果與**保持顯示**同時設定，下圖左（箭頭所示）。

75-6-5 編輯連續

對非連續線線段產生連接並設定連接情形，例如：2分離曲線→乚，按下**編輯連續**，可見到連結為直線。

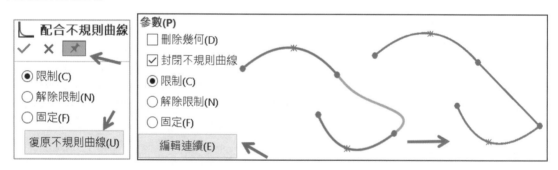

75-6-6 公差

設定曲線連接的偏差量。調整滾輪可看到變更，☑**曲率梳形**比較看得出效果，公差與流暢為矛盾，關係甚至造成無法完成指令作業。

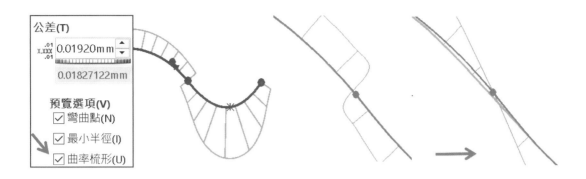

75-6-7 一般不規則曲線

點選被處理過的曲線，會出現一般不規則曲線屬性，和不規則曲線屬性不同在於，多了☑顯示控制多邊形，希望能統一在不規則曲線屬性，下圖左（箭頭所示）。

75-6-8 曲面連續

透過✏可以看出連續/非連續面。

75-6-9 曲面品質

由梳形可以看出指令的品質差異。

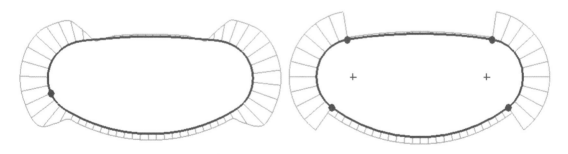

75-7 不規則曲線工具列

不規則曲線工具列管理曲線顯示狀態，功能超好用，很多調整控制。部分指令與曲線屬性設定相同，以及草圖選項有嚴重關聯。

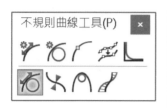

75-7-1 使用不規則曲線工具

3 種方式取得工具：1. 曲線上右鍵、2. 不規則曲線工具列、3. 工具→不規則曲線工具，下圖左。不規則曲線工具列指令不齊全，有些要指令在右鍵或功能表取得。

75-7-2 加入相切控制

點選曲線→，加入新的控制點，不會影響曲線變化，下圖右。

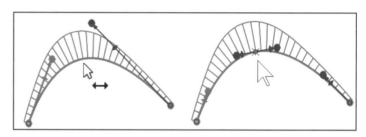

75-7-3 加入曲率控制

點選曲線→，同時加入權重與曲率控制，拖曳箭頭尾端控制曲率變化，細膩造型就這樣來的。

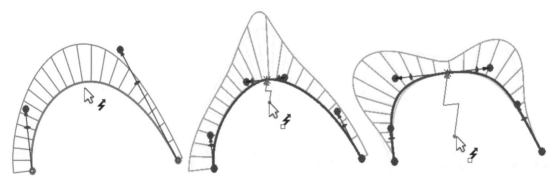

75-7-4 插入不規則曲線點╭

點選╭→放置在曲線上,增加曲線點(權重控制器),也可以直接刪除曲線點。加入草圖點做為曲線控制,但不會有權重控制器,下圖右。

75-7-5 簡化不規則曲線∿

點選曲線→∿,出現簡化不規則曲線視窗,調整公差由預覽看到被減少的不規則曲線狀態,例如:加大公差值到 100 讓原本曲線 5→曲線 2。

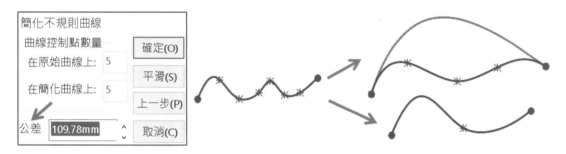

75-7-6 顯示不規則曲線控制點⌖

點選曲線→⌖切換控制點顯示,避免大量權重控制顯示,下圖左。此設定與選項關聯,草圖→☑**啟用不規則曲線相切與曲率控制點**。

選項設定屬於強制開啟或關閉控制點,就無法使用指令的方式切換控制點顯示。

75-7-7 顯示彎曲點⋌

點選曲線→⋌,快速判斷曲率方向性,曲率梳形可看出,下圖右。

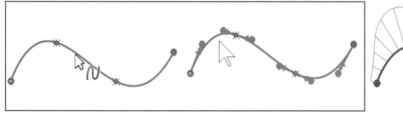

75-7-8 顯示曲率最小半徑

點選曲線→，顯示曲線上最小曲率半徑，常用在檢查避免曲面尖銳，下圖左。

75-7-9 顯示梳形

點選曲線→，顯示該曲線梳形。也可以 1. 點選曲線→2. ☑**顯示曲率**，但是會出現曲率比例設定，有點不直覺，下圖右。

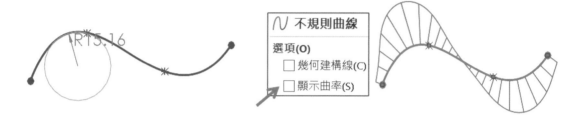

CHAPTER

76

不規則曲線屬性

　　點選不規則曲線由屬性管理員進行限制條件、選項、參數與權重控制，本章的控制很少人研究，多半在曲線上完成作業卻忽略細膩設定。

76-1 限制條件

　　對**曲線點**或**權重**加入限制條件，常用水平或垂直放置，讓曲線在有限條件下進行調整。未啟用權重=灰色、啟用權重=藍色、完全定義權重=黑色。

A 垂直放置

　　點選左邊權重→垂直放置，還是可以拖曳箭頭進行長度調整，下圖左。

B 權重之間限制

　　在權重之間，或權重與基準面之間加入限制條件，這手法常用在角落變化，例如：權重之間平行，下圖中。

C 固定 ⟋

將控制點和權重進行臨時性的固定⟋限制，避免曲線不經意被牽拖控制，屬大方向限制，這很常用呦，例如：將 1 端點固定→再調整曲線，下圖右。

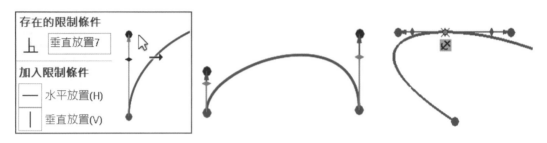

76-2 選項

由選項進行 3 大設定，本節僅說明**維持內部的連續性**。此設定會改變權重限制，☑**顯示曲率**才看得出設定效果，無論選項設定如何都不會改變原來的曲線參數。

76-2-1 維持內部的連續性（Maintain internal continuity）

是否讓不同方向的曲線維持平滑連續。

A ☑ 維持內部的連續性

曲率比例逐漸下降，與權重控制器有相切感覺。

B ☐ 維持內部的連續性

曲率比例突然下降，兩方向曲率梳形有很大變化。

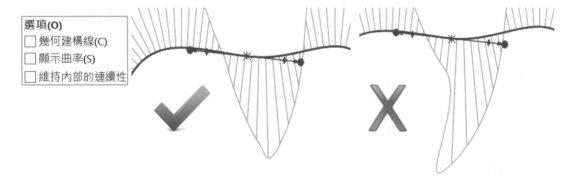

76-3 參數

參數分 3 項目：1. 不規則曲線點數與位置、2. 權重長度與角度、3. 選項。

76-3-1 不規則曲線點數（Spline Point Numenber）

由增量方塊切換查看曲線點在不規則曲線的位置，仔細看有橘色點（看不太清楚），切換過程下方可見數字跳動。

繪製曲線過程，滑鼠一開始點選的位置就是 1，下圖左（箭頭所示）。

76-3-2 X、Y 座標

由增量方塊循環切換曲線點，進行點位置的精確設定，例如：設定曲線點 2 的 Y=40，不過很多人會用尺寸標註。

A 頂點查詢

點選曲線點可以直接看到控制頂點參數，下圖右。

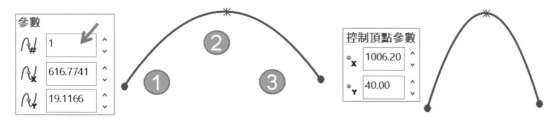

B 不規則曲線多邊形

點選曲線無法直接設定多邊型曲線點與 XY 座標值，只能用點選查看並設定。例如：點選其中一點，出現不規則多邊形屬性，下圖左（箭頭所示）。

C 3D 草圖的不規則曲線

當曲線來自 3D 草圖時，會有 Z 座標欄位可供設定，下圖右（箭頭所示）。

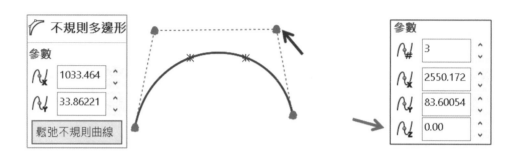

76-3-3 相切權重 1、相切權重 2

設定權重長度，長度會影響整體變化，無法分別標註單邊長度，必須由屬性設定。

76-3-4 相切徑向方向（Tangent Radial Direction）

設定權重角度，3D 曲線會出現**相切極限方向**，下圖右。

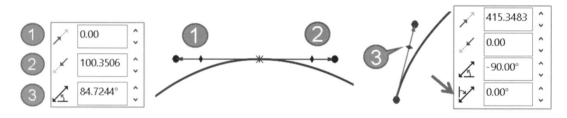

76-3-5 相切驅動（Tangent Driving）

控制曲線點的**相切權重**、**相切徑向方向**，讓曲線維持相切平滑狀態。☑**相切驅動**會配合☑**維持內部的連續性**，且不能有限制條件，否則無法使用權重控制。

不過拖曳權重角度時，會自動☑**相切驅動**。

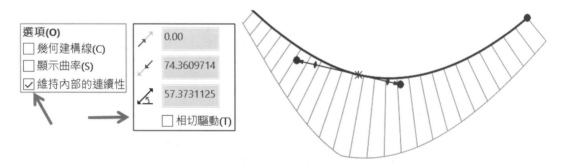

76-3-6 重設此控制點、重設所有控制點

將所選或所有曲線點回到預設狀態，常用在曲線調亂避免重新繪製。

76-3-7 鬆弛不規則曲線（Relax Spline）

控制曲線時導致不平滑曲線，可重新平滑化，常用在不同方向的曲線連續，除非調整曲線後才可以再按該按鈕。

76-3-8 調勻比例（Proportional）

拖曳端點或曲線點時會保持曲線形狀和曲率，這時沒有辦法設定參數和權重控制。

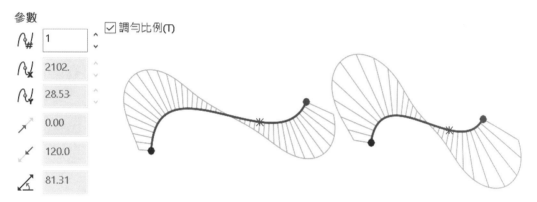

筆記頁

77

查看與製作曲面品質

　　說明曲線連續、曲面連續、斑馬紋、曲率...等，這些和品質有關。曲面建構以先求有再求好的原則，品質通常排在最後查看，進階者會在建模過程順便查看品質。

　　利用斑馬紋、曲率、曲率梳形、網格...等查看與設定。普世認知模型製作完成才會查看品質，其實指令過程就可以直接判別，不必等到結束指令。

A 指令學習

　　這些設定是術語，有些選項交互變化進行豐富開啟會有反效果。指令操作幾乎亂壓預覽看是不是你要的。

77-1 曲線連續（Continue）

　　定義 2 條曲線平滑度，由**曲率梳形**查看曲線連續情形。曲率連續由字母 C 後面加數字而定，數字越大品質越高，例如：C1、C2、C3。

A 曲率梳形的組合

曲率梳形=曲率（Curvature[ˈkɜ:vətʃə(r)]）＋梳形（Comb）。

77-1-1 不連續 C-1

線段不連接，無連續可言，也沒有梳形可查看線段變化。

77-1-2 相接連續（Contact Continuity）CO

2 曲線端點重合看起來尖銳，類似 V、A、L 樣貌。

77-1-3 相切連續（Tangent Continuity）C1

2 曲線連接處之間相切，加入圓角或相切條件ᐱ即可達到此效果，是最基本的品質。曲線連結處梳形長度明顯不同有斷差（箭頭所示）。

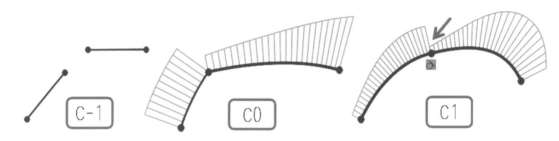

77-1-4 曲率連續（Curvature Continuity）C2

2 曲線連接處之間曲率且梳形長度相同，梳形看起來比較平順，常用在 3C 產品。

A 加入同等曲率限制條件ᶜ=(Equal Curvature)

在不規則曲線之間加入**同等曲率ᶜ=限制條件**，會自動加入 1. ᐱ以及 2. 曲率控制，沒想到這麼簡單對吧。要滿足ᶜ=必須有 1 條不規則曲線，換句話說可以是 2 條不規則曲線或 1 條不規則曲線+直線、弧、線，下圖左。

77-1-5 曲率變化率連續（change rate continuous）C3

類似一條曲線到底，SW2020 可以直接加入 C3 的草圖限制條件。C3 在草圖中稱**扭轉連續性**，不過 G3 應該稱為 **C3 曲率變化率連續**比較洽當。

A 加入 G3 限制條件

點選 2 條曲線加入 G3 條件，系統會自動加入 1. 相切、2. 同等曲率、3. 梳形方向會轉向也就是**曲率變化率連續**。

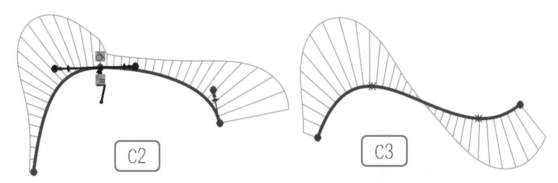

77-2 曲率梳形（**Curvature Combs**）🖉

　　曲率梳形（簡稱梳形），視覺查看曲線平滑度，梳形線由曲線法線向量向外放射（垂直）。
線=梳形、長度=曲率，梳形越長曲率半徑越小，反之亦然。

77-2-0 曲率=曲線半徑反比（曲率=1/半徑）

　　查看梳形之前先認識曲率與曲線之間的關係。

A 曲率小

　　曲率越小越趨近於平面，曲率梳形越短。平面半徑無限大，曲率=0，不會出現梳形。

B 曲率大

　　曲率越大 R 角越小，曲率梳形越長。

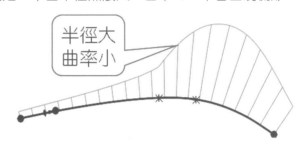

77-2-1 進入曲率梳形

　　3 種方式進入梳形：1. 曲線上右鍵→顯示曲率梳形🖉、2. 點選不規則曲線→☑顯示曲
率、3. 不規則曲線工具🖉，屬性管理員可見調整比例與密度，預覽看出曲率分佈。

A 比例

　　調整梳形長度 0～100，數字越高越長，代表 R 角越小。

B 密度

　　調整梳形數量 40～1000 與曲線長短有關，較短的曲線就不能太密，因為不好查看。

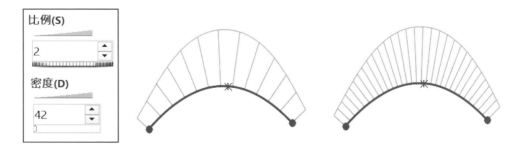

77-2-2 修改曲率比例

　　2 種方式回到曲率屬性設定：1. 曲線上右鍵→修改曲率比例、2. 點選不規則曲線→☑□
顯示曲率。

77-2-3 曲率梳形方向

由梳形方向可看出曲線方向（向上或向下）。

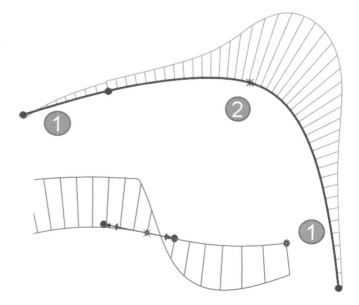

77-3 曲率（Curvature）▨

顯示曲面的曲率分析值與色彩，評估→▨。曲率常用在面的凹凸變化，斑馬紋與曲率可同時顯示。

77-3-1 顯示/關閉整體模型曲率

明顯可見模型整體曲率色彩分佈和凹陷區域。紅色為 R 角最小，漸層色就是變化的開始，固定顏色=相同曲率半徑。再按一次▨關閉顯示，這樣比較快。

77-3-2 顯示所選面

點選模型面右鍵→▨，僅檢視所選面曲率。

77-3-3 查看曲率

游標在模型上方動態看出曲率和曲面半徑變化值，色彩由紅、綠、藍、灰、黑漸層變化呈現，紅=小 R→黑色=大 R=平面。

77-3-4 曲率=曲線半徑反比

游標在黑色平面會見到曲率=0，因為平面半徑無限大，有一大就會有一小。

77-3-5 曲率分佈設定

1. 選項→2. 文件屬性→3. 模型色彩>4. 定義曲率顯示色彩。

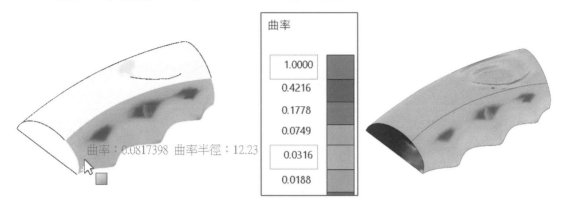

77-3-6 曲率實務

由滑鼠蓋可見紅色=小 R。洋芋面不透過曲率很難看出差異，由輔助更有加強效果來看面品質。

77-4 斑馬紋（Zebra）與曲面連續

由於無法目視得知曲面連續情形，必須藉由電腦斑馬紋🔲來查看，他如同斑馬身上以黑白相間來檢查曲面相接的連續、縐褶、瑕疵或凹陷。

旋轉、拉近拉遠過程，斑馬紋會跟著變化，查看曲面的盲點。

A 指令位置

1. 評估→🔲、2. 檢視→顯示。

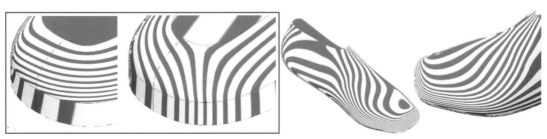

77-4-1 顯示整體模型

斑馬紋附著在模型整體，最常與最容易使用，再按一次🔲關閉顯示，這樣比較快。

77-4-2 顯示所選面

點選模型面右鍵→🔲，僅檢視所選面紋路，常用在縮小範圍查看面品質。可以選 2 面以上右鍵→🔲，顯示部分的斑馬紋，下圖中右。

77-4-3 斑馬紋屬性

模型面或繪圖區域右鍵都可進入🔲屬性，調整紋路顯示狀態。

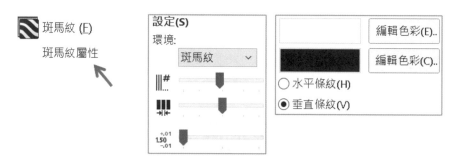

77-4-4 環境（預設斑馬紋）

由清單可見可以由 1. 斑馬紋、2. 來自檔案，將斑馬紋或照片貼附在模型表面，看起來就像拋光金屬反射，相較之下旋轉看斑馬紋看不出曲面連續效果。

77-4-5 條紋數（Number of Stripes）

控制條紋數量（密度）和模型大小有關，例如：模型越大條紋數越多，下圖左。

77-4-6 條紋寬度

寬度又稱粗細也和模型大小有關，例如：模型越大條紋越粗，下圖右。

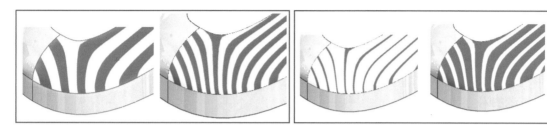

77-4-7 條紋精確度

控制斑馬紋顯示偏差，精度越高，條紋顯示越細膩（抖動或平滑）。

77-4-8 條紋色彩（預設黑、白）

設定斑馬紋與模型顏色成高對比，例如：模型灰色，◤就要避開灰色。

77-4-9 水平條紋與垂直條紋（重點）

當模型面有上下或左右接觸時，按面連續方向來控制條紋方向，例如：要檢查上下面連續情形，以垂直條紋顯示來得恰當，下圖左。

77-4-10 曲面連續（G0～G3）

透過◤判定 2 面之間平滑度，因為無法用眼睛直接看出曲面連續性。曲面品質（又稱平滑度）可由 Graph 字母 G 後面跟一個數字指定，Gn class 曲面品質（等級），例如：G0～G3 數字越大曲線品質越高。

A 相接連續（Contact Continuity）G0

2 面相接不平滑，斑馬紋錯開狀態，常用在 2 模型相接固鎖不需要面品質，下圖左。

B 相切連續（Tangent Continuity）G1

2 面相切，斑馬紋在面的交界處雖然連接但變形且粗細不同，要達到該品質常利用導圓角草圖或導圓角特徵。

C 曲率連續（Curvature Continuity）G2

2 面相切，斑馬紋在面的交界粗細接近相同。早期這部分會有難度，現今軟體技術提升不會有難度了，要達到該品質加入圓角特徵的**曲率連續**或指令過程設定**曲率連續**。

D 曲率變化率連續 G3

曲率變化率連續（Rate of curvature change Continuity）為 G2 品質的延伸，常用在人體工學、汽車車體大面積平滑度。

目前只有草圖可以設定 G3，特徵過程沒有曲率變化率連續的設定。

77-5 指令過程的曲率顯示

很多指令過程可以同時判斷曲面品質，於指令最下方曲率顯示欄位進行：1. 網格預覽、2. 斑馬紋、3. 曲率梳形，適用進階者。

A 不須來回編輯

早期必須使用■、■發現不對勁回頭編輯特徵，這樣一來一回很浪費時間。

B 彈性選擇顯示

也可以在指令過程於繪圖區域右鍵設定它們，下圖左。不過會發現僅顯示目前特徵成形的面，並不顯示相鄰面的連續情形，下圖右。

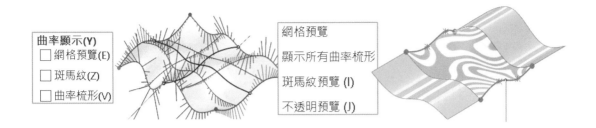

77-5-1 網格預覽

貼附在曲面上的 UV 曲線（又稱 ISO 線），查看曲面皺摺變化，調整密度顯示網格分佈數量，不過只能設定平均量，無法設定 U 幾條、V 幾條。

網格也可用來判斷曲面是否成功，因為預覽淡黃色不明顯，下圖左。

77-5-2 斑馬紋

顯示目前曲面與其他面連續情形，下途中。

A 模型所有斑馬紋

有項技巧，1. 先顯示🔗→2. 指令中☑**斑馬紋**，就可以在指令過程顯示所有斑馬紋，適用進階者。

77-5-3 曲率梳形

顯示網格線的曲率梳形，定義方向 1、方向 2 梳形設定和色彩，產生曲面過程更明顯知道曲率分佈，例如：圓弧大小、曲線方向。曲率梳形會強制☑網格預覽。

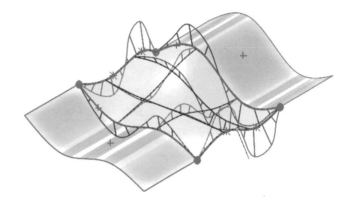

77-6 曲面曲率梳形

理論上曲率梳形是草圖才看得到，後來 SW 以網格線顯示模型面上梳形。指令位置：1. 檢視➔顯示➔曲面曲率梳形🖌、2. 在模型面上右鍵➔🖌。

網格密度、梳形色彩、梳形顯示，不贅述。

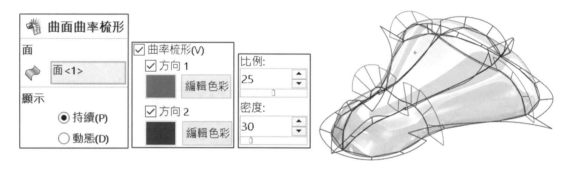

77-6-1 面

點選要顯示梳形的模型面。

77-6-2 顯示

設定持續或動態。

A 持續（Persistent）

固定顯示梳形，並配合下方曲率顯示設定。

B 動態（Dynamic）

游標在模型面上動態呈現曲率梳形，下圖右。

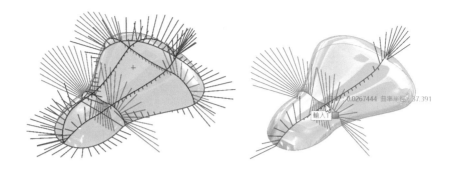

77-7 製作曲面品質

品質可以由：曲線品質、指令過程、導圓角完成。

77-7-1 曲線

有好曲線，就會有好曲面。

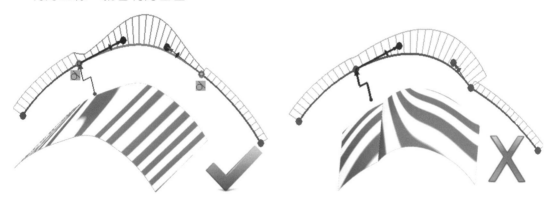

77-7-2 曲面相接之曲率控制

第 2 特徵過程可以設定目前曲面與其他曲面之間的連續情形。例如：✍可與前後 2 面進行曲率控制：接觸（G0）、相切（G1）、曲率（G2）。

但左右為 2 條曲線，就沒有所謂的曲率控制，以接觸呈現（箭頭所示）。

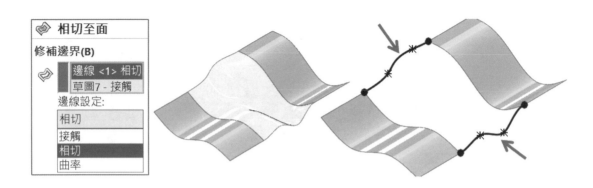

77-7-3 導圓角

導圓角可以設定圓角面與相鄰面品質：圓形（G1）、曲率連續（G2），下圖左。

77-7-4 疊層拉伸面對面

使用面成型過程使用相切（G1）和曲率至面（G2），下圖右。

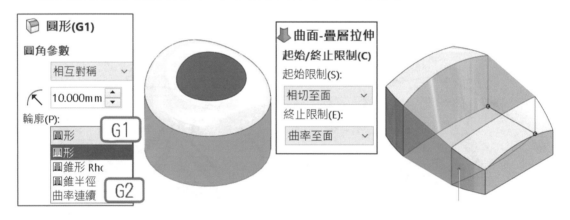

77-8 查看曲面品質

曲面建構不是問題，重點在品質和可製造性，G1品質是最基本的，本節說明常用的品質查看方法。

77-8-1 帶邊線塗彩

可見到面位置與大小，例如：上方有零碎面，下圖左。

77-8-2 RealView

配合材質和加工鏡面反射與光澤，例如：拋光銅或金屬烤漆，下圖右。

77-8-3 斑馬紋

紋路表示面的連續性。

77-8-4 曲率

看出平面、圓角與凹陷位置。

77-8-5 曲率梳形

利用草圖上的梳形查看曲線品質。

77-8-6 表面曲率梳形

承上節，在模型面上顯示梳形。

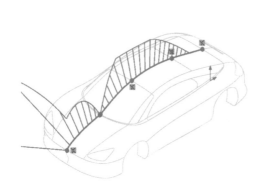

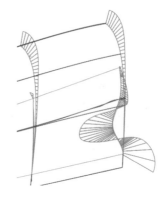

77-8-7 偏差分析（Deviation）

判斷2面之間的角度，常用在相鄰曲面連續性。

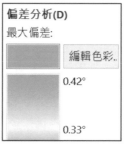

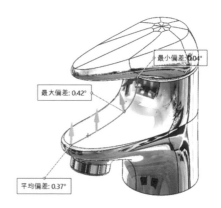

77-8-8 面曲線

在模型面上用面曲線指令，貼上網格查看面的分解，下圖左。

77-8-9 表面貼圖

將照片貼到模型面上，藉由變形查看面的連續，類似斑馬紋，下圖右。

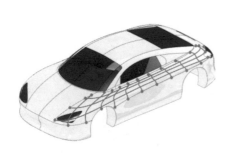

77-8-10 基本全景 3 點淡出

3 點淡出可見到下方的鏡面，不必翻轉模型。

77-8-11 環境貼圖

全景背景反射在模型面上，要配合小金球，旋轉模型反射查看面的連續情形。

77-8-12 PhotoView 360

影像計算和光源照射在模型表面查看曲面情形，與上節差別在模型不動。

77-9 偵測到非 **C2** 資料

開啟 SW2007 或更早以前的模型時，該模型有包含非 C2 品質的特徵，就會出現視窗。
受影響的特徵包含調整面連續的項目，例如：封閉曲面、掃出：疊層拉伸、圓頂…等。

77-9-1 更新

將非 C2 資料轉換為 SolidWorks 目前版本，有可能特徵失敗。

77-9-2 保留

保留非 C2 資料並提供舊版的運作方式。萬一特徵無法被解讀會被抑制，相依特徵會跟
著被抑制。

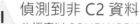

SOLIDWORKS

⚠ 偵測到非 C2 資料

此檔案以 SOLIDWORKS 2007 或更早版本儲存。該模型特徵包含非 C2 資料

→ 更新 (建議)
　這會將非 C2 資料特徵轉換為 SOLIDWORKS 的目前版本。

→ 保留(K)
　這會保留非 C2 資料，進而提供舊版運作方式。

筆記頁

曲面實務

　　本章說明相當多的曲面手段，強化指令運用的認知複習，例如：曲面前置作業、先破壞再建設、複製排列…等，並利用案例實務解說曲面畫法。

78-1 輔助曲面

　　利用建構面或建構線作為曲面連續參考，這部分傳統建模也有，只是比較常用建構線，至於面就比較少，利用曲面主題讓你對建模思維更靈活。

78-1-1 延伸曲面：肥皂

　　由 3 個建構草圖分別利用✍作為✍的肥皂盒補面作業，面會比較飽和，否則凹陷。

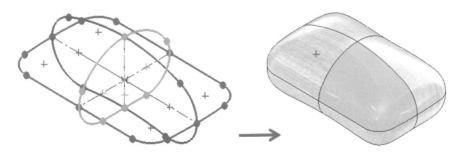

A 上方 3 邊輔助曲面✍

　　利用參考圖元，分別將 3 邊曲線產生並完成 3 個輔助曲面。

步驟 1 前視草圖

　　點選前基準面進入草圖→點選前視 2 邊線→參考圖元。

步驟2 分別完成上視、右視草圖

步驟3 分別完成3個輔助曲面

B 上方角落曲面建構

利用邊界曲面的邊線建立曲面，分別曲率控制：相切或曲率連續，過程中可以見到曲面比較飽和。選擇過程要點選模型邊線，不能點選草圖，萬一怕點到邊線，可隱藏草圖。

C 下方輔助曲面與角落曲面建構

利用參考圖元，分別將下方2邊曲線產生並完成2個輔助曲面。

D 下方角落曲面建構

利用上下方輔助曲面的5邊線完成曲面建構。

E 鏡射角落曲面

將角落1次複製2方向完成4角落成形。

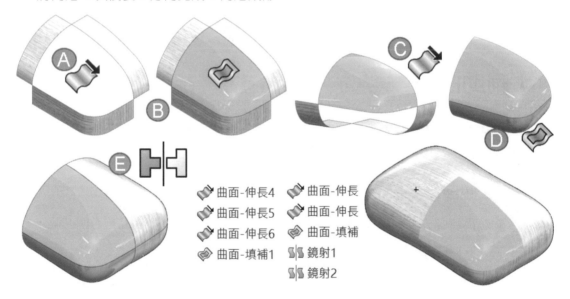

曲面-伸長4　　曲面-伸長
曲面-伸長5　　曲面-伸長
曲面-伸長6　　曲面-填補
曲面-填補1　　鏡射1
　　　　　　　鏡射2

78-1-2 先刪後補：波浪

要直接完成波浪很難，在基礎曲面先刪除要的波浪範圍→再補波浪造型。

步驟1 草圖要超過車門

前基準面繪製波浪範圍，曲面建構會習慣草圖超過特徵邊界避免縫隙，比較沒這麼嚴謹，換句話說，實體建模會要求草圖與模型邊線→共線對齊，得到完全定義。

步驟2 修剪曲面

完成波浪的範圍。

步驟 3 輔助曲面

利用 3D 草圖在缺口處製作波浪草圖→✎，其用意將曲面作品質連續。

步驟 4 波浪曲面✎

指令製作過程就可以定義缺口處的波浪面相切或曲率連續。

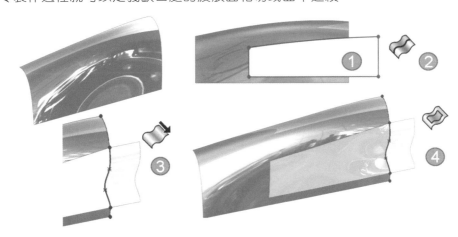

78-1-3 曲線建構連續

G1 連續喇叭，調整為 G2 品質。🔲無法設定曲面品質，這時可在草圖製作連續的限制條件，模擬未來鏡射曲面參考。

步驟 1 草圖相切延伸

將上方導引曲線＋建構線→相切，曲線就有 C1 連續延伸，下圖左。要 C2 品質一定要有不規則曲線，這部分自行研究，下圖中。

步驟 2 🔽

藉由終止限制→垂直於輪廓，來完成下方 2 邊曲面連續，下圖右。

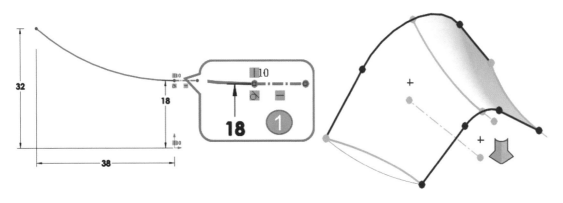

步驟 3 🖰

鏡射後由斑馬紋見到面連續，下圖左。否則沒經過上述處理為不連續，下圖右。

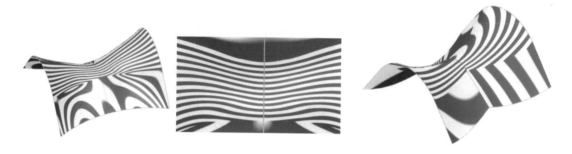

A 練習：曲面連續

製作輔助曲面→填補曲面。

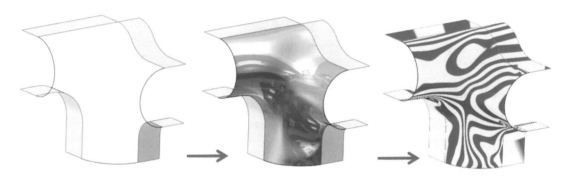

78-1-4 先刪後補：喇叭

將中間不連續的曲面切除→延伸，達到曲面連續。

步驟 1 切除✎

於上基準面繪製矩形→中間連接刪除。

步驟 2 ✎或🔷

點選 2 曲面邊線連接過程設定曲率連續（G2），🔲發現🔷品質比較✎好。

78-2 曲面本體排列

本節說明另一種曲面畫法以及複製排列源頭的重要性。

78-2-1 複製本體：雨傘

雨傘可以由⬇或⬈完成，於視圖可見⬇會飄，⬈每條邊線會完整。

步驟 1 掃出完成基礎曲面 🎵

步驟 2 三角形源頭本體 ✎

上基準面繪製三角形草圖 → ✎。

步驟 3 環狀複製三角形本體 ⬈

因為先完成標準一段 → 複製排列，來源正確，結果必定正確，由此可見每個邊線相等。

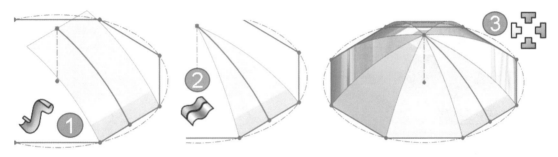

78-2-2 曲面特徵群組複製

不能僅複製曲面上的特徵，要連同基礎曲面一同複製。例如：淚滴就不能直接複製，要將本體和特徵先分割出來 → 複製排列。

步驟 1 分割源頭的曲面本體 🗐

將 1. 基礎和 2. 淚滴面分割出來。

步驟 2 將其餘的曲面刪除 🗑

步驟 3 複製曲面本體 🖐

將 1. 基礎和 2. 淚滴面複製出來。

步驟 4 環狀複製淚滴本體 ⬈

將先前偏移的曲面複製排列。

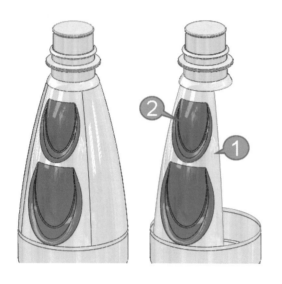

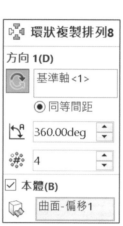

78-3 案例欣賞

除了會畫也要看得懂別人畫法，間接學習。

78-3-1 安全帽

只要完成主體，剩下就是細節。主體用⬇，過程中覺得哪 2 個草圖為輪廓，看完後建模思維就靈活了，模型提供：Danilso。

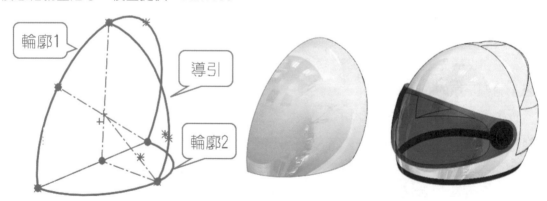

78-3-2 側邊帽子

　　由三面草圖完成曲面,並探討加厚可行性。前視圖看出帽緣與右視圖翹起連續,感覺難度很高。

步驟 1 🡇:主體

步驟 2 ✎:製作尾端翹起

步驟 3 🖊:帽緣,路徑要對正,所有面

步驟 4 ▣:看到尖點缺口以及中間面突起

步驟 5 ✎:將中間突起刪除

步驟 6 🡇:點選 2 曲面邊線曲率連續

步驟 7 👕:將本體和帽緣縫織,☑合併縫隙

步驟 8 ◈=5:驗證帽子可製造性

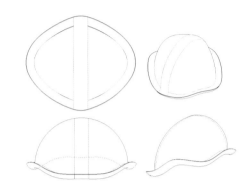

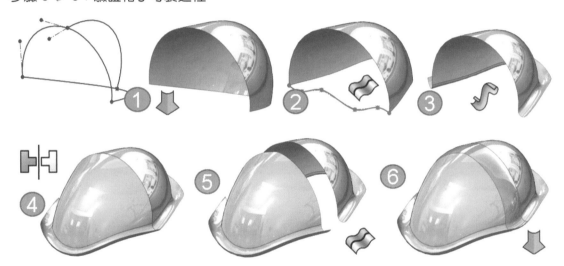

78-3-3 牛仔帽

　　看到帽子覺得要先完成帽緣還是帽頭,模型提供:Danilso。

步驟 1 先彎曲帽緣

步驟 2 修剪帽口

步驟 3 完成上方帽頭曲面

步驟 4 連接帽口和帽頭曲面 🡇

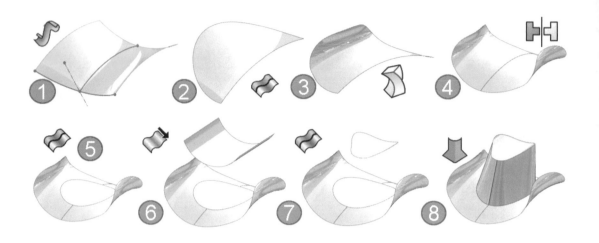

78-3-4 人

人是曲面最高境界，Danilso 可以用 SW 把公仔畫出來，甚至包含特徵分享給大家。看完人頭介紹，你會感受到是種建模循環。

步驟 1 ⬇：臉=主體

　2 輪廓用 ⬇ 將主體完成。

步驟 2 ✎：眼睛開口

步驟 3 ◔：眼球=層次

步驟 4 ⬇：眼白成形

步驟 5 ⊨：臉鏡射

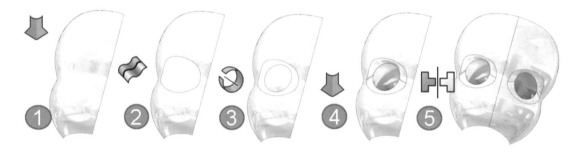

步驟 6 ✎：嘴巴開口

步驟 7 ◔：牙齒=層次

步驟 8 ✎：嘴唇開口

步驟 9 ⬇：嘴唇成形

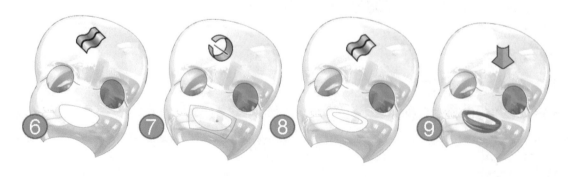

步驟 10 ✏：鼻子開口　　　步驟 13 ⬇：頭髮是一叢

步驟 11 ⬇：鼻子成形　　　步驟 14 ✛：複製排列頭髮

步驟 12 ▶◀：鼻子鏡射

78-3-5 小狗

典型例子，如果開新零件重新模仿，可以學到技巧外，曲面將是一等一。

筆記頁